JN324705

スター宇多丸の

WEEK END SHUFFLE

ウィークエンド・シャッフル

“神回”

傑作選
Vol.1

スモール出版

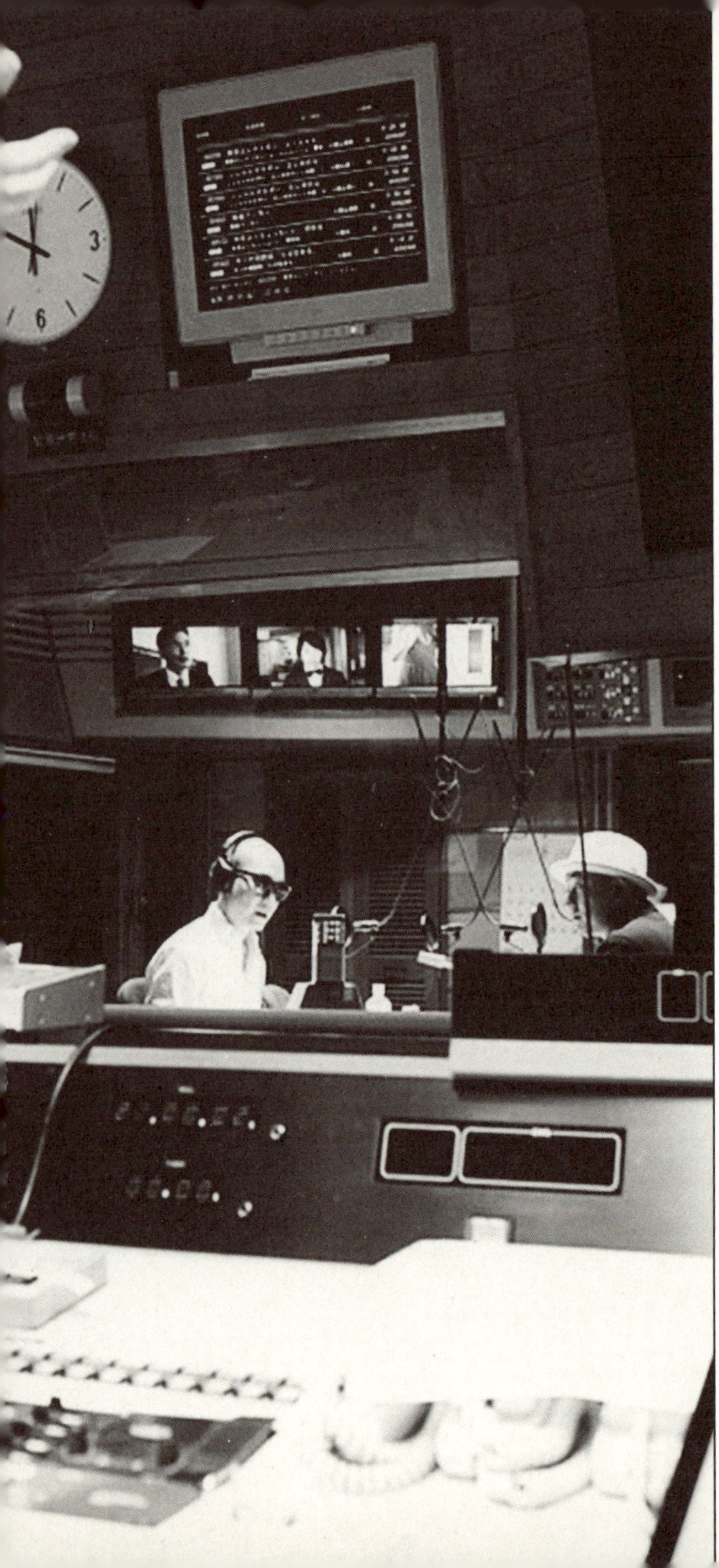

『ライムスター宇多丸のウィークエンド・シャッフル』とは、パーソナリティにライムスターの宇多丸を迎え、**TBSラジオ**（954kHz）で毎週土曜日22時〜24時に生放送している番組です。2007年4月7日より放送が始まり、TBSラジオの第6スタジオからお送りしています。podcastでも好評配信中です。

宇多丸

番組のメインパーソナリティ

しまおまほ

番組レギュラー

古川耕

番組の構成作家

妹尾匡夫

番組アドバイザー。愛称は「せのちん」

通称『**タマフル**』と言われる当番組ですが、〝ライムスター宇多丸〟の〝**タマ**〟、〝ウィークエンド・シャッフル〟の〝**フル**〟を抜粋し繋げた略称です。番組開始直後に通称をリスナーから募集し、ラジオネーム・やまさんに命名していただきました。当時ニュースになっていたインフルエンザの治療薬・タミフルを服用した10代の異常行動にひっかけた〝**異常放送**〟というニュアンスも込められています。

番組出演者は、メインパーソナリティの宇多丸。紅一点のしまおまほ。スタッフは、構成作家の古川耕。番組アドバイザーの妹尾匡夫。そしてプロデューサー、ディレクター、アシスタントディレクターからなる、タマフルクルーで構成しています。

放送は「オープニングトーク」から始まり、「週間映画時評 ムービーウォッチメン」「ディスコ９５４」「サタデーナイト・ラボ」「初代しまおまほのぼんやりイイ話」（２０１５年４月でしまおまほは産休に入るため休止）という各コーナーを経て、「エンディング・次週予告」で締めるのがスタンダードな流れです。

「週間映画時評 ムービーウォッチメン」とは、毎週ムービーガチャを回して当たった最新映画を宇多丸がウォッチングし、その監視結果を報告。「ディスコ９５４」は、様々なゲストＤＪたちが登場し、J-POPの曲だけをDJ MIXします。「初代しまおまほのぼんやりイイ話」は、宇多丸としまおまほによる、まったりトークコーナーです。

そして『タマフル』の看板コーナーともいえる「サタデーナイト・ラボ」は、毎週週変わりで独自の切り口で展開する特集企画です。映画、音楽、マンガ、書籍から、アイドルや文房具、はては妄想話まで、ジャンルや知名度はお構いなしに『タマフル』独自の視点で選ばれたテーマばかりです。当初は30分の特集コーナーでしたが、2008年5月31日より「サタデーナイト・ラボ」と命名され、現在に至ります。

そんな『タマフル』ですが、長い歴史の中で〝**神回**〟と呼べる数々の傑作回を生み出してきました。ここでいう〝神回〟とは、放送ののち、パーソナリティはもちろん、**リスナーの方たちのモノの見方を決定的に変え、新たな価値観を作り出した回**ともいえます。そんな〝神回〟を、本書では「サタデーナイト・ラボ」のコーナーを中心に、永久保存版として厳選いたしました。

番組史上伝説ともいえる、これら〝神回〟に込められた出演者の持論、熱量の高さ、その独自の語り口、圧倒的な情報量を、どうぞ存分にお楽しみください。『タマフル』の特集は、活字になっても面白い！　そう思っていただけましたら幸いです。

『ライムスター宇多丸の**ウィークエンド・シャッフル**〝神回〟傑作選』編集部

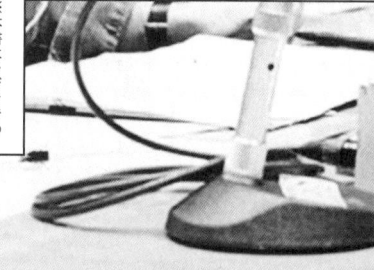

※本書はラジオでの収録を活字にしているため、本文の情報はオンエア当時のものとなります。なお、注釈は2015年3月時点の情報です。どうぞあらかじめご了承ください。

宇《う》多《た》丸《まる》

1969年生まれ。ラッパー。RHYMESTERのMC。1993年にアルバム『俺に言わせりゃ』でデビュー。ほかにも映画評論家、アイドルソング評論家、ラジオパーソナリティ、TVコメンテーター、文筆家などとして幅広く活躍中。メインパーソナリティを務める『ライムスター宇多丸のウィークエンド・シャッフル』にて、第46回ギャラクシー賞「DJパーソナリティ賞」を受賞。著書に『ライムスター宇多丸の「マブ論CLASSICS」アイドルソング時評2000~08』（白夜書房）などがある。

サタデーナイト・ラボ

2007.5.5 ON AIR

鈴木亜美 joins キリンジ 〝それもきっとしあわせ〟は現代の『My Way』だ特集

メインパーソナリティ
宇多丸

『タマフル』の5回目という初期の放送、「サタデーナイト・ラボ」という名が付く遥か以前の特集コーナーでの企画。アイドルというシステムの残酷さを批評しながらも、温かく代弁した鈴木亜美とキリンジによる名曲『それもきっとしあわせ』。この歌をすべてのアイドル、そしてある意味自分の足で歩くことを禁じられた、あらゆる人たちに捧げる『My Way』として、アイドルソング評論にも定評のある宇多丸が熱く語る！

宇多丸　はい、ということで、しまおさんとの話が弾んじゃってね、ここからどうやって重たい話のテンションに持っていこうかみたいな感じなんですけど。予告していたように、11時台からは私の〝アイドル評論〟のコーナーです。前回の「**モーニング娘。『笑顔YESヌード』の勝手な妄想PV脳内上映　特集**」[★1]から続きましての第2弾ということで、のちほどお聴きいただく曲は**鈴木亜美**[★2]さんのシングル『**それもきっとしあわせ**』[★3]。この曲についての解説というのが、実は今日の主題なんです。

ですがその前に、先週ゲストとして来ていただいた、しょこたんこと**中川翔子**[★4]さんのことを。このあとの話にも関係するんでね。放送ではしょこたんが今後歌っていきたいアニメソングということで、『テレポーテーション～恋の未確認～』という、アニメ『エスパー魔美』[★5]の主題歌を選んでもらったんですが、実はアイドルソングでも1曲選んでいただいておりました。時間がなくてこちらはかけられなかったんですが。

しょこたんはアイドルソングにも詳しくて、もちろん思い入れもすごくあってですね。僕的には「**ああ、この人の曲を選ぶのか**」っていうのがとても興味深かったんですよ。まずは、しょこたん選曲のアイドルソングを聴いていただきたいと思います。**岡田有希子**[★6]で『**花のイマージュ**』。

♪岡田有希子『花のイマージュ』流れる

お聴きの曲は岡田有希子さんで『花のイマージュ』。中川翔子さんに「アイドルの曲でこれが歌いたい」ということで選曲していただいたんですが、彼女がこれを選んだことが僕は非常に興味深いなと思いまして。

★1　**「モーニング娘。『笑顔YESヌード』の勝手な妄想PV脳内上映特集」**
1997年にオーディション番組『ASAYAN』（テレビ東京系）から誕生し、翌年メジャーデビューしたつんく♂プロデュースのアイドルグループ・モーニング娘。そんなモーニング娘。の大ファンである宇多丸が、シングル『笑顔YESヌード』で自分が最高だと思うPV映像を脳内で作り上げ、披露した特集。本特集の3週前となる2007年4月15日に放送された。

★2　**鈴木亜美**
歌手・女優。1998年にオーディション番組『ASAYAN』（テレビ東京系）で1位となり、小室哲哉プロデュースで歌手デビュー。シングル『love the island』発売とともにアイドル人気を博す。2000年以降、活動を休止していたが2004年にシングルと写真集『強いキズナ』を発表。愛称は〝あみ～ゴ〟。

みなさんもご存じのとおり、岡田有希子さんは1986年の春に**自殺されてしまった**んですね。で、この『花のイマージュ』という曲は亡くなる直前にレコーディングされてて、当然発売中止になってしまったんです。ですが、その後ベスト盤に収録されたという、**非常にいわくのある曲**なんです。

ご存じない方に説明しますと、岡田有希子さんは当時本当に人気絶頂のアイドルでね。そんなトップアイドルが事務所のビルから飛び降り自殺をしてしまったという、非常に痛ましい事件です。僕自身にとっても本当に衝撃が大きくて、**それまでアイドルファンだったのを10年近くやめてしまったぐらいなんです**ね。岡田有希子さんの死が本当にショックで、思うところがあったんですが。

一方で、しょこたんがこの曲を選んだのが面白いというのはですね、先週この番組に出演されて話した内容とか、いろんなメディアのパフォーマンスを見るにつけ、みなさんお分かりだと思うんですけど、彼女は自分のオタク要素を前面に打ち出すことによって、アイドルとしてのアイドル性をまったく失うことなく、成功したわけですね。これは岡田有希子さんが活動されてた80年代だったら、**アイドルとしては絶対に禁じられていたこと**なんですよ。

当時はもちろんネットというものはないですけれども、例えば自分の私生活をブログで逐一メディア上にアップするとか、普通の女の子が「好きだ」と言うと引かれてしまうようなものをカミングアウトしたりとか、しょこたんは本当に頭のいい人ですから、もちろんいろいろセルフコントロールしてるにせよ、言いたいことを言っているなどですね。そういうのって80年代までのアイドル、特に岡田有希子さんの時代にはあり得なかったわけですよね。

★3 『それもきっとしあわせ』

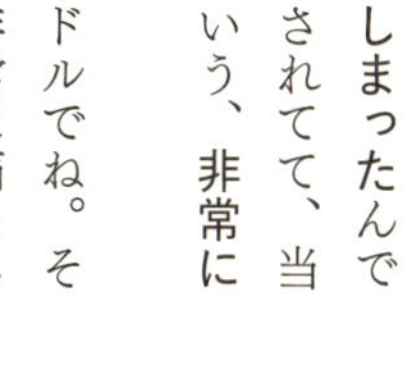

2007年にリリースされた鈴木亜美23枚目のシングル。キリンジとのコラボレーションによって制作された楽曲。作詞：堀込高樹、作曲：堀込泰行、編曲：キリンジ。

★4 中川翔子

タレント・歌手・声優。アニメ、漫画、ゲーム、特撮などサブカルチャーに造詣が深く、オタクを公言している。2006年、『Brilliant Dream』で歌手デビューを果たし、以降、アーティスト活動も精力的に行う。愛称は〝しょこたん〟。

だから、しょこたんはそれで成功して今はすごく幸せだろうなと。彼女が成功して、本当によかったなと思うんですよ。

一方で、もし**あの当時こういうアイドルの有り方みたいなものが許容されていれば、極端な話、岡田有希子さんが亡くなることもなかったかも**、とも僕は考えてしまうんです。

つまりですね、別に80年代に限った話ではなくて、みなさん、そもそもアイドルってどういうものかという定義のところをちょっと考えてみてください。綺麗で可愛くて、というのは大前提としてですよ、女の子はこうあるべき、世間が女の子に対して求める「こうあるべき」的なイメージというか、一種の虚像を体現することこそが〝アイドル〟なわけじゃないですか。

例えば、未成年でタバコを吸う。これはもちろん法律で禁じられてますし、社会通念的にも褒められたことではないにせよ、世の中にはそういう女の子も同世代には多数存在するにもかかわらず、アイドルをやっているという理由だけで、世間からものすごく重大な犯罪を犯したかのように叩かれたりするわけじゃないですか。しかも世間だけじゃなくて、イメージを裏切ったとファンからも罵倒されるわけでしょ。

喫煙というのは極端な例を出しましたけど、要するに**10代の普通の生身の年頃の女の子が、作られたイメージとのギャップに耐えるっていうのは、実際はものすごい大変なこと**だと思うんですよ。本当は青春を謳歌したい時期にそれができないわけですから。もちろんアイドルっていう職業を選んでる以上は、ある程度は承知の上だろうということかもしれませんが、やはりその構造の残酷さっていうのは強く感じますね。

僕はアイドルというものが好きだったから、岡田有希子さんが亡くなった時、当時僕は高

★5 **『エスパー魔美』**
藤子・F・不二雄による漫画作品を原作とした、超能力を持つ女子中学生・佐倉魔美の日常を描いたテレビアニメ。1987年～1989年にテレビ朝日系にて放送された。

★6 **岡田有希子**
アイドル。オーディション番組『スター誕生!』でチャンピオンとなり、芸能界入り。1984年に『ファースト・デイト』で歌手デビューを果たし〝ポスト松田聖子〟とも称されるが、1986年に所属事務所の屋上から投身自殺し、世間に衝撃が走った。

2でしたけど、まさにそういう僕らの幻想を押しつけるのがアイドルだとしたら、もう不可避的に〝**アイドルを好きだということ**〟**が、イコール**〝**生身としての彼女たちをすごく抑圧して傷つけている**〟**のではないか**という風に、いたく真面目に悩んでしまいまして。で、僕は「じゃあもうファンという形で、こういうアイドルという残酷な産業というかシステムに加担するのはやめようかな……」と思って**アイドルファンをやめた**、といういきさつがあったりしてですね。

その後、モーニング娘。とかを通じて新しいいろんなアイドルの形が出てきて、やっぱりアイドルって面白いなと思ってアイドルファンにまた戻ってきてしまったんですが。でもその中でも、〝アイドルというシステム〟特有の抑圧みたいな、そういうのがいまだに根強くあるな、ということも痛切に思うわけですよ。

例えば恋愛の話なんかは本当に典型ですよね。「男がいる」とフライデーされました。そうするとファンが率先して叩くっていうね。でもそれってどうなんだ、と。特に結構イイ年してまだアイドルやってるような人たちは、その後の人生もあるわけじゃないですか。彼女たちは最終的に実人生の幸せみたいなものをチョイスすることさえ禁じられているのか、ってね。僕はそういう残酷な状況が、なんとかならないのかなと思って。

で、ひとつの方法としては、しょこたんみたいにブログとかで、自分の好きなもの全部全開にしてやってけば解放されるんじゃないかっていうね。そこで吉田豪〈★7〉さんなんかは、例えば『元アイドル!』っていう本で……素晴らしいインタビュー集ですけど、やはり「そういう部分をどんどん出していけばいい、今の時代はそれで成立するんだから」というよう

★7 **吉田豪**
プロ書評家、インタビュアー、ライター。膨大な蔵書から得た知識と徹底的なリサーチにより、高度なインタビュー術を誇り、雑誌などで多くの連載をこなす。本書では「町山智浩の素晴らしきトラウマ映画の世界」（P284）にも登場。

なことを主張されていて、僕も本当に同感なんです。

自分の足で歩くことを禁じられた、あらゆる人たちに捧げる『My Way』

そこで本日の本題なんですが、鈴木亜美さんが最近出したシングルで『それもきっとしあわせ』という曲があります。〝鈴木亜美 joins キリンジ〟……キリンジという、非常に洗練されたポップスを作る素晴らしいグループなんですが、そのキリンジとのジョイン企画、コラボ企画ですよね。これがですね、僕が今言ったような**抑圧される存在としてのアイドル、イメージを演じさせられる存在としてのアイドルの心情を**、見事に表現しています。

鈴木亜美さんっていう人は小室哲哉ファミリー〈★8〉のシンデレラガールとして、まさにアイドル中のアイドル、アイドルのエリートとして登場して、90年代末から大成功を収めました。今『love the island』がかかってますね（♪BGM『love the island』流れる）。この頃の彼女は、アイドルとして頂点にいるわけですよ。ところがこのあと、みなさんもご存じのとおり、事務所のトラブルで完全にメディアから姿を消してしまうという、そういう特殊なキャリアをたどる。で、その後2年間くらいメディアにまったく出てこないっていう、異常事態ですよ。こんなこと、アイドルの歴史上ないですからね。

彼女自身は、非常にアーティスト志向が強い人なんですね。お人形として、シンデレラとしてではなく、自分の言葉で自分の歌を歌いたいということで、修業を重ねていったんですね。そして2年後、非常に特殊な形〈★9〉で再デビューを果たします。

要するに、**日本の芸能産業界というか音楽産業のシステムに、ある意味1人で立ち向**

★8 **小室哲哉ファミリー**
音楽プロデューサー・小室哲哉が楽曲提供やプロデュースを手がけたアーティストたちのことを指す。1990年代半ばにオリコン・チャートを賑わせたTRF、観月ありさ、篠原涼子、globe、安室奈美恵、華原朋美などが挙げられる。

★9 **特殊な形**
2004年4月にリリースされたニューシングル『強いキズナ』は、写真集とセットで

かっていったっていうね。若い女の子ですよ？　まだ20代そこそこのさ。その子がそういう波瀾万丈のキャリアを経てですね、今はエイベックスに電撃移籍を果たして、一応安定したキャリアを歩んでます。

とにかくそういったことを踏まえて、この『それもきっとしあわせ』という曲を聴いていただきたいんですが。さっきから僕が話してきたような、抑圧されることを運命付けられた存在、その象徴としてのアイドル＝鈴木亜美が乗り越えてきたであろう葛藤を、キリンジの堀込高樹さんの詞が代弁しているような歌です。でもこの歌、同時にすごくクールな批評もしてるんですよ。アイドル的な存在を、**冷静な視線で突き放して見てもいる。**その意味で、**とても恐ろしい歌詞**なんです。

一言でいえばこれはね、**鈴木亜美とすべてのアイドル、そしてある意味自分の足で歩くことを禁じられた、あらゆる人たちに捧げる『My Way』**〈★10〉なんですよ。新時代の日本語で書かれた素晴らしい歌、『My Way』です。

軽く歌詞の紹介をしておきますけど、『好きな人がいて　愛されたのなら　それはきっと幸せ』と。『着たい服を着て　言いたいこと言えば　それもきっと幸せ』。これ普通に聴いてると聴き流しちゃいそうな言葉ですけど、要するにそういう人並みの幸せを「それもまあいいとは思う」って肯定しているんだけど、「いいとは思う」って言ってるわけだから、もうこの歌の主人公はそういう「普通の」幸せはちょっと諦めちゃってるんですよ。でね、『幼い夢は綿飴のように　萎んでしまったけれど』なんてことを言う。つまり、アイドルになる前の、無垢な希望みたいなものも萎んでしまった。なのに、彼女はどうしてるかっていうと、

発売された。レコード会社ではなく、出版社である文藝春秋から書籍扱いでの発売となったが、15万部以上を売り上げた。

★10『My Way』

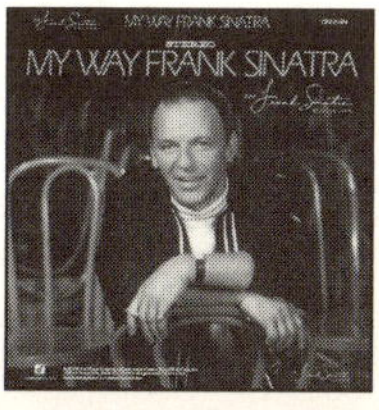

1969年にリリースされたフランク・シナトラの代表曲。自分の死期を悟った男性が人生を振り返り、いかなる苦難に対しても自信を持って立ち向かったという誇りが歌い上げられ、エルヴィス・プレスリーやシド・ヴィシャスなど数多くのアーティストにカバーされている。

『歌いたい歌がある　私には描きたい明日がある』、『そのためになら　不幸になってもかまわない』んだって歌うわけですよ！　さっきのあの、悩みなんかなんにもなさげな『love the island』を歌ってた少女が、今はこんな悲壮な覚悟を表明しなければならないという、この恐ろしさ、容赦なさ。僕、この曲を初めて聴いた時、iPodで道歩きながらだったんですけど、アイドルファンとして、**ものすごい胸のいちばん深いところをえぐられたような感じになって、**道端だったんですけど、**号泣してしまいました。**

　とにかく、すべてのアイドルが自分の言葉で語ることを禁じられてるっていうのは、ある意味彼女たちの職業的な宿命でもあるんですけど……でも、どうしても自我が前に出てきて、自分で作詞作曲したいとか、アーティスト志向のほうに向かっていく人もなかには出てくる。そこでこの曲が凄いのは、そういう欲求っていうのを温かく肯定しつつも、同時に、それは結局その人を不幸にするかもしれない、ってことまで見据えてるところなんですよ！

　それでも、歌詞にもあるように『この足音だけが　通りに響いて　迷いも消える』。要するに、不幸や孤独すらも受け入れる覚悟をした者のみが、その道を行けるんだと。そして鈴木亜美は、勇気を持ってその道を選んだ。つまり、**シンデレラとしての呪いを、シンデレラ自らが解いたっていうね。**だけどその結果、あみ～ゴが幸せになったかどうかというと……それは分からない。そこまで言っている。**そこまで見据えてる**からこそ、これは**恐ろしい名曲**なんです。

　それではじっくり聴いてください。鈴木亜美 joins キリンジで『それもきっとしあわせ』。

♪鈴木亜美 joins キリンジ『それもきっとしあわせ』流れる

はい、ということで『それもきっとしあわせ』鈴木亜美joinsキリンジを聴きながら、流れ出した涙を拭き終わって今、このテンションにようやく戻ることができました。今もちょっと嗚咽《おえつ》してるんで、しゃくり上げてうまくしゃべれなくなってますけどね。

いや〜聴けば聴くほど、すごい名曲ですよこれ。まずキリンジ。さすがキリンジで、ある意味ものすごく凄まじい、戦慄が走るような内容なんですけど、それをできるだけ押しつけがましくなく聴かせるように制御した、とても上品なアレンジがなされてるし。あと歌のスタンスも、やっぱり自分の歌で歌いたい歌、自分の言葉で語りだした人たちっていうのに対して「頑張れば夢は叶うよ」みたいな、ああいう嘘つきソングめいた絵空事は一言も言ってない。むしろこの歌の主人公は、**「その先には何も待ってないかもしれない」っていうところまで見据えているわけだから。『そんなはずないのに』って自分で突っ込んでるんだから**ね。見事な曲ですよ。

鈴木亜美joinsキリンジ『それもきっとしあわせ』、みなさん、本当に素晴らしい曲なので、ぜひ購入して聴いていただきたいと思いますね。ついついまたしゃべりすぎてしまいました。といったあたりで、今週はこんな感じです。

ON AIR を振り返る

宇多丸

僕の記憶が正しければ、これがいちばん最初にはっきりした反響があった特集です。当時は放送が始まったばかり（2007年5月5日）で手探りだったし、それこそラジオ業界的には「おまえは誰なんだ」という状態で番組がスタートしているから、世間の反応が気がかりな時期ではありました。

そんな状況の中で放送したこの特集は、「アイドルが好きなのと同時に、抑圧的な構造に対する嫌悪とか、相反する感情も強くある」という、僕の中ではコアをなすようなアイドル論です。それを鈴木亜美さんのこの曲に託して語りました。でも、放送後「話を聴いたあとにラジオのスピーカーからこの曲が流れ出したら、泣けてしょうがなかった」というグッとくるような褒め言葉もいただいたりして。そしてこれこそがまさに、僕の望んだリアクションでもあったんです。雑誌の連載とも違う、ただ曲をかけるだけの番組とも違う、まずがっつりとした解説があって、そのあとに実際に曲を聴いてもらうと、聴こえ方がまったく違ってくるはず、という考え方。そういう意味では、最初の手応えを感じた回でしたね。

それと、これも大事なんですが、この2007年は何度目かのアイドル冬の時代だったということです。僕としては「このままではアイドルという文化は限界だろうな」と危機感を感じていた頃でもあります。その後、Perfumeがブレイクし、AKB48も国民的知名度を得て、逆にアイドル全盛期になっていくなんて、この時点では恐らく誰も予想できなかったことでした。ただし、ここで言っているような、「生身の女の子と〈アイドル〉としてのイメージとの乖離」という問題自体は、今もそれほど根本的に解決したわけではないのも確かだと思います。

まぁ、そういうアイドル論的な解釈をしなくても、この曲は、自分の足で歩くことを禁じられたすべての人、自分の足で歩くことを決意したみんなへの歌という、本当に新時代の『May Way』になってると思います。震えがくるような名曲ってこのことですよね。ともあれ、『タマフル』の最初の1年を象徴する、僕の手持ちのカードの中でも最良の部分が出た回だったのではないでしょうか。

西寺《にしでら》郷太《ごうた》

1973年生まれ。ミュージシャン・音楽プロデューサー。NONA REEVESのボーカル。SMAPやV6、中島美嘉などに楽曲提供するほか、マイケル・ジャクソン研究家として各メディアでも活躍中。著書に『新しい「マイケル・ジャクソン」の教科書』（新潮文庫）、『マイケル・ジャクソン』（講談社現代新書）、『噂のメロディ・メイカー』（扶桑社）がある。

サタデーナイト・ラボ

2007.10.6 ON AIR

マイケル・ジャクソン、小沢一郎ほぼ同一人物説

ゲスト

西寺郷太

NONA REEVESのシンガーでありメイン・ソングライター。日本を代表する「80年代音楽」研究家。そして戦後自民党史にも造詣が深い西寺郷太でしか成し得ない、壮大なるトーク・エンターテインメント！この放送は2007年10月。約2年後、復活公演寸前のマイケルは他界、小沢一郎の政況も大きく変化した。しかし時代を経てもなお、仮説として今も輝き続ける『タマフル』の歴史的傑作回。

宇多丸　TBSラジオ『ライムスター宇多丸のウィークエンド・シャッフル』。ということで、お待たせいたしました。今夜のスペシャルゲストの登場！　NONA REEVES、西寺郷太さんです！

西寺郷太（以下、西寺）　どうも〜郷太です。

宇多丸　いらっしゃいませ、いらっしゃいませ。

西寺　いやいや、うれしいですよ、もうこれ。

宇多丸　以前から聴いていていただいているということで。

西寺　いつも聴いています。

宇多丸　西寺郷太くんはNONA REEVESという素晴らしいグループで、ヴォーカル兼メイン・ソングライターをしていらっしゃいます。音楽ジャンルは何のグループと言えばいいんだろう？　ポップダンスミュージックというか、極上ポップミュージックですよね。僕はもう本当に大好きで、この番組始まった晩の一発目からNONA REEVESの曲をかけたかな。

西寺　『REVOLUTION』〈★1〉ね。

宇多丸　4月のパワープッシュ曲みたいな感じで。

西寺　毎週ね。今週もかかってる！　って思ってました。

宇多丸　そうそう。僕はもちろんノーナの純粋なファンだし、新作が出るたび西寺くんに「今回は本当にここが、こうこう素晴らしい！」みたいなことを電話でね、よく連絡させていただいて。

西寺　いつも、うれしいです。

宇多丸　そういうお付き合いをさせていただいてますが、今日はね、ノーナの音楽ももちろんのちほど聴くとして、どのテーマでお話を伺うかといいますと、西寺くんという人は素晴らしい音楽の作り手でもありながら、同時にですよ、たまに何かこう変なトークイベントを……。

★1　『REVOLUTION』

NONA REEVESの8枚目のアルバム『DAYDREAM PARK』に収録。作詞：西寺郷太、作曲：西寺郷太・奥田健介・矢野博康。

西寺　そうですね。**マッドなイベントを。**

宇多丸　まさに本物のマッドなイベント……例えば**世界史のイベント**とかをやってるんですよね？

西寺　世界史のイベント、やってますね。

宇多丸　何ですか世界史って。大きすぎるでしょ！

西寺　大きいですね。あと**イスラム教のイベント**とか。

宇多丸　イスラム教のイベント！　それ何？　イスラム教の解説をするってことですか？

西寺　はい、イスラム教がどうやって生まれたかっていうのを、僕が**芝居仕立てで語る**という。

宇多丸　アハハハハ！

西寺　**7時間くらいやるんですけど。**

宇多丸　7時間芝居仕立てで話すんですか！

西寺　面白いですよ。でも自分の癖として、世界史も政治も**マイケル・ジャクソン**〈★2〉もブラックミュージックもビートルズとかもそうなんですけど、1つの知識を得て感動すると、それを何か別の事柄に繋げていっちゃうというのがあって。

宇多丸　つまり曲だけを聴いてそこで満足するんじゃなくて、曲が作られた時代にあった出来事や背景を掘り下げていくということ？

西寺　その人がどんな影響を受けたのかというものを多角的に。それでまぁ今回は、昨日から今日の朝にかけてくっついたんですけど。

宇多丸　世界史だけじゃなくて、もともとは**「戦後自民党史」という自民党史のイベントをやっている**という、これがいちばんよく分かんねえなぁ〜と思って。この間もお会いした時に、

★2 マイケル・ジャクソン
もはや説明不要の世界的ポップスター。1958〜2009年。ジャクソン5として活動をスタートし、1971年にソロデビュー。『Billie Jean』『Thriller』『Beat It』をはじめ、大ヒット作は数知れず。2009年、ロンドンでのコンサート『THIS IS IT』リハーサル期間中に急死。世界中に衝撃を与えた。

ちょっとほかでは聞けないような感じの安倍首相論とかを伺って、すごく面白くて『タマフル』向きだな〜と。郷太くんは音楽の話もできるし、ちょっと変わった視点のジオポリティックスな話もいいかなと考えて、最初は「自民党史」というテーマでやるつもりだった**のが……昨日の夜に何かが閃いた？**

西寺　閃いたんです。僕ね、橋本プロデューサー〈★3〉から電話がかかってきた時に、「『ウィークエンド・シャッフル』に出られる、やった！」と喜んでたんですよ。イベントもいろんなところでやってきましたし、文章も書いてきました。でもやっぱりね、TBSラジオでやるということが、ある種の重荷といいますか。

宇多丸　だってこれはハードルが高いですよ。TBSラジオは。

西寺　**赤坂ですよね。まさに政治の中心地です。**

宇多丸　場所かい!!

西寺　ウフフ。いやもう本当にこの辺で政治家がみんな飲んでますから。

宇多丸　まぁ聴いてるおそれはありますね。

西寺　聴いてます。

宇多丸　聴いてるかなあ？『タマフル』……。でもタクシーに乗った時とか、お店でかかってる可能性はありますし、あとTBSラジオといったら、わりと政治ネタの分析とかが鋭いという定評はありますから。

西寺　僕はすごい好きになると度を超すところがあって。9歳の時なんですけど、マイケル・ジャクソンにめちゃくちゃハマって、それで10歳の夏に『Victory』〈★4〉というジャクソンズのLPを買ったら、吉岡正晴《よしおかまさはる》〈★5〉さんが書かれたブックレットが付いていたんです。プロモー

★3　**橋本プロデューサー**
2007年4月から2009年12月まで『タマフル』の初代番組プロデューサーを務めた橋本吉史のこと。社内異動にあたり、「名誉プロデューサー」「タマフルグループ会長」という肩書きが付き、以降も番組にも度々登場している。

★4　『Victory』

1984年に発売されたジャクソンズのアルバム。離脱していたジャーメイン・ジャクソンが参加し、ジャクソンズ6人編成での作品となった。なお当時の日本語盤のLPのブックレットには「ジャク

ションなんですが、マイケルが生まれてから『Thriller』〈★6〉までの長〜いバイオグラフィーが載ってて。それがものすごくいい内容だったので、電車オタクの子供みたいな感じで、聖書のように毎日読んだりして、**一字一句間違えないで諳《そら》んじられるようになりました。**

宇多丸　すごいですね。お寺の息子さんだけに。

西寺　諳んじるのは得意だったんです。それでいつか僕もこういう、**マイケル・ジャクソンの素晴らしさを人に伝えられる人間になりたい**と思って。その過程でいろんな音楽が僕の頭の中で鳴り始めて、NONA REEVESというグループになり、これは今もやっているんですけど。

宇多丸　そこの飛躍はさすが天才的だね、音楽が鳴り始めてとかさ。

西寺　鳴り始めたんですよ、頭の中で。

宇多丸　天才っていうのはこういうことでしょうね。

西寺　小室哲哉《こむろてつや》〈★7〉さんも同じようなことを言われています。頭の中で曲が全部レフトとライトのステレオで鳴るんだって。

宇多丸　完成された形で聴こえちゃう?

西寺　そう、小室さんがその話をされている時に周りの人は笑っていたんですけど、「**僕も同じだ!**」と思って。

宇多丸　なるほど。降ってきちゃうんだ。まさに天啓《てんけい》だ!

西寺　そうなんですよ。それで書きたいと思い続けて、マイケルのことなら誰よりも本を読み、英語からスペイン語から辞書を引き引き……。

宇多丸　関係文献を原本からあたってということですね。

ソンズ・ストーリー」という吉岡正晴による、ジャクソンズの15年を追った書き下ろし解説が収録されていた。

★5　**吉岡正晴**
音楽評論家、翻訳家。ブラックミュージックに造詣が深く、『マイケル・ジャクソン観察日誌』エイドリアン・グラント著（小学館）や『モータウン、わが愛と夢』ベリー・ゴーディ著（TOKYO FM出版）の翻訳も手掛けている。

★6　『Thriller』

1982年に発売されたマイケル・ジャクソンのアルバム。全米チャートで37週にわたり1位を記録し、2006年にはギネス・ワールド・レコーズが総売上枚数を1億400万枚と認定。

西寺　訳が間違っている可能性があることにも気づいたんです。

宇多丸　よくあります。

西寺　ちなみにマイケル・ジャクソンの『ムーンウォーク』〈★8〉という唯一の自伝があります。これは本当に僕にとってバイブルなんですけど、これを訳されたのは新党日本の田中康夫〈★9〉さんです。

宇多丸　おお～。

西寺　小沢一郎〈★10〉と、ここでちょっとくっついているんですけど。

宇多丸　ここでもリンクが！　予兆としてのリンクがあったという。

西寺　この文章の訳し方が相当うまい、さすがですよ、素晴らしいです。と、それは置いておいて、それでマイケル・ジャクソンについての文章をず～っと書いていたら、いつからか**「あれ？　俺、本当に日本でいちばん詳しいんじゃないか？」**って思い始めた。そうすると、ソニーからマイケル・ジャクソンの『NUMBER ONES』〈★11〉というDVDに彼の歴史を書いてほしいという仕事の話が舞い込みまして、ついに来た！　と。**いよいよ俺の夢が叶う！　と。**今の小学生や中学生にも僕の文章を読ませる機会がようやく訪れたということです。そこでまた再勉強しまして。で、今日思っていたんです。ずっと僕は政治の話をしてと言われて、**毎週政治記者と飲み会をしてるんですね。**

宇多丸　それは何ですか？　自民党への興味が募るあまりに？

西寺　募るあまりに。マイケルと同じように好きだ好きだと言っているうちにだんだん関係者が増え、仲良くなってくる。それでその飲み会の参加者が1人2人と増えていって、西寺郷太という変なやつがいる、マッドなやつがいるということで、僕の話を聞いてみたいと……。

★7　小室哲哉
音楽プロデューサー。1983年、TM NETWORKを結成し、1994年に「プロジェクト終了」宣言。その後は楽曲を手がけたtrf、篠原涼子、安室奈美恵などが次々とミリオンヒットを記録し、プロデューサーとして注目を集める。なお番組では2008年11月8日に、BUBBLE-B出演で「緊急企画！　検証：TKサウンドが遺したものとは何か？」という特集が組まれた。

★8　『ムーンウォーク』
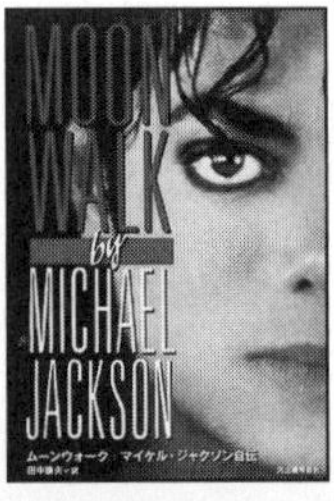

マイケル本人が語り下ろした唯一の自伝。河出書房新社より発売。日本語訳を手がけたのは、長野県知事と衆参国会議員を歴任した作家・田中康夫。

★9　田中康夫
新党日本代表、前衆参国会議員、作家、前長野県知事。1956年生まれ。大学在学

宇多丸　政治記者たちが。

西寺　はい。それで僕からも質問したいことがたくさんあるので、毎週飲み会をするように……。

宇多丸　ある種、勉強会じゃないけど、というような。

西寺　で、その政治記者も今これを聴いてます。正座をして聴くと。

宇多丸　夜な夜な集まりが。

西寺　次には**議員を呼びましょう**と言ってます。

宇多丸　呼びましょうって、その集まりにね？　マイケル・ジャクソンが好きでソニーから話が来るところまでは分かるんだけど、自民党が好きでというのは**なかなかのみ込みにくい**ところですよね。

西寺　それでちょっと話を戻しますけれども、仕事として宇多丸さんのこの番組に出させてもらうにあたり、どういう切り口でいったらいいのかと考えまして。そこで、その毎週やっている政治飲み会でも、いろんな新しい情報や**「郷太さん、こんなニュースありますよ」っていうオフレコの情報**とかがメールで来るわけですよ。

宇多丸　どういう立場なんですかね!?

西寺　それをネタにしてもいいと言うので。この件に関しては大丈夫だと。だけど「実は僕、政治に詳しいので、こんなことが本当にあったらしいですよ」ということももちろん今日話しますが、それだけだと何か〝伝言くん〟みたいじゃないですか。

宇多丸　なるほどね。確かに右から左へ伝えているだけなんじゃないかと。

西寺　それで自分が詳しい何かと音楽、何かと何かが合体しないかなと。ということで僕の頭の中

中に執筆した『なんとなく、クリスタル』（河出文庫）で文藝賞受賞。2000年、長野県知事に就任。2002年に知事不信任案可決により失職を選択するも、選挙で再任され、2006年の任期満了まで務める。

★10　小沢一郎　生活の党と山本太郎となかまたち共同代表、衆議院議員。1942年生まれ。1993年、自由民主党を離党して新生党を作り、「新党ブーム」を巻き起こす。それにより、38年間にわたって続いていた自由民主党と日本社会党の二大政党体制（55年体制）が崩壊。〝政界の壊し屋〟と異名を取るほど政界再編のキーマンとして注目を浴びる。

のデータベースを組み合わせた時に、なんとですよ！　小沢一郎、それからマイケル・ジャクソンが、**もうほとんど同じ人じゃないかと思うぐらい重なる**ことに気がついたんです!!

宇多丸　アハハハハハ！　あの〜、かなりマッドなところに来ているんですけど。

西寺　これちょっとね、今はマッドだと笑われると思うんですよ。しかし僕が言うことをこれから検証してもらうと、まさに同じじゃないかと。

宇多丸　この放送が終わる頃には「なるほど！　小沢一郎とマイケル・ジャクソンは同一人物じゃないか！」と？

西寺　**アハハハハ！**

宇多丸　自分も笑ってるじゃないですか！　まずね、さっきも言ってたんですけど、マイケル・ジャクソンは有名、小沢一郎も有名、でもマイケル・ジャクソンと小沢一郎という**この組み合わせは、たぶん史上初**ですよね。

西寺　僕も昨日思いついた時に、**2分くらい死ぬかと思いました**。

宇多丸　アハハ！　2分くらい死ぬってどういう状態なんですか！

西寺　なんかその呆然としてしまって。頭の中でだんだんこう組み合わさっていって……。

宇多丸　全部ガキーン、ガキーンとトランスフォームしていったわけですね。

西寺　そうです、ガシャガシャガシャガシャって。

宇多丸　はあ〜。

西寺　まず最初に気がついたのは、デビュー年なんですよ。

宇多丸　ちょっと待って、**デビュー年？**

西寺　はい。ここでまず、僕はアレ？　と思ったんです。1969年10月にマイケル・ジャクソン

★11『NUMBER ONES』

2004年に発売されたマイケル・ジャクソンの同名ベストアルバムの映像版。西寺郷太による渾身の解説が付いたライナーノーツが収録されている。

★12 ジャクソン5

ジャクソン・ファミリーの兄弟5人で構成された音楽グループ。デビュー曲『I Want You Back』から立て続けに全米チャート1位を獲得。1970年代のアメリカを代表するグループとなる。1990年に解散。

がジャクソン5〈★12〉のリードボーカルとして、若干11歳にして初めてのシングル『I Want You Back（帰ってほしいの）』〈★13〉を発表しました。

宇多丸　名曲ですね。

西寺　そして12月に『Diana Ross Presents The Jackson 5』〈★14〉という初めてのアルバムをリリースするんですよ。シングルは69年の10月に発売されましたけども、ヒットしたのは11月から12月にかけてという感じです。一方、当時27歳だった小沢一郎さんは父親佐重喜《さえき》〈★15〉さんの急死を受け、１９６９年12月27日の総選挙で、この若さにて初当選されています。

宇多丸　ほお〜。

西寺　これはもう同期中の同期です。**デビュー年、まったく同じ！**

宇多丸　なるほどね。マイケルも普通より早いデビューですからね。

西寺　ものすごく若いですね。でも小沢さんの27歳のデビューも、ものすごく早いんです。それで、このデビュー年の意味をみなさんに考えてほしいんです。政治家の世界、芸能界、すべてにおいてものすごく重要です。年齢じゃありません。

宇多丸　それはどういうことですか？

西寺　芸人の人も「**兄さん**」とか言いますよね。つまり歳が上でも下でも、デビューした年、初舞台を踏んだのが早いほうが兄さんです。

宇多丸　なるほどなるほど。

西寺　政治の世界も、何回当選というのがすごく重要ですから。若くても当選回数が多いほうが偉いんです。

★13『I Want You Back（帰ってほしいの）』

1969年に発売されたジャクソン5のメジャー・デビュー・シングル。「Billboard Hot 100」と『ビルボード』誌のR&Bチャートで共に1位を獲得した。

★14『Diana Ross Presents The Jackson 5』

1969年に発売されたジャクソン5のファースト・アルバム。先行シングル『I Want You Back（帰ってほしいの）』の大ヒットもあり、こちらもヒットを記録した。

宇多丸　目上なことになる。

西寺　完全に目上です。それを考えるとですね、現在の総理大臣の福田康夫《やすお》〈★16〉さん、この人は第39回1990年の衆議院選挙でデビューされています。

宇多丸　遅いんですよね？

西寺　69年にデビューした小沢さんから21年経った時です。

宇多丸　じゃあ小沢さんから見ればもうぺーぺーなわけですね。

西寺　ぺーぺーなんです。当時の幹事長が小沢一郎なんです。

宇多丸　あ〜そうか、要するにトップ対杉村太蔵《たいぞう》〈★17〉とかみたいな。

西寺　そうなんですよ。

宇多丸　なるほど、その視点はなかなかね。

西寺　これはもうね、福田康夫さんも完全に世話になっているんです。そして安倍晋三〈★18〉元総理大臣、彼に至っては1993年梶山静六《かじやませいろく》〈★19〉幹事長の時の新党ブームが起こって、当時細川護熙《もりひろ》〈★20〉さんとか新党さきがけとか新生党とか、いろんなものが出ましたね。その時の選挙で受かった人なので、実際自民党に小沢一郎さんがいなくなってからのデビューです。

宇多丸　じゃあもう**小沢一郎から見れば赤ん坊**、俺が始めた時があいつ生まれた年だよ、みたいなそういう。

西寺　宇多丸さんからしたら、今、マイクを持ったラッパーみたいなものですよ。

宇多丸　いや、これはいちばん脅威に感じるところですけど。

西寺　アハハハハ！　そしてマイケル・ジャクソンも同じなんですが、最初のデビュー当時から連続4回ナンバーワンヒット〈★21〉を飛ばしている。アメリカ芸能界史上、こんなことは

★15　**佐重喜**
小沢一郎の父・小沢佐重喜のこと。政治家、弁護士。吉田茂の側近として活躍し、吉田内閣時代には第11代運輸大臣、初代郵政大臣、第10代建設大臣を歴任。

★16　**福田康夫**
第91代内閣総理大臣、第67〜69代内閣官房長官、男女共同参画担当大臣、第41代沖縄開発庁長官。1936年生まれ。放送当時（2007年）は福田康夫内閣が発足して間もない頃。翌年、内閣総理大臣および自由民主党総裁の辞職を発表し、内閣総辞職となった。

★17　**杉村太蔵**
元衆議院議員。1979年生まれ。2005年、第44回衆議院議員総選挙において当時最年少当選を果たし、自由奔放な発言でメディアを賑わせる。2010年の参議院議員選挙に落選して以降はタレント、政治評論家として活躍。

★18　**安倍晋三**
第96代内閣総理大臣、第25代自由民主党総裁、衆議院議員。

なかったわけです。日本だとデビューから連続何位というのは当たり前に思いますけれども、アメリカでは前代未聞の出来事です。

宇多丸　いきなり資本投下しても難しいところですよね。実力がないと難しい。

西寺　そしてですね、彼ら2人、**小沢一郎とマイケル・ジャクソンは、本当に偉大な〝オヤジ〟という存在を持ちます。**「オ」にアクセントのあるオヤジです。

宇多丸　オヤジ。つまり直接の血の繋がったお父さんではなく、ということですね。

西寺　直接血の繋がったお父さん小沢佐重喜さんも政治家、吉田茂《しげる》〈★22〉さんの懐刀《ふところがたな》というか信頼されておられましたけれども。マイケル・ジャクソンのお父さんもアマチュアバンド「ファルコンズ」でギタリストをしていまして、その辺も似てますね。ミュージシャン、政治家という意味で非常に似ているんですよ。ただし政界に小沢さんが入り、そしてミュージックビジネスにマイケル・ジャクソンが入った時は、**モータウンレコード**〈★23〉**という会社からデビュー**します。

宇多丸　これは音楽好きなら誰もが知っている、ブラックミュージック界のみならず、世界のポップミュージックシーンを変えたレーベルですね。

西寺　そうなんですよ。マーヴィン・ゲイ、ダイアナ・ロス&シュープリームス、それからテンプテーションズ、ミラクルズ、スモーキー・ロビンソン、スティービー・ワンダーもそうですね、挙げきれないくらいたくさんのアーティストがいます。そこにマイケル・ジャクソンも入りデビューするんですが、その時に社長である**ベリー・ゴーディ・ジュニア**〈★24〉という偉大な人物と出会います。この人は作詞作曲家としてもたくさんの名曲を作っています。実

1954年生まれ。2006年、戦後最年少で第90代内閣総理大臣に指名される。翌2007年に突然退陣を表明し、そのまま入院。2008年に活動を本格的に再開。2012年、吉田茂以来の内閣総理大臣再就任を果たす。

★19 **梶山静六**
元衆議院議員。1926〜2000年。1992〜1993年にかけて第29代自由民主党幹事長を務めるが、自民党分裂や野党転落の責任を取り辞任。1995年の自民党総裁選で橋本龍太郎総裁誕生のキーマンとなり、橋本内閣では第60〜61代内閣官房長官を務めた。

★20 **細川護熙**
政治家、肥後細川家第18代当主。1938年生まれ。1993〜1994年にかけて第79代内閣総理大臣を務める。非自民・非共産連立政権内閣の発足により、自由民主党は結党以来初めて野党に転落した。1998年、還暦を機に一度政界を引退した。

際マイケル・ジャクソンの『I Want You Back』も共作者の1人として名を連ねていますし、社長だというだけでなく、音楽作りの能力にもすごく長《た》けた経営者です。

宇多丸 なるほどなるほど。

西寺 黒人であるベリー・ゴーディは、ブラックミュージックで白人エスタブリッシュメントに闘いを挑みました。

宇多丸 そうですね、当時は考えられない。今でこそブラックミュージックがポップチャートの上位に入るのは当たり前ですけど、当時はマーケットが違っていたんですよね。人種によって聴く音楽が完全に分かれていたところに、モータウンの曲が普通にチャートに入るようになってきたっていうのは大きな革命でした。

西寺 もう1つ、音楽をただやっているだけではなく、黒人にお金が入るようなシステムを作ったのがベリー・ゴーディさんです。

宇多丸 それまで黒人アーティストは、要するに白人的な資本に搾取《さくしゅ》されていたけれど、モータウンは完全に黒人側に立つ会社だったたってことですね。

西寺 片や、小沢一郎さんがオヤジだと尊敬していたのが、田中角栄〈★25〉さんです。田中さんも小学校を卒業されて、経営者としては成功されていたんですが、普通だったら岸信介《きしのぶすけ》〈★26〉さんにせよ、当時の政界というのは皆、東大や京大卒のエリートばかりで。

宇多丸 日本のエスタブリッシュメントね。

西寺 もともと官僚だった人がそのまま政治家になったような。もう東大の中でも1番か2番に賢い人が大臣になり、政治家になったあとの頂点として総理大臣になるという形のところに、田中角栄という人はベリー・ゴーディと同じようにケンカを挑むわけですよ。

★21 **最初のデビュー当時から連続4回ナンバーワンヒット**
ジャクソン5はデビュー曲『I Want You Back』を筆頭に、続く『ABC』『The Love You Save』『I'll Be There』まで、4曲連続全米チャート1位に輝いた。

★22 **吉田茂**
外交官、第45・48〜51代内閣総理大臣。1878〜1967年。第二次世界大戦終戦後、外務大臣を経て内閣総理大臣に就任し、サンフランシスコ平和条約、ならびにアメリカとの安全保障条約締結に尽力。5回にわたり内閣総理大臣に任命され、敗戦後の日本の礎を築いた。

★23 **モータウンレコード**
ベリー・ゴーディ・ジュニアが1959年に設立した、ソウルミュージックやブラックミュージックのレコードレーベル。発祥地であるアメリカ・デトロイトは自動車産業で知られ「Motor town」と呼ばれていることから、この名が付いた。

宇多丸　なるほど。ある種の革命を。

西寺　はい。そして田中角栄さんもただの政治家ではなく、政策立案能力がともかく優れていた。

宇多丸　議員立法の数が半端じゃないというのもありますからね、伝説的に。

西寺　ということで、**天才的リーダーに小沢一郎さんもマイケル・ジャクソンも特別可愛がられるんです。**

宇多丸　天才児として。

西寺　そうですね。たまたま田中角栄さんの亡くなったご長男と同じ年に小沢一郎さんがお生まれになって、自分の息子みたいな存在だと。その頃二世議員とかもどんどん出てきていましたから、田中角栄さんにいろんな若手たちが挨拶に来るけど、みんなツルッとしたいい感じの坊ちゃん顔だったと。だけども小沢さんが「よろしく」と言いに来た時は、帰ったあと「**あいつはルックスがいい**」と。

宇多丸　やっぱ顔が怖いっていうのはねぇ。

西寺　これはね、**小沢さんもある種のアイドル**なんですよ。あそこまで顔がちょっと現代的な感じと違う、昔の時代の感じ。

宇多丸　そうですね。岩石的なというかね。顔自体に威圧感がある。

西寺　**二代目顔**というよりは、基本的には**初代顔**じゃないですか。

宇多丸　確かにそうですね。俺も当時のお話を聞いてて「あ、小沢さんて二世なんだ」って今気づいた。なんかそうですね。誰かに頼ってきた感じがしませんよね。

西寺　顎がすごく大きいんですよ。

★24 ベリー・ゴーディ・ジュニア
音楽プロデューサー・実業家。1929年生まれ。1959年にミシガン州デトロイト市にモータウンレコードを設立。テンプテーションズ、シュープリームスやスティービー・ワンダーなど、数多くの黒人アーティストを世に送り出した。

★25 田中角栄
第64・65代内閣総理大臣。1918〜1993年。自民党最大派閥を率い、道路法の改正や特別会計法など、100本以上もの議員立法を成立させ、戦後日本の社会基盤整備に多大な影響を与える。1976年、ロッキード事件発生により逮捕。政界を離れても強い影響力を持ち続けていたため〝闇将軍〟とも言われた。

宇多丸　固いものをよく噛んでいる。

西寺　**マイケルもすごく顎がでかいんです。**ジェームズ・ブラウンもでかいんです。

宇多丸　それじゃあアントニオ猪木も、みたいなことになっちゃうじゃないですか！

西寺　アハハハハ！　だけどそれだけ、田中角栄さんは「こいつはルックスがいい」と。

宇多丸　なるほどね、アイドルの素質があると。

西寺　そうなんですよ、そこでいろいろ考えついたんですよ。「あ、田中軍団〈★27〉ってあったな」と。メンバーに金丸信さん、竹下登さん、二階堂進さん、奥田敬和《けいわ》さん、渡部恒三さん、梶山静六さん、橋本龍太郎さん、小渕恵三さんといっぱいいます。これとダイアナ・ロス＆シュープリームス、スモーキー・ロビンソン、スティービー・ワンダー、テンプテーションズ、マーヴィン・ゲイ、モータウン帝国も似ているじゃないかと。

宇多丸　**要するに田中派はモータウン帝国だと。**

西寺　はい、ここからどれだけの総理大臣が生まれたかという話です。

宇多丸　スターもスター、きら星のごとく。

西寺　小渕さんも橋本さんもそうですよね、この辺は竹下さんも羽田孜《つとむ》さんも結局総理大臣になりましたし。そしてスター軍団の中でも小沢さんは特別可愛がられていたし、愛着も持たれていて、周りにはちょっと嫉妬されているというか、オヤジはこいつばかりひいきにしてみたいな。

宇多丸　マイケル・ジャクソンにもそういうのはあったんですか？

西寺　若くしてあれだけのスターになってますから。やっぱり芸能ビジネスというのは嫉妬の塊ですからね。政治も同じです。なので、やはり特別扱いっていうのはあったと思います。

★26　岸信介
第56・57代内閣総理大臣。1896〜1987年。東京帝国大学法学部卒業後、農商務省に入省。東條英機内閣の大東亜戦争開戦時に閣僚だったため、戦後A級戦犯として逮捕されるも不起訴に。その後、政界に復帰し、内閣総理大臣となった。

★27　田中軍団
田中角栄が発足した自由民主党の派閥・木曜クラブを母胎とした、強い影響力を持つ政治グループ。旗揚げ当時は81名が参加。ロッキード事件で田中角栄が逮捕されても脱会する者はおらず、むしろ入会者を増やし、1984年には118名に。この頃から田中軍団と呼ばれるようになる。

宇多丸　なるほどなるほど。

西寺　そして小沢一郎とマイケル・ジャクソン、この2人に**共通した美学**があります。

宇多丸　美学!?

西寺　はい。それぞれのオヤジにミュージックビジネスにおける**「ヒットチャート」**、政治家における**「選挙」**の大切さを教えてもらいました。

宇多丸　つまり、大衆の支持ということなんですかね。

西寺　そうなんです。勝利に対する執念。一部の評論家に左右されず、大衆による得票、チャートを重視する姿勢。黒人音楽をアメリカ中に広めるというベリー・ゴーディの理念。それから日本の取り残された地方と都市のバランスを矯正《きょうせい》していく『日本列島改造論』〈★28〉という大ベストセラーに集約される、田中角栄さんの理念。マイケル・ジャクソンと小沢一郎さんは、**それぞれの理論のまさに継承者**なわけです。そういう意味では、本当に申し子です。**もうほとんど、ここまで一緒です!**

宇多丸　アハハハハ!　確かにここまでくると同一人物としか思えない!

西寺　あとね、オヤジの出身地。ベリー・ゴーディは自動車産業のメッカ、デトロイト。そして日本海貿易の拠点、新潟からは田中角栄さんが生まれています。共に冬が厳しく、海と湖を利用した海外異文化との交流も深い土地柄です。

宇多丸　なるほど、視野が世界的な方向に広がりやすい。

西寺　そうなんですよ。ザ・ビートルズ〈★29〉のリバプールも同じだといわれていますね。

宇多丸　あ〜なるほどね、確かに港町だ。

★28『日本列島改造論』

1972年に日刊工業新聞社より発売された田中角栄の著書。自由民主党総裁選挙を控え、日本列島を高速道路や新幹線で結ぶなど田中角栄が提示するマニフェストが書かれている。91万部のベストセラーとなった。

★29 ザ・ビートルズ

イギリス・リバプール出身の伝説的なロックバンド。1962年10月にレコードデビュー。メンバーはジョン・レノン、ポール・マッカートニー、ジョージ・ハリスン、リンゴ・スター。初期の音源は黒人音楽の影響が色濃かった。

西寺　アメリカからいろんな人がどんどん入ってきて、輸入されていた新しいレコードなどをジョン・レノンやポール・マッカートニーとかも聴いていて。

宇多丸　アメリカの黒人音楽みたいな、リズム＆ブルースに影響を受けたということですもんね。

西寺　モータウンのカバーもさんざんしてますからね。

宇多丸　ビートルズはモータウンに憧れていたんですかね？

西寺　はい。で、このような場所は激しいリズムの音楽が好まれるんですよ。

宇多丸　ほうほう。デトロイトはいいとして、新潟となると？

西寺　新潟はいつもキャンペーンで行くんですけど、ハードコアな音楽がすごく流行ってるんです。

宇多丸　ハードコアな音楽？　急に抽象的じゃないですか！　新潟だったら昔からの祭りのこととか言わないとダメじゃないですか！

西寺　アハハハハ！　すみません、そこはちょっと欠けてました。でも、ほとんど一緒だなと僕は思いましてね。強いリーダーを生む土壌があるんじゃないかとか。

宇多丸　強いリーダーを生む土壌なのかなぁ……ちょっと待ってくださいよ。

西寺　**上杉謙信さんもいますよ。**やっぱりすごく何ていうのかな、大きいリーダーを……。

宇多丸　なるほど。厳しい自然の猛威を乗り越えるような強いリズム感というか生命力あふれるパワーと、そして港町ならではの広い視野みたいな感じですかね？

西寺　そんな環境から田中角栄、そしてベリー・ゴーディというのは生まれ。

宇多丸　と同時に、ちょっと捨て置かれた地域でもあるわけですよね。中心地からは少し離れているとかね。そこから起こす草の根革命みたいなところですかね。

西寺　そうです。ニューヨークやＬＡではありませんから。東京や大阪じゃないところから生まれて来たということなんですけど。

宇多丸 マイケル・ジャクソンと小沢一郎の顔が、だいぶ重なって見えてきたところで。

西寺 ほとんど一緒です。**たぶん小沢さんの額に1本ちょろちょろっと今、マイケル風の前髪が見えてきたところで。**

宇多丸 ちょっと1曲。ここらで一発、改めて語り手は音楽をやっている人だよというのをね、リスナーに分からせる意味でも。

西寺 こんな話をしたあとにかける曲でもないような気もしますけど。

宇多丸 いやいや、これはもうテーマにぴったりの方向でお願いします。

西寺 アメリカやイギリスでは政党のことをパーティ〈★30〉と言いますから。NONA REEVESもパーティを大事にしているということで。小沢さんがいろんなパーティを作ったり渡り歩いたり、そういう意味で「パーティは何処に?」という。

宇多丸 なるほど、これ小沢さんの気持ちを歌った歌なんだと考えて頂いても間違いない?

西寺 Where is the Party?　ということでね。

宇多丸 それでは曲紹介をお願いします!

西寺 はい。それではNONA REEVESで『パーティは何処に?』〈★31〉。

♪NONA REEVES『パーティは何処に?』流れる

宇多丸 **小沢一郎で『パーティは何処に?』**、違った!　NONA REEVESで『パーティは何処に?』でした。マイケル・ジャクソンと小沢一郎、だいぶ重なってきたところで……。

★30 **政党のことをパーティ**
パーティ(party)には「催し、会合」「団体、グループ」のほかに「政党、政治的集団」という意味もある。

★31 **『パーティは何処に?』**

NONA REEVESのサード・アルバム『Destiny』に収録。作詞・作曲：西寺郷太。

西寺 まだ重なってないと思いますが、**もうちょっとしたら絶対重なります！**

ほぼ同一人物説、いよいよ核心へ

宇多丸 西寺さんは『パーティは何処に？』という本当にいい曲を作って歌っているんだけど、今日のメインの話は改めて、マイケル・ジャクソン、小沢一郎ほとんど一緒説。ほぼ同一人物説。〝ほぼ同一人物〟っていう定義は存在しないんだけどね。

西寺 マナカナ[★32]説。双子なくらい似てる。

宇多丸 同じ星の下《もと》にというね。ということで、ベリー・ゴーディ・ジュニアと田中角栄に影響を受けて、良きオヤジを得ているというところまで来ましたけど。

西寺 ここからちょっと核心に迫っていいですか？

宇多丸 核心!? あ、ここからが核心なんですか、はい！

西寺 **モータウン凋落とロッキード事件**[★33]というのがあるんですけど。盤石な体制を築いていたモータウンレコードと自民党田中派。さっき言いましたよね、スターがきらびやかで、もう誰も反対できないぐらいの勢いがあって。

宇多丸 今でこそ想像できないですけど、田中角栄という人は本当に人気のある政治家だったんですよね。

西寺 そうです、すごかったですね〜。しかしあまりのワンマン故に、時が経つにつれ力をつけてきた仲間、弟子、部下たちは、それぞれの事情で離れていってしまいます。みんながオヤジからの卒業というのを始めるんです。これはモータウンと自民党の田中派も同じです。

★32 **マナカナ**
双子の女優、タレント、歌手として活躍している三倉茉奈、三倉佳奈のこと。

★33 **ロッキード事件**
旅客機の受注を巡り、田中角栄をはじめ政界に航空機の製造を行うロッキード社より多額の工作資金が渡されていたことが明るみに。受託収賄と外国為替・外国貿易管理法違反の疑いで前首相・田中角栄が逮捕され、日本中が衝撃を受けた。

★34 『What's Going on』

1971年に発売されたマーヴィン・ゲイのアルバム。マーヴィン自身がセルフ・プロデュースを行ったモータウン初のコンセプト・アルバムで、反戦などの強いメッセージ性が打ち出され、のちのミュージシャンたちに多大な影響を与えた。

宇多丸 確かにマイケルもそうだし、ダイアナ・ロスもしかり。

西寺 スティービーはギリギリ残りましたけど、マーヴィンもレーベルが晩年変わりました。このベリー・ゴーディ・ジュニアさん、モータウンの場合はですね、田中派とすごく似ているんですけど、利益の分配をあまりにも怠《おこた》ってしまった。それと本人たちに作詞作曲プロデュースの権利を与えなかったため、だんだん成長したアーティストが大量離反します。

宇多丸 要するにアーティストエゴが出てきますからね。

西寺 それをワンマンぶりで抑えようとしたんです。みんなが「俺はこういう音楽やりたい」と言い始めたことを「いや、そういうのは売れないから。おまえらは分かってない」と言って。しかし彼が反対したアルバムは、マーヴィン・ゲイの『What's Going on』〈★34〉です。

宇多丸 まさに歴史に残る名盤ですね。

西寺 あとスティービー・ワンダーの『Talking Book』〈★35〉だったり、あのあたりのニューソウルと呼ばれる音楽ですね。僕も大好きなんですけど、「こんなの絶対ダメだ」と低評価で大反対を受け、にもかかわらず大ヒットしました。みんな半ばケンカ腰でゴーディへの腹いせに制作したんですよ。

宇多丸 なるほど、政治的なメッセージを織り込んだりとかね。時代はむしろそっちだった。

西寺 そしてそれがウケたことによって、ゴーディの感覚というのがズレてきたことが露呈します。彼はミュージシャンサイドからの信頼を大きく失ってしまった。

宇多丸 なるほどね。お前の言うこと聞かないほうがうまくいったじゃねえかと。

西寺 そうなんですよ。それでマイケル・ジャクソンも成長しました。で、兄弟も音楽面経済面で

★35『Talking Book』

1982年に発売されたスティーヴィー・ワンダーのアルバム。ここから『Superstition（迷信）』『サンシャイン（You Are the Sunshine of My Life）』の全米1位のシングルが生まれた。

★36『The Jacksons』

1976年に発売されたジャクソンズのアルバム。モータウン・レコードからCBSへ移籍後初のアルバム。『Enjoy Yourself（僕はゴキゲン）』などのシングルヒットを収録。

宇多丸　ゴーディと対立して。これ覚えておいてください、1975年、**モータウンと決別します。**

西寺　75年。はい。
76年、新しいレコード会社CBSへと移籍して、ファーストアルバム『The Jacksons』〈★36〉を出します。この時ゴーディとマイケルは大ゲンカをするんです。ベリー・ゴーディ・ジュニアがマイケル・ジャクソンに何と言ったか？**「お前ら兄弟には『ジャクソン5』という名前を使わせないぞ」**と。でももともと田舎にいた時から彼らは「ジャクソン5」という名前で活動していたんです。

宇多丸　契約する前から使っていた。

西寺　なのにモータウンが登録商標を取っているから「ジャクソン5」を使うなと。これはもう「RHYMESTER」使うな、「NONA REEVES」使うなと言われるようなもんです。

宇多丸　抜け目なく、その辺は押さえていたわけですね。

西寺　いい曲や、いいプロデューサーを手配して、アメリカに何人でもいるだろうジャクソンという姓の……鈴木とか佐藤みたいな名前ですから……歌のうまい子を集めて、それで「新しいジャクソン5をモータウンからデビューさせるぞ」とやったんです。新加勢大周〈★37〉みたいですが。

宇多丸　俺も今、それを思い浮かべました。いくらでも代わりはいるんだぞと。

西寺　これは決定的にマイケルを怒らせます。俺のことをそういう風に思っていたのかと。

宇多丸　使い捨ての駒だと思っていたのかと。

西寺　そうです。でもこの企みが絶対に無理だったことは、マイケルがその後の歴史で証明していきます。マイケル・ジャクソンの代わりは誰もいなかったわけです。それで、ここで完全な

★37 **新加勢大周**
90年代に人気となったタレント加勢大周。新事務所設立の際、前事務所が「加勢大周」の名を商標登録出願しており、この芸名を使うことができない事態に発展。しかし裁判で勝訴となりその名の使用は認められたが、前事務所が「新加勢大周」というタレント（現・坂本一生）をデビューさせた。

★38 『Destiny』

1978年に発売されたジャクソンズのアルバム。作詞作曲からプロデュースにいたるまでジャクソンズ自らが行ったアルバムで、『Shake Your Body(Down to the Gro-und)』というモータウンからの移籍後の最大のヒットシングルも生まれた。

決裂をいたしまして、ジャクソンズはCBSに移籍。そしてその後『Destiny』〈★38〉というアルバムで……さっきの『パーティは何処に?』の入っていたNONA REEVESのアルバムも『Destiny』という名前なんですけど。

宇多丸　なるほど、あの曲はオマージュを捧げているんですね!

西寺　はい。これで兄弟が自らプロデュースした作品を何年か後にヒットさせることに成功して、ここである種1つ目の**ベリー・ゴーディへの意趣返し**をするわけですよね。そして小沢一郎さんの場合、まったく同じ頃です。1974年の12月に、立花隆《たかし》〈★39〉さんの書かれたスクープ記事をきっかけに、いろんな意味で金権政治に対する批判が高まりまして、田中角栄さんが内閣総辞職をします。そして76年です。マイケルが移籍してから新しいアルバムを出した頃、**ロッキード事件が発生**するんです。ロッキード事件については長くなりますから触れませんが、これは政界を揺るがした大事件に発展しました。

宇多丸　これは当時の人気でいったら小泉純一郎〈★40〉がいきなり逮捕されちゃったとか、そういう話ですから。

西寺　そうですね、それぐらいの衝撃でしたね。しかしながら結局逮捕されたけど俺は悪くないということを田中さんは言い続けていましたし、田中派は鉄の軍団ですから、ずっとフォローをしていたわけです。でもだんだんちょっと無理なんじゃないかと思い始めた。なぜかというと、田中角栄さんは1985年の2月——これも覚えておいてください——、85年の2月に病に倒れるまで、自ら総理大臣にカムバックすることを夢みて政界をずっと裏から支配してきたんです。田中派は当時最大派閥でした。政界というのは人数で動きますから、だから

★39 **立花隆**
ジャーナリスト、ノンフィクション作家。1940年生まれ。1974年、『文藝春秋』に当時の内閣総理大臣・田中角栄に関する金脈問題を暴いた「田中角栄研究—その金脈と人脈」を掲載。これが引き金となり、内閣支持率は低下。掲載から約2カ月後に、総辞職となった。

★40 **小泉純一郎**
第87~89代内閣総理大臣。1942年生まれ。組閣にあたり、派閥の推薦を受け入れない官邸主導の流れを生み出した。発足時の支持率は戦後歴代1位となる87・1%(読売新聞社調べ)を記録。

★41 **竹下登**
第74代、昭和最後の内閣総理大臣。1924~2000年。自由民主党の最大派閥・経世会の創設者。竹下内閣では、各市区町村に地域振興資金として1億円を交付したふるさと創生事業や、消費税の導入を実施。1988年、リクルート事件発覚により内閣総辞職。

どの派閥の人たちも、田中派を味方につけないことには総理大臣になれなかったわけですよ。つまり田中さんはそれだけの力を維持していた。

宇多丸　陰からコントロールし続けていた。

西寺　しかし体力的に無理だろうという悲観論がいつしか出てくる。それでだんだんニューリーダー竹下登〈★41〉さんを中心に、新しい田中派、いわゆる竹下派にシフトチェンジしていったほうがいいんじゃないかという流れになりました。派閥というのはもともと総理大臣を生み出すためのシステムだったのに、逮捕されたり問題になった人の下で自分たちはどうなるんだろうと。「10年たったら、竹下さん」という歌を歌ったりしながらも、みんな5～6年は待つんです。でも内心いつになったら俺の番が来るのかと。

宇多丸　この院政がずっと俺たちを押さえつけているじゃないかと。

西寺　しかし変にケンカをすると田中派自体が割れる可能性があり、そうなったら元も子もないので、この辺はすごく苦労しました。そしてマイケル・ジャクソンです。その頃マイケルは大きな影響を及ぼすプロデューサー、**巨匠クインシー・ジョーンズ〈★42〉と出会います。**

宇多丸　なるほど。みなさんご存じの話をすると『We are the World』〈★43〉のプロデューサーであったり、『愛のコリーダ』〈★44〉だったり。

西寺　彼は本当に大プロデューサーで、ジャズや映画音楽などいろんなものを手掛けていた人で、ダンスミュージックをその直前くらいからやり始めていたんですけど、マイケルとクインシーが組むっていうのは、ちょっと意外だったわけですよね。

宇多丸　最初はそうなんだ！　異例の組み合わせだったんだ。

西寺　マイケルの周りはめっちゃ反対したんです。クインシーは古い人、おじさんだと。でもマイ

★42 **クインシー・ジョーンズ**　音楽プロデューサー・作曲家。1933年生まれ。50年代より活躍し、グラミー賞などを受賞。1978年の映画『ウィズ』でマイケルと出会い、これを機にソロ・アルバムのプロデュースを依頼される。こうして翌年リリースされた『Off The Wall』を大ヒットに導き、『Bad』までマイケルと強力なタッグが続いた。

★43 **『We are the World』**

1985年にビッグアーティストが結集し「USAフォー・アフリカ」としてリリース。アフリカ飢餓救済のために作られた楽曲で、売り上げはチャリティーとして寄付された。作詞・作曲はマイケル・ジャクソンとライオネル・リッチーが共作で行い、プロデュースはクインシー・ジョーンズが担当した。

ケルが「クインシーがいい」「(マイケルの物真似で) Hello, This is Michael Jackson speaking……」と言って。

宇多丸　アハハ！　さすが、やっぱそこはいいですね〜、いきなりマイケル本人の声で。

西寺　今マイケル・ジャクソンの声が入ったんですけどね。「クインシーがいいよ」って、これは絶対言ったんです。

宇多丸　たしか映画の『ウィズ』〈★45〉で一緒になったんですよね？

西寺　さすが！

宇多丸　『オズの魔法使い』の黒人版ミュージカルの映画版のカカシ役をマイケル・ジャクソンが、音楽プロデューサーをクインシー・ジョーンズがやって、それが最初の出会いだった。

西寺　しかもケンカをしていたベリー・ゴーディが出資した映画だったんですよ。

宇多丸　あ〜なるほど、そうなんだ！

西寺　それでダイアナ・ロスが主演です。マイケルはダメもとで受けに行ったんですよ。「ダメかもしれない」「ベリー・ゴーディは僕を嫌ってるから」と言って。そしたらさすがベリー・ゴーディ、やっぱり才能を認めて、そこはエライですよね。まぁたぶんビジネス的にも考えがあったんでしょう。やっぱりマイケルを出すことにして、マイケルはオヤジに対してある種の感謝をするわけです。それでですね、そこで出会ったクインシーとマイケルについては話が長くなるから置いといて、70年代から80年代にかけて『Off The Wall』〈★46〉『Thriller』『BAD』〈★47〉という名作を……。

宇多丸　おぉ〜、言ってみれば僕らが知っているスーパースター、マイケル・ジャクソンを完全に完

★44『愛のコリーダ』

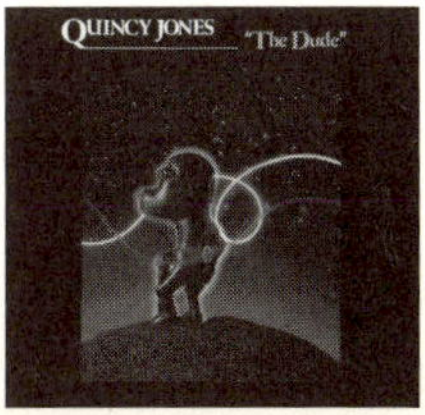

チャズ・ジャンケルの楽曲をクインシー・ジョーンズがカバーし、1982年に大ヒットした。大島渚監督の映画『愛のコリーダ』の日本語タイトルが、曲名の由来となっている。

★45『ウィズ』

1978年・米／監督：シドニー・ルメット／出演：ダイアナ・ロス、マイケル・ジャクソン。ミュージカル『オズの魔法使い』を映画化。ドロシーをダイアナ・ロス、カカシをマイケル・ジャクソンが演じた。

成させた3枚ですよね。

西寺　そうですね。この時がマイケルにとってもある種の絶頂といわれた時代です。音楽的にもセールス的にもピークを極めまして、世界でいちばん売れたアルバム『Thriller』は1億400万枚の売り上げを誇っております。

宇多丸　スゴイよね！

西寺　2位のイーグルスの『The Greatest Hits』というアルバムがあるんですけど、これが4300万枚です。ダブルスコア以上です。

宇多丸　なかなかこれは破られないですよ。

西寺　そうですね。あとAC/DCの『Back in Black』、それから『Saturday Night Fever』。あ、『Back in Black』が2位かな？　4300万枚、4200万枚、4100万枚なんです。なのに、ドーンと頂点でマイケルの『Thriller』が売れていると。

宇多丸　これは当時でいえば、世界中のレコードを買う余裕がある人が全員買ったぐらいですもんね。

西寺　1982年の11月に『Thriller』が発売されたんですが、この時に上越新幹線〈★48〉が開通しています。田中角栄さんの日本列島改造論がついに形になった、完成したんです。これは面白いと思ったんですよ、考えながら頭の中で合体した時に、**何だ!?**　と驚きました。ほんとスゴイと。

宇多丸　なるほどなるほど。

西寺　田中角栄さんはもう院政を敷いてましたから、自分ではその時期にはたぶん思い切って動けていないんですよ。また彼の夢、上越新幹線が自分の部下によって開通したその年に、ベリー・ゴーディもアメリカ音楽界での力を失っていました。**しかしモータウンの遺伝子って**

★46『Off The Wall』

1979年に発売されたマイケル・ジャクソンのアルバム。クインシー・ジョーンズをプロデューサーに迎えて制作された。マイケルによる作詞作曲や、アイデアや意向などが大きく反映されており、このアルバムを境に本当のマイケルのソロ活動が始まったともいえる作品。

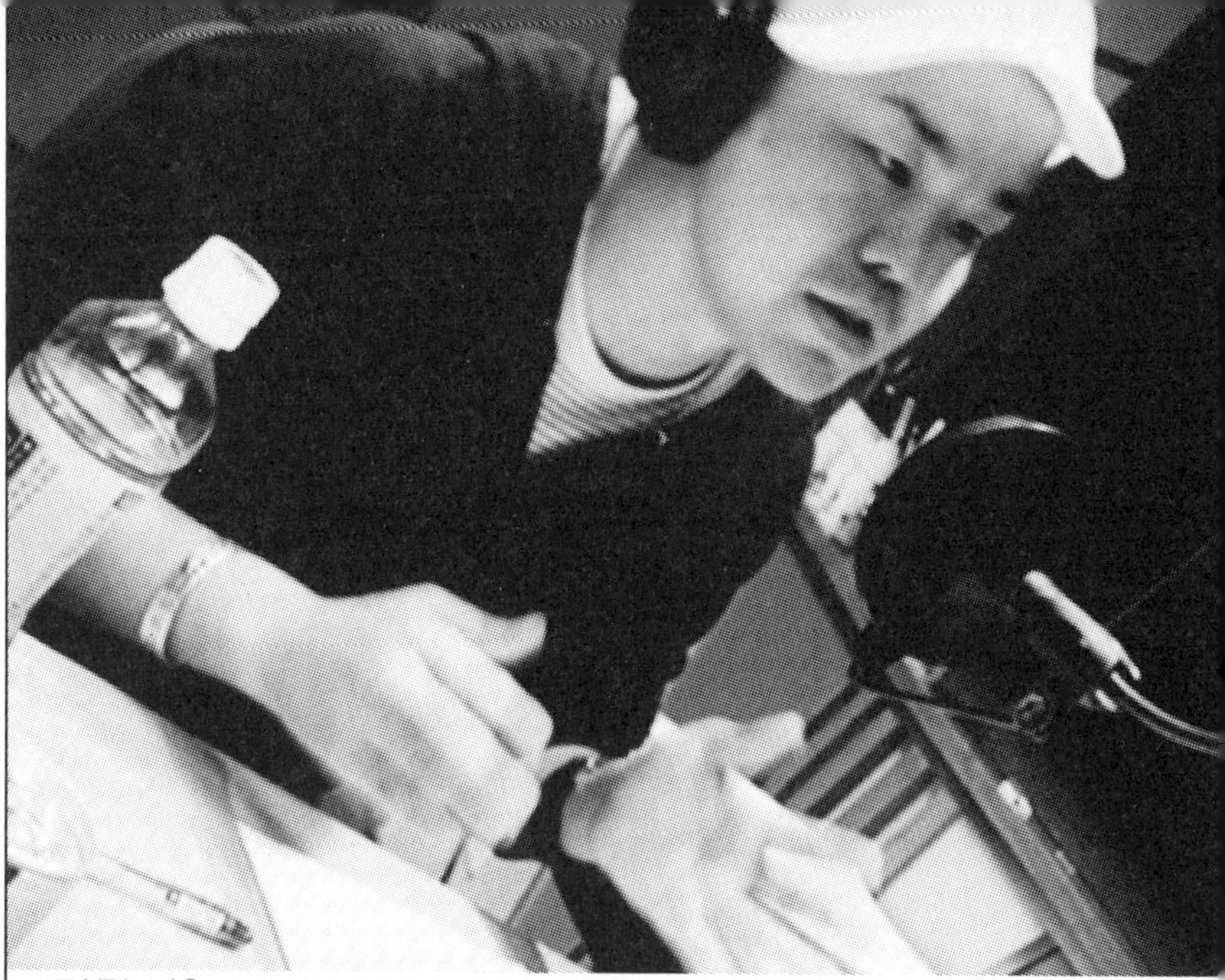

▲西寺郷太氏が「マイケル・ジャクソン研究家」として本格ブレイクしたのは、実はこの特集から。

▼手にしているのは、この放送のために用意したという「MJ ー小沢一郎 ほぼ同一人物研究」レジュメ！

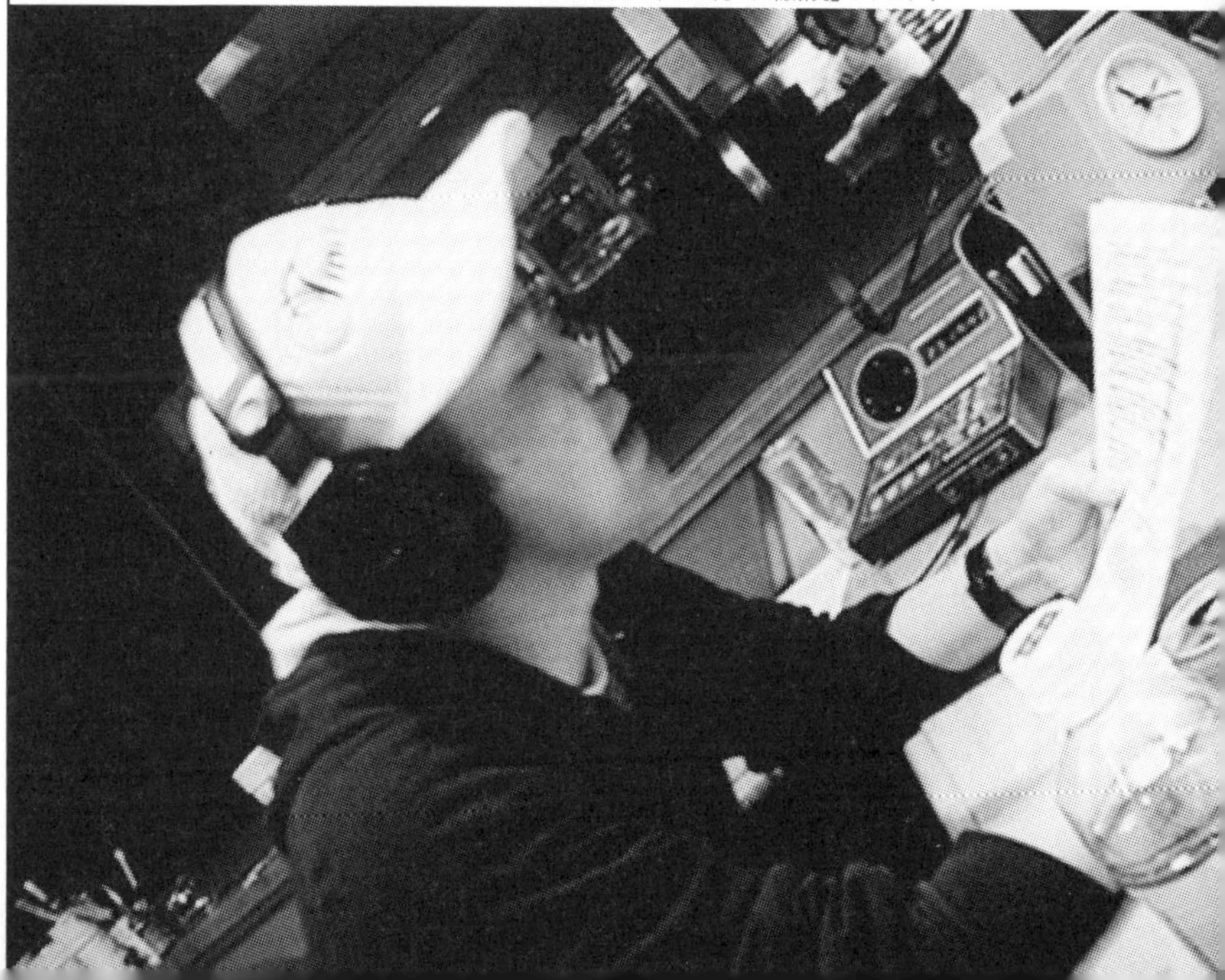

いうのが、『Thriller』によって世界中に広がるわけです。

宇多丸　形になったわけだ。

西寺　そうなんですよ。

宇多丸　ついに実現したわけですね。さっき言っていた、ブラックミュージックが人種の壁を超えるという夢がまさに成就《じょうじゅ》したと。

西寺　同じことがここで。オヤジの意向とはちょっとズレたところに行っちゃったんですけど、黒人音楽を世界に広めようということ、都市と地方を新幹線で結ぶこと。**この２つの夢が叶ったのがまったく同じ1982年の11月です。**

宇多丸　アハハハ！　これ同じだよ！　だいぶ重なってきたよ！　これマイケルというか、その歩みはね。**上越新幹線が『Thriller』だったとは！**　これからみんな上越新幹線に乗る時『Thriller』が鳴り響きますよ！

西寺　**Thriller 電鉄ですよ。**アハハハ！

宇多丸　はー、なるほど、これは盛り上がってきましたね！

西寺　でもさっきもちょっと触れましたけど、１９８５年1月28日にクインシー・ジョーンズとマイケル・ジャクソンは何をしたか？　マイケルとライオネル・リッチーらの呼びかけで、アメリカのビッグアーティストが集結し、チャリティーソング『We are the World』を録音します。１９８５年1月28日です。そしてこの時に、マイケル・ジャクソンは作詞作曲をこなしてサビも歌っています。しかもマイケルだけ別録りです。

宇多丸　そうですよね、あのビデオでね。

西寺　あれは最初に録っているんです。あんなのは本当は許されないんですよ。みんなでエゴを捨

★47『BAD』

１９８７年に発売されたマイケル・ジャクソンのアルバム。ビルボード史上初となる、オリジナルアルバムからの全米チャート５曲連続１位という大記録を達成した。

★48 **上越新幹線**
大宮駅から新潟駅までを結ぶＪＲ東日本の新幹線（列車運行上は東京駅から新潟駅まで）。１９８２年11月15日に開業した。

てろなんて言っておいて……。

宇多丸 みんなで仲良くやるのが主旨だろうに、というね。

西寺 なのにあいつだけ自分の曲だからって、たぶん何回も歌を録ってですね、ビデオも別撮りで。

宇多丸 超特別扱いでしたよね。

西寺 あれはすごくね、結局みんなを怒らせたんです。

宇多丸 あ～、そうなんですか。

西寺 これが**マイケルの頂点**の日だったんです。1985年1月28日。ここからマイケル・ジャクソンは、どんどんどん転げ落ちていく。さっきの「兄さん」の話ですが、マイケルには俺はデビューが早いっていう自負がありましたから。11歳でデビューしている俺には結構キャリアがあると思っていましたが、周りから見たらまだ若造だったわけですよ。片や、小沢さんもクインシーと組んだマイケルのように、金丸さん、竹下さんと「金竹小《こんちくしょう》体制」〈★49〉というのを形成しました。この3人は親戚にもなったんですけど、自民党の最大派閥を取り仕切る主流派として、各政党への根回し、国会対策を得意とする80年代自民党の最強コンビネーションを作ります。そして1989年、第1次海部内閣で史上最年少の自民党幹事長に就任。40代の若さで事実上の天下を取ります。

宇多丸 これがある意味**小沢一郎の頂点**を極めた瞬間ということですね。というあたりでね。あの～やっぱり入りきらなかった！〈★50〉 だから続きはこのあと、NONA REEVESの特集を食ってまでいってみましょう！

★49 **「金竹小体制」**
「金竹小（こんちくしょう）」とは、1980年代後半～1990年前半、竹下登率いる自由民主党の最大派閥である経世会幹部だった金丸信・竹下登・小沢一郎の頭文字。絶大な影響力を持ち、日本の政治を動かしていた。3者は縁戚関係で結ばれている。

★50 **やっぱり入りきらなかった！**
当初、この特集は「前半・自民党史」「後半・NONA REEVES 特集」という2部構成の予定だった。

マイケルも小沢一郎も動物好き

西寺 マイケルは売り上げもすごかったんですけど、1989年エリザベス・テーラーが初めて公の場で、「True King of Pop, Rock and Soul, Michael Jackson」とマイケルを評した。「本当のポップの王様、ロックとソウルの王様」みたいなことを。その俗称はのちに「King of Pop」と変化して、マイケル自身が好んで使うことになります。これね、マイケルはず〜っと嫌だなと思っていたんですよ。なぜかというと、『Thriller』もめちゃめちゃ売れたけど、『BAD』もそこそこ売れたけど、なんか俺って馬鹿にされているんじゃないかと。

宇多丸 あ、そうなんですか?

西寺 と、ず〜っと思っていたはずなんです。マイケル的にはやっぱりプリンスだったりジェームズ・ブラウンだったり、過去のブラックミュージシャンやビートルズとかよりも売れてるのに、なんか俺って軽く見られてるんじゃないかと。

宇多丸 要するに、今名前を挙げられた方たちと比べると、やっぱりアイドル的なね、偶像としての存在という見られ方をしてますよね。

西寺 85年1月28日の『We are the World』、それからこの「King of Pop」って言い始めた頃、これがマイケルへ向けられた世間の目が少しずつ冷たいものになっていくターニングポイントだった。

宇多丸 やっぱりちょっと行きすぎちゃった。

西寺 やりすぎちゃったってことですね。ネバーランド〈★51〉の建設、ビートルズの版権の獲得、繰り返された整形手術、それからリサ・マリー・プレスリー〈★52〉をお嫁さんにもらったりと

★51 **ネバーランド**
マイケル・ジャクソンが住んでいた自宅兼遊戯施設。レコーディングスタジオや映画館、遊園地などが併設されている。カリフォルニア州サンタバーバラ近郊にあり、敷地面積は3000エーカー(約367万坪)。

★52 **リサ・マリー・プレスリー**
マイケル・ジャクソンの元妻。父親エルヴィス・プレスリーと母親プリシラ・プレスリーの一人娘として知られている。

いうのものちにあるんですけど、こういうことで何というかエスタブリッシュメントな白人層からも「あいつは何だ」と、だんだん自分たちの領域を侵してくるような感じを味わわせたのが89年の「King of Pop」宣言なんですよね。

宇多丸 彼自身も整形を繰り返すたびに色が白くなっていったりとか。

西寺 色が白くなることに関しては「白斑《はくはん》症」という病気なのでいろいろな考え方があるんですが、整形は確実に何度も繰り返していますね。本人は2回しかやってないって言ってますけど。

宇多丸 まぁ外からは奇行的なものに見えるようになってきた。

西寺 それでね**小沢さんもマイケルと同じなんですけど、インタビューが大っ嫌いなんですよ。**説明をしない。お父さんの小沢佐重喜の「言い訳をするな」という家訓がありまして、小沢さんは何にも言い訳をしないんですよ。

宇多丸 なるほどなるほど。

西寺 でもそれはやっぱり不親切でもあるんですよね。マイケルも本当にマスコミ嫌いですから、メディアには出てこないし、インタビューを受けない。それによってどんどん悪意が助長されていくと。

宇多丸 直接のファン以外は、なんか変な人ねっていう雰囲気になってきちゃうということですね。

西寺 そうなんですよ。小沢さんに至っては１９８９年、ちょうどマイケルが「King of Pop」と言い始めた年に、先ほども申しました自民党幹事長に就任します。それで１９９１年10月、海部総理大臣〈★53〉が任期満了。海部さんは続投を望んでいたんですが、竹下派の不支持により退任することになりまして、経世会《けいせいかい》〈★54〉会長でその時のリーダーの金丸さんが小沢さん

★53 **海部総理大臣**
海部俊樹のこと。第76〜77代内閣総理大臣。１９８９年の宇野内閣退陣で、最大派閥竹下派に推され首相に就任。90年の湾岸戦争では多国籍軍への資金援助と自衛隊艦派遣を行った。

★54 **経世会**
自由民主党にあった派閥。竹下派、小渕派。１９８７年に竹下登や金丸信らが田中派の大多数のメンバーを率い結成。党内最大派閥として影響力を発揮した。

へ総理総裁にならないかと打診するも、若さや準備不足を理由に断固として断る。のみならず宮澤喜一《きいち》さん、渡辺美智雄《みちお》さん、三塚博《みつづかひろし》さん〈★55〉の3人の総裁候補を、自分の事務所に呼びつけて面接をしたことが報道されます。

宇多丸 これはもう年齢からいえば全然若いんですけど、ということですよね。

西寺 これがさっきの『We are the World』と似ているんです。自分の曲なのにスターを全員呼びつけるという。

宇多丸 あ！　なるほど。自分の曲だということで、すごく若いんだけど従えちゃって、俺がいちばん上だっていうのを見せつけちゃった。

西寺 そうなんですよ。以降、マイケルと小沢さんにはそれぞれの件で生意気だ傲慢だという決定的なイメージが強烈につきまとうことになりました。**ほとんどこれも一緒です。**

宇多丸 ほとんど一緒、アハハ！　なるほどなるほど。

西寺 それでそのあとです。ここからも一緒でかなり端折《はしょ》りますが、マイケル・ジャクソンはその後、クインシーと決別。テディ・ライリー〈★56〉と『Dangerous』〈★57〉というアルバム、ニュージャックスウィングの大胆な導入によって、初めて自分より若い世代と音楽を作ります。

宇多丸 そう言われてみればそうなのか。なんかあまり俺、マイケル・ジャクソンの年齢っていうのを意識したことがなかったんで。

西寺 それまではやっぱり若い青年マイケルだったんですが、ここでマイケルがリーダーになるんですね。同じように小沢一郎さんも細川護熙政権をここで樹立するんですよ。自民党を離れまして、諸党派連立の細川政権〈★58〉の樹立に成功。しかしそれぞれの思惑が交錯して、連立政権は1年で崩壊してしまう。で、連立を離脱した社会党と自民党が組むことにより、

★55 **宮澤喜一さん、渡辺美智雄さん、三塚博さん**
1991年10月に海部首相が退陣を表明。その後継首相を決める総裁選で、宮澤喜一、渡辺美智雄、三塚博の3派閥領袖を竹下派事務所に呼びつけ、小沢一郎による口頭試問を行った。これにより竹下派は宮澤推薦を決定し、宮澤首相を誕生させた。

★56 **テディ・ライリー**
アメリカの作曲家、歌手、プロデューサー。80年代後半に"ニュージャックスウィング"と呼ばれる音楽スタイルを作り上げ、音楽界に多大な影響を与えた。

★57 **『Dangerous』**

1991年に発売されたマイケル・ジャクソンのアルバム。テディ・ライリーをサウンド・プロデューサーとして

村山富市〈★59〉首相が誕生。その後、新進党、自由党、民主党と組織を変えて辛酸《しんさん》をなめながらも日本政治の主人公として活躍しております。

宇多丸　なるほどね、「パーティは何処に?」とね。「Where is the Party?」と。

西寺　そうなんです。この頃から側近とされる人がどんどん離れていきます。フランク・ディレオという敏腕マネージャーが……。

宇多丸　あ、マイケル・ジャクソンの話ですね!? もうだんだん交錯してきてますね!

西寺　一緒です、もういろんな人が離れていきました。でもこれもすべては内緒事が多いというか、勝手に決めちゃうみたいな。

宇多丸　やっぱり自分の城だから、どんどん王様になっちゃったってことですかね。

西寺　そうですね。それに**2人は動物が大好き**です。

宇多丸　アハハハ!

西寺　マイケル・ジャクソンには**バブルスという猿のペット**がいたんですけど。でもこれね、**成長して凶暴化しました。**

宇多丸　アハハハハ!　僕、凶暴化は知らなかったんですけど。

西寺　ある一定の年齢になると人間に反抗的になって「(マイケルの物真似で)Bubbles, Bubbles, Bubbles, Come on!」って。

宇多丸　「ギャー!」

西寺　「Come on!」

宇多丸　「ギャー!」

起用し、新たな音楽を追求。『Thriller』以後では最大のヒット作となった。

★58 **諸党派連立の細川政権**　日本では長年、自民党単独政権を維持していたが、この状況が大きく変化したのは1993年8党連立政権の細川護熙内閣以降である。

西寺　「Don't be afraid」

宇多丸　**全然、懐かなくなってきた！**

西寺　バブルスが手に負えなくなることによって、**マイケルの元に誰も寄りつかなくなっちゃった。**

宇多丸　マイケルのところに行くと凶暴な猿がいるから。

西寺　マイケルも寄りつけなくなっちゃったんです。友達だと思っていたのに。

宇多丸　唯一の友達バブルスも凶暴化する始末。

西寺　そうなんです。それで、**小沢さんにもチビっていう柴犬がいまして。**

宇多丸　これまたストレートな。

西寺　老衰化して散歩に行けなくなっちゃったんです。

宇多丸　アハハハハ！　そりゃそうだろう！　犬はいずれはね。

西寺　これはまったく同じ時期です。

宇多丸　アハハハハ！　大事にしていたペットが自分から離れていっちゃう時期が同じだったと！　要するにより孤独を深める時期だったんですね。

西寺　そうなんです。「いやいや小沢さん、民主党の宣伝やCMとかで犬を連れていたじゃないか」と。でもあれは**モモっていう別のモデル犬**です。でもいろんなところに連れて行って、小沢一郎さんは動物好きをアピールしていました。

宇多丸　**それ動物好きじゃないんじゃないの？**

西寺　犬好きをアピールしているのが、これまた動物好きをアピールしているマイケル・ジャクソンと小沢一郎さんのまったくの共通点。

宇多丸　一時期マイケル・ジャクソンには必ずバブルスが一緒にいましたもんね。

★59 **村山富市**　第81代内閣総理大臣に就任。1924年生まれ。自由民主党の結党（1955年）以来、初の自民党籍を有したことのない内閣総理大臣となり、自由民主党・日本社会党・新党さきがけによる連立政権が発足。

西寺　そうなんです。だけど結局それも離れていっちゃう。まあ小沢さんの場合は老衰ですけど。**チビの消息は事件記者でも知らないと言われています。**

宇多丸　**消息って、死んだんでしょ？**

西寺　いやいや、分からないんですよ。まだ生きているか死んでいるかも分からない。

宇多丸　えー！　歩けなくなって？

西寺　分からないですよ、まだ元気かもしれません。

宇多丸　それはいずれ小沢さんに誰か訊いてほしいですね。

西寺　見たことはないと。しかしですね、ここでまあちょっと言いたいことはいっぱいあったんですけども。

宇多丸　全然いいですよ、NONA REEVESの特集の時間がどんどん食われていくだけですから〈★60〉。

西寺　アハハ！　あの小沢さんが、これ本当の情報なんですけど、実は病気じゃないっていう説が今あるんですよね。

宇多丸　選挙終わってすぐね、ちょっと病院に引っ込んじゃって。大勝ちして意気揚々と出てきても良さそうなところで、あえて。

西寺　出なかったし、いろんなところで体調不良が囁かれていますが、これ民主党の執行部の方は病気じゃないってことみんな知ってるみたいですね。選挙対策でいろんなことをして忙しいところに、基本的にあんまり外に出たがらない上、テレビでしゃべったりすることが嫌いなので。

★60　NONA REEVESの特集の時間がどんどん食われていくだけですから
この時点ではまだ、「NONA REEVES特集」も諦めていなかったことが分かる。

宇多丸　要するに私のこの強面《こわもて》じゃあ、どうせ人気ないでしょ？　みたいな感じはありますよね。

西寺　だから**マイケル・ジャクソンとそこも似ているなと。**なかなか出てこない。

宇多丸　でもマイケル・ジャクソンは仮病ってわけじゃないでしょ？　いつも出てこないじゃないですか。中ではピンピンしてますよ。

政治におけるカツカレーのカツ問題

西寺　あともう1つ言うと、これは最近の情報ですけど、福田康夫さん政権ができましたけど、昔に比べれば全然お金が掛からない選挙になっているらしいですね。

宇多丸　それは選挙区の問題ですか？

西寺　選挙区、小選挙区比例代表並立制〈★61〉っていうのを小沢さんが通したんですけど、そんなこともありながら親分子分という派閥の形がまったくなくなっているので。

宇多丸　昔ほど大事じゃなくなっている。

西寺　全然ないと。これはもう、どれだけないかというと、実は福田さんの選挙の総裁選の前に、みんなで赤坂の某Pホテルでカツカレーを食ったらしいんですよ。カツカレーを食うことがひとつのルールになっているらしくて、安倍さんの時もやったらしいんです。でも安倍さんの時は、そのカツがヒレカツだったらしいんですよ。しかも小さかったようで、「**今回あのヒレカツ小さかったんじゃないか**」っていう文句が出て。

宇多丸　くっだらねえ〜。

西寺　いや、それで食った人の数よりも、得票数が少なかったらしいんですよ。つまりカツカレー

★61　**小選挙区比例代表並立制**　小選挙区選挙と比例代表選挙の両方を並行して行う選挙制度の1つ。日本の衆議院選挙で、現在採用されている制度。

を食いに来て「私は安倍さんに入れますよ」というポーズをしながらも、実際は違う候補に入れた人がいっぱいいたということです。

宇多丸　なるほどなるほど。カツカレーだけ食って、**食い逃げだ！**

西寺　そうです、カツカレーを食べたかったというよりは「私は安倍さんに入れますよ」と言ったのに、という。選挙の執行部が「なんだよ」、と。「カツカレーただ食いしやがって」と。

宇多丸　「カツカレー食ったら入れるのがお前伝統だろ、この野郎！」と。

西寺　もしかしたらそのヒレカツが小さすぎたんじゃないかっていう説がありまして。

宇多丸　「おい、ちょっとこれ、ヒレカツが小せぇから入れねぇぞ、この野郎！」と怒った。

西寺　今度福田さんの時は、ロースカツカレーに変わりまして、**大きめのカツになりました。**

宇多丸　ただそれはヒレがロースになったからデカくなっただけで、別にコストはそんなに……。

西寺　それでそのロースカツが、**すごく固かったらしいです。**

宇多丸　アハハハハ！　なんでそんなこと知ってるんだよ!!

西寺　**古賀誠[★62]さんは残したみたいです。**

宇多丸　マズ！っと。

西寺　で、政治家同士が食べながら「コレはヤバいぞ、カツを残していいもんか」と小さい声で相談したらしく。

宇多丸　「こんな固いカツ食えねえし、カツ残したらこれだけでなんかまたもめるからどうしよう」と。

西寺　カツカレーはカレーが大事なんじゃなくて、**カツが大事なわけじゃないですか？**

宇多丸　何にしてもカツを食わなくちゃいけない。

★62　**古賀誠**
政治家。衆議院議員（10期）、運輸大臣、自民党国会対策委員長、自民党幹事長、自民党選挙対策委員長を歴任した。

西寺　だけどどうしても食えなかったらしくて、かなりのカツの残物が出たそうです。しかも、やっぱりカツ食っても入れなかった人が大量に出ました。

宇多丸　アハハハハハ！　あ〜、もうこれはいよいよカツの質が問題なんじゃないですか？

西寺　カツに象徴されるように、それだけ選挙に対する親分子分の縛りっていうのが弱まったんです。昔は「ニッカサントリー」と称して、何百万円、何千万円という金を2つの選挙陣営からもらったらニッカ、3候補からもらったらサントリーでした。若い議員はいい顔して「入れますよ、入れますよ」なんて言いながら、お金をもらっていたわけです。

宇多丸　なるほど〜。なんていうか怖いというか薄汚いというか……。

西寺　それが今はカツカレーです。それだけ選挙も政治も綺麗になっています。

宇多丸　ある意味それはいいことじゃないですか。

西寺　はい。ということですね……。

宇多丸　ちょっと待って今これ、**マイケル・ジャクソンとどういう関係？**　……カツカレーはあまり関係ない……。

西寺　これちょっと時間ギリギリだったんで、現状の面白い話を。

宇多丸　いや全然時間ギリギリじゃないですよ、NONA REEVES の曲が減っていくだけです。

西寺　アハハ！　それも嫌だな〜。

宇多丸　じゃあここで NONA REEVES の良い曲を一発聴いて、で、残りのエピソードをまた紹介していくってことにする？

西寺　ああ、そうしましょうか。

宇多丸　別にいいんです。いつでも俺は NONA REEVES の曲をこの番組でかけますから。

西寺　ホントですか、ありがとうございます。

宇多丸　いっぱい良い曲ありますし、どのアルバムも好きだしどのアルバムにもスゲエ曲が必ず入っているんですけど、僕はいちばん好きなタイトルですね。ということで、じゃあ曲紹介お願いします。

西寺　NONA REEVES feat. 土岐麻子《ときあさこ》〈★63〉で『EASYLOVE』〈★64〉。

♪ NONA REEVES feat. 土岐麻子『EASYLOVE』流れる

宇多丸　はい、ということで、お聴きの曲は僕のチョイスでNONA REEVES『EASY LOVE』。『SWEET REACTION』という素晴らしいアルバムに入っていますが、今途中で出てきた女性ボーカルが土岐麻子さん。しまおまほさんと一緒にケーブルテレビ番組をやっていたりとかね。

西寺　そうですね、学生時代からの僕らの仲間ですね。

宇多丸　2番の土岐さんが出てくるところが、俺的にはエクスタシーなんですよね～。カッコイイ～!!

西寺　あそこはレコーディングの時まで空けていたんです。何にもなくて。で彼女が、僕は友達でしたけどブースで歌っているのを聴くのは初めてだったんで、その時にそこで書いたんです。

宇多丸　そうなんですか！

西寺　土岐さんが歌ってる声を聴いて、これ絶対ハマると思って。

宇多丸　ちょ～カッコイイですよ！

西寺　オーダーメイドソングですね。

★63 **土岐麻子**
歌手。バンド・Cymbals のリードボーカルとして1997年にデビュー。2004年の解散後もソロとして活動している。父はサックス奏者の土岐英史。ちなみに『タマフル』へのゲスト出演もある。

★64 『EASYLOVE』

NONA REEVES の5枚目のアルバム『SWEET REACTION』に収録。シンガーの土岐麻子をゲストボーカルに迎えた楽曲。作詞：西寺郷太、作曲：西寺郷太、奥田健介、小松シゲル、矢野博康。

宇多丸 土岐麻子さんはしまおさんとの番組を持っているだけでなく、カバーソング集で『Weekend Shuffle』というアルバムも出されている。この番組とは間接的に縁が深いなと。僕は会ったことないんですけどね。

西寺 会ったことないんですか？　紹介しますよ。

宇多丸 いや〜、なんかどうせ**クサいと思われるから……**。

西寺 アハハハ！　今ニューアルバムを作られてて、僕も1曲参加しています。

宇多丸 これは楽しみです。西寺くんはいろいろ素晴らしい楽曲を、土岐麻子さんをはじめほかのアーティストにも提供してくれたりしてるんですが、一方ではマッドなトークもね。いや〜、ということで[★65]小沢一郎とマイケル・ジャクソン、さんざん話してきましたが。

西寺 **ほとんど一緒説、最後です。**これはやはり、連立政権を作って自民党から離党してですね、90年代から現在２００７年にかけて小沢さんはすごく苦労するわけです。いろんな人が離れていったり、いろんな人から文句言われたり。でもマイケル・ジャクソンもそれまでの成功が嘘だったかのように、90年代から２０００年代にかけてちょっと苦しみます。

宇多丸 ある意味どん底の時期ですよね。

西寺 そうです。兄弟しかいないような状況。児童虐待疑惑[★66]、あれはまあ結局無罪ということになりましたけども。僕はさんざんマイケル・ジャクソンについて調べましたけれども、あれは完全に無罪。言いがかりでしたね。ＦＢＩや警察がネバーランドを全部調べて、ネットから何から何まで1回でもアクセスしたところ全部、児童を性欲の対象として見ていたっていう情報はひとつもありませんでした。

宇多丸 なるほど。

★65 **ということで**
これでこの日の「NONA REEVES特集」は終了となった。

★66 **児童虐待疑惑**
２００５年のマイケル・ジャクソンの児童性的虐待の疑惑、マイケル・ジャクソン裁判のこと。その結果、すべてに関し無罪となった。なおマイケルは１９９３年にも、性的虐待疑惑を受けている。

西寺　だから僕、小児性愛についての勉強もしたんです。けれども、それはないという、あれホントに可哀想なぐらいに言いがかりだったから、結局勝ちました。でもすべてはマイケル自身のコミュニケーション力の欠如による説明不足に起因するところがでかかったんですよね。

宇多丸　自分の城に閉じこもっちゃったから、あの奥で何やってるか分かんねえぞというのがまずね。

西寺　やっぱりそれは否めないと。ただの被害者じゃないなっていう気もあります。それで現在、The Black Eyed Peas〈★67〉の will.i.am《ウィルアイアム》 や Ne-Yo《ニーヨ》 らの若い、マイケルをリスペクトする世代の協力で、新しいアルバムを制作中と言われております。

宇多丸　これは楽しみですね。要するにひと回りして、そろそろ西寺郷太くんじゃないけど、マイケルを聴いて音楽を始めたんだっていう世代が育ってきて。

西寺　たくさんいますね。だから僕もすごくうれしいのが、最近の新しい人っていうのはマイケルかプリンスのどちらかを子供の頃に通ってる人が多いので、僕が作っている曲もすごく似ているといったら変ですけど、シンパシーがすごくあるなぁと。

宇多丸　いや〜それはね、「King of Pop」マイケル・ジャクソン、**日本でその魂を受け継ぐ曲をちゃんと作れているのは僕は西寺郷太くんしかいない**と思ってますから。

西寺　ありがとうございます。

宇多丸　もっと言うと、あなた1億万枚とは言わないけど、もうちょっと今の2桁くらいは多く売れていい人ですからね。

西寺　いやまあ、**政権交代を目指して頑張ってます**。ポップの政権交代を。

宇多丸　革命を起こしていかないといけない。一方、小沢一郎さんもね。

★67 **The Black Eyed Peas**
アメリカのヒップホップ・ミクスチャーグループ。メンバーはwill.i.am、Apl.de.ap、Taboo、Fergie。『I Gotta Feeling』『Boom Boom Pow』などのヒットがあり、グラミー賞を6回受賞している。

西寺　小沢一郎さんもやっぱりコミュニケーション力の欠如や、説明不足とかで人が離れて、14年以上にわたり苦しんできましたが、選挙を最大の武器とする田中角栄直系の遺伝子をフル活用し、ついに２００７年夏の参議院選挙にて、彼の唯一と言っていい政治信念、日本に健全な二大政党を作る、２つの保守政党が競争し合いながら政治をしていくことを、ようやく実現させようとしております。

宇多丸　させつつあるわけですね。

西寺　小沢さんも15年くらい苦労したけれども、また報われる時期が来るんじゃないかなと。特に選挙制度を作るってことに関しては、小沢さんはすごく考えていたんです。で、僕、小沢さんの本だったり、小沢さんの側近の平野貞夫〈★68〉さんの書いた本を読んで確信したんですけど、あの人はやっぱり結構いい人です。

宇多丸　ふんふん。

西寺　で、なおかつ田中角栄さんから「人間とはどういうものか」ということを教えてもらっているんですよね。結局１人１人の人間はそんなに違わない。形によって変わってくるってことなんですよ。つまり政治改革が選挙制度改革と替わり、中選挙区で何人もの自民党の党員が同じ選挙区から受かるのを止めて、小選挙区制を小沢さんが中心になって導入した。その結果10~15年くらいかけて民主か自民かという形になってきましたよね。そういう、制度を変えることによって人間そのものも変わっていくと。選ばれ方も変わっていくことによって、議員というのがどういう存在かということも、実際変わってきたのがこのカツカレーの例でもよく分かるんです。

宇多丸　みんなの意識がね、もちろん有権者の意識も変わってくるという。

★68　**平野貞夫**
１９９２年に参議院高知地方区で当選し、小沢一郎と行動を共にした政治家。２００４年の参議院議員引退以降、政治評論・執筆活動の傍らで、日本一新運動を進める。著書も多数ある。

西寺 そうなんです。ほかの人たちは政治家の気持ちを変えなきゃいけないって言っていたんです。しかし、気持ちは形で変わっていくんです。

宇多丸 反省しますと口で言ったってアレだから、周りのハードから作っていかなくちゃならない。ハードがソフトを作るという。

西寺 ハードを作ったからこそ、あの人は15年後の状況を予見していたわけです。だからみんなに「あと何回か小選挙区で我慢しろ。そしたらこうなるから」って言っていたんだけど、説明不足によって「何か変だから、もう辞めちゃいます」みたいになっちゃって。今の民主党になってようやく「いやいや、ちょっと待てよ」というのが、その選挙制度が機能した証だと。

宇多丸 なるほど～。

西寺 そしてもう政治記者はみんな言ってますけど、やっぱり普通に考えて次の小選挙区制の衆議院選挙では小沢さんは勝つでしょうと。そうしたらまああの人は本当はなりたくないけど、総理大臣にならなければいけないような立場になってしまう。

宇多丸 本当のキングに。

西寺 はい。そのあと、来年の末ぐらいにある民主党の党首選に逆に出ないんじゃないかと。何カ月か総理大臣をしたあとに次の民主党のリーダーに譲り、今の森さんのような立場になって、本来あの人がやりたかった二大政党制の確立、まあハッキリ言ったら政策よりもその体制を作るっていうことを頑張ったわけです。

宇多丸 ハードのほうに興味があるわけですね。

西寺 これはエレキギターが出来たからロックが生まれ、サンプラーが出来たからだんだんヒップホップが生まれ、シンセサイザーが出来たからテクノが生まれたみたいな。それと同じようなもので、ハードを作る人と音楽を作る人っていうのはやっぱり別なんですよね。

宇多丸　はいはい。エンジニアは作曲するためにハードを作ったわけじゃないからね。

西寺　そう、それを使う人は別にいるだろうというのが、たぶん小沢さんの思想なんだと思います。だとすると僕は好きな時代と嫌いな時代があったんですけど、**今になってみればこの人やっぱりスゴイなと。**

宇多丸　なるほどなるほど。

西寺　戦後自民党史をしゃべるということで呼ばれましたが、**小沢一郎を語ることがすなわち戦後自民党史を語ること**になるのではないかと。

宇多丸　まさに、今に至る流れのキーマンは小沢さんだと。

西寺　やっぱり１９９３年に初めて政治家になった安倍晋三さん、それから福田康夫さんを語るより、１９６９年そして55年体制の申し子と言われた**小沢一郎さんの話をすることがいちばん大事**なんじゃないかなと思って、今日の話、おしまいにさせていただこうかなと。

宇多丸　いやもうね、西寺郷太さん、素晴らしいお話で最高のエンターテインメントだったんですけど、**ノーナの曲カットっす。**すみません。ということで、本当にありがとうございました。一応延長版〈★69〉だったんですけど、あっという間に時間が過ぎちゃったので。

西寺　アハハハハ！　すみません、面白かったです。

宇多丸　ということで今夜のスペシャルゲスト、NONA REEVES 西寺郷太さんでした。ありがとうございました！

西寺　ありがとうございました。

★69　**一応延長版**
当時はまだ特集コーナーの時間は30分だったが、この日は拡大版として1時間放送された。

ON AIR を振り返る

宇多丸

これも初年度の放送ですね。本来は戦後自民党史を前半に話してもらって、後半にNONA REEVESの話をする予定だったんですが、その自民党史の部分が、西寺くんのアイデアで急きょ当日の朝になって「マイケル・ジャクソン、小沢一郎 ほぼ同一人物説」に変わって。それでも後半のNONA REEVESの話は、そのまま進めようとしていたっぽいですよね。文中でも「放送でかけられるNONA REEVESの曲が減っていくだけです！」みたいなことを言ってますし。当時はまだ、タイムテーブルの感覚が身についてなかったんですね。

今でこそゲストを呼んで、これだけの引き出しを持っている方ならこのくらいの話にはなるだろう、という時間の読みができますが、この頃はまったく分からないし、むしろこの話題で30分保《も》つんだろうか？ くらいに思っているわけです。でも西寺くんが、ある種のビッグバンを起こした。

ここに出てもらったことで、西寺くんのキャリアも劇的に展開していくわけですよね。このあとTBSラジオ『小島慶子 キラ☆キラ』に起用され、自身のラジオ番組を持ち、たくさん本も書いていくわけですけど、そのすべての要素が、まずはこの回に凝縮されていたことが分かります。と同時にこの特集は、この後の『タマフル』にとっても新たなフォーマットを作った回でもあるんです。パッと聴きどんなにおかしなことを言っていても、その人に確信があるのならば、それは面白い！ そこには安易な納得や同意など必要なく、最低限〝熱〟さえあればいいんだと。とにかくそれらすべての原型がこの特集にはあります。あらゆる意味で、これぞ神回、これぞクラシック！ 音声による知的エンターテインメントとして、これはもう超一級品ですよね。勉強にもなりますし、笑えるというのもすごいです。

NONA REEVESとは以前から音楽の仕事も一緒にしていたけど、よく三宿のクラブ「web」でのDJイベントで、郷太くんに酔っぱらいながら「君はこんなに話が面白いんだからもっと表に出ないと！ もっと評価されていい人ですよ！」なんて言っていて、それで番組に呼んだのに、もはやそんなことを言っていたのがおこがましく思えるくらい、普通に評価されちゃった。改めて読み返してみても、さすがだなとしか言いようがありませんね。

コンバットREC《レック》

「ビデオ考古学者」を名乗る、謎の映像コレクター。『ザ・トップ5』（TBSラジオ）のレギュラーパーソナリティも務めるほか、イベントなどへの出演も多数。素顔は公表していない。

サタデーナイト・ラボ

2008.10.11 ON AIR

アイドルとしての王貞治特集

ゲスト

コンバットREC

番組最多出演のうちの1人である、コンバットREC。「コカコーラCM特集」「アイドル集団としてのJAC特集」「本来の意味でのクラブミュージック特集」など、独自の切り口と謎の知識量に裏打ちされた強引な話術で、「コンバットRECに外れなし」と言われるほどの人気プレゼンター。名だたる名特集をいくつも世に放っているが、本書では「ほつれ＝アイドル性」という観点からプロ野球選手を楽しむこの放送をピックアップ。

2008年9月23日「王監督退任表明　緊急記者会見」の音声より

王貞治　「プロ野球に入って50年。いい人生を歩ませていただいたと思います。50年ひとつの道にこれだけ心をトキメかせて、68歳になりながらまだまだこういう形でトキメかせてやれるっていうのは、本当に幸せだったと思います。果たしてこのトキメキは、どういう形で自分の中に起こしていけばいいのか、そういうことは全然見当もつきませんが、ここでひとつの線を引きました」

宇多丸　というわけで、ここからは特集コーナー「サタデーナイト・ラボ」。今夜は、『タマフル』といえばアイドル特集ですよね？　今の会見、聴けばお分かりだと思います。先頃プロ野球からの引退を表明した**〝永遠のトキメキのアイドル〟**こと、王貞治〈★1〉さん特集です！　ちょっと厳粛なムードがスタジオに漂っておりますが、ゲストはこの方、映像コレクターにして無類の王貞治マニアの**コンバットREC**さんをお招きしています！

コンバットREC（以下、REC）　こんばんは。よろしくお願いします。

宇多丸　あれ、いつになくちょっと……。

REC　背筋が伸びますよね。

宇多丸　さっきの会見を聴いてどうですか？　**〝トキメキ〟**って3回言ってましたよ。

REC　僕らは普段、**どれだけ軽く〝トキメキ〟という言葉を使ってしまっているか**ですよ。

宇多丸　アハハ！　王さんが野球人生を終える時に3回も使った言葉なわけで……。

★1　王貞治
元プロ野球選手・監督。読売ジャイアンツの主軸打者として活躍。独自の一本足打法でホームランを量産し、巨人軍の黄金時代を築いた。通算本塁打数868本という世界最高本塁打数記録を樹立し、〝世界の王〟と称される。現役引退後は巨人や、ダイエー／ソフトバンクの監督を歴任。また第1回ワールド・ベースボール・クラシック日本代表チームの監督にも就任し、世界一へと導いた。

REC　50年を振り返って、一言で言うと〝トキメキ〟なんですよね。王さんと野球の関係を考えたら、こんなに重たい言葉はないですよ。

宇多丸　我々も〝トキメキ〟という言葉を結構使うことがあるけど、もう軽々とは使えないぞと。

REC　使えないですよ！　ホントに。

宇多丸　でも、このようなところに着目して王さんを特集する番組も、ほかにないんじゃないかということなんですよね。

REC　はい。

宇多丸　王貞治さんに関しては説明の必要もないと思います。ホームランの世界記録を持っていらっしゃる、世界の王さんですよ。そして今は福岡ダイエーホークスの監督をずっとなさっていまして、先日引退をされましたけれども、それを**アイドル特集という括り**であえて打ち出したわけです。これはまずどういうことなのかというところからやっぱり説明しないといけないと思いますが、コンバットRECさんの目から見た王貞治観というのを表したら、アイドルという言葉が出てきたということですよね。

REC　アイドルですね。まぁ一言で言うなら、「**王貞治について考えるということは〝萌え〟について考えるということだ**」と。

宇多丸　早速フレーズがきましたね〜。それはどういう意味なんですか？

REC　これは最初に結論を言ってしまうと、リスナーの方はみなさん読まれていると思うんですが、宇多丸さんの単行本『マブ論』〈★2〉にですね。

宇多丸　アイドルソングの評論ですよ？　普通に歌を歌う女性アイドルとかの本ですけど。

★2『マブ論』

雑誌『BUBKA』（白夜書房）での人気連載を書籍化した宇多丸の著書。正式名称は『ライムスター宇多丸の「マブ論CLASSICS」アイドルソング時評2000〜2008』（白夜書房）。豊富な知識に基づいた分析力と鮮やかな切り口で、平成アイドルの楽曲を徹底批評。

REC　この本の巻末で小西康陽〈★3〉さんと対談されていますが、小西さんが〝アイドルというものは何か？〟という結論を語られているんですよ。それは「**〝アイドルの魅力〟とは、完成度の高いものの中に、生身の女の子が見せる〝ほつれ〟。それが僕には最も美しく思える**」という言葉です。

宇多丸　完成度の高いものの中に、ほつれがあるのがいちばん美しいと。

REC　そうです。

宇多丸　つまり王さんというのは、野球選手としての完成度というのもおこがましいですが、まさに神ですよね。

REC　もう、パーフェクトです。

宇多丸　僕らは王さんが大記録を作った時が小学生ですから、まさに王さん世代ということもありまして。

REC　僕らの世代は特になんですけれども、人間的にも王さんは完璧な存在として刷り込みをされているんですよ。

宇多丸　そうですよね。ある意味、聖人的なイメージがついていますよね。

REC　そうなんですけれども、その王さんが、コマーシャルやテレビに出ると**ほつれ**が見えるんです。そこが最大の**萌えポイント**なんですよ。

宇多丸　今の言葉で言う〝萌え〟！　それが王さんの言葉で言う〝トキメキ〟になるということなんですね。では順を追って、王さんのアイドル的魅力を分析していきましょう。
まずは分かりやすいところから。アイドルの萌えというのがいちばん簡単に集約されているのは、この番組的にいってもアイドルソング、つまり歌であろうということで、ここで王さ

★3　**小西康陽**
音楽グループ・ピチカート・ファイヴとして活動。90年代、渋谷系と呼ばれる音楽ムーブメントの中心的存在となる。グループ解散後も、音楽プロデューサーとして数多くの楽曲を手掛けるほか、DJ、文筆家としても活躍。

んのアイドルソングを聴いてみたいと思います。これは１９６５年にリリースされた、王さん唯一の曲なんですよね。

REC　〝萌え〟ということを意識しながら、聴いていただきたいです。

宇多丸　そうですね。完成度の中のほつれ、つまり王さんという存在、人間としても野球選手としても完璧な人がこれを歌っているんだということを意識しながら聴いていただければと思います。１９６５年、**王さん唯一のアイドルソング**です。王貞治・本間千代子〈★4〉で『白いボール』〈★5〉。

♪王貞治・本間千代子『白いボール』流れる

宇多丸　萌えですね！

REC　**萌え死にますよ！**

宇多丸　王さんのこの歌はあれですね。面白おかしくしようとして、こうなっているわけじゃないんですね？

REC　コミックソングでもないし、王さんも別に笑わせようとはしていないですよね。真面目に歌ってます。

宇多丸　この、不器用なんだけど、真面目に何か要求されたエンターテインメントに応えようとする様。

REC　この一生懸命やっている様が萌えるんですね。

宇多丸　なるほどね。１９６５年の時点で、この萌えをすでに表現していたという。

REC　常に誠実ですからね、王さんは。

★4　**本間千代子**
60年代のアイドルスター。『君たちがいて僕がいた』『十七才のこの胸に』など、数多くの青春映画に出演し、『若草の丘』『愛しあうには早すぎて』などの楽曲もリリース。吉永小百合と人気を争うほどだった。愛称は「チョコ」。

★5　**白いボール**

1965年、朝日放送製作の子供向けの歌としてリリース。ホームラン世界記録の達成記念盤として1977年に再びシングル化され、広く知れ渡った。作曲は冨田勲。ちなみに65年盤のB面は『ぼくらのホームラン王』（第三日野小学校児童）、77年盤のB面は『闘魂こめて〜読売巨人軍球団歌〜』（藤川純一）。

宇多丸　王さんの萌えがいろいろと分かる曲は唯一これですけれども、いちばん見えるところといったらね、映像コレクターのコンバットRECさんとしては……。

REC　ヴィクトリアのCM〈★6〉ですね。

宇多丸　そう、コマーシャルがありますね。世間的によく知られているところだと……。

REC　亀屋万年堂のナボナ〈★7〉。

宇多丸　「お菓子のホームラン王です」なんてことを言うのが有名になってますけど。

REC　実はそこよりも大事なのは、最後のぶら下がりの「森の詩《うた》もよろしく」のほうで、王さんといえば**「よろしく」**なんですよ。

宇多丸　王さんのコマーシャルには必ず「よろしく」という言葉が入っているんですか？

REC　大体3分の1くらいの確率で「よろしく」がついてくるんですね。

宇多丸　ほかだと何がありましたっけ？

REC　ヴィクトリアはついてないんですよ。ヴィクトリアのCMは、初めてハジケている王さんを写したんで。読売住宅案内〈★8〉とかじゃないですか？

宇多丸　読売住宅案内！　そんなマイナーな！

REC　やはり読売は王さんを正しく使う方法を分かっているんですね。

宇多丸　あとはムアツふとん〈★9〉でしょ？

REC　ムアツふとんですね。

宇多丸　コマーシャルにおいて、「よろしく」という最もストレートなてらいのない方法で商品をすすめるあたりが、やっぱり王さんらしいですよね。

REC　なんのコピーもないですから。

★6　**ヴィクトリアのCM**　スポーツショップ「ヴィクトリア」のTVCM。80年代に王貞治を起用し、ゴルフやスキーなど数多くのバージョンが作られた。

★7　**亀屋万年堂のナボナ**　亀屋万年堂のお菓子。60年代後半よりTVCMに王貞治を起用し、「亀屋万年堂のナボナは、お菓子のホームラン王です」というフレーズで大人気商品に。さらに新商品『森の詩』がのちに発売されると、CMの最後に「森の詩もよろしく」というフレーズが加わり、こちらも人気商品となった。

★8　**読売住宅案内**　読売アドセンターが発行していた住宅・不動産ニュースの週刊情報誌。王貞治が出演するTVCMの最後には「よろしくお願いいたします」という王自身によるあいさつが入った。

宇多丸 王さんには余計なコピーとかは作らないほうがいいんですね。

REC 誠実に、王さんらしくお願いするというのが正しいんですよ。そこに僕らはキュンとくるわけです。王さんの不器用な誠実さに。

宇多丸 あとさっき言っていたヴィクトリアのCMというのは、どういうものなんでしょう？　みなさん結構忘れちゃっていると思いますからね。

REC いちばん最初に王さんがヴィクトリアのCMに出たのは、83年の暮れぐらいですかね。「♪Oh～ヴィクトリア」という、50人くらいのスキーの格好をした人たちと一緒にひな壇で王さんが歌っているんですけれど。

宇多丸 みんなで横に体を揺らして歌っているんだけど。

REC 王さんは、もう、**照れちゃって照れちゃって**。そんな照れながら歌っている王さんをずっと撮っているだけという。

宇多丸 それを見てると……。

REC もう、**キュ～ンとくる**わけです。だってあの王さんがですよ！　あの完成度の中でここまでほつれさせるか！　という。ヴィクトリアは本当にすごいんですよ。

宇多丸 ある意味、ドキュメンタリーチックな笑顔が撮れてるということですよね。ヴィクトリアシリーズはまだまだあるんですか？

REC ヴィクトリアシリーズの最高峰が、ジェニファー・ラブ・ヒューイット〈★10〉と共演した「♪Oh My Darling～Oh No!」というアレですね。

宇多丸 アレって言われても。

★9 **ムアツふとん**
昭和西川の健康敷き布団・ムアツふとん。この商品のイメージキャラクターに当時、王貞治が起用された。ちなみに、この他にもボンカレーゴールド、カロリーメイト、リポビタンD、ペプシコーラなど数多くのCMに出演していた。

★10 **ジェニファー・ラブ・ヒューイット**
ハリウッド女優。映画『ラストサマー』の大ヒットによりハリウッドスターの仲間入りを果たし、当時18歳で「最もセクシーなアメリカ人女性」にランクイン。主演ドラマ『ゴースト～天国からのささやき』も全米で大ヒット。歌手としても活動し、多くのアルバムをリリースしている。

REC　**あれ？　覚えてない？**

宇多丸　いや、僕らにとっては定番だから分かるけども。

REC　リスナーの方も覚えてないですかね？　実は王さんが退任表明の会見をした翌日、テレビ東京の『午後のロードショー』が、ジェニファー・ラブ・ヒューイット主演の『ラストサマー』〈★11〉だったんですよ。**このゴッド・アングル!!**

宇多丸　いやいやいや！　映画の『ラストサマー』は「去年の夏」って意味で、別に「最後の夏」ってことじゃないから！

REC　いやいや違いますよ！　引っかけるために、そういうタイトルの映画に出ていたんですよ。**この日のテレ東のロードショーのために、あの映画に出ていたんですよ。**

宇多丸　ヴィクトリアのCMにはちょっと説明が必要だと思うんだけど、要は子役時代にジェニファー・ラブ・ヒューイットは日本で活躍してたんですよね。

REC　10歳くらいの頃にちょっと日本で活動してて。エマニエル坊や〈★12〉みたいな感じでね。

宇多丸　それで、このCMで王さんと共演して。

REC　王さんの趣味としても知られるピアノの演奏に合わせて、こまっしゃくれたジェニファー・ラブ・ヒューイットがゴルフをやるバージョンとスキーをやるバージョンの2タイプあるんですけれども。

宇多丸　これが本当にこまっしゃくれた子役なんですよね！　それでゴルフのボールが飛んだ時の、「お〜飛んだ」みたいな顔がまた**特有のもの**で。王さんとジェニファー・ラブ・ヒューイットを並べて、どっちが大人かプロかみたいなことになると、**明らかにジェニファー・ラブ・ヒューイットのほうがプロ感がある**んだけれども、そういうシリーズがあると。

★11 **『ラストサマー』**

1997年・米／監督：ジム・ギレスピー／出演：ジェニファー・ラブ・ヒューイット、サラ・ミシェル・ゲラー。『スクリーム』の脚本家、ケヴィン・ウィリアムソンによるスプラッター・ホラー。謎の殺人鬼に狙われたティーンエイジャーたちの恐怖を描き大ヒットを記録。

★12 **エマニエル坊や**
俳優、歌手。1981年にクラリオンのCMに出演し、日本で大ブレイクした子役スター。日本語で歌ったシングル『シティ・コネクション』も大ヒットを記録した。本名はエマニエル・ルイス。

▲コンバット REC 氏が持参した王貞治関連資料。これらは、すべて私物です！

▼王貞治の特集雑誌の背後に潜むのがコンバット REC 氏。

REC　その後ジェニファー・ラブ・ヒューイットは日本ではあまり見なくなっていたんですが、数年してリーバイスのカラージーンズのグローバルキャンペーン〈★13〉でアメリカで大ブレイクして。

宇多丸　あのワンカットでずっと撮っているCMですね。ケツプリプリの、おっぱいプリプリのやつですよ。

REC　もう巨乳のね、すごいお姉ちゃんが出てきて。

宇多丸　「よっ、いい女！」と思ったら、ジェニファー・ラブ・ヒューイットなんですよ。

REC　日本の野球ファンは、**あのヴィクトリアのジェニファー・ラブ・ヒューイットだ！**　と。

宇多丸　……と思うか？

REC　このグローバルキャンペーンで活躍して、我々の前に華々しく還ってきたんです。

宇多丸　とにかくジェニファー・ラブ・ヒューイットと共演したCMが最高傑作で、それはもう王さんの萌えがより際立つという。

REC　でも会見の翌日にね、タイミングよく、本当に『ラストサマー』がオンエアされるなんてあり得るんだろうか？　ということですけど。

宇多丸　あり得ますよ！　それは別に。

REC　いやいや、そんな偶然ないでしょ？　確率的にも。それはつまり、**今でも王さんとジェニファーは連絡を取り合っているんじゃない**かっていう。

宇多丸　……ていう幻想がね。ここから先は妄想なんですけどね〜。

REC　**テレパシーを含む何らかの方法**で連絡を取り合っている可能性があると思うんですよ。

宇多丸　でも王さんの薫陶《くんとう》を受けたから、のちにブレイクも果たせたともいえますけれども。

★13 **リーバイスのカラージーンズのグローバルキャンペーン**
ジェニファー・ラブ・ヒューイットが出演したリーバイスのTVCM。アメリカでセンセーションを巻き起こし、99年には日本でも放送され話題となった。

REC　十分あるんじゃないですか？　だってリーバイスのカラージーンズのCMに出た時は、演技の質が変わっていたじゃないですか？

宇多丸　子役の時からすれば、確かにナチュラルな演技になっていましたけど。

REC　あんなに大げさな演技だった女の子が自然なパフォーマンスができるようになっていて、それは**王さんの演技を盗んだんだと思いますね。**

宇多丸　王さんの自然体というものを学んだ結果……。

REC　こんなに頑張らなくていいんだというのを、たぶん勉強したんじゃないかなぁと思うんですけれども。

宇多丸　なるほど。王さんがいたから今のジェニファー・ラブ・ヒューイットがあるという。

プロ野球界はアイドルの宝庫

宇多丸　ちなみにアイドルとしての王貞治という特集にあたってですよ、たぶん大多数の方は言わんとしていることは分かるんだけれども、アイドル的野球選手といえば普通、長嶋茂雄（★14）**じゃないの？**　と。一般的にはむしろ、王さんは非アイドル的な存在感なんじゃないの？　という意見が多いと思うんですけど、この差は何なんですか？

REC　確かにその誤解はあると思うんですけれども、ミスターは事実大スターなんですよ。

宇多丸　はいはい。

REC　もちろんミスターにも萌えがあるんですけれども、この萌えというのは無邪気な仔犬を見て

★14　**長嶋茂雄**
元プロ野球選手・監督。読売ジャイアンツに入団し、数々の記録や名勝負を生み出した日本プロ野球史上最高のプレーヤー。引退後は読売ジャイアンツの監督に就任。「ミスター」の愛称で親しまれる。

可愛いという萌えであって、僕らがアイドルに萌える、先ほどの小西さんの言葉を借りれば〝完成度の中にあるほつれ〟、その萌えとはちょっと違うんじゃないかと思うんです。

宇多丸　犬といっても最初っから可愛い犬ってことですね。

REC　見た目が可愛い、仕草が可愛いっていう。

宇多丸　クゥ〜ンという。

REC　そこの萌えじゃないかと僕は思っているんです。なのでアイドルに対する萌えとは少し質が違うんですよね。

宇多丸　つまり、最初から可愛さが提示されているのだと。

REC　なので、例えばハンカチ王子〈★15〉に萌えとか荒木大輔〈★16〉に萌えというのも同じ種類なんです。それはプレイヤーとしてのすごさとかではなく、イケメンを見て「キャー可愛い！」とか「キャーステキ！」という女の子の反応であって、構造としてアイドルに萌えることとはちょっと違うんですよ。

宇多丸　この可愛さ、萌えポイントはこちらが見つけていかなければいけない。ある意味こちらがくみ取っていくんですね。

REC　完成度の高さがまずあって、そこからほつれていかなければならないわけですよ。長嶋さんはどちらかというと、**ほつれの中にあのすごさがある**と。

宇多丸　もしくは長嶋さんは、自分から率先《そっせん》してほつれを作っていくタイプじゃない？　つまり本来なら完成度の高いプレーができるところを、みんなが喜ぶからというんで、ほつれを自分で演出できちゃう人という。

REC　ヘルメットを落とす練習をしたりとか。

★15　**ハンカチ王子**
プロ野球選手・斎藤佑樹の愛称。早稲田実業学校高等部に所属していた夏の甲子園大会の試合中に、マウンド上にて青いハンカチで顔の汗を拭く姿が話題となり、社会現象へと発展。その後、北海道日本ハムファイターズに所属。

★16　**荒木大輔**
元プロ野球選手。早稲田実業学校高等部時代に、5季連続で甲子園大会に出場した伝説の高校球児。そのイケメンな風貌も相まって「大ちゃんフィーバー」と呼ばれるブームが巻き起こる。その後ヤクルトスワローズに入団するも度重なる故障に苦しめられ、実力を発揮できないまま選手生命を終えた。引退後は野球解説者などを経て、投手コーチなどを務めた。

宇多丸　それはそれで素晴らしいことだけれども。

REC　つまりはプロ意識が高いんですけれども、わりと考えてますよね。

宇多丸　アーティスト的というか、ほつれを自ら演出、プロデュースできるという。

REC　みんなが見たいものを分かっていますからね。その点、王さんは違うんです。王さんはほつれようとしてやってないんですよ。誠実にやりきろうとしながらも、『白いボール』のように**ついついほつれてしまう**んです。だから王さんのほうが、より萌え度は高いんですよ。

宇多丸　要は、はからずも出てしまうほつれのほうが萌えるという。

REC　計算じゃないですからね。だからそういう意味でいうと、いちばんイヤラシいのが、というか野球選手としては全然素晴らしいんですけど、星野仙一〈★17〉さんなんかはね。もうすべて計算できて、自己演出できるタイプですから。

宇多丸　これはアイドルでいうと？

REC　**松浦亜弥〈★18〉に近い。**

宇多丸　**星野仙一＝《イコール》松浦亜弥説！**　ちなみにさっき打ち合わせの段階で出た例えだと、長嶋さんは……。

REC　**大橋のぞみ**〈★19〉ちゃんみたいな。子役の可愛さですね。

宇多丸　それだと、いわば子役時代のジェニファー・ラブ・ヒューイットは長嶋さんということで、**つまりヴィクトリアのCMはON《オーエヌ》〈★20〉なんだ！**　だから華があるんじゃないの？

REC　なるほどね！　日本プロ野球界の至宝が共演していたっていう。

宇多丸　だからヴィクトリアは見立て上、ON共演なんですね。あとコンバットさんがいうには、長

★17 **星野仙一**
プロ野球選手・監督。中日ドラゴンズに入団し、初代最多セーブ投手と沢村賞を獲得。引退後は解説者を経て、中日ドラゴンズ、阪神タイガース、楽天イーグルスの監督を歴任し、リーグ優勝3回、日本シリーズ制覇1回を達成。

★18 **松浦亜弥**
つんく♂が総合プロデュースを手掛ける女性アイドルグループ・ハロー！プロジェクトの一員として活動。2000年代を代表するアイドルのひとり。代表曲は『桃色片想い』など多数。愛称は「あやや」。

★19 **大橋のぞみ**
映画『崖の上のポニョ』の主題歌で歌手デビューした子役タレント。同曲で『NHK紅白歌合戦』（NHK）にも出演。9歳という、当時の史上最年少出場記録を更新する。しかしその後、中学校入学を機に学業に専念するため、芸能界を引退。

嶋さんはチワワだという。

REC　そう、愛玩犬。

宇多丸　見るからに可愛いっていう。

REC　それは人気出るよ、可愛くてしょうがないんだから。

宇多丸　そこにいくと王さんは何になるのかという。

REC　王さんは、難しいんですよね〜。

宇多丸　王さんってちょっと例えづらいっていうか、唯一無二の存在だというのもありますから。

REC　ワン・アンド・オンリーですからね……**ワンちゃんだけに。**

宇多丸　それと同時に、野球選手として完成度が高くてすごく真面目でストイックだから、歌などのエンターテインメントの場だと不器用さが出て萌える、というものとは別に、王さんは人間臭い部分もいっぱいあるじゃないですか。

REC　**三女が産まれた時に、舌打ちしたというアレですか？**

宇多丸　アハハハ！　そんなことがあったんですか！

REC　本当は男の子が欲しかったのに、という有名なエピソードね。**理恵さん**〈★21〉がインタビューで話していたから、言っちゃってもいいでしょう。

宇多丸　あと、王さん自身も自分が聖人君子として偶像化されることに、すごく違和感をとなえていたりするという。

REC　そうですね。ずっと昔から、「僕は普通の人間だ」ということを訴え続けているんだけど、メディアが全然そういう扱いをしてくれないんですよね。

宇多丸　すごいですよね。僕は普通の人間だって繰り返し言わなきゃいけないという。

★20　**ON**
巨人軍の黄金時代を築いた王貞治と長嶋茂雄。2人の頭文字から、当時「ON砲（オーエヌほう）」と呼ばれた。

★21　**理恵さん**
王貞治の次女・王理恵のこと。スポーツキャスター・タレントとして活躍中。王貞治の3人の娘は全員の名前に「理」という漢字が使われている。結婚しても「里は王家」の意味が込められているという。

★22　**江本孟紀の『プロ野球を10倍楽しく見る方法』**

江本孟紀の著書（KKベストセラーズ）。1982年に刊行され、元プロ野球選手が語る野球界の珍情報とマル

REC　人間宣言を何十回もしているんですけど、メディアや世間がそれを許さないんですよ。

宇多丸　なるほどね。他にもお盛んだとか、デカイとかの伝説がありますけれども。

REC　夜遊びはもうね、ONが誰よりも遊んでいたというのはありますけれども。

宇多丸　それと同時にストイックでもあるわけだから、ということですもんね。

REC　でも**巨根伝説**とかはどうなんですかね？　これは結構前から言われ続けてますけれども、もともとは江本孟紀の『プロ野球を10倍楽しく見る方法』〈★22〉という本で。

宇多丸　エモヤンネタなんだ。

REC　あの本から王さんの巨根伝説は始まっていて、誰よりも大きい、**三本足**だって書いてあるんですよ。

宇多丸　王さんは野球選手としてあまりにも偉大な人ですから萌えが見えやすい。けれどもコンバットREC的視点でいうと、要は野球選手というものはアイドル的な萌えが出やすい人たちってことになるんじゃないの？

REC　そうですね。だからそもそも野球選手に限らずなんですけれども、あるジャンルで何かを成し遂げて、完璧に頂点に立っている人たちっていうのは、ほつれが別の場面で出やすいってことですよね。でも例えば同じスポーツ選手でも、サッカー選手っていうのはわりと器用なんです。なぜかCMとかでも上手なんですよね。

宇多丸　そつがない感じがしますからね。やっぱり野球選手のほうが不器用な人が残っている感じですよね。

REC　多いですね。だから星野さんみたいな、最近だとイチロー〈★23〉さんみたいな器用なタイプとい

秘エピソードが話題となり、大ベストセラーに。以降もシリーズが刊行され、映画化もされている。

★23 **イチロー**
プロ野球選手。本名は鈴木一朗。1991年、オリックス・ブルーウェーブに入団。7年連続首位打者となり日本記録を更新。その後、アメリカMLBのシアトル・マリナーズへ移籍。日本人初のMVPなど、数々の記録を打ち立てる。ニューヨーク・ヤンキースに移籍後も、10年連続200安打など多数の記録を保持。現在はマイアミ・マーリンズに所属。

★24 **江川卓**
元プロ野球選手。高校時代に数々の記録を残し、甲子園などで活躍。耳の大きな風貌と、高校生とは思えない投球により「怪物くん」と呼ばれる。ドラフト会議における「空白の一日」で世間の注目を浴びる中、読売巨人軍に入団。引退後は野球評論家、タレントとして活躍中。

うのは、わりと少数派なんですよね。例えば江川卓〈★24〉さんがCMに出ても、ほつれるし。

宇多丸　かなりほつれますねぇ。

REC　そのほつれっていうところでいうと、王さんとホームラン王争いをしたのが田淵幸一〈★25〉選手です。

宇多丸　田淵はやはり『がんばれ!!　タブチくん!!』〈★26〉だけあってすごいんですか？

REC　彼は**ものすごいほつれ**ですね。この前も打ち合わせで、いつか野球選手レコード特集でもしようかと話していたんですけれども、『田淵のホームラン教室』〈★27〉っていう曲があるんですよ。水島新司〈★28〉先生が作詞している曲なんですが、これは相当ほつれてますよ。

宇多丸　ホームランの打ち方を田淵が一応指導するという体《てい》のやつですね。

REC　少年の質問に答えていく形で歌が進んでいくという。

宇多丸　これがもう衝撃のほつれになっていると。

REC　これはすごいですね。でも田淵さんは、どちらかというとミスターに近いです。すごい無防備なタイプなんです。ムーミンみたいな感じなんですよね。

宇多丸　まぁまぁ見た目も、ムーミンみたいなところがありますけれども。

REC　ボーッとしていてね。笑顔で何でも言っちゃうんです。うかつな人なんですよ。でも田淵さんはすごい素敵なんです。僕が好きなエピソードで、オールスターで江夏豊〈★29〉さんがプロ野球史上に残る9連続三振を取ってね。あの時、たしか田淵さんがバッテリーを組んでたと思うんですけれど、これはもう記念のボールじゃないですか。普通に考えたら江夏さんもそれが欲しいじゃないですか？　でも田淵さんはそのボールをポーンと放って、9連続三振でチェンジだったから帰っちゃったんです。

★25 **田淵幸一**
プロ野球選手・監督。阪神タイガースに入団。その後、西武ライオンズに移籍し、チームの連続リーグ優勝・日本一に貢献。引退後はダイエーの監督を務める。

★26 **『がんばれ!!　タブチくん!!』**

田淵幸一をモチーフとした、いしいひさいちによる4コマ漫画。1979年に双葉社より刊行され大ヒットし、3本のアニメ映画化もされた。

★27 **『田淵のホームラン教室』**

1975年にホームラン王獲得記念としてリリースされた田淵幸一のLP『やった

宇多丸 アハハ！　オイちょっと！　と。

REC それでちょっと江夏さんが傷ついてたから、一塁を守っていた王さんがそのボールを拾って、江夏さんのところに持ってきてくれたという。

宇多丸 やっぱり王さんは聖人ですね！

REC それで江夏さんは、今までライバルとしてしのぎをけずっていた王さんに、「なんていい人なんだ！」と惚れ込んでしまうという。

宇多丸 王さんのことは、みんな大好きなんですね。

REC これは王さんの魅力だけでなく、田淵さんの魅力も両方出ている、いい話ですけれども。要するにプロ野球界というのは、**アイドルの宝庫**と言ってもいいと。特にある世代から上はなおさらそうだと。そんな意味では**名球会**〈★30〉っていうものがありますけれども。

REC まさにトップグループですよ。

宇多丸 これはもう言ってみれば、**金田正一**〈★31〉**友の会**ですよね。ちなみに金田のアイドル性はどうなんですか？　こうなってくるともう、アイドル性という言葉の意味がだんだん分からなくなってきますけど。

REC カネヤンもやっぱりアイドル性は高いと思います。

宇多丸 そんなカネヤンを中心としたアイドル集団の名球会があって。

REC つまり芸能界でいえば、**ハロー！プロジェクト**ですよ。

宇多丸 **名球会**＝《イコール》**ハロー！プロジェクト!!**

REC 最強集団ですから。

ぜホームラン王！　スーパースター22番』。ホームラン王を獲得するまでの記録や、実況や対談などで構成されたアルバムだが、これはその中で田淵自身が参加した楽曲の1つ。

★28 **水島新司**
野球漫画の第一人者として知られる漫画家。代表作は『ドカベン』『野球狂の詩』『あぶさん』など。

★29 **江夏豊**
元プロ野球選手。阪神タイガースに入団。その後引退まで5つの球団で活躍。オールスター9連続奪三振記録のほか、『江夏の21球』など、数々の伝説を残した名投手。

★30 **名球会**
1978年発足した日本プロ野球界OBの組織。正式名称は「日本プロ野球名球会」。野球教室やOB戦を開催するほかに、年末にハワイでチャリティーゴルフ大会を行うのが恒例となっている。

宇多丸　でも実際に、正月とかにやっている名球会の番組の作りが、完全にアイドル番組なんですよね。

REC　あの作りを観ていると**『8時だJ』**〈★32〉**とか『ハロー！モーニング。』**〈★33〉**を観ているような気分**になってくるわけですよ。

宇多丸　アハハ！　アイドルたちが楽しく仲むつまじくキャッキャやっている様を観て楽しんでくれという、そういう体《てい》になっている。

REC　もう好き放題ですからね。特にカネヤンが。

宇多丸　ということで最後にですね。

REC　あ、もう最後？

宇多丸　もうあっという間に時間がきてしまいましたね。本当は王さんが756号を打った時の資料とか、いろいろあったんですけれどもね。特に王さんに関するいろんな有名人のコメントで、失言なども入っている昔の『週刊現代』を読み上げたかったんですが。中でも鳩山邦夫が死神っぷりを発揮〈★34〉しまくっていて、これはすごくやりたかったんですけれども……。というわけで最後に名球会、つまり**ハロプロにおける『LOVEマシーン』**〈★35〉**的な曲を**聴いてお別れということで。

REC　これも萌え死にます！

宇多丸　それでは今年1月にTBS系列で放映された、名球会総出演のテレビ番組『名球会ゴルフ』より、番組の最後を飾ったこのナンバーをお聴きください。メンバーは金田正一、王貞治、堀内恒夫、山本浩二、東尾修、工藤公康、高津臣吾、古田敦也、佐々木主浩〈★36〉ということで、名球会『仰げば尊し』です！

★31 **金田正一**
プロ野球選手・監督。国鉄スワローズに入団し、通算最多勝利記録、通算最多奪三振記録など、名だたる記録を樹立した伝説的なプレイヤー。引退後はロッテオリオンズの監督を就任。名球会の創設者であり理事長を務めていた。愛称は「カネヤン」。

★32 **『8時だJ』**
1998年～1999年にテレビ朝日系にて放送された、ジャニーズJr.のバラエティ番組。

★33 **『ハロー！モーニング。』**
2000年～2007年、テレビ東京系にて放送された、ハロー！プロジェクトとモーニング娘。の冠番組。略称「ハロモニ」。

★34 **鳩山邦夫が死神っぷりを発揮**
2007年の安倍改造内閣で法務大臣に就任した鳩山邦夫。2008年に年4回13人の死刑執行を命令し、これが歴代法務大臣の中で最も多い数字だったため朝日新聞のコラムにて「死に神」

♪名球会『仰げば尊し』流れる

宇多丸・REC　アハハハハ！

宇多丸　**これはヒドイ!!**　これぞアイドルソング中のアイドルソング！　ということで「アイドルとしての王貞治」「アイドルグループとしての名球会」、その魅力をお伝えしました。ゲストはコンバットRECさんでした！

REC　ありがとうございました。

と表現された。

★35『LOVEマシーン』

1999年にリリースされたモーニング娘。最大のヒットシングル。グループ全盛期を象徴する1曲でもある。作詞・作曲はつんく♂、編曲はダンス☆マン。

★36 堀内恒夫、山本浩二、東尾修、工藤公康、高津臣吾、古田敦也、佐々木主浩

2008年1月にTBSで放送された『ハワイだよ全員集合！ プロ野球名球会レジェンド祭』に出演した、名だたる元プロ野球選手たち。全員、名球会に所属。

ON AIR を振り返る

宇多丸

これは「僕の友達の面白い人をゲストに呼んでくればいい」という方法論の延長で、さらに踏み込んだものです。ポイントは2つあって、まず1つは「素性が分からない」。例えば西寺郷太くんならNONA REEVESの曲をかけることもできるし、高橋芳朗くんだったら音楽ジャーナリストと紹介できます。でも「ビデオ考古学者のコンバットREC」って、名前だけでなく肩書きも偽っている！しかも顔もよく分からないし。ここがまず踏み込んでます。

あともう1つは、「言っていることのデータ的な裏付けとかはなく、とにかく〝持論〟以外の何ものでもない」。プライベートでは、2000年代の頭くらいからずっと、吉田豪さんや掟ポルシェさんとかと一緒に、コンバットRECの家でよくみんなで集まってワイワイやってたんですけど、基本的には完全にそのノリのまんまの悪ふざけ会話を、公共の電波に乗せてしまおうっていう試みですね。でも、僕にはそれでも絶対に面白い、外の人にも届くはず、という確信があった。あと、彼は名前通り映像ネタを得意とする人でもあるので、それをラジオでやるというのも、少し冒険的な部分ではありました。

僕が特にいいなと思うのは、日本人なら誰でも知っている「王貞治」がネタになっているところです。「もともとそこにあったもの」を解釈次第で面白くしていく、というのは、僕がHIP HOPに惚れた部分でもあります。「コンビニで手に入るものでクリエイティブなことをするのがHIP HOP」とは、ミュージシャンの近田春夫さんの86年の名言で、僕は当時それにすごく感銘を受けたんですが、その実践でもありますね。王さんのこういうところを見てくださいという〝編集〟のセンス。野球人としての真面目な語り口はいっぱいできるけど、あえてこの切り口で展開するあたりが、僕の好みのエンターテインメントだなと思います。

あとコンバットRECの回の特徴は、僕との距離感が近く、なんだかんだ言って僕も話に乗っかっちゃっているところ。理解もやりとりも早いんですよ。そこは友達同士というところの味わいじゃないでしょうか。ということで、ありがとうREC！その後TBSラジオで彼も『ザ・トップ5』という番組にレギュラー出演するようになりましたよね。ある意味、彼自身がアイドルになってしまいました。

三《み》宅《やけ》隆《りゅう》太《た》

1972年生まれ。脚本家・映画監督。若松プロダクション出身。主な作品に映画『クロユリ団地』『七つまでは神のうち』『呪怨 白い老女』『怪談新耳袋 怪奇』など。TVドラマ『クロユリ団地～序章～』『古代少女ドグちゃん』『時々迷々』『女子大生会計士の事件簿』『恋する日曜日』ほか多数。また、スクリプト・ドクターとして国内外の映画やTVドラマ等の脚本分析やリライトを数多く手掛けている。

サタデーナイト・ラボ

2009.9.19 ON AIR

シリーズ

〝エンドロールに出ない仕事人〟第1弾 スクリプト・ドクターというお仕事

三宅隆太《ゲスト》

『タマフル』に数多く出演し、「ブルボン特集」などをプレゼンしたことでも知られる三宅隆太。しかし本業はこちら！ 脚本のお医者さんこと〝スクリプト・ドクター〟という、謎のベールに包まれた自身の仕事とメソッドを大公開。ここにスポットを当てる企画は、映画雑誌でも見たことがない。そんな『タマフル』ならではの渾身の映画特集。話は脚本の具体的な治療法から始まり、映画の深い構造分析にまで広がります。

宇多丸　TBSラジオ『ライムスター宇多丸のウィークエンド・シャッフル』。ここからは特集コーナー「サタデーナイト・ラボ」です。今夜の特集はこちら！　**「シリーズ〝エンドロールに出ない仕事人〟第1弾、スクリプト・ドクターというお仕事」！**　映画のエンドロールに決して名前が載ることはない、映画を陰ながら支える仕事人たちを紹介する新シリーズ[★1]。その第1弾ということで、先月日本のホラー映画表現について講義していただいた、映画監督にして脚本家の**三宅隆太さん**をお招きし、**スクリプト・ドクターすなわち脚本のお医者さんのお仕事**についてお訊きしようと思います。ということで、三宅さんどうも！

三宅隆太（以下、三宅）　どうもこんばんは。

宇多丸　いらっしゃいませ。間髪入れずの登場で。

三宅　アハハ、よろしくお願いいたします。

宇多丸　以前のJホラー表現の解説[★2]もホント素晴らしかったです。

三宅　いえいえ、そんなそんな。

宇多丸　具体的な話も交えていただいて。その後『ほんとにあった怖い話』[★3]の新作もやられてて。

三宅　そうですね。

宇多丸　僕はあれを観るたびに、例えば幽霊が寄ってくる時のカットの切り方やショットの大きさとか、幽霊と驚く人の顔をどんな比率で切り取っているかとか、本当にそういうことをものすごく意識するようになりましたね。

三宅　おー、ホントですか！

宇多丸　やっぱり三宅さんのお話のとおり「あ、これが怖いのか！」というのが分かったりして、た

★1　**新シリーズ**
後日、シリーズとして、2010年5月8日に「シリーズ〝エンドロールに出ない仕事人〟第2弾　映画の予告編づくりほど素敵な商売はない！」小江英幸、白仁田康二出演で特集が組まれた。

★2　**Jホラー表現の解説**
2009年8月9日に放送された、三宅隆太出演の「サタデーナイト・ラボ」の企画「ホラーはすべての映画に通ず！　真夏の現代ホラー映画最前線・講座!!」のこと。怖い映画の作り方を講義スタイルで語った映画技術論となった。

★3　**『ほんとにあった怖い話』**
1999年よりフジテレビ系にて放送されているオムニバス形式のリアルホラードラマ。通称「ほん怖」。SM

いへん勉強になった企画でございました。

三宅　良かったです。

宇多丸　そして最近の『ウィークエンド・シャッフル』は、この間のJホラー表現もそうだったんですけど、ちょっとね〜、**映画特集が突っ走ってますね〜。**

三宅　アハハハ。

宇多丸　だって映画専門誌とかも含めて、**スクリプト・ドクターに言及する企画っていうのは、僕あまり知らないですよ。**

三宅　僕も聞いたことないですね。

宇多丸　まずないですよね、というくらいに、ホントにやっぱり〝**影の軍団**〟〈★4〉なわけですね。

三宅　かなり影の軍団です（笑）。

宇多丸　しかしそれは実在する、という。

三宅　しますね。

宇多丸　そして実は三宅さんがその1人、という。

三宅　アハハ、そうなんですよね。

宇多丸　では、このスクリプト・ドクターというあまり聞き慣れない職名なんですが、このお仕事の紹介にあたり、本日は全部で5つのパートに分けて解説していただこうと思っておりますので、よろしくお願いいたします。

三宅　こちらこそよろしくお願いいたします。

宇多丸　では早速始めたいんですが、まず本当に定義の話。**スクリプト・ドクターとは何か？** という

AP・稲垣吾郎が案内人を務め、「ほん怖クラブ」のメンバーたちがスタジオで怖さを吹き飛ばすおまじないを唱えるのが定番。

★4 〝影の軍団〟
1980年からフジテレビ系列で放送されたテレビシリーズ『影の軍団』。千葉真一が演じる伊賀忍者の頭領が率いる影の軍団の活躍を描いた時代劇で、ここではこのドラマと主人公たちのことを指している。

ことですよね。

三宅　ですよね。

宇多丸　まぁ字面を見れば映画の脚本、スクリプト（脚本）のお医者さんということですけれども、具体的にこれはどういうことなんでしょうか？

三宅　ええとですね、普段みなさんテレビや映画をご覧になっていて、「なんだ、こんなシナリオだったら自分でも書けるわ〜」みたいなこともあるかと思うんですけれども、世の中に出ている映画やテレビのシナリオっていうのは、シナリオライターが最初に書いたままのものが作品になっているのではなくて、必ず**リライト**といって**書き直しの作業**を経ているものなんですね。

宇多丸　これはもう必ず？

三宅　必ずと言っていいですね。ほぼ100パーセントです。初稿という、最初に書いたシナリオがそのまま映画になるという例はほとんどないですね。

宇多丸　ほぉ〜。

三宅　ですから、これは別に悪いことでも良いことでもなくて、リライトするのが当然だというのがまず前提としてあるわけです。

宇多丸　何のためにリライトをするんですか？

三宅　まず最初に上がったものが、シナリオライターがいろいろなものを全部込めて書いたホンだというのは間違いないんです。けれども、映画は絵画や彫刻と違って、**大勢の人が関わっていろんな人の利害とか思いを踏まえて作るもの**ですので、例えば予算の問題であったりキャストであったり公開する方向性であったり、そういった点でプロデューサーからこういうところを直してほしいという指示は必ず入るものなんですね。

宇多丸 なるほど。

三宅 リライトは、同じ脚本家がずっと書き直していくというやり方が基本です。例えばテレビの場合は、最初から放送日が決まって企画が動くことが多いので、何回かリライトしていく中で、本当はもうちょっと書き直したいなというのがあってもリミットが来てしまってそのまま撮る、ということもなくはないんです。が、逆に映画の場合は、公開日や具体的な製作が確定していない状況で企画が動き出すことがあるので、際限なくリライトが続いてしまうことが多いんですね。

宇多丸 ずっと書き直しを重ねているという。

三宅 そうなんです。もっと良くなると言いながら、直すうちに**もっと悪くなるケース**もあるんです。そうなってくると、例えば何カ月とか、ヘタすると何年という風に企画をずっと引っ張るケースも実はあるんですね。

宇多丸 ほぉ。今まさにこの瞬間も、いつ世に出るか分からない脚本が書き直しされ続けている。

三宅 されていると思います。こういう作業はプロデューサーと脚本家で続けることが多いんですが、だんだんと**疲弊《ひへい》してくる**わけですね。シナリオというのはどこかをいじると必ずどこかに影響が出るので、ここを直そうと思ったら違うところも当然直さないといけないとやっているうちに、だんだん**「何を直したらいいのか?」「何が正解なのか?」**みたいなところに向かって混乱していっちゃう。道に迷ってくる。

宇多丸 ふんふん。

三宅　そういう時にスクリプト・ドクターが、当事者たちの人間関係とかそういうものは置いておいてですね、客観的な視点で、その**シナリオの患部**といいますか、**病状**を……。

宇多丸　要はシナリオを人体に例えるならば、何か具合が悪いぞと、俺の身体具合悪いぞというんで自分で当てずっぽうにこの辺じゃないかとかやっていたら、どんどん悪化してきちゃったと。なのでお医者さんにかかる、ということですかね。

三宅　そうですね。そうすると具体的にどこに問題があって、どこをいじれば良くて、もっと言うとどこをいじっては絶対にいけないとかですね、そういうことも見つけることができる。そのためにドクターがいる。まぁ大雑把《おおざっぱ》に言えばそういう感じになりますね。

宇多丸　スクリプト・ドクターというような役割の人は、結構いるものなんですか？

三宅　日本では**僕の知る限り７人**〈★5〉はいますね。

宇多丸　７人？　日本で７人！

三宅　アハハハハ。

宇多丸　これ本当に〝影の軍団〟じゃないですか！

三宅　影の軍団ですね。

宇多丸　スクリプト・ドクターと名乗って仕事されている方が、三宅さんが把握している範囲で７人。そんなに数は多くないですよね。

三宅　多くないです。というのも、日本ではまだなかなか理解されていない職業というか、必要性が認められていないところもある仕事だったりするんです。でも**アメリカの映画の世界では**わりと**ポピュラー**で、１９５０年代のテレビドラマで1回クレジットを発見したことがあります。

★5　**僕の知る限り７人**
もちろん７人ですべての日本映画を賄っているわけではない。スクリプト・ドクターを投入する企画自体が、日本ではまだまだ少ないということ（三宅）。

宇多丸 スクリプト・ドクターという？

三宅 スクリプト・コンサルタントと出ていましたね。ですからそのような立ち位置の方というのは、その頃には最低限いたかなぁと思います。

宇多丸 たまにクレジットを見ていても、ストーリー・コンサルティングみたいな感じの名前が結構ずら〜っと並んでいたりすることがありますが、これはやっぱりドクターにあたるような仕事ということなんでしょうか？

三宅 そうですね、そうだと思います。

宇多丸 なるほどなるほど。

三宅 それとアメリカ映画の場合は、シナリオを何人か共同で書く場合があるんですね。アメリカ映画のクレジットをご覧になっていると、Screen play by 誰々、Written by 誰々というのが、多い時で5人ほど載ることがありますね。日本映画で5人も載ると、観ている人は大体「**モメたな**」みたいにネガティブな、「何かうまくいかなかったの？」と受け取ることが多いと思うんですけど。

宇多丸 アメリカ映画はシステマティックにどんどん人にやらせていくような感じだけど、日本映画の場合は人が増えると悪い印象を持つっていうのは、事実そうだからということですよね？

三宅 ハハハ、本当にそうだということもあったりするんですけど。イメージの問題なんですが、日本の場合は1人の作家が最後まで書き上げるのが美しいという概念があるんですよね。

宇多丸 作家主義というか、1人のクリエイターのビジョンをそのまま綺麗に、頭の中のものをそのまま具現化するのが芸術の方法としていちばん正しいのだ、という**幻想が根強い**ですよね。

これは音楽でもそうなんですけれども。

三宅 あぁ、やっぱりそうですか。

宇多丸 それをちょっと見直そうというのが、来週の「ちょこっとラボ」でもやる『ONCE AGAIN』★6のセルフ解説に入ってくるんですけど、それはまぁ置いておいて。

三宅 フフフフフ。とにかく大勢の人間がいろんな視点でいろんなアイデアを出して1つの映画を作ることが、アメリカでは別に悪事とは見なされていないんですね。例えば5人クレジットされている場合には、ノンクレジット契約という契約を交わしたライターが、それ以外にも10人ぐらいいたりする場合もあるので、実際には十何人携わった人がいるという場合もありますね。

宇多丸 ふんふん。とはいえ、いっぱい関わるのが何となくネガティブな印象をもたらすという、要するに船頭多くして船山に登るというか、いっぱいいるといろんな人の意見が入って訳が分からなくなってしまうんじゃないのか、というような危惧を持つ人もいると思うんですが。

三宅 と思うんですけどね、実は船頭はプロデューサーなんですね。

宇多丸 あ〜、そうかそうか。

三宅 なので逆に言うと、その船頭に合わせて脚本家はいろんな人が入る場合もありますし。脚本家が船頭するということはあまりないかなと思いますけどね。

宇多丸 とはいえ、スクリプト・ドクターを経てもなお駄目なシナリオの場合は……。

三宅 駄目な場合はノンクレジットでアドバイスをしたり、場合によっては代わりに書いたりということもあります。

宇多丸 これは、日本では大体どのぐらいから始まったんですか？

★6『ONCE AGAIN』

2009年10月14日に発売されたRHYMESTERのメジャー10枚目シングル。活動再開後初のシングルであり、オリコンチャートでは自己最高となる15位を獲得した。ちなみにこの特集の日よりしばらく『タマフル』の「ちょこっとラボ」では、宇多丸による自由解説企画「ライムスター新曲〝ONCE AGAIN〟の出来るまで」という企画を行っていた。

三宅　う〜ん。正確なところは……本当にそれこそ影の軍団なので、**クレジットされていない以上その映画にタッチした人にしか分からない**という。

宇多丸　そうかそうか。

三宅　もっと言うと、僕がタッチした映画も映画が完成して打ち上げに行くと、スタッフが、僕が参加していたことを知らなくて……。

宇多丸　**「三宅さんが関わってたんですか！」**みたいな。

三宅　そうそうそう。知ってるスタッフに会うと「何でここにいるの？」みたいなことになったりもするんですけど。日本では正確に、ここが発祥《はっしょう》というのはないですね。

宇多丸　三宅さんがこのスクリプト・ドクターという仕事を始めたのは？

三宅　僕に関して言えば、２００３年の1月くらいですね。

宇多丸　今、２００９年の現在でもスクリプト・ドクターという職業の存在はあまり知られていないわけじゃないですか。これは日本映画界の内部でもそうだということですよね？

三宅　うん、そうですね。実際に業界の方で初めてお会いして名刺を交換する時に**「えっ、ドクターやってらっしゃるんですか？」**とか、**「ドクターって日本にいたんですか？」**というようなリアクションはよくあります。

宇多丸　あ〜なるほど。でもいざ始めてみたら、需要っていうのはどうなんですか？

三宅　**……あるんですよね、これが。フフフ。**

宇多丸　要するにみんなスクリプト・ドクターという存在を知らないから頼まなかったけれども、そういう人がいるんなら！

三宅　いるんならお願いしたいという。

宇多丸　今までずっと民間療法で、その辺で拾ってきた雑草をゴリゴリやって何とかしてたんだけど、お医者さんがいるんならちょっとかかろうかなぁ～みたいなことですかね。

三宅　そうだと思います。

宇多丸　医者がいない村にいざ開業してみたら大流行《はや》り！っていう。

三宅　意外とコンスタントにありますね。月に最低でも2～3本はいつも入ってくる感じで。

宇多丸　入ってきた脚本を三宅さんがチェックして、それはのちに映画化されていくものなんですか？　それともされないものなんですか？

三宅　されないものもありますし、されたものもあります。されないというより、逆に僕が**「これはここでやめたほうがいい」**と言う場合もあります。ただそういった権限は僕にはないので、これ以上のリライトは難しいという理由はもちろん申し上げますが、最終的にご判断されるのはもちろんプロデューサーさんです。

宇多丸　要するにプロデューサーさんに「もう、手遅れです」と。**「全身に回っております」**みたいなことを伝えるという。

三宅　そうですね。「もうちょっと別なアプローチをしたほうがいいんじゃないでしょうか？」というようなことはありますね。

宇多丸　そのようなアドバイスをすることはある。なるほどなるほど。ということが、おおむねスクリプト・ドクターという職業の概要ということですかね。ただ先ほど人体に例えましたけれども、実際の病気だったらレントゲンで「肺が真っ黒ですよ」とか診断できますし、僕らは完成した映画を観れば「あ～なんか不細工だなぁ」と分かるけれども、脚本を読んで実際にどうやって問題を見つけていくのか、そしてそれをどう具体的に直していくのか。三宅さんが何となくでやっていたら、それは医者でも何でもないわけじゃないですか。

三宅　そうです。

宇多丸　つまりドクターとおっしゃるからには、**明確なメソッド**があるわけですか？

三宅　ありますね。はい。

宇多丸　まず脚本の読み方と？

三宅　そうですね。読み方と、分析してその答えを見つけていく方法というか。

宇多丸　ほう。普段私は「シネマハスラー」なんて言っていますけれども、全然医者にもかかったことのない、医療の医の字も分かっていないということになるかもしれません。今日のお話は**我々が今後映画を観るにあたっての、ある意味ひとつの物差し**にもなり得るかもしれませんね。

ストーリーを2行で書き出す〝ログライン〟

宇多丸　ということで、先生！　今日は先生と呼ばせてください！　具合の悪い患者さんこと脚本は、大体プロデューサーさんから持ち込まれるわけですか？

三宅　そうですね。オファーはプロデューサーの方、映画会社の方、テレビ局の方からといろいろありますけど、脚本家とか監督から持ち込まれることはまずないですね。

宇多丸　脚本家の方々が頼めるんだったら、この仕事はたぶんもっと広まっているというか、脚本家のプライドの問題みたいなね。本当はそういうことじゃないのに。

三宅　何となく敵だと思っている方が多いみたいですね。

宇多丸　「医者なんかにかかるか〜！」というか、「俺は自分で治せるんだ〜！」というね。で、薬草をゴ〜リゴ〜リっていう。

三宅　アハハハハ！

宇多丸　ではスクリプト・ドクターの三宅隆太さんが、持ち込まれた脚本を実際にどのようにチェックしているのかという具体的な作業手順、方法を教えていただきたいと思います。パート2です。

三宅　分かりました。ドクターと言うからにはですね、**結構切迫した状態になって依頼が来ることが多い**んですね。もうどう直していいか分からない、お手上げ、というような混乱した状態で来るという。

宇多丸　ひょっとすると、最初に脚本家さんが書いた台本より悪い状態になって来ることも？

三宅　かなりありますね。なので、当事者と同じ精神状態に絶対に陥《おちい》らないために、分析する時にはかなりの客観性が必要なんです。その段階ではプロデューサーも脚本家もかなり主観的になっている場合が多いので。そして手順としましては、いちばん新しい脚本、最新稿を受け取って、**まず1度しっかり読み込みます**。この時に気をつけているのは**絶対に読み返さない**ということです。1回しか読みません。

宇多丸　ほうほうほう、それはどうしてですか？

三宅　読み返さないで分かるように書いてないと脚本としてまずは問題がある、というのもありますけれども、客観性を保つためです。絶対読み返さないようにして、その時の印象で、誰のどういう話だったのかということを、いちばん最初に、めくって確認せずに**75文字以内で書き起こす**ようにします。

宇多丸　75文字以内。ふむふむ。

三宅　これはマス目でいうと75文字ですけれども、**大体２行ぐらいの長さでそのシナリオの印象、物語の概要を書き出す**というのがまず最初にやる作業です。

宇多丸　なるほどなるほど。あまり細部に入り込まないで、ざっくりこういう話だよなというところを大づかみする作業。

三宅　そうなんです。というのは、やっぱり依頼が来る時にはですね、「このシーンとこのシーンがおかしいと思うんですけど」っていう言い方をプロデューサーの方は必ずされるんです。でも**シナリオというものは全体的に鎖のように繋がっているもの**なので、**どこか1箇所だけを直して解決することって、まずない**んですね。どこかをいじると必ずどこかへ影響するということがありますので、木を見て森を見ずじゃないですけど、まずこのシナリオはどこに向かっていくべきだったものなのかというのを、いろんな事情を聞かずにいちばん新しいシナリオから探るというのを最初にやります。

宇多丸　ん〜、なるほど。大雑把な話の要約というか、そういうものを作るということですね。

三宅　作ります。なぜ2行かというとですね、プロデューサーにシナリオが持ち込まれたり、企画書を通したりする時によくあることなんですけど、例えば「こういう映画を考えました。こういうシナリオを書きました。映画にしたいんですけど、プロデューサーさん読んでください」と言って持っていった時に、１８０ページもあるシナリオをいきなり渡されると、いくら知り合いの脚本でも「こんなの読めるか〜！」という反応になるわけですよね。それでよく、「簡単に言うとどういう話？」「2行で言うとどういう話？」という聞き返し方をされる。これが**アメリカだと「20ワードで言え」**という要求をするみたいですけど。ということは、問題になっているシナリオをこっちが読んだ時に、2行で興味を引くような物語として落とし込めなければ、まずそこから問題があると。

宇多丸　ふんふん、それは劇映画として？　娯楽劇映画として？

三宅　娯楽劇映画としてですね。アート映画の場合はまたちょっと事情が違いますけれど。

宇多丸　実際いろんな要素がその後加わったとしても、映画を観た時に受けるエモーションというか、こうなってこうなるっていうところは、僕ら観客が混乱しちゃうような入り組んだ話だったら、やっぱり作品世界に入れないですもんね。

三宅　入れないんですね。

宇多丸　根本はある種シンプルな構造を持っているべきであると。

三宅　そうなんです。物語自体はシンプルであるべきだと思うんですね。

宇多丸　なるほどなるほど。

三宅　実際、過去20年間くらいのアメリカ映画で、日本で公開されたものの平均上映時間を出すと98分くらいといわれているんですけれども、この98分にうまく落とし込んでいる良作というのは、大体どの映画も2行で概要を言えるというのがまずあるんです。ですからプロデューサーさんがどういう依頼をしてくるかにもよるんですけど、娯楽映画にしたいのに複雑になっちゃったみたいな話の場合は、必ずこの2行の〝**ログライン**〟というんですが、これをまず探る。

宇多丸　でもこれはアレじゃないですか？　結構やっかいな状態になっている患者さんというか脚本なわけですよね。「これ初めから2行にまとまんね～じゃん！」ということはないですか？

三宅　ありますね。

宇多丸　そういう時はどうするんですか？

三宅　「これこれこういう立場のこういう人物が、こういうものや出来事と出会い、こういう目に遭って、これこれこういう展開になる」というようなことを大体2行にまとめるんですが、収まらない場合、あるいは1行で終わってしまうようなシンプルすぎる場合は、その脚本のキャラクターとか世界観とかそういった固有性を取り外して、登場人物と、出来事やエピソードのパワーバランスだけを見て、物語の原型を探るようにします。

宇多丸　本当に骨格の部分だけにしてしまう。

三宅　骨格の部分ですね。これはなんでかというと、世の中に出回っているいろんなタイプのストーリーの映画っていうのは、一見全然違うようでも、同じ説話がベースになっていることってたくさんあるんですね。例えば例を挙げると、オードリー・ヘプバーンの『マイ・フェア・レディ』〈★7〉という名作がありますけれども、あれとリュック・ベッソンの『ニキータ』〈★8〉は実は同じ話がベースになっているんです。

宇多丸　ただの女の子を仕立て上げていく話。

三宅　簡単に言うとそうですよね。これは「ピグマリオン」というギリシャ神話がベースです。キプロス島の王様のピグマリオンが、生きた女性に対して不信感を持っていて、彫刻で理想の女性像を作った。そしてその女性像に惚れ込むあまり、食事を与えようとしたり話しかけた

★7『マイ・フェア・レディ』
1964年・米／監督：ジョージ・キューカー／出演：オードリー・ヘプバーン、レックス・ハリソン、スタンリー・ホロウェイによるミュージカル映画の傑作。1956年～1962年までブロードウェイでロングラン公演となったヒットミュージカルの映画化。

りしているうちにだんだん衰弱していってしまった。見かねたアフロディテという女神が彫像に命を与えてあげて、彼は幸せに結婚しました、というような話です。別バージョンだと、その後、彼女がいなくなっちゃって孤独になりましたっていうのもあるんですけどね。これが『マイ・フェア・レディ』と『ニキータ』のベースが同じ話ということです。

宇多丸　なるほど。男が理想の女を作り上げていき、みたいな話。

三宅　そうですね。ただ**一見すると全然違う映画**なんですよね。

宇多丸　映画はみんなわりとジャンルで分けちゃうから、『マイ・フェア・レディ』のトーンと、アクション映画の『ニキータ』では全然違うものに見えちゃうけど。

三宅　違うものに見えますけど、例えばそれを男と男という関係にして、ホラーにして、科学医療みたいなものを加えていくと『フランケンシュタイン』[★9]になったりとかですね。

宇多丸　あぁ、そうか！　人工的に自分の思いどおりに仕立て上げていくというね。同性にするとそうなるわけですか。

三宅　これを、例えば固有性を残していくと見つけられなくなるんですね。

宇多丸　「人造人間が……」とか「暗殺者が……」とか。

三宅　「花屋の娘と言語学者が……」とか言ってるといろんな枝葉の問題に囚われて見つけられなくなるので、**話の骨格をまず最初に探る。**

宇多丸　それこそ「力を持った側の男が……」ぐらいにしていくってことですかね。

三宅　そうですね。あるいは「男」すら剥ぎ取ってもいいのかもしれません。

宇多丸　あぁ、「力を持った人物が」「その力を利用しながら」みたいな、そこまでやっていくという。

三宅　そうなんです。そうすると、今たまたまピグマリオンの話をしましたけど、ほとんどがいろ

★8『ニキータ』

1990年・仏／監督・脚本：リュック・ベッソン／出演：アンヌ・パリロー、ジャン＝ユーグ・アングラード、ジャンヌ・モロー、ジャン・レノ。政府の秘密工作員である〝MY FAIR LADY〟ならぬ〝ニキータ〟を描いたアクション映画。

★9『フランケンシュタイン』

1931年・米／監督：ジェームズ・ホエール／出演：ボリス・カーロフ、コリン・クライヴ。原作はメアリー・シェリーの同名小説。永遠の生命を求めるフランケンシュタイン博士が、いくつかの死体を組み合わせて人造

んなタイプの話に落とし込めていけるんですね。

宇多丸　何種類かに分類できる。

三宅　はい。世の中のストーリーは実は36種類しかないっていう説〈★10〉があってですね、そういったものに大抵は落とし込める。ログライン化することで、骨格の段階でこのシナリオは本質的にはどこに向かえばいいのかをまず見つけることができるわけです。おかしいとなればまずそこから直していかなければいけませんし、もしそこはクリアだとなった場合は、次は具体的な構成を見ていくというのがプロセスとしてありますね。

宇多丸　なるほど。いちばん最初にログラインを作ってみることで、この話が目指そうとしている方向が正しいのか間違ってるのかをチェックするということですか。

三宅　そうですね。

宇多丸　ちょっと戻りますけど、2行でログラインっておっしゃったじゃないですか。1行だったりして短すぎる、シンプルすぎる場合はやっぱり良くないんですか？

三宅　これは傾向としてよくあることなんですが、アメリカの娯楽映画は2行で大体言えるんですけど、ヨーロッパの映画の中には10行かかってしまうか、1行で終わっちゃうっていうことが結構あります。具体的に言うと、アメリカの2行ログラインの場合は大体1行目にまず主人公の日常というのがあって、2行目でそれが変化・成長した状態になるんです。

宇多丸　「これこれこういう主人公が」が1行目で、「ほにゃららほにゃららしてこうなった」っていうのが2行目。

三宅　そうです。以前『ボルト』〈★11〉の批評の時に宇多丸さんがおっしゃってた、「物語は行って帰

人間を創造するホラー映画。

★10 **世の中のストーリーは実は36種類しかないっていう説**
19世紀のフランスの劇作家ジョルジュ・ポルティが提唱した「36の劇的境遇」のこと（三宅）。

★11 **『ボルト』**

2008年・米／監督：バイロン・ハワード、クリス・ウィリアムズ／声の出演：ジョン・トラヴォルタ、マイリー・サイラス、スージー・エスマン。ジョン・ラセター製作総指揮のもと、ディズニーとピクサー合併後第1弾となったアドベンチャー・アニメ。ちなみに2009年8月15日の「ザ・シネマハスラー」でこの映画を扱っている。

る」という、その「行って」で終わっちゃうのが1行ってことですね。

宇多丸　あ〜なるほど。「犬がいて、行った！」

三宅　「行った！」で終わり。これが映画か！っていう。

宇多丸　ある種そういう違和感とかを売りにするような映画であればいいけど、先ほどおっしゃったように、やはり一般的な娯楽映画を目指すのであれば、そんなイレギュラーなことはやめなさいと。

三宅　そうですね。あとヨーロッパの映画になぜそういったものが多いかというと、人物の外側で起きていることよりも、**人物の内側で起きてることをドラマとして捉える傾向があるので**、どうしても**ストーリー性が希薄になる**というきらいがありますね。

宇多丸　なるほど。具体的に何かお話としては動かないけど、この人物の中身ではこういう葛藤《かっとう》が起きてると思われる、というようなこと？

三宅　そうですね。物語で映画を観せていくのとは、また別の習慣があったりしますので。

宇多丸　なるほどなるほど。でもここではやはり娯楽映画の王道であるアメリカ映画型といいますか、アメリカ映画的なところを、ということですね。

三宅　そうですね。

〝三幕構成〟という形と、その最良の比率

宇多丸　ではですね、ログラインはクリアしたとしましょう。骨格は良かった。ただ、じゃあどこが具合悪いんだ？　と。

三宅　そうすると、だんだん大から小に入っていきます。大きい外側から中に入っていくんですけれども、今度はその**いちばん新しいシナリオの展開を、時間軸に沿う形でフローチャートに起こしていきます。**こうすると何が可能になるかというと、いわゆる**〝三幕構成〟という形に**なっているかどうかの確認が取れるんです。三幕構成というのはギリシャの時代からずっと続いてる、物語の、言ってしまえばいちばん美しいとされている形式なんですが、アメリカ映画のシナリオ作りというのは長いことずっとこの三幕構成をベースに考えられているんですね。で、その型にはめるのが良しかどうかということを依頼してきたプロデューサーさんにもちろん確認しないといけないんですが、それをしてほしいということになったら、実際にシナリオを三幕に落とし込んでいきます。

宇多丸　要はアメリカ型のエンターテインメントにしていいですか？　娯楽映画にしていいですか？　という確認、ということですかね。

三宅　そうですね。いちばんスタンダードな形ということですね。

宇多丸　分かりやすい話にしちゃっていいですか？ってことですよね。

三宅　話というより構成ですね。ではこの三幕構成をざっと説明するとですね、上映時間を3つの大きなパーツに分けて考えるという考え方なんですね。一幕、二幕、三幕というような分け方をします。仮に上映時間が95分の映画だとした場合、一幕目を大体25分前後、次に二幕目があって三幕目に移る頃に大体75分。で、最後に95分になると。

宇多丸　大体3等分を目指す感じですか？

三宅　一幕：二幕：三幕の比率が大体1：2：1の時間配分になるのが、三幕構成では美しいとされています。

宇多丸　あ、そうか、じゃあ真ん中がいちばん長いっていうことですね。

三宅　はい。真ん中がいちばん長いです。

宇多丸　そうかそうか、なるほどね、真ん中のパートが倍ぐらいある。映画でいうとホントに映画の中心になると。

三宅　これは細かい話をすると朝までかかっちゃうのでざっくり言うと、二幕目は長いですね、そして三幕目というのはクライマックスという要素が必ず入ってきますので、一幕目と同じ配分でありながら、一幕目よりちょっと短くなることが多いです。テンポが速くなるんですね。

宇多丸　クライマックスはむしろテンポが速く短くなっていたほうがいいんですね。

三宅　そうですね。それはアクションとかサスペンスじゃなくても、いわゆる恋愛モノとかヒューマンドラマであったとしても、やっぱりそれまで培《つちか》ってきた物語とか、登場人物の思いが結実していくのが後半部なので、おのずと短くなっていくし、多少短くなったほうが美しいとされていますね。

宇多丸　でもこれは理屈を聞けば当然そうだよなと思いつつも、実際には「クライマックスだから引き延ばしたい！」みたいな発想の作り手、もしくは観客としての固定観念で「クライマックスだから長いんでしょ」って思っちゃってる人は多いかもしれませんね。

三宅　でも実は真ん中がいちばん長いんですね。だからこそいちばん難しかったりもするんですが。

宇多丸　なるほど。

三宅　あと三幕でいえば、最後にクライマックスがあって映画がすごく盛り上がりましたと、そこでいきなり終わっちゃうっていう手もあるんですが、**その後5分ぐらいですね、短いお口**

直しの時間を作るのが美しいとされています。

宇多丸　エピローグ的なもの？

三宅　そうですね。要するに映画というのは架空の旅にお客さんを連れていくようなものなので、そこから現実の世界に戻ってもらうためにお見送りをする時間とでもいいますか。

宇多丸　お見送り。ほう、なるほどなるほど。お見送りする時間が大体5分くらい。

三宅　5分前後ですね。ただここがあまり長いと引き際の悪いシナリオになってることが多くてですね、大体最後のところは脚本家の思いが込められてたりするので長くなりがちなんです。例えば『レオン』〈★12〉のレオンが死んじゃったあとですね、レオンが死んじゃってマチルダはまた独りになったけれども、でもレオンとの思い出があるし、もう独りじゃないっていう風に生きていく、で、花を植えるっていうシーンがありますが、あそこはそれが表現できればいいわけですね。それを言うために15分かけるのは、ちょっと長いということですね。

宇多丸　はいはい、なるほどね！　僕が感じる**「ホントにグダグダグダグダやりやがって！」**っていうのはやっぱりそこの印象なわけですね、なるほどね。リュック・ベッソン〈★13〉が嫌いな理由、とメモしておこう。

三宅　アハハ。ちょっとスイートすぎて逆にしらけちゃう場合もあるんじゃないかな……という例えばの話ですけども。

宇多丸　やっぱり終わりのほうにクライマックスもあるし、作り手の思い、描き込んできたキャラクターへの思い入れもあるからどんどん鈍重《どんじゅう》になっていくっていうのは、これは洋・邦限らず結構あるんですか？

★12『レオン』
1994年・仏・米／監督・脚本：リュック・ベッソン／出演：ジャン・レノ、ナタリー・ポートマン、ダニー・アイエロ、ゲイリー・オールドマン。殺し屋・レオンと12歳の少女・マチルダとの純愛と戦いを描いたアクション映画。

★13 リュック・ベッソン
フランスの映画監督・脚本家・映画プロデューサー。主な監督作品に『グラン・ブルー』『ニキータ』『レオン』『フィフス・エレメント』などがある。

三宅　ものすごくあります。だから作者が言いたいことを、何とかそこに至るまでの物語の中で別の形に昇華できないかとか、そういう手段も探る必要がおいおい出てくるということですね。

宇多丸　なるほど。でもこれがいちばん美しい形であるということをまず踏まえながら、組み直していく。

三宅　ページ数から全体の映画の長さっていうのは割り出せるものなんです。というのは、小説と違ってシナリオは時間表現のものなので。小説にはよく時間が止まっている展開がありますね。今こう思った、ああ思ったとかいろいろ書いてあっても、実際には主人公が椅子に座って物思いに耽《ふけ》ってるんだけど、いろんな考えが蓄積されていくことで、一応物語は展開してる。でもそれは時間にすると止まっている。視覚化しにくい描写なので、映画においては大抵そこはカットされるんですね。というのがあるんですけども、シナリオの場合は1ページにつき何行何文字っていうのが大体日本もアメリカも決まってますので。書き方によって個人差はあるんですけど、**おおむね誤差5ページ前後で、完成尺、上映時間っていうのは割り出せるようになっている**んです。

宇多丸　大体1ページがどれくらいなんですか？

三宅　**アメリカの場合は完全に1分**になるように作られてますね。

宇多丸　完全に1ページ1分!?

三宅　1分になるように。そのフォーマットを崩して書いたら、もうそれだけで読んでもらえないこともあります。

宇多丸　脚本の体《てい》を成していないということで？

三宅　はい。日本はその辺がちょっと緩くて個人差があるんですけど〈★14〉、でも大体「これ

▲日本では存在自体の知名度がまだ低く、数も少ないスクリプト・ドクター。三宅監督はその1人。

▼本番前のオフショット。左より宇多丸、橋本P、せのちん、三宅監督。結構、真面目に打ち合わせてます。

で90分」とか「これで１２０分」というのは分かるようになってます。なのでいわゆる三幕構成においては、一幕から二幕へ移行する、あるいは二幕から三幕へ移行する際に、決まり事として、ターニングポイントと呼ばれている新たな展開を呼ぶエピソードというのが必要だとされているんですね。

宇多丸 はいはい。

三宅 これは三幕構成にするつもりはなくても、不思議なもので脚本家はそういう展開を大体書いてしまうんですよ。

宇多丸 そうでないと話が進まないということもありますよね。

三宅 そうなんですね。ごく自然に大体そのぐらいの時間になると、そういうエピソードを入れてしまうんですね。あとはその位置が観てて気持ちのいい場所にあるのかどうか、いろんなことを言いすぎてターニングポイントの入れどころが遅れちゃったんじゃないかとか、前すぎるんじゃないかとか。例えば第1ターニングポイント第2ターニングポイントという2種類のポイントが必要なんですが、第1のポイントがあまり早すぎると二幕目が異常に長くなったり、次の三幕に移る時のターニングポイントが今度は遅すぎるとクライマックスがやたらせせこましくなったりという風に、バランスを欠いたものになってしまうということがあるんですね。

宇多丸 つまりその第1ターニングポイントっていうのは、一幕目から二幕目に移るポイントっていうことですか?

三宅 そうです。何か例があったほうが分かりやすいと思うんですけど、例えば『ファインディング・ニモ』〈★15〉という映画なら、あの映画は大体95分前後なんですが、ぴったり25分でニ

★14 **日本はその辺がちょっと緩くて個人差があるんですけど**
もちろん日本でも文字数や行数の規定はある。ここで言っているのは、書き手個々人によるト書きの描写の差のこと。「本来はルール違反である文学的な表現」(時間換算が不可能)を多用することで、監督の演出イメージを引き出そうする脚本家も存在する(三宅)。

★15 『ファインディング・ニモ』

2003年・米/監督・脚本・原案:アンドリュー・スタントン/声の出演:アルバート・ブルックス、エレン・デジェネレス、アレクサンダー・グールド。ジョン・ラセター製作総指揮のもと、ピクサー社が手がけた当時最新のCGを駆使したファンタジーアニメ。

モちゃんがさらわれます。

宇多丸　ほう！　さっきの１：２：１の比率でいうと、１の比率でニモちゃんがさらわれる！

三宅　で、ここからお父さんがニモを捜して追いかけるという話になりますので、まさにターニングポイントですね。

宇多丸　で、二幕に入る。要するにその手前の一幕のところはニモとお父さんの日常が描かれていて。

三宅　それと後半に必要な伏線とかが入ってくる。ちなみに『バック・トゥ・ザ・フューチャー』〈★16〉という映画なら、あれは１１０何分かあるんですが、割合でいうと１：２：１の最初の１にあたる部分でタイムスリップをして、昔の納屋に車が突っ込んじゃって「わあ、30年前に来ちゃったよ！」っていうくだりが大体30分ぐらいです。

宇多丸　ほうほう。これ面白いですね〜。要するに人間の生理として必ず決まった時間に何かが起こってほしいんじゃなくて、映画全体の尺に対して何かが起こってほしい時間が決まるっていう、つまり我々は観てる映画の全体の尺を事前に知ってるわけじゃないにもかかわらず、気持ちいいポイントは映画全体の尺で決定される。これは不思議ですねぇ。

三宅　いやホントに不思議なんですよ。いわゆるジャンル映画、ＳＦとかホラーとかアクションとかコメディーとか、そういうTSUTAYAにあるような作品でヒットしたものを試しにレンタルしていただいて、「あ、今、何か新しい展開が起きた」という時に、ＤＶＤのカウンターを見ていただくと**大体25〜30分くらいの間**。

宇多丸　映画全体の尺に対しても１：２：１の比率になると。

三宅　起きてるはずですね。これはホントに不思議なことなんですけどね。

★16『バック・トゥ・ザ・フューチャー』

1985年・米／監督・脚本：ロバート・ゼメキス／出演：マイケル・J・フォックス、クリストファー・ロイド、リー・トンプソン。友人の科学者が造ったタイムマシンに乗り込んだ高校生・マーティが30年前にタイムスリップしてしまうSF作品。全米で「フューチャー現象」と呼ばれるブームを生み、1989年には『バック・トゥ・ザ・フューチャーPART2』、1990年には『バック・トゥ・ザ・フューチャーPART3』が公開された。

宇多丸　なるほど〜、すごいですね。で、1個1個ポイントがあって三幕で展開していく。

三宅　そうですね。だから実際に診てほしいと言われたシナリオに、ターニングポイントが無いなら無いで、進言するなり直し方を考えないといけないんですけど、ターニングポイントがあるのに場所が適切じゃない場合は非常に気持ちが悪いし、もったいないので、その辺をまた探っていくという。で、その構成が根本的に今の状態で問題があるのかどうかということが、そのステップで探れる。

宇多丸　チェックできるということですね。ちなみに『バック・トゥ・ザ・フューチャー』でいうと、二幕から三幕に移るポイントって何なんですか？

三宅　お父さんとお母さんがキスをするところですね。

宇多丸　ほぉ〜。そこから先がクライマックス。

三宅　そうです。あのキスをすることで大きく物語が展開しますので。

宇多丸　解決ですもんね。二幕で問題になってた事件は解決。で、あとは主人公が戻るか戻らないかのくだり。

三宅　そうですね。そこに集中して観客を時計台の下まで誘うことができる。

宇多丸　ちょっと時間押してる中でね、すみません、『ファインディング・ニモ』の二幕から三幕はどんな……。

三宅　いや、それがあの映画のちょっと難しいところではあるんですよね。僕もちょっと時間押してる中で……ハハハ！　言いますけど、根本的に『ファインディング・ニモ』は問題があるなと実は思っていて。あれはそれこそ昔からあるストーリーで、『96時間』〈★17〉とあらすじも一緒ですし、子供がさらわれてお父さんが助けにいくという話で、『ジャグラー／ニュー

★17 『96時間』

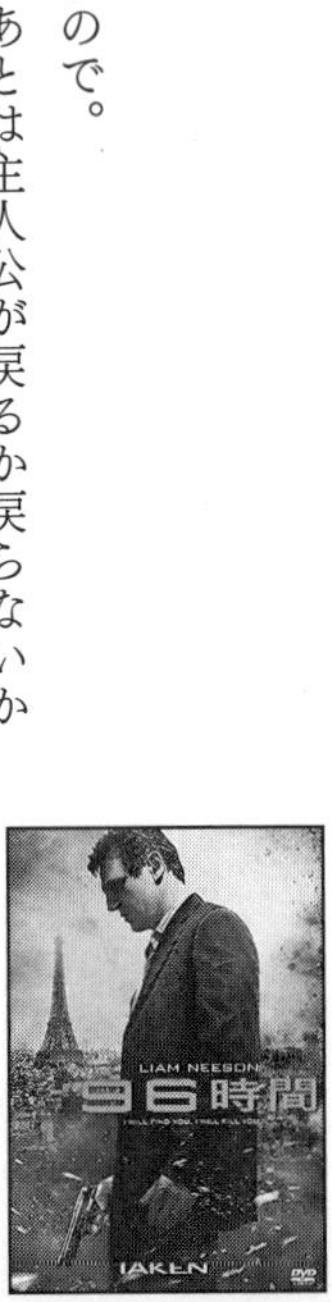

2008年・仏／監督：ピエール・モレル／製作：リュック・ベッソン／脚本：リュック・ベッソン、ロバート・マーク・ケイメン／出演：リーアム・ニーソン、マギー・グレイス。タイムリミット96時間で拉致された娘の救出に奔走する元秘密工作員を描くサスペンス・アクション。ちなみにこの特集の1週間前（2009年9月12日）の「ザ・シネマハスラー」でこの映画を評論している。

ヨーク25時』〈★18〉なんていう映画も昔ありましたけども……。

宇多丸　またその話しますか？

三宅　エヘヘヘ。要するに『ファインディング・ニモ』で第1ターニングポイントでニモちゃんがさらわれました。で、お客さんはお父さんに感情移入しますよね。お父さんと一緒にその物語を旅していくじゃないですか。ということは、あの映画でいちばん盛り上がらなければいけないところはどこかというと、本当はニモちゃんと再会した瞬間のはずなんですよね。ところがですね、あの映画は行ったニモちゃんの先と追ってるお父さんとのカットバックが途中から始まってしまうので、ニモちゃんがそれなりにジャイ子みたいなのと一緒に楽しくやってるよという状況を観て、お客さんはまずは殺されなかったことに安堵するんですよね。ところがもう1回お父さんのほうにシーンが戻ると、お父さんはそれを知らない。

宇多丸　あ〜、ちょっと観客が危機感を持つ部分にズレが出ますね。

三宅　出ますね。最初のうちは「お父さん、そんなに不安がってるけどね、向こうでそれなりに楽しくやってるから大丈夫だよ」っていう気持ちで観てるわけですが、あんまりカットバックが続いてると、「おまえまだ知らないのか！」という。

宇多丸　アハハ！　要するに映画の語ってることが観客よりあまりにもあとからついてくるとイライラしてくるっていう。

三宅　そうなんですね。だからお父さんというある種のコースターに乗って物語のレールを進んでいたのに、観客の座席がだんだんズレてくる、という問題があります。

宇多丸　そんな描写が続いていると、お父さんにだんだん感情移入できなくなってきますもんね。観

★18『ジャグラー／ニューヨーク25時』
1980年・米／監督：ロバート・バトラー／出演：ジェームズ・ブローリン、クリフ・ゴーマン、ジュリー・カーメン。人情的ハードボイルド作家、ウィリアム・P・マッギヴァーンの小説をビル・ノートン・シニアー、リック・ナトキンが脚色したアクション映画。まだDVD化がされていない。

客の知ってることとあまりにも差があるから。

三宅　なんか独り相撲みたいになっていっちゃう。ところがね、さすがピクサーなところはですね、あの映画は最終的には「お父さんの子離れ」に落とすんですよね。再会したシーンは意外と盛り上がらなかったけども、最後に「いってらっしゃい」と送り出すところでワッと感動するという風に、構成ではなくて感情にシフトするんですね。そこがうまくて、そういう方法もあるということですね。

宇多丸　なるほど。これは『96時間』がすごく病的な終わり方をするのと対照的な。

三宅　ものすごい対照的。

宇多丸　ハハハ！

三宅　子離れどころかさらに甘やかされて、怖いうえに甘い！　という、この親父最悪だ！（笑）っていうね。

宇多丸　あれは嫌でしたね～。でも今の話は僕はどうしてもね、聴いてる方も「じゃあそっちは？じゃあそっちは？」っていう興味が出ちゃうから、訊けて良かったです。すごい勉強になりました！　ということでそんな感じでチェックする、と。チェックの方法はほかにもありますか？

三宅　実はもう1つあるんですけど、構成の問題がクリアになった場合ですが、今度は何か間延びしてるとか、ページをめくっていく中でなんか乗れないなぁとなった時、それはなぜかというと、大体物語の推進力が低下してる場合が多いんですね。例えば自転車はペダルで前に進みますし、飛行機はプロペラとかジェットのエンジンで前に進みますけど、物語にも推進力というものがあって、これが落ちている、あるいは止まっていると。じゃあ推進力はどうやって得るのかというと、**基本的に主人公を追い込むっていう方法**しかないんですね。

宇多丸　ふんふん。

三宅　その追い込むというのは、反復するのではなくて増幅していかなければいけない。主人公が何かをクリアする必要があって物語が始まっているのだとするならば、主人公は便宜上旅をしているわけですけれども、最後のゴールに簡単に到達できてはならないわけですね。しかも目的があるので、途中で一休みしてる場合じゃない、ずっと進んでいかなきゃいけない。で、そのハードルを上げていくっていうことなんです。例えば第1ターニングポイントよりもハードルが下がってしまったりですとか……。

宇多丸　最初に越えたハードルより低いじゃないか、と。そうするとやっぱり観客はアレ？ってなっちゃうわけですよね。敵がさっきより弱いじゃないか！　とか。

三宅　そうですね。分かりやすく言うとやっぱりどうしてもアクションやサスペンスのジャンルになるんですが、その具体的な障害、ハードル、条件というものを上げていかなければいけない。

宇多丸　『スター・ウォーズ』[★19]の最初のほうで、**デス・スター爆破しちゃってるじゃないか！**ってということですもんね。そのあとにスター・デストロイヤーと戦っても全然盛り上がらないや、みたいな。

三宅　そうです、そうなっちゃうとまずいということなんですね。

宇多丸　こんな馬鹿げた『スター・ウォーズ』は聞いたことがないっていうね、なるほどなるほど。
推進力を強めていく。例えばタイムリミットみたいなものも推進力なわけですよね？

★19 『スター・ウォーズ』

1977年・米／監督・脚本：ジョージ・ルーカス／出演：マーク・ハミル、ハリソン・フォード、キャリー・フィッシャー、アレック・ギネス。銀河系で繰り広げられる帝国と反乱軍の戦いを描くシリーズ第1作。ここに登場する銀河帝国の最終兵器がデス・スター。宇宙戦艦がスター・デストロイヤー。

三宅 はい、そうなんです。高橋洋さんの『リング』〈★20〉を例に挙げますと、要は観たら7日以内に死んじゃうビデオというものがある。だから7日以内に呪いを解かなきゃいけないというのが最初のハードルなわけですが、それを主人公が「もう私、死んじゃっていいや」って途中で諦めちゃうんですね。ところがそのあとに今度は息子がビデオを観たってことになって、彼女のハードルはガンと上がるんですが、ちゃんと障害は最初の7日以内というままなんです。これが違う問題が立ち上がってきたりすると話が二股三股になってしまいますけど、まったく同じ目的をどうしてもクリアしなきゃなんなくなるっていうところが良くできているところで。

宇多丸 なるほど！　確かに。そうかそうか、そうやってキャラクターというかお話が進んでいく勢いをキープ……。

三宅 できているかどうか、ということの確認が必要ということです。

宇多丸 なるほど。というあたりがお医者さんスクリプト・ドクターの診察方法でございます。

キャラクターへの感情移入と誘導方法

宇多丸 先ほどは「僕これどうしていいか、もうよく分かんなくなっちゃった」って持ち込まれた脚本のどこが悪いのかを診断していく、お医者さんのメソッドを教わりました。つまりこれはある意味、**シナリオの読み方講座**でもありますね、完全に。

三宅 そうですね。

宇多丸 僕も目からウロコのお話でございました。ということでスプリクト・ドクターとしての

★20『リング』
1998年・日／監督：中田秀夫／脚本：高橋洋／出演：松嶋菜々子、真田広之、中谷美紀によるホラー作品。原作は鈴木光司の同名小説。続編である『らせん』と2本立てで公開され、ジャパニーズホラーブームの火付け役となったヒット作。

チェック方法、診断方法はこんなもんでいいんですかね？　実はもっと細かくあったりするんですか？

三宅　いいですか？　もう一歩踏み込んでも。

宇多丸　もう一歩いきましょうよ！

三宅　そうですか。じゃあですね、推進力の問題っていうのをクリアするというよりも、問題があると気づいた場合に、**その主人公が共感できるキャラクターになっているかどうか**ということがあるんです。つまり主人公が追い込まれたほうが面白いんだとするならば、観客は主人公に感情移入していなければならないわけですね。で、この主人公への共感っていうのは、よく誤解されるのは、いい人だったら共感できる主人公なのかというとそんなことは全然なくてですね、いわゆるピカレスク〈★21〉な人物でも構わないわけです。大事なのは、なんで感情移入できないのかという理由を探ることです。で、それはどうすれば感情移入できるかって方法論になってくるんですけど、要は人間というのは知らない人よりは知ってる人のほうに思いを寄せるものなんです。

例えば1つ例を挙げるとですね、日本海の沖合にタラバガニの漁をしてる漁船があるとします。そこに松岡修造〈★22〉が乗ってるとしますね。で、なんとか万才みたいな取材をしてると。で、その漁師さんたちが「ほら捕れたてだよ〜！　食べなさ〜い」と出したカニを「あ〜！　おいしそうですね〜！　じゃあ、いただきましょう！」って言って脚をバサッと切ってですね、パッと割ってプルプルの中身を食べて「うわ〜！　おいしいですね〜！」っていう映像を観た時に、我々はカニではなくて**松岡修造さんのほうに感情移入**しますよね。

★21 **ピカレスク**
スペイン語の「ピカロ（picaro）」に由来し、悪漢・ならず者を指す。

★22 **松岡修造**
元プロテニスプレーヤー。現在は世界を目指す選手の育成に力を注ぐほか、スポーツ番組のキャスター、11代目くいしん坊として『くいしん坊！万才』（フジテレビ系）のレポーターを務めるなど、幅広く活動中。

宇多丸　アハハ！　はいはいはい。

三宅　そうすると、おいしそう〜、お腹すいた〜となると思うんです。ところがちょっとの工夫で価値観が逆転しちゃうのはですね、その直前に例えば海底のシーンがあってですね、カニ男さんのお家っていうのが映り、そこのベビーベッドにおしゃぶりをくわえた可愛い子ガニが寝てるとします。そこにお母さんガニが「あ〜もうよく寝てるわ♡」なんて言って、「あなた、今日は結婚して1年だから早く帰ってきてね♡　いってらっしゃい」「早く帰ってくるよ、いってきまーす！」なんて会話してからカニのお父さんが海面の方に上がっていきました、そして……え〜、アハハハハ！

宇多丸　アハハハハ！　でも『ファインディング・ニモ』的なことですもんね。

三宅　まぁそうなんですよね。そうすると次に松岡さんがおいしそうにカニをバカーッと折ってプルプルの中身をいただきましょうガブーッとやってるのが、さっきはおいしそうって思ったのに、**なんてことをするんだ！**　と。

宇多丸　**極悪！**　ってねえ。

三宅　そんな風に変わると思うんですね。だから、**ほんのちょっとしたこと**なんですね。

宇多丸　これはつまりカニ側の事情、誰でもいいですけど、善《よ》い人であろうが悪い人であろうが、とにかくその人側の事情と行動の原理みたいなことを見せておくっていうことでしょうか。

三宅　そうですね。つまり、今なぜ最初のバージョンと次のバージョンとで思い入れの対象が変わったかというと、**カニをよく知らない人からよく知ってる人に変えたから**なんですね。

宇多丸　なるほどね。ベビーベッドがあるんだ、と。

三宅　だからこれは難しい問題ですが、どっちを先に持ってくるかで観客の感情っていうのはひっくり返る〈★23〉ことがあるんですね。

宇多丸 あ〜、なるほど、そうかそうか。じゃあ単純に、**ある描写の置き場所だけでキャラクターに対する共感度が変わったりする**と。

三宅 変わったりします。だから実はそれを入れ替えるだけで、シナリオが直る場合もあるということなんですね。

宇多丸 なるほど〜。

三宅 例えば人殺しと刑事がいて、一般的にはどっちに思い入れをしますか？っていったら普通は刑事だと思うんですけど、そうすると『レオン』は成り立たないって話になりますね。でも『レオン』の事情を我々は知っていて、よく知ってる人になっている。一方ゲーリー・オールドマンがよく分かんない人になってるっていうので、職業を超えて感情移入できる。

宇多丸 時としてものすごい極悪人側にモロに感情移入する話だってありますもんね。例えば道すがら殺されたよく分からない人の立場になれば、それはもう最悪なんだけど、でも我々はその映画上は「だってあっちはよく知らない人」なんですよね。これは残酷ですね、ストーリーが。

三宅 残酷です。だから怖いんですよ、いくらでも観客を誘導できてしまうんですよ。だからその辺も含めて、映画っていうのは基本的に感情を操作するものですから、これを良しとする誘導であるならば、その誘導がうまくいってるかどうかということをチェックする必要があると。

宇多丸 なるほど〜。恐ろしい話も聞きましたが、そういうキャラクターに関するてこ入れもすると

★23 **どっちを先に持ってくるかで観客の感情っていうのはひっくり返る** その後、このメソッドは「カニと修造理論」として番組内で一般的に使われるようになっていく。

いうことですかね。じゃあそろそろパート3にいきますか。

三宅　そうですね。

宇多丸　じゃあパート2の患者の診察はこんな感じにしておいてですね。実際、スクリプト・ドクターをやる上で、三宅さんがこうしているというか、ドクター業へのこだわりというか、気をつけている点はどんなことでしょう？

三宅　今ずっとお話ししてきたようなストーリー構造とか三幕構成については、便利な本がたくさん出てて、勉強しようと思えば誰でもできてしまうことなんですね。ただですね、それは非常に概要的な話で、実際に仕事でオファーを受けると、そこには確実に誰々さんていう脚本家さんがいらして、誰々さんていうプロデューサーさんがいらして、**やっぱり人が作ってるものなんですね**。ですからその人たちの**個人のメンタリティーとかパーソナリティーというものとちゃんと向き合っていかないといけません。**既存の映画を引き合いにした例え話ばかりしてても解決はできないので。そもそもオファーが来る時っていうのは、そのプロデューサーとライターの関係がちょっと険悪になってることが多いんですね。

宇多丸　あ〜、そうかそうか。

三宅　残念なことですけれども。で、言ってみればそのプロデューサーからのオファーなのでプロデューサーをサポートするというか助けるようなことをまずはしなくてはいけないんですけど、一方でライターを守るといいますか、リラックスしてもらって、**さらに力を発揮してもらえるような診断書**を出したいとは思っているんですね。

宇多丸　そういう配慮というか、余計な角を立てないようにも気を遣いながら。

三宅　そうですね。というのも、ライターを替えれば解決するのかっていう問題があってですね。

そうするとAさんのパターンとBさんのパターンと、場合によってはCさんDさんと4本シナリオが揃うことになるんです。確かにいろんな人に書かせるということもあります。でも、時々実際にやっちゃうプロデューサーさんがいらっしゃるんですけど、「Aさんのここは良かったよね、Bさんのここは良かった。で、CさんのこことDさんのここをくっつけるといいんじゃないか」というリライトの判断をすることがあるんです。でもこれは絶対に避けないといけないんですね。**シナリオは工業製品ではなく人間の中から出てきてるもの**なので、Aさんのここがいいんだとするなら、それは必ずAさんの中にあるものが出てきてる。BさんCさんDさんも同様です。そうするとじゃあ誰かがキーボードを打って1本に仕上げなきゃならなくなった時に、ウソとホントが複雑に入り乱れてしまって、人の心の中から出てくるものっていうのが無くなって、ただパーツの組み合わせみたいになっちゃう場合が実際にあるんですよね。

宇多丸　**いいトコだけ繋ぎ合わせても良くならない！**

三宅　良くならないですねぇ。少なくとも、それを最後に筆を取る人に咀嚼《そしゃく》させる余裕がないとやっぱり駄目ですね。

宇多丸　要するに身体でいうと、フランケンシュタインじゃなくて**ちゃんと1つに繋がった身体として出さなきゃいけない**っていうことですかね。

三宅　そうですね。そうなると結果的にA、B、C、Dの4つのパーツは最後に筆を取る人が咀嚼すると違うニュアンスになって、どうしても変化しますね。で、それを良しとするかどうかっていう判断もしないといけない。

宇多丸　それはさっきの、一見それぞれの一幕二幕三幕という理屈には合ってても、やっぱり良くない脚本ということになるわけですか？

三宅　そうですね、問題が構成だけではない場合もありますので。主人公のセリフであったり脇役の個性であったり。守秘義務があるので、事例が具体的に挙げられないので何ともいえないところがありますけども。

宇多丸　つまりこういうメソッドを通してもなお、作品の根本に残る何かがあるっていうことですよね。

三宅　そうなんです。だから結局計算式でどうしても割り出せない要素として〝シナリオ〟というものが最後に残ってしまう。**やっぱりシナリオは生モノ**なんですね。プロデューサーさんも当然悩んでいらっしゃるし、ライターも悩んでるしっていう時に、なるべく客観的に具体的な問題だけを提示できるような、**感情論じゃない診断というかアドバイス**ができればいいなという風に常々思ってますね。

宇多丸　なるほど。でも気を遣ってというのは、結果的にはその作品というか脚本のためになるからということですね。

三宅　そうです。別にその人が傷つかないためにってことだけではなくてですね。

宇多丸　なるほど〜。でもいろいろ大変そうですね。スプリクト・ドクターというか、間に立つ仕事ですもんね。

三宅　そうですね。

宇多丸　非常に気を遣うあたりではないかということですね。私、三幕構成じゃないですけど、今回パートを5部に分けて紹介しますって最初に言わなければよかったなと思って。5部いかねぇじゃん！　っていうのがありますけどね。スプリクト・ドクターのさまざまなエピソードを伺っていきたいのはヤマヤマなんですが、じゃあもう4部いっちゃいますか、これね！

三宅　分かりました。

宇多丸　4部いっちゃいましょう！　三宅さんが**どうやってスクリプト・ドクターのスキルを身につけていったのか**ということなんですが。先ほどの、あるストーリーを見てログラインを2行に抜き出すっていう作業の時点で、普通の人はウッて止まっちゃうことも多いと思うんですね。もしくは非常に的外れな部分を抜き出しちゃったりとか。

三宅　脚本を勉強している今の若い方は本当に恵まれてるなと僕が思うのは、アメリカでそういう構造分析の本っていうのは昔からいっぱい出ていて、現在はそれを翻訳した書籍が本屋さんにたくさん並んでるんですね。ですからログラインの話も三幕構成の話も書いてありますので、先にそれを読んでから勉強することができると思うんですけど、僕の若い頃にはそんなものまったくなくて、ビデオもなかったような時代なものですから。映画館は高いので、映画はもっぱら家のテレビで吹き替えの洋画劇場を観て育ってた世代なんですね。そうすると**今日見逃すと一生観れないかもしれない**という思いでテレビにかじりつき、ちょっと異常な集中力を発揮してるので、それを繰り返しているうちに**大体1回観るとその映画の構成を覚えちゃう**っていう癖がついちゃったんですよ。ただそれでは満足できずに、何とか映画を自分のものにしたくて、ビデオがないのでカセットレコーダーで音だけ録ったりしてたんですね。そしてテープを文字に起こしたりしてました。そうすると楽しいんですけど、セリフしか起こせないじゃないですか。なのでセリフがない場面っていうのは思い出しながら書かなきゃいけない。いわゆるシナリオでいうト書きですけども、当然記憶違いで間違ったりもするわけです。で、そういうことを繰り返しながらいろんなジャンルの映画をテレビで観てるうちに、ジャンルはあまり関係なく**物語の構造っていうのは共通してる部分があるんだなっ**ていうことに、ある時ちょっと気づいたんです。

宇多丸　だって脚本を書き出してるようなものですもんね。

三宅　まぁ、再録で起こしてる感じですよね。そうすると、西部劇であろうがコメディーであろうがホラーであろうが、特にアメリカ映画っていうのは30分おきに何か起きてるぞ、とかですね、そういうことがだんだん分かるようになっていったんですね。

宇多丸　僕も実は映画館で、何か展開が起こるたびに始まってから何分目みたいにチェックする癖がついてて。もし脚本とかに興味があるのであれば、ＤＶＤとか映画館でもいいですけど、留意しておけばそういう訓練のようなことはできますよね。

三宅　そうですね。今はＤＶＤ借りてきてね、リモコンで一時停止しながらエピソードを書き起こしていって……。

宇多丸　非常に不純なね！　ホントに不純な見方でね。

三宅　アハハハハ、でもそういうこともできるので。僕それはすごく勉強になると思いますけどね。

宇多丸　そういう訓練というのはホントに脚本家を目指される方もそうですし、映画分析にも当然役立ちますよね。いかがでしょうか。ということで、本当はこれから三宅さんが脚本家になっていく驚愕のエピソードなどもね、ちょっとあるらしいんですが、これはねぇ、次回にまたとっておきましょうか。

三宅　いやいやすみません、なんかこう……。

宇多丸　前回の「真夏の現代ホラー映画講座」は幽霊編でしたけど、モンスター編もやりましょうって言ってたんで、その時にでもまた。

三宅　すみません、なんかちょっとずつ小出しにして去ってくような感じが。もったいつけているみたいで……。

宇多丸　アハハハ、いいんです、いいんですよ！　これは三宅さんの手かもしれないということで。

三宅　いやいや、それこそそんなね、三幕構成みたいなそんなのないです。

宇多丸　アハハ！　じゃあちょっと大慌てですけど最後にパート5。**この日本の映画界にスクリプト・ドクターというのは必要か？**　という、まとめ的にちょっと結論を出していただきたいんですけど、どうでしょうか？

三宅　**条件付きで必要だと思います。**というのはですね、ハリウッドのシステムまるごとを日本に導入する必要はないと僕は個人的には思ってます。それはドクターに限らず、リライトのシステムもそうですし、プロデューサーの会議のシステムもいろいろあるんですけど、ちょっと時間がないのであれですが……。

宇多丸　それはもう映画産業の在り方自体が違うんだから、と。

三宅　そうですね、根本的に違いますし、日本はハリウッドではないので。ハリウッド映画の真似をしてもしょうがないとは思っていますけど、プロデューサーの相談役というか、脚本家の相談役でもいいんですけど、そういう形でドクターに依頼するということが恥ずかしいとか特別なことじゃないっていう風に、**裏の裏で影の軍団が静かに浸透していけばいいんじゃないかなぁ**とは思っています。

宇多丸　誰にも知られずにね、包茎手術ができるわけですから。

三宅　アハハハハ！

宇多丸　包茎であることを恥ずかしいと思わないで、と。

三宅　そうですねぇ。

宇多丸　ドクター三宅のところに。

三宅　いやいや、ちょっとなんか違う、ハハハハ！

宇多丸　ということですかね。この番組、関係者も聴いてると思いますんで、「え！　そんな人がいるの!?」って、またオファーが殺到する可能性も高いと思いますよ。ということで三宅さん、この続きは、またモンスター編[★24]もやりたいと思ってますのでその時に。あとシナリオ講座もぜひまた[★25]よろしくお願いいたします。

三宅　こちらこそ〜。

宇多丸　ということで、以上「シリーズ〝エンドロールに出ない仕事人〟第1弾、スクリプト・ドクターというお仕事」でした。三宅さん、ありがとうございました！

三宅　こちらこそ、ありがとうございました。

★24 **モンスター編**
2010年9月4日に三宅隆太出演により『モンスター映画』大感謝祭」として「サタデーナイト・ラボ」での特集が実現している。

★25 **シナリオ講座もぜひまた**
さらに本特集の続編が、2011年8月20日、三宅隆太出演「〝脚本のお医者さん〟イズ・バック！　スクリプト・ドクターとは何か特集 リターンズ！」として「サタデーナイト・ラボ」で特集された。

ON AIR を振り返る

宇多丸

三宅さんとは、この放送の前月にやった「真夏の現代ホラー映画最前線講座」という特集で初めてお会いしました。そもそもは番組にメールをいただいて、三宅さんが脚本・監督を手がけられた『呪怨 白い老女』という作品を映画評論コーナー「ザ・シネマハスラー」（2009年7月18日）で扱ったのがきっかけです。ちょうどその頃、三宅さんはTBSのほかの部署で仕事をされていたみたいで、局内で番組を聴かれていたそうなんですよ。そんなこともあって改めてゲストとしてお呼びしたんですが、これが見事に大成功。

当初は友達のような近しい人に出てもらうことの多かった『タマフル』ですが、知らない人でも話が合う人ならいける、ということが分かったのが三宅さんでした。少なくとも初期の頃の僕は、誰が来ても流暢にやりとりできるようなスキルはないですし、それを僕がやっても仕方ないかなぁ、という思いも多少あったりはしたんですけど、そんなところに新しい引き出しを増やしてもらった感じです。

やはり、三宅さんはお仕事で講師とかもなさっているので、お話は抜群の上手さ。無駄がなく、語り口も柔らかくて、それでいてグッと鋭く切り込む感じもあり、ユーモアもあって。「サタデーナイト・ラボ」での〝ためになる感〟では、三宅さんがトップクラスじゃないですかね。

スクリプト・ドクターの話というのは、脚本というものの成り立ち方そのものに切り込んでいくような内容なので、本当にためになるとしか言いようがありません。映画やドラマを観るリテラシーが1つ上がる感じがするんですよね。三宅さんに来ていただいた週以降は、「ザ・シネマハスラー」での映画評も、〝ポスト三宅隆太〟のロジックになってしまっているという、そういう感じはあると思います。

それに三宅さんは番組のリスナーでもあるから、〝ちょっとどうかしてる〟方向の特集も理解してやってくださるのでありがたい限り。その後の「ブルボン総選挙」「入浴剤特集」「ぬいぐるみ特集」など、どちらかと言えばコンバットREC的な方向に転がしていただくこともできるし、それでいて語り口の安定感は変わらないまま。まさに〝信頼のブランド・三宅隆太〟です。毎回ゲストで来ていただくにあたって、何の心配もしておりません。

福《ふく》田《だ》里《り》香《か》

1962年生まれ。お菓子研究家。オリジナリティ溢れるレシピ本『フレーバーウォーター』『自分でつくるグラノーラ』（共に文化出版局）のほか、独自のフード理論を展開する『ゴロツキはいつも食卓を襲う フード理論とステレオタイプフード50』（太田出版）、名作漫画にインスピレーションを受けて誕生したお菓子レシピとエッセイで綴る『まんがキッチン』（アスペクト・文春文庫）、『まんがキッチン おかわり』（太田出版）など多数の著書がある。

サタデーナイト・ラボ

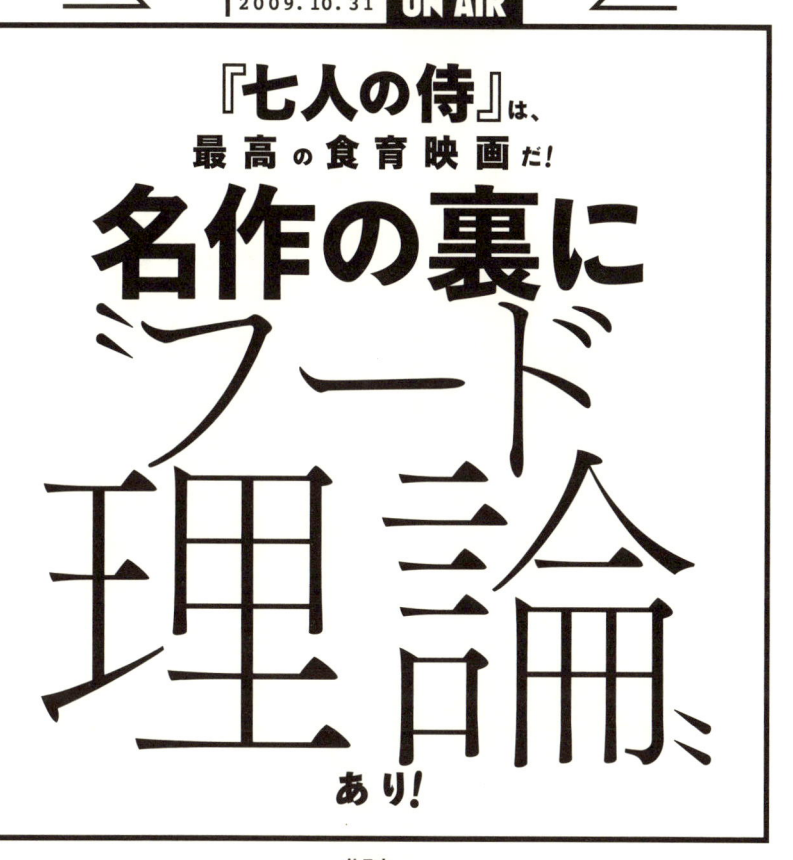

2009.10.31 ON AIR

『七人の侍』は、最高の食育映画だ！

名作の裏に〝フード理論〟あり！

ゲスト

福田里香

「食」という観点から作品を読み解く超画期的なロジック〝フード理論〟。福田里香さんが考案したというこの理論で『七人の侍』や宮崎アニメ、細田守作品などを観ると、これはもう目からウロコの新たな映画の解釈が！ 知ったあとでは、すべての映画の食事シーンが気になること間違いなし。今まで見ているようで見ていなかった名画の食にまつわるシーンに、フード三原則が見事に当てはまります。

宇多丸　TBSラジオ『ライムスター宇多丸のウィークエンド・シャッフル』。ここからは特集コーナー「サタデーナイト・ラボ」。今夜の企画はこちら！
「『七人の侍』は、最高の食育映画だ！　名作の裏に〝フード理論〟あり！」
秋といえば〝キーボード〟でもなく、〝読書〟でもなく〈★1〉、やはり〝食欲の秋〟！　ということで、以前から『タマフル』を〝チーム男子〟として観察していたお菓子研究家・**福田里香さん**をお招きし、**優れた映画・ドラマ・マンガの中で食べ物が一体どう扱われているのかに注目する〝フード理論〟**について解説いただくという……これだけ聴いてもまだ何のことやらという方もいっぱいいいると思いますが、まずは福田さん、いらっしゃいませ。

福田里香（以下、福田）　こんばんは。お菓子研究家の福田里香です。

宇多丸　はい、よろしくお願いいたします。チーム男子うんぬんの件はのちほど説明を加えますけども、まずは略歴などをご紹介させていただきたいと思います。お菓子研究家、料理研究家。福岡県生まれの武蔵野美術大学卒業。著書が本当に多いですよね、いろいろありますが、『チョコ＋スイーツ×ラッピング』『かき氷の本』『お菓子と果物の手帖』『カクテル　アラモード』など。本当に無数にあります。そして『装苑《そうえん》』〈★2〉等で連載も多数手掛ける。あと、ディープなマンガ評論家としても知られ、お菓子レシピ＋少女マンガ評論でもある『まんがキッチン』〈★3〉も出版。今日の話はある意味、この『まんがキッチン』がベースになったような内容になっていくと思いますが。

福田　はい。でも、評論はおこがましいですね。「まんがのイメージをお菓子にした公式同人誌、読書感想文入り」という感じです。

宇多丸　あと、腐女子文化、〇〇《マルマル》男子萌え文化にも造詣《ぞうけい》が深いということですね。そして当番組のへ

★1　**〝キーボード〟でもなく、〝読書〟でもなく**
2009年9月に放送した「タマフル・秋のキーボーディスト祭り3連発」や毎年恒例の「秋の推薦図書特集」を踏まえた上での言い回し。

★2　**『装苑』**
文化出版局が発行する女性向けファッション雑誌。2010年3月号の福田里香連載コラムにて「タマフルクルー」を紹介している。

★3　**『まんがキッチン』**
福田里香・著の書籍。映画やマンガの登場人物の心理

ビーリスナーでもある。女性誌『SPUR《シュプール》』(★4)の〝チーム男子〟特集で、嵐とかそういう並み居るチーム男子の中、我々**タマフルクルーを〝萌える〟ということでプッシュ**していただいたりもしました、ということで。

福田　本当すいません。

宇多丸　いいんですよ。いいんですよというか、私が言うことでもないですが、私、宇多丸が**最近もっぱら〝姫〟という風に呼ばれるようになっちゃいました**からね。

福田　でも宇多丸さんは、立ち位置と関係性からみると〝姫〟ですよね。

宇多丸　でも〝姫〟！　ちょっとこれ、軽く説明しておきますか。その〝姫〟というものを中心にいろんな関係性ができてくるその様、その関係性に萌えるという〝チーム男子〟。これ、離れて聴いている分にはいいですけど、実際に目の前にいるのはもう**40超したおじさん**なわけで。実物を見ると**「どこが姫やねん！」**っていう感じにならないんですか？

福田　ならないですね。関係性という萌えフィールドにおいては、加齢はむしろおいしい場合もあるし、容姿は自動的に脳内補正してしまうみたいです。宇多丸さんは美人ですよ（真顔）。私はやっぱり会わないほうが萌えるという、二次元なほうがうれしいんですが、タマフルクルーはラジオを通しての実在の人物なので私的には2・5次元的(★5)ということなんですけども。でもこの前打ち合わせさせていただいて、実際にチーム感がすごくあふれていて、すごくいいなと思いました。

宇多丸　今日はチーム男子萌えじゃなくて〝フード理論〟っていうね。まさに本職とクロスしている部分のお話を伺いたいと思うんですが、実はリスナーの方から福田里香さんに関してこんな

を〝フード理論〟の観点から読み解いてゆく。文藝春秋より文庫が発売。単行本はアスペクト刊。続編『まんがキッチン おかわり』(太田出版)もある。この出演がきっかけで『ゴロツキはいつも食卓を襲う ～フード理論とステレオタイプフード』(太田出版)を上梓。帯文は宇多丸。

★4『SPUR』

集英社が発行する、最新ブランド、ファッション、ビューティなどを扱うモード誌。この2009年10月号の「私たち、チーム男子に萌えてます!!」特集にて、チーム男子萌えとしてタマフルクルーを福田が取り上げた。

メールが来ています。ラジオネーム・マダムさん、36歳、男性。『サタデーナイト・ラボ』の次回予告の際の〝フード理論〟の言葉に引っかかるものがあり、この番組のポッドキャストのバックナンバーを聴き返していて気づいたのですが、今回ゲストの福田里香さんとは、今年7月25日放送の細田守監督をゲストに迎えた回に、フード理論、フード文法といった独自の論評が紹介された、ラジオネーム・素甘さんと同一人物ではないのでしょうか？　そもそもラジオネームの素甘というのが、お菓子研究家という職業を連想させます。どうです？　僕の推理は当たっているでしょうか？　真実はいつもひとつ」というね。マダムさんこれ、もうズバリですね。同一人物ということでよろしいんでしょうか？

福田　**はい、素甘です。**

宇多丸　でも福田里香さんといえばね、本当にたくさんの著書も出されてますし、たいへんご高名な方でいらっしゃる。

福田　とんでもございません。

宇多丸　メールをいただいた時点で我々としては「なぬ!?」「聴かれている？」みたいな感じだったんですよ。そういう活躍をされている方がこの番組のファンだって表明すると、**ゲストに来ていただくという決まり**になっておりますので。はい、ということで、早速いろいろとお話を伺っていきたいんですが。まずいきなり訊いてしまいますが、〝フード理論〟とは何でしょうか？

福田　それは、〝**映画を別の角度から楽しむためのひとつの仮説**〟です。ものすごく個人的な仮説なんですけれども。

宇多丸　実際にはどのような？

★5　**2・5次元的**
イラストやアニメの2次元の世界と、現実世界である3次元の狭間を指す。コスプレやフィギュア、そしてマンガ作品の舞台化、声優にアニメのイメージを投射することなど。

福田　映画にかぎらず、**名作の陰にフードあり**と言いますか、ハムレット〈★6〉の「生きるべきか死ぬべきか、それが問題だ」じゃないけど、「食べ物を描くか描かないか、それが問題だ」、あるいは「食うか食われるか」。それこそが鑑賞するときの大問題なんですよ。**物語を語る時に登場人物に食べ物を食べさせる人と食べさせない作り手がいる**んですね。

宇多丸　「食」の描写にまったく興味がないであろうというような作り手も当然いるわけですね。

福田　はい、それを見ていくとすごく面白いなと思って。一般的にはとても名作と言われているものなんですけれども、フード的には駄作とか。逆にフード的にはすごく良く描かれているんだけれども、全体的には何だかなっていうのもあるし。あとフードをきっちり描いてあるものには、**ロングライフのものが多い**なといいますか。

宇多丸　要するに長く愛されるもの。

福田　そうですそうです。

宇多丸　エバーグリーンと言いますか。

福田　エバーグリーンですね。というものがあるなと思って。

宇多丸　鮮度がずっと保《も》つものがね。

福田　食事っていうのは普遍的な生きるための行為で、生きている限り、**食べない人間はいない**っていうことですよ。

宇多丸　なるほどなるほど。ちょっと基本的なところで念を押しておきたいんですけど、いわゆるグルメ的な、食べ物を題材とした作品とは違うんですか？

福田　よく「私、食べ物が描いてあるマンガとかが好きなんです」って言うと、「ああ、分かる分か

★6　ハムレット
16世紀末から17世紀初頭にかけて活躍した英国の劇作家、ウィリアム・シェイクスピア作品の中でも四大悲劇のひとつとされる超大作。デンマーク王子・ハムレットが繰り広げる復讐劇を描き、「To be, or not to be（生きるべきか死ぬべきか）」など数多くの有名な台詞で知られる。

る、『美味しんぼ』〈★7〉ね」って返されるんですけど、違いますっていうことなんですよ。

宇多丸　これは違うんだ。

福田　はい。例えば一般的には食べ物を描いてないと思われている作品の中に、キラリと光るように描いてあって、それがとても**フードの本質を突いている演出**に惹かれます。

宇多丸　フードの本質！　言ってることは納得できることなのに、表現の仕方に引っかかりが生まれるっていうね。

福田　フフフ、本当ですか？

宇多丸　ここに若干の腐臭が……。要は食べ物そのものに焦点を絞ったりとか、グルメ的なうんちくを語ったりとかということではなく、**物語、ストーリーテリングの一環であったり、演出の一環として、実はさりげなく食べ物をうまく使ってるもの**ということですかね。

福田　はい、そうですね。不思議なことに主題を食べ物に据えると、結局食べ物のことを語っているようで、逆転していることが多いんです。食にまつわる人間の本質を描いてたりとか、人間の人情や誠実さを描いていたりとか、ほっこりするよねっていう結論になったりするものが多いように思うんですね。それに反して、本来は恋愛ものやSF、痛快娯楽時代劇と思われているものの中にフードがさりげなく点在していると、逆に結果として食べ物の本質が期せずして、フッと顕現することが多いなと思って。それを目撃するたびに祈りたくなりますね。

宇多丸　先ほどフード的には駄目なんだけど、世間的には名作とされているものもある、といろいろ逆の例を挙げられてましたけど。とはいえ、一般的に僕らがフードを意識せずに、これはいい映画だな、人間が描けてるなとか、まるで生きているようなキャラクターだ、もしくはも

★7　『美味しんぼ』

原作：雁屋哲／作画：花咲アキラ。1983年より『ビッグコミックスピリッツ』（小学館）にて連載されている食をテーマにしたマンガ作品。第32回小学館漫画賞青年一般部門受賞。

う実在する前提で話しているような、僕らの心に生きてしまっているキャラクターが登場するものは、やはり実は見事なフード描写が入ってることが多いのでは？

福田　はい、多いですね。

宇多丸　これはもう仮説として成り立つわけですね。ということで、まずは福田さんが「これって〝フード理論〟として体系付けられるんじゃないか」みたいに思いだしたきっかけみたいなものはあるんですか？

福田　私は美術大学だったんですけれど、美術史でエルヴィン・パノフスキー〈★8〉という人が考察した**イコノロジーという図像解釈学**っていうものを知ったんです。西洋の絵画なんかはそうなんですけれども、彼は例えばパンとワインがあったらキリストの血と肉を表している、プラス、もっとほかにも深い意味がある、みたいなことを提唱していった方なんです。それを習った時にですね、食べ物でもできるんじゃないかな、と思って。

宇多丸　いろんなものに出てくる食べ物も、ひょっとしたらそういう風に読めるんじゃないかしら、と。

福田　イコノロジーというか、イコノグラフィというか。

宇多丸　イコノロジー的な、図像解釈学的な方法で、例えばお好きなマンガだったり映画とかを解釈することもできるんじゃないかなと思われた。

福田　はい。物語を食べ物で見ていくと結構面白いなと思って、その頃からずっと趣味になってきたんですよね。

宇多丸　ということは、もう結構長くそのことについて考え続けられてきたんですね。

★8　**エルヴィン・パノフスキー**　ドイツの美術史家。1892～1968年。作品におけるモチーフの組み合わせからイメージや物語を、社会や文化全体と関連付けて解釈する「イコノロジー（図像解釈学）」を提唱し、20世紀の美術史における重要な方法論を確立した。

福田　考え続けてますね。

宇多丸　その件について考え続けてる！　本当に食べ物が好きなんだから、みたいなことですかね？

福田　たぶん、宇多丸さんの銃と一緒で、画面に出たら目で追ってしまうんですよね。

宇多丸　じゃあちょっと具体的に、我々が分かりやすいところでお話を伺っていきたいのですが。我々はたぶん誰もがフード的な見方をしていないんだけど、福田さん的なこの読み方をすれば**「これぞ見事なフード映画！」**という典型を挙げていきたいと思います。

福田　はい。

宇多丸　前編の中心になってくるところですけど、**ここで教材に挙げたいのは**『七人の侍』〈★9〉ですね。『七人の侍』はね、みなさん当然ご覧になってる方が多いと思いますけど。確かに食べるところが出てきたとは思うけども、普通『七人の侍』は雨の中の合戦シーンであるとか、あってもオープニングの侍集めのところですね、そこの妙であるとか、そういうことを中心に語られる感じなんですけど。これが〝フード理論〟的に読み解くとどうなっていくかというのをちょっと伺っていきたいんですけど。

福田　はい。まずその前に、**私が考えた「フード三原則」**っていうのがあるんです。

宇多丸　「フード三原則」！　アシモフ〈★10〉みたいな。

福田　はい、アシモフのロボット三原則みたいなものだと思っていただければいいんですけど。まず、**「1、善人はうまそうにフードを食う」**

宇多丸　つまり食べ物をおいしく食べる人に物語上悪い人はいない。なるほど。

福田　**「2、正体不明者はフードを食わない」**

宇多丸　アハハハ！　えーと、正体不明者ってつまり……。

★9　**『七人の侍』**
1954年・日／監督：黒澤明／製作：本木荘二郎／出演／三船敏郎、志村喬。戦国時代を舞台に、野盗と化した野武士に立ち向かうべく農民に雇われた侍たちの戦いを描いた言わずと知れた傑作。ヴェネツィア国際映画祭銀獅子賞受賞。

★10　**アシモフ**
アメリカの作家であり、生化学者でもあるアイザック・アシモフ。1920〜1992年。著作は500冊以上を数える。中でも「ロボットシリーズ」と呼ばれるSF小

福田 謎の人物ですね。演出的に1人だけ食べないとすると、その人の「腹の底が見えない」。だから観客は不安を感じるんです。

宇多丸 なるほどなるほど。そういうミステリアスな、ある種、超常的な存在感を持つ人物には食べさせてはいけないと。

福田 そうです。食べさせるんだったら、よっぽど何か理由があるっていうことです。例えばドラキュラ。簡単に食事をとらないから、あとで血を吸うんだと分かった時に、より怖いという。

宇多丸 もしくはすごく特殊なものを食べさせるとかね。

福田 食べるんだったら、普通の人間が嫌悪するもの、生き血とか人肉とかね。そうすると「腹の底から相容れない」という演出になります。そして、**「3、悪人はフードを粗末に扱う」**

宇多丸 アハハハ！ これは分かりやすいですね〜。

福田 はい。でも悪人は食べても食べなくてもいいんですよ。

宇多丸 例えば粗末に扱うっていうのは？

福田 すごくおいしそうに焼けた目玉焼きにタバコを突っ込むとか。

宇多丸 これは悪いな〜!! 俺はそんなやつ許したくないですよ!!

福田 ですよね。でも原価にしたら50円くらいよ？ だけどイメージとしては、簡単にその何千倍も悪人に感じますよね。で、食べるにしても飽食の限りを尽くす。山盛りのキャビアが目の前にあるのに見向きもしない。

宇多丸 要はちょこっとしか食べないとか、残す。あとはもう明らかに食べきれない量がある、そういう不自然な状態だと。これはアレですね、私が以前『花より男子《だんご》』〈★11〉というマンガで、

説には、「人間への安全性」「命令への服従」「自己防衛」を目的とする「ロボット工学三原則」に従おうとするロボットが登場する。

★11 『花より男子』

神尾葉子による少女マンガ作品。1992年〜2004年『マーガレット』（集英社）に連載され、第41回小学館漫画賞受賞。国内でアニメ化・ドラマ化・映画化されただけでなく、台湾・韓国でもドラマ化されるほど根強い人気を誇る。ちなみに本番組では、2008年9月20日に『花男』ファンの女子……ライムスター・マネージャー補佐・荒井マリ、TBSラジオ・近藤夏紀ディレクターを招いて 男の子のための『花より男子』特集！」が組まれたことがある。

伊勢エビを踏みつけるような男がその件に関してみそぎをしないのはおかしい！　こんな極悪人は、なにせ食べ物を粗末にするやつは！　っていうところで、怒りをどうしても拭い去れなかったのは、故《ゆえ》なきことではないわけですね。

福田　たぶん宇多丸さんの育ちがいいからだと思います。食べ物を大切にという教育をされてると、三つ子の魂百までっていうか、食べ物を粗末にされるとイラッとするんですよね。

宇多丸　イラッとしますね。**僕はあいつだけは許せません！**

福田　効きすぎると、このように人を殺したわけでもないのに存外、不当というしかないほど、憎まれてしまうというわけです。

宇多丸　あいつ！　『花より男子』のあいつ！　タイトルは『花より男子』なんですけどね。ま、それはいいや。ということでフード三原則を改めて言うと、「善人はおいしくフードを食べる。正体不明者はフードを食べない。そして悪人はフードを粗末に扱う」この三大原則。ほぼこれに従ってるということですか？

福田　そうです。そしてすでに、ある種ステレオタイプになってます。

宇多丸　これこそがまさに〝フード理論〟ですね。

福田　フード作家的資質を持つ作り手の**名作は大体そうなってます。**演出として過不足なく行われているということですよね。

『七人の侍』を〝フード理論〟で読み解く

宇多丸　ということで、じゃあまず先ほど挙げた『七人の侍』。一般的にはフードは別にしても名作とされていますけど。例えば『七人の侍』に当てはめるとどうなるか。これも該当するわけですか？

福田　当てはまりますね。

宇多丸　具体的にお願いします。

福田　『七人の侍』は大体、痛快時代劇と言われてますけど、基本的に**〝米をめぐる話〟**なんですよね。『米物語』でもいいくらいです。まあ、このタイトルじゃヒットしませんけどね。

宇多丸　侍を雇う農民たちは、報酬としてお腹いっぱいご飯を食べさせますということを言いますね。まずその件。あと、せっかく作ったものが野武士に取られちゃう、という攻防ですよね。

福田　ざっと言うとそういうことなんです。まずオープニングシーンからこのような野武士というか盗賊の会話で始まるんですけれども。「やるか、この村を」「待て、去年の秋もうやったばっかりだ。米をかっさらったばかりだ」「よし、この麦が実ったらまた来るべ」って言うんですね。ということはここでですね、去年の秋、すなわち**10月ぐらいに実った米は根こそぎ奪ってやったぞ**と。で、麦の実りの季節は麦秋《ばくしゅう》〈★12〉というように、晩春あたりから初夏なんですね。穂が成熟する初夏は、麦にとっての収穫の「秋」だから。雨が少なく乾燥した麦秋は短い季節で、すぐに梅雨が始まります。米と麦、彼らは二毛作農家なんです。

宇多丸　麦、秋と書いて麦秋という言葉がありますけど、あれは初夏のことを指すんだ。

福田　俳句だと初夏の季語なんですね。

宇多丸　は〜、つまりちょっとひねった表現ですけど、米における秋が、麦にとっての初夏っていう、分かりづらいですけど。要するに麦秋って聞いた時に何となく思い浮かべるのは秋だけど、

★12 **麦秋**
麦の穂が実り、収穫期を迎える季節となる初夏の頃のこと。

これは初夏のことなんだと。

福田　**結局半年もしない間にもう1回最後の麦までを奪いに来るぞ**っていうことなんです。奪うって言っても1年後じゃないんですよ、5カ月後の話なんですよね。夏、秋を越したら山菜、木の実とか乾物を蓄えられるけど、まだ冬しか越してないのに！　惨い！　それでより追い詰められた状態だっていうのが分かる。まずここですごいなって。

宇多丸　あぁ、この最初のセリフだけで、いかに盗賊たちが本当に血も涙もないやつらか、そして農民たちがギリギリの、これを盗《と》られたらもう本当に崖から突き落とされる段階だということが示される。

福田　はい。これらのシーン全部、**ホーホケキョっていうSE**が鳴るんですよ。春を告げる鶯《うぐいす》です。

宇多丸　つまり春が近づいているぞと。麦秋が近づいているぞと。

福田　そうなんですよ、今2～3月っていうことですよ。4～5月にはやられるっていう切迫した状況なんですよね。**そんなことを一切説明せずにまず表現するっていうのが、天才！**

宇多丸　天才！　脚本的に。これ１９５４年の公開ですけど、当時の一般の日本人はその一連の季節感とかそういうのが分かったんでしょうかね？　現在僕らが『七人の侍』を見返して、そこまで一度に気づく若い観客はまずいないと思うんですけど。

福田　いや、分かったと思いますね。第二次世界大戦の終戦が１９４５年、昭和20年ですから、たぶんこの脚本を作っていた時期って、敗戦後の日本の窮状を自分たちも目の当たりにしながら書く、というご時勢じゃないですか。

宇多丸　まだまだ戦後すぐの感じがある中で。

福田　結局この映画も戦後の後処理の話なんですよ。近々でいえば自分たちが体験した第二次世界大戦を、いにしえの戦国時代の合戦に仮託した、戦争が終わったあとに人々はどうなったかっていう話なんですよね。

宇多丸　そのあとで窮乏している農民たちの話であり、そして、ある種やることがなくなった侍たちの物語。

福田　彼らはまさに復員兵です。だからたぶんすごくリンクしたんじゃないかなと思いますね。

宇多丸　もうすでに鳥肌立っちゃいましたけども。

福田　明らかにそれぐらいの設定〈★13〉ですね。

宇多丸　なるほどね。しかし**オープニングのそれだけで、もうこれだけの情報が入っている。**しかもフードというのをめぐる設定ですもんね。まさに切実な話であると。

福田　ヒッチコック理論では、マクガフィン〈★14〉は膨らませるだけ膨らませた風船みたいな、ちょっと荒唐無稽《こうとうむけい》なものがいいっていうんですけど。

宇多丸　いわゆる秘密書類だとか秘密兵器だとかを取り合う、それ自体はまったく意味がないものであるべきだっていうね、そういう概念がありますけども。

福田　これは真っ向反対なんですよね。

宇多丸　つまり、ものすごく重い意味がある。

福田　重要、命そのもの。というのも、ちょっと特異な感じですよね。それだけにこれだけ盛り上がるみたいな。

宇多丸　戦いが遊びじゃねえんだ感は当然出ますね。要するに負けたら飢え死にだということですもんね。なるほどなるほど。

★13 **それぐらいの設定**
菊千代が持ち出した家系図に「天正2年甲戌2月17日生まれ」とあり、勘兵衛が「13歳か」と揶揄う場面から、年齢(数え年)に12年足し、本作は天正14(1586)年の設定と推察される。天正10年に本能寺の変、天正16年に豊臣秀吉が刀狩令発布。秀吉による天下平定が事実上確定した戦国末期という時代設定が分かる。

★14 **マクガフィン**
映画監督であるアルフレッド・ヒッチコックが自身の映画を説明する際に用いた言葉で、物語を構成する上で、登場人物の動機付けや、ストーリーを進めるために用いられる仕掛けを指す。スパイにとっての〝書類〟や、泥棒にとっての〝宝石〟がこれに当たる。

福田　先ほど宇多丸さんがおっしゃったように「食いっぱぐれた侍集めるべ」で「やっぱり熊も腹が減ってりゃ山から下りる」みたいなことを長老が言うんですよね。そこら辺もかなりグッとくるっていうか。

宇多丸　例え話もちゃんと腹が減っているとか、そういう話にしていると。

福田　それで侍たちをスカウトしに若手の農民たちが4人で町に来るんですけど、探せなくて焦るんですよね。その時どれだけ緊迫してるのかっていうと、**町に植わってる麦を見てみんなドキドキしてるシーン**で分かるんですよね。「実ってきてる……」って言って。で、もう1人が「山の麦はもっと遅いべ」って気休めを言う。町より気温低いからね。

宇多丸　あ〜……そんなセリフありましたっけ？　やっぱり最初の麦秋の話とか、そのタイムリミット、要するに**タイムサスペンスの要素**があるんだ。

福田　それがフードなんですよ！　麦の成長が時計の秒針なんですね。

宇多丸　あ〜……っていうかそこ⁉　やっぱ麦秋とかもろもろを理解してないと、そこはむしろ流しちゃってるのかもしんない。あ〜、そうですか！

福田　そういう意味で農業大事、みたいな。

宇多丸　なるほどなるほど。で、麦のタイムリミットを観せながら。

福田　これで手に汗握ります。

宇多丸　すごいですよね。

福田　すごいんですよ！

宇多丸　しかも先ほどハリウッドのヒッチコック型っておっしゃいましたけど、そうじゃなくて、それこそ日本の「こっちは腹減らしてんだ」というね。グレース・ケリーが優雅にマンションかアパートからのぞいているみたいな〈★15〉、それどころじゃねえんだっていう側のエンターテインメント理論になってるもんね。すごい。日本ならではの、というか。

福田 でも、結局この映画が世界に行ったたっていうことは、万国共通なんです。

宇多丸 そうですね。**腹が減るっていうのはみんなが分かるっていうこと。**

福田 そうなんです。

宇多丸 はいはい。そして侍を集めるわけですね、お米で釣って。でもなかなか相手にしてもらえない。

福田 はい。で、宿で人足《にんそく》たちと一緒になるんです。すっごい下品なばくち打ちたちなんですけどね。そこに居合わせたまんじゅう売りが農民たちに**「米1合でまんじゅう4つを買わねえか」**って無神経にすすめるんですよ。まんじゅうってお菓子なんですよね。だからどっちかっていうと、パンがなければお菓子を食べればいいじゃないみたいなカチンとくる無神経さがあって。貧しげなまんじゅう売りも農民に比べたら、全然優雅だと分かる。

宇多丸 〝フード理論〟的に言うと、お菓子の位置付けっていうのは、つまりどこの辺りになるわけですか？

福田 主食がなくてはならないものだとしたら、**お菓子っていうのはエンターテインメント、遊び要素ですね。**快楽とか娯楽のアイコンです。主食も食べられていないのに、それはねえだろっていう。

宇多丸 つまり〝フード理論〟的に、こいつは間違ったことを言っている分かってないやつっていう感じがビッと来るわけですね。

★15 **グレース・ケリーが優雅にマンションかアパートからのぞいているみたいな**
アルフレッド・ヒッチコック監督の映画『裏窓』のこと。この映画も『七人の侍』と同じ1954年の公開で、同時代のヒッチコックの映画を踏まえた話となっている。

福田　なぜまんじゅうが買えないかっていったら、もうさっそく食い詰め侍にだまされて米を只食いされているみたいなことで、二重、三重の苦難がのしかかってるんですよね。それをうまく説明するんですよ、フードにはフード返しみたいな。

宇多丸　米の重みに対するお菓子。

福田　**お菓子の軽さ。**

宇多丸　軽さってことですよね。フード返し！　あぁ、でもこれは僕らこうやって説明受けて「なるほど、なるほど」言ってますけど、やっぱりここのお菓子のところのイライラする感じとか、なんて寄《よ》る辺《べ》ないんだと、頼れる人が誰もいない感じは、やっぱり場面を通して受け取ってますよね。

福田　しかも無神経なことにまんじゅう売りは「まんじゅうが売れない」って言って、なんと、**まんじゅうを自分で食っちゃう**んですよ。またこのやりきれない感じ。格差社会。「あ、この人は自分でまんじゅうを食べちゃう……」。

宇多丸　食べられる程度の遊びのものだし。

福田　この人はそこまでは困ってないんだっていうのを見せちゃってるんですね。

宇多丸　はいはい。だって米すら食べられないわけだからね。

福田　ひえを食べてるっていう設定なんですね。それなのにもう町で米をだまし取られてるっていう。で、そのあとにですね、一般的には三船の代表作として有名ですが、私的には明らかに中心的存在の**志村喬《しむらたかし》**〈★16〉**扮する勘兵衛《かんべえ》**が登場するんですね。まず終始無言なんです。で、遠目からずっと追っていくと、お侍さん姿の勘兵衛が髷《まげ》を落として剃髪《ていはつ》してる。何だろう？と思ってたら……。

★16　志村 喬
日本の俳優。1905〜1982年。443本の映画に出演し、中でも黒澤明監督作品には欠かせない存在であった。『七人の侍』では7人の侍を率いる浪人・島田勘兵衛を演じている。ほかの代表作には『生きる』『酔いどれ天使』など。

宇多丸 人だかりになっているわけですね。

福田 はい。で、よく勝負マンガとかでもあるんですけど、その状況を周りの観客がわいわい口々に説明するっていうパターンで。

宇多丸 要するに「子供を人質に立てこもってるぞ！」みたいなね。

福田 それがまたすごく巧妙なんですけれども、1人が「盗っ人が入ったのは夜中だ。かれこれもう1日泣いている」って言うんですね。小屋の中に盗っ人と子供がいるんだけれども、夜中に入ったから一昼夜子供は泣いているっていうのを腹をさすりながら言うんですよ。

宇多丸 あ、お腹が空いておろうと。

福田 うん。でも、誰も一言も、「子供はお腹が空いてるはずだ、盗っ人もお腹が空いてるはずだ」っていうのは言わないんですよ。

宇多丸 言わないで、動きだけで。

福田 動きだけで。分かりやすく大きくさするんですよ、3回ほど。で、その後、手前にいる別の男の首が切れる位置で藁束が横切った後、男が胸のあたりをさすって、顎の下、首を手で横に拭う仕草を本当にさりげなくするんですが、これって西部劇なんかでよくやる、「絶命」の首切りのアイコンです。子供の声は少しずつ弱ってきているらしく、「腹をさすって、心臓さすって、首をぬぐう」イコール「これ以上膠着状態が長引けば、子供は空腹で死ぬ」ってことをジェスチャーだけで観客に知らせています。ここではタイムサスペンスが「子供の空腹具合」で、秒針は泣き声の弱り方ってことです。

宇多丸 意識するとかなり注目してくれっていう動きなんだけど、実にさりげなく情報が同時に入ってくる。

福田　**これが空腹による子供の死というタイムリミットが迫ってるよという暗喩**になってるんですよ。

宇多丸　イコノロジーというか、演出として実はすごく細やかだったり。

福田　で、「あのお侍さんは握り飯を2つ作ってくれって言ってる。さっぱり分からん」みたいに続くんですね。そこにたぶん子供のお母さんだと思うんですけど、握り飯を2つ作って、一瞬だけ小屋の方をパッと見て、一目散に勘兵衛のところに持っていくんですね。で、この握り飯を勘兵衛が受け取って、僧のふりをして「私は僧侶だ。大丈夫だからこの握り飯を食べな」って言って盗っ人に届けるんですね。でも盗っ人は受け取らないんですよ。なので勘兵衛は小屋の中に放り投げるんです。

宇多丸　ほれっ、つって。

福田　盗っ人がどれだけ怖いかとか、どういう人かっていうのはまだ一切見えてないんですよ。

宇多丸　見えてないんですよね。小屋の外からね。

福田　そこも巧妙なんですよね。そして放った。で、一拍おいて、勘兵衛が小屋の中に入って斬る。で、まろび出てきた盗っ人というか立てこもり犯をスローモーション〈★17〉で観せるんですよね。それが**全世界的に影響を与えたという名場面**といわれてますけれど。

宇多丸　フード的な視点からすると、盗っ人は中でおにぎりにかぶりついた瞬間に、まさに気を許してしまったわけですね、見えてないけど。盗っ人がおにぎりを食べる瞬間は見せてないけど、飯を食うことで隙が生じた、ということですよね。

福田　そうです。で、それをやっぱり撮ってないところがね、フード的にも天才！

★17　**スローモーション**
映像効果の1つで、現実よりも遅い速度で再生すること。

宇多丸　でも起こってることが、完全に伝わりますもんね。で、勘兵衛の狙いも分かると。

福田　食べた時に気が緩むっていうのはみんな体験してる。

宇多丸　世界中のみんながそれは納得がいく。そしてなおかつ、おにぎりが目の前にあれば食わずにいられないはずだというのが、「もう1日泣いている」という時のやじ馬の手の動きですでに暗示されているっていう。恐ろしい、**フード的に見ても完璧なシーン**。

福田　完璧なんですよ！　**この完璧さの連続で最後までいくっていうのが**、この映画のすごさなんです。

宇多丸　これはアレですよね、『七人の侍』は7人っていうぐらいですから、**チーム男子でもあるわけですからね**。

福田　チーム男子です、はい。

宇多丸　実は**志村喬が〝チーム男子〟**で言う**〝姫〟**だっていうね。〝姫〟にみんなが集まってくるっていうことですよね。

福田　はい。映画史上かつてないくらいのモテモテ展開。マリリン・モンローでもこんなモテ役はもらってないんじゃ？　『七人の侍』じゃなかったら、タイトルは『勘兵衛のモテモテ大行軍』でいいと思います。それくらい人にモテまくる。なんせ、**すっごい美人**ですからね！

宇多丸　志村喬がすごい美人!?

福田　**だって美しい人と書いて美人ですよ。**女特有の称号ではないでしょ。男だって女だって美しい人なんですよ。

宇多丸　志村喬を中心に全員集まってきますもんね、これはね。この作品だとそこから先のフード描写とかってあります？

福田　結局その一件で農民たちは勘兵衛のことを見込んでお願いするんですよね。で、状況を聞いて「無理だな」って勘兵衛は断るんですけれども、ここでですね、酒ばっかり飲んでいた博徒っていうか人足たちが農民の味方をするんですよ。ちなみに酒も米から造りますからね。

宇多丸　「今まで侍はいいことばっか言ってってけど」みたいなね。はいはい。

福田　「こいつらは、ひえしか食ってない」と。

宇多丸　「そうだ。自分たちは、ひえや粟を食って我慢してんだぞ」と。

福田　自分らは辛抱して「おめえさまたちには白い飯を食わせてんだ」って言って、「ああ、農民になんかならなくてよかった！」みたいなことをすごい口は悪いんだけど、農民の側に立って言ってくれてる。で、農民がよそった白いてんこ盛りの白飯をバッと勘兵衛の前に差し出すんですよね。「百姓にしちゃ精いっぱいなんだ。何言ってんだ」って言って。それを勘兵衛が「分かった、もう言うな」って受け取ってですね。

宇多丸　はい。ちょっともう、話聞いてるだけでいい映画だな〜っていう。

福田　言葉がもう本当に最高なんですよね。勘兵衛が「**この飯、おろそかには食わんぞ**」って言うんですね。で、逆光。立ち上る白米の湯気、それをナメつつはけた途端、農民の土下座。それが一連の流れなんですよ。

宇多丸　は〜……、つまり食べ物の価値を再確認させる博徒たちの言葉。そして「分かった」と言って受け取り、立ち上がり、逆光、湯気ナメの土下座という。

福田　そうですね。だから「よし、受けた。おまえたちはかわいそうだ。俺が助けてやる」なんていう**ダサいセリフは一切ない！**

宇多丸　つまり「ご飯大事に食べるよ」としか言ってないんだもんね、確かに。っていうか、実はこの間の会話、**ご飯の話しかしてない**んだもんね、博徒ともね。

福田　どこのホームドラマだ!?　っていうぐらいに、ご飯の話しかしてないんです。

宇多丸　ご飯の話しかしてないのに、それは命のやり取りだし、そして当時の封建社会の理不尽な構造も暴いているわけですよね！

福田　そうですね。

宇多丸　ひえっ、ひえーっ!!

福田　すごいなとしか言いようがないんですよね。「**これがフード映画じゃなくして何がフード映画だ！**」っていうぐらい。この先もずっとこの調子で続いていくんですよ。

宇多丸　その前のところでたしか、農民たちがお侍さんからすごい断られ続けて、米を一生懸命拾うシーンとかありますよね。

福田　それね、そのちょっとあとなんです。

宇多丸　あとでしたっけ？　そこもね、やっぱこう……。

福田　本当に美しいんですよね、その白黒の対比が！　暗〜い土間に、**米が真っ白に真珠のように光る**んですよね。あれをどうやって撮ったのか分かんない！

宇多丸　米用に光を当ててるんじゃないかっていうぐらい光りますよね。

福田　中に電球仕込んでるのかなっていうぐらい光るんですよ。

宇多丸　ヒッチコックの『汚名』〈★18〉っていう映画があって、これもある種フードですけど、毒入りかと思わせるケーリー・グラントが運ぶミルク。これは毒なのかとイングリッド・バーグマン

★18　**『汚名』**

1946年・米／監督・原案：アルフレッド・ヒッチコック／出演：ケイリー・グラント、イングリッド・バーグマン。サスペンスで知られるヒッチコック作品の中では、メロドラマ色が濃いのが特徴。

は疑ってるんですけど、そのミルクの中にヒッチコックは電球仕込んでますからね。だからそれ級のね、あれ実は1個1個が豆電球で1個1個の米がデカかったらどうします？

福田　**すごい笑っちゃいます。**

宇多丸　でもね、それぐらい明らかに米を軸とした演出をちゃんとしているっていうことですもんね。そっか〜……この調子でやっていくと『七人の侍』のフード場面、キリがないわけですね。もう『七人の侍』に関しては、全編この調子で注意して観てくれっていう感じなんですかね。

福田　で、**最後が田植えシーンで終わるっていうのもやっぱりすごい**ですよね。

宇多丸　さっきの時間経過でいうと、危機は去って、次の秋のために田植えをしているところってことですね。

福田　ところどころにはさまってくるエピソードも食べ物に関することで。ちゃんと7人がチームになった場面では、**三船の菊千代も遂に加わって7人で、若者農民の給仕で一緒の席でご飯を食べてる**んですよ。それはほんの数秒なんですけど、ちゃんと入れてるっていうのがすごい。

宇多丸　食卓を一緒に囲むということの、言わずもがなかもしれませんが、物語上の意味っていうのはどういう感じですかね？

福田　**腹の底が見える**っていうことなんですよ。だからお互い腹の底を見せた。

宇多丸　**同じ食卓を囲んでいる人は、基本的にはもう仲間。**

福田　仲間です。これで全員が仲間になった。だってみんなをスカウトしていた途中の道すがら、この映画の主役である三船敏郎《みふねとしろう》〈★19〉がやるおバカ役の菊千代は見下されていて仲間になれないので、みんなが川原で野営して握り飯とかを食べてる時に、下流で自分だけ魚を捕って

★19　三船敏郎
日本の俳優・映画監督・映画プロデューサー。1920〜1997年。黒澤明が脚本編集を務めた『銀嶺の果て』で役者デビューを果たし、『酔いどれ天使』（黒澤明監督作品）で一躍脚光を浴び、以後黒澤明と共に世界にその名を知られることとなる。通称〝世界のミフネ〟。

独りで食べるんです。彼だけはまだ仲間じゃないんですよ。

宇多丸 あ～そっか！　それで分かるってことか！　なるほどなるほど。

福田 食卓の囲み方で分かるんですね。最終的に全員で食べる場面、**それがあるのとないのとじゃ、そのあとの悲劇が！**

宇多丸 なるほど。悲劇だし団結感であり、仲間を失ってしまうというそのアレが。

福田 あと、やっぱり誰かが裏切るんじゃないかっていう不安もあるじゃないですか。すごくニヒルな役の人もいるし。

宇多丸 久蔵《きゅうぞう》〈★20〉とかね。

福田 一緒にご飯を食べさせることで払拭できます。この人たちは決して裏切りませんっていうアイコンになってるんですよね。なので逆にこのあとにくる1人欠け、2人欠けするような悲劇っていうのがより……。

宇多丸 もう家族が欠けてくような気持ちになっていくんですね。

福田 あの時、たぶん観てる人も一緒に食べてるんですよね。仲間になっちゃってる。

宇多丸 なるほど。追体験するっていう。

福田 だから無意識下で、すんなり感情移入できるんだと思います。

宇多丸 なるほど。ちょっとあとでお話伺いますけれども、最近でもね、僕らがこの番組でも話題にしたような映画で、食卓の使い方、誰が最後に食卓に加わるかで、ちゃんと仲間であることを示すような見事な映画もありましたね。

福田 ありますね～！　も～！

★20 **久蔵**
映画『七人の侍』に登場する7人の侍の1人。修行の旅を続ける寡黙な剣客を、宮口精二が演じた。

宇多丸　のちほどちょっとね、その話も聞きたい！　興味深い、が！　もう少し『七人の侍』に関してですけど、タイムラインでいうと、クライマックスの決戦のところは要するにあれは梅雨だっていうことなんですよね？　田植えの直前。

福田　はい。なのですごくいい加減な感じで雨が降ったのではなくて、あれって**たぶん梅雨入りなんですよね**。梅雨の前触れ的な。だからタイミング的にギリギリ。秒針は1秒前。これ以上長引くと田植え〈★21〉には遅すぎるというタイムサスペンスでもあります。

宇多丸　うん。舞台的に盛り上げるために降らしてるというよりは、ちゃんと時間経過に必然があるということですよね。これも俺、福田さんの話聞いて初めて気がついたことですね。

福田　麦を刈り入れて農民たちは「もう来ねえべ」って言ってるんですよね。で、麦の刈り入れが終わったら、今度は水田に水を入れて田植えなんですよ。

宇多丸　うんうん。ちゃんと順番になってるんだ。

福田　はい。だから大雨が降ってもそれはただのファッションじゃなくて、季節に合ってるんですよね。で、梅雨の晴れ間にみんなで田植えをして終わるっていう。それで、勝ったのは……。

宇多丸　まあ、あいつらだと。

福田　あの有名なセリフです。それと面白いのはですね、こんな風にもちろん食いっぱぐれた浪人たちが集まるんですけれど、誰一人お米のために集まった人はいないってことなんですよ。それは勘兵衛の魅力なんです。「あなたが面白かったから」「弟子にしてください」と魅力にひれ伏してまとわりつく……。

宇多丸　木村《きむら》功《いさお》〈★22〉ね。

福田　功の勝四郎は柴犬の仔犬状態で、ク〜ンって懐く。あと菊千代は山犬で、2人とも衝撃の可

★21　田植え
現在は5月に田植えをするが、灌漑設備や品種改良が未発達の時代の田植えは梅雨の降水を待っての6月後半だった。梅雨時に合羽を着て、並んで手植えをした。

★22　木村功
日本の映画俳優。1923〜1981年。1949年、『野良犬』に出演したことを機に『生きる』『天国と地獄』など、黒澤作品の常連となる。『七人の侍』では最年少の浪人・岡本勝四郎を演じた。

『七人の侍』は、最高の食育映画だ！ 名作の裏に〝フード理論〟あり！

▲福田里香先生自身の長年の研究から得た独自の理論、それが〝フード理論〟！

▼おまけ・福田先生が考える〝チームタマフル〟の理想的な配置図。（左より古川、しまお、宇多丸、橋本P、妹尾）

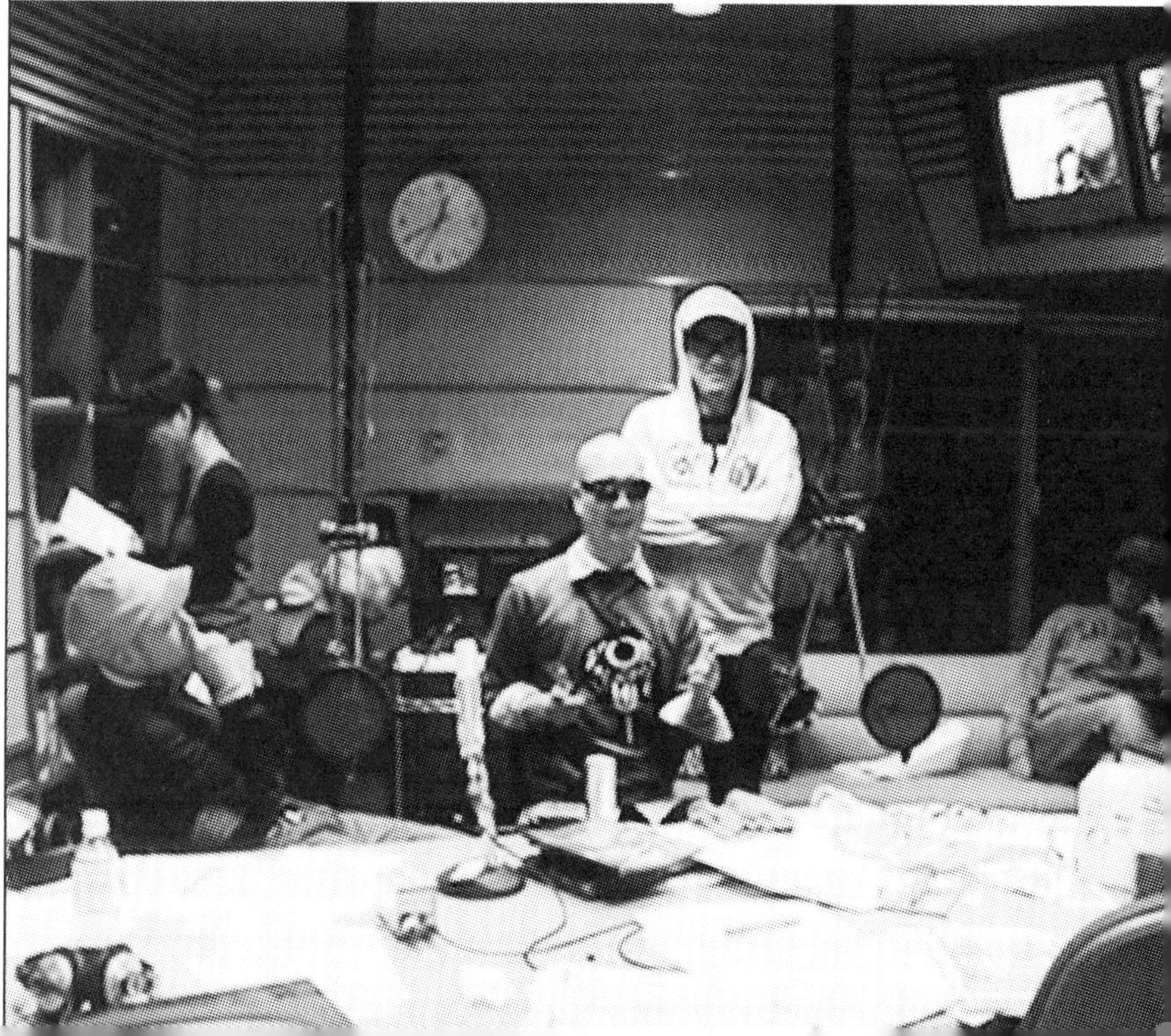

愛らしさ。

宇多丸　抱いてくださいってことですよね。

福田　ハハ、まぁそうとは限らないと思いますけどね。もう本当に勝四郎は柴犬の仔犬みたいで、菊千代は雑種の山犬の仔犬です。

宇多丸　**菊千代ですからね。**

福田　**ん？**　そういうことなら、宇多丸さん、それ、私とは受け攻め、逆です。大切なことなのでもう一度言いますが、その場合、私は関係性的に下克上押しですよ。

宇多丸　すいません、下品で。

福田　いえ、こちらこそ。それと、勘兵衛が古女房と呼ぶ元部下も即決で参加するし、すごくニヒルな久蔵でさえ、面白いからということで、みんなお米のためじゃないんですよ。だから結局**「人はパンのみにて生きるにあらず」**なんですよ！

宇多丸　あ〜、そういうことだ！　もちろん食事も大事、食べ物は大事だけど、つまり生き死により大事なことがある。

福田　それは生き方だ！　っていう。

宇多丸　っていうことも伝えているわけだ。

福田　だから「人は米のみにて生きるにあらず」っていうことなんですよね。だけど米も大事みたいな。

宇多丸　ふんふん。米の大事さはもちろん大前提としてあるけれども、つまり命の大事さですね。

福田　じゃあそれが満たされた時、それだけでいいのかって言ったら、絶対的な正義とか自分の道っていうのはあるはずでしょっていうのを同時に言っていて。本当に食べ物について深く考えさせられて、**私が推す食育映画の最高峰ですね。**

宇多丸　食育映画！　最高峰！

福田　子供みんなに観せるといいと思います。

宇多丸　確かに食べ物を大事にするってことは、間違いなくちゃんと伝わると思います。そして福田さん的にはフードであり、チームであり、究極の萌えっていうことですよね。

福田　はい。

宇多丸　並び萌えっていう耳慣れないフレーズも、ちょっと小耳にはさんでしまったんですけども。軽く言っておくと『七人の侍』たちの並ばせ方の演出が……。

福田　一瞬なんですけどね、村に入ってきた時に7人がポジションを取るんですよ。

宇多丸　ポジションね。要は勘兵衛を中心にどう立つかという。

福田　**どう立つかっていうのが、もう完璧なんですよね！**

宇多丸　でもこれがおっしゃるとおり、単なる妄想じゃなくて物語上のそれぞれのキャラクターの関係性であり、機能であり。

福田　それがもう立ち位置で分かる。手前から奥に右往左往して走る農民の若者を配して、スクリーンの幅を最大限に生かしてカメラが横に動き、7人がポージングを決める。絶対これ、黒澤監督がミリ単位で指示したんじゃないかと！

宇多丸　立ち位置で示している！

福田　こういうことをこれだけ完璧にやったのは、この映画がたぶん初めてぐらいの勢いだと思うんですよね。**「最後の晩餐」**〈★23〉級なんですよ。

★23　**「最後の晩餐」**
レオナルド・ダ・ヴィンチの描いた歴史的な絵画。聖書に登場するイエス・キリストと12人の弟子たちによる最後の晩餐の情景を描いたもの。サンタ・マリア・デッレ・グラツィエ修道院に所蔵。

宇多丸　なるほど。キリストを中心にした距離感の示し方みたいなのを1つの画面で分からせるという。黒澤明、やっぱすごいんですね！

福田　ダ・ヴィンチみたいな。

宇多丸　でも伺ってると本当にそうですね〜。『七人の侍』、がぜん見直したくなってきました。

水戸黄門は〝フード理論〟の教科書的作品

宇多丸　先ほどはもう本当に『七人の侍』を今すぐ見直したいお話が伺えて、ありがとうございます。反響が早速来ておりますよ。メールでいただいているんですが、**「さぶいぼ立ちました」**。これも福田さんの解説の語り口のたまものでございます。

福田　ありがとうございます。

宇多丸　この〝フード理論〟、大体みんな前出の三原則で勘所をつかんでしまったためにですね、ここから先恐らく、「じゃあああれはどうですか？」「これはどうですか？」みたいな**キャンキャンうるさいのが**結構来てしまいますね。例えばね、神奈川県・ワさん。「『くもりときどきミートボール』〈★24〉はどうでしょうか？　ミートボールが空から降ってくるのは〝フード理論〟的にいかがなものでしょうか？」ということですが、福田さんは『くもりときどきミートボール』はまだご覧になってない？

福田　はい、観てないんですよ〜。

宇多丸　これは最終的に、食べ物がある一定量、必要以上量あると、それはおぞましい危険なものであるというところを示しているので、ある意味〝フード理論〟をちゃんと踏まえてると思う

★24 **『くもりときどきミートボール』**

2009年・米／監督・脚本：フィル・ロード、クリストファー・ミラー／声の出演：ビル・ヘイダー、アンナ・ファリス。ジュディ・バレットによるベストセラー絵本を3D映画化したアニメ。とある青年の新発明により、空から食べ物が降ってくるようになった街での騒動を描く。ちなみに番組では2009年10月3日に『くもりときどきミートボール』を「ザ・シネマハスラー」で、さらに続編の『くもりときどきミートボール2 フードアニマル誕生の秘密』を2014年1月11日の「ムービーウォッチメン」で評論している。

んですけどね。ぜひ福田さんに伺ってみたいものですね。

福田 すごく観たいと思っています。

宇多丸 今日僕が「ザ・シネマハスラー」で扱った『ファイナル・デスティネーション』〈★25〉の2作目、『デッドコースター』〈★26〉なんですけど、ご覧になりましたか？

福田 ごめんなさい。

宇多丸 最初に犠牲者がどんどん出るんですけど、真っ先に死ぬやつがですね、まさに〝フード理論〟的な死に方をするんですよ。なんかナポリタンみたいな作りかけの料理でたぶん古いんですけど、それを窓からポイッてフライパンごと捨てるんですよね。その時点でさっきの定義でいうと、悪人ですよね。ぞんざいに扱ってる。こんなやつは事故に遭って死んでもしょうがないぐらいの感じになるじゃないですか。実際こいつはこのスパゲティに足を滑らせるというですね、映画史的にも珍しい、バナナならぬ**スパゲティで足を滑らせて死ぬ。**そんなシチュエーションがもう何回かあるんですけど、これもある意味〝フード理論〟ですよね？

福田 そうですね。気が利いてますね。

宇多丸 食べ物をぞんざいに扱ってる。あと僕が先生の話でいろいろ思ったのが、例えば『ダーティハリー』〈★27〉で、オープニングでハリーはすごく人から心を閉ざしてる風なキャラクターとして延々説明されるんです。その一環でホットドッグ屋に行ってホットドッグを食べながら、朝飯前で人を殺すやつっていうのも示しつつ、でもホットドッグ食べてるし、店のおやじとは仲良さそうだから、あそこでハリーはそんなに悪いやつじゃないはず感が出ますよね。

福田 心の底からは、憎めないっていう設定になってますね。人間感が出ますから。

★25『ファイナル・デスティネーション』

2000年・米／監督：ジェームズ・ウォン／出演：デヴォン・サワ、アリ・ラーター、カー・スミスによるホラー・サスペンス映画。『X-ファイル』や『ミレニアム』の脚本家として知られるジェームズ・ウォンの初劇場映画作品。2011年までに第5作が公開されている。

宇多丸　ですよね。これ、ホットドッグがなくて何も食べないでやったら、なんか機械的に人を殺すような人間に下手すると見えかねないところですね。

福田　食べたことで腹の底を見せてますよね。ここが底ですっていうのが分かるっていうか、人間ですっていうことですね。

宇多丸　『マッドマックス2』〈★28〉でマックスが缶詰を取り出して食べるシーンがあるんですけど、そこは人間だなと。で、犬に缶ごと残りをあげる。犬には優しいんだけど人間には冷たいのはね。あれもやっぱ缶詰っていうのを通じたキャラクターの描き分けですもんね。

福田　この場合、1つの缶を分け合ってるところが胆ですね。彼にとって犬ちゃんは親友、絶対2人の間に裏切りはないですよ。

宇多丸　あれも〝フード理論〟的なことと言っていいんでしょうかね？

福田　ええ、「1つの食べ物を2人で分け合う」は、親友のアイコンとして頻出する演出ですから。

宇多丸　ほかにも何かそういう「これ〝フード理論〟的に観ると見事なんですよ！」みたいなものはありますか？　『七人の侍』でさえ我々見過ごしてる部分多かったですけど。

福田　教科書的作品といいますか、**私がいちばんはじめにこの理論を発見したのは、実は『水戸黄門』**〈★29〉なんですね。

宇多丸　水戸黄門！

福田　はい。本当に教科書的にフードを使っています。実は私、小学生の頃おじいちゃんおばあちゃんっ子で、4時から再放送されていた『水戸黄門』を毎日必ず観てたんですね。で、先ほど言ったように、これを食べ物で見ていったらアイコンになってるんじゃないかなと気づいた大学の時に、それが本当にプルーストのように甦ってきて〈★30〉、これだ！　と思っ

★26『デッドコースター』

2003年・米／監督：デヴィッド・リチャード・エリス／出演：アリ・ラーター、A・J・クック、マイケル・ランデス。死の恐怖に襲われる若者たちを描いたショッキングホラー『ファイナル・デスティネーション』の続編。

★27『ダーティハリー』

1971年・米／監督・製作：ドン・シーゲル／出演：クリント・イーストウッド、ハリー・ガーディノ、アンディ・ロビンソン。サンフランシスコを舞台に、殺人鬼と刑事の戦いを描いたクリント・イーストウッドの代表作。

たんですね。

宇多丸　はいはい。

福田　水戸黄門さまっていうのは、貧しい農民の家に行って、勧められたものを必ず食べるんですよ。**絶対に断らない！**　で、「うまい」と言って食べるんですね。助さん、格さんもいるんですけど、大体格さんのほうがちょっと怒りんぼなんですよ。それで、黄門さまが身分を隠してるにもかかわらず、「ご老公に何するんじゃ。こんなものを食わせて！」って怒りそうになるんです。それを黄門さまが、「まぁまぁ、格さん」って止めるんですね。で、助さんも「まぁまぁ、格さん」って。「おいしいですよね、ご隠居」って言って、**結局は3人でおいしそうに食べる**と。なので腹の底を、もうそこで見せちゃってるわけなんですよ。

宇多丸　なるほど。これ、さっき言った「善人はおいしく食べる」がまさに！

福田　そうなんです。そして正体不明者ですが、私が観てた頃はまだ由美かおるは出てきてないんですよ。たぶん少し視聴率が落ちてきたところで……。

宇多丸　落ちてきたところで、風呂シーンが入りだした。

福田　そうなんですね。だからあとなんですよね。お風呂系担当はまだなかった。弥七もまだ本当に正体不明者だったんです。だから絶対に食べないんですね。

宇多丸　風車の弥七はまだご飯を食べてなかった。

福田　全然食べてないんです。で、こいつは敵味方どっちなんだろう？　っていうのが分からない状態だったんですね。

宇多丸　なるほどなるほど。

★28『マッドマックス2』

1981年・欧／監督：ジョージ・ミラー／出演：メル・ギブソン、ブルース・スペンス、ヴァーノン・ウェルズ。メル・ギブソンの出世作ともなった、荒廃した近未来を舞台に暴走族と警察官の復讐劇を描く『マッドマックス』の続編。

★29『水戸黄門』

江戸時代の水戸藩主・徳川光圀の別名であり、光圀が世直しのために日本各地を漫遊する様を描いた物語のタイトルでもある。テレビドラマとしては1969年～2012年にTBS系にて放送され、東野英治郎・西村晃・佐野浅夫・石坂浩二・里見浩太朗が主演を務めた。

福田　そして必ず出てくる悪代官と悪い……何ていうんですか、越後屋的な。それに雇われた用心棒の先生がいるんですね。そこは大体すごく立派な料亭とかで、鯛の尾頭《おかしら》付きとか豪華なものが器に盛りつけられているみんなのお膳があるんですけれども、それには箸をつけずに、盃を取り……。

宇多丸　酒を飲んでけつかる。

福田　「さぁさぁお代官さま、まず一献《いっこん》」とかやって、おいしそうな食べ物には一切手をつけないんですよ。だからすごく粗末に扱っていて。

宇多丸　あ〜。これ仮に悪代官と越後屋が「**これ、うまいっすね!**」「**これは美味なるものじゃ!**」とか言ってガッツガッツがっついてたら、そんなに悪く見えない。

福田　だから絶対食べちゃ駄目。食べるんだったらすごく嫌そうに食べるとか、まずそうに食べるとか。

宇多丸　さっき言ったぞんざいにね。例えば「こんなもん食えるか!」とドジャーッとひっくり返すとか。

福田　「もう冷めとる!」みたいにお膳をひっくり返すとかそういうことだと思うんですね。また、彼らの用心棒は同じ席に着いてることはまずないんですよ。大体は桟《さん》に背中をもたせかけて、足とか立てて、明後日の方向を向いてるんです。で、「ささっ、先生もひとつ」って言われるんですけれども「いや、わしはいい」って断るんですよ。

宇多丸　酒すらも!

福田　大体断るんです。腹の底を晒さない。そうすると完璧な正体不明者と映るので、その回は観客をミスリードできる。実は用心棒は味方だったとか、代官とは別の魂胆を持っている他藩

★30 **プルーストのように甦ってきて**
マルセル・プルーストの20世紀を代表する長編小説『失われた時を求めて』は、物語冒頭、紅茶に浸したマドレーヌを口にしたのをきっかけに過去の回想が始まる。

の隠密とか、どんでん返しができます。

宇多丸　まったく付け入る隙、取り付く島もないとはこのこと。

福田　楊枝《ようじ》とかくわえて、ますます俺は何も言わんぞ感を出してるんですよね。タバコとかはそういう風に使われてるんですよ。

宇多丸　タバコ的なもの、高楊枝というか、要するにこれでお腹は膨れないもので。

福田　口を開かなくてもいいものをくわえさせてるっていうことなんですよ。

宇多丸　口を開かなくてもいいもの？　これタバコとかも同じ機能？

福田　そうですね。だから**絶対に腹の底を見せたくない人**っていう記号なんですよね。タバコの健康被害がたくさん言われている今は、プラスとても心の弱い人みたいな意味も付け加えられると思いますね。

宇多丸　つまりそれに頼らなければいけない何かを持ってる人ということですね。

福田　嗜好品は、時代によって意味合いが違ってきますよね。

宇多丸　じゃあタバコもある種フード的な機能の1つに数えられる。は〜、なるほどなるほど。

福田　料理だけじゃなく、水や酒、お茶、コーヒーなどの嗜好品も。口に入るものは演出に含まれます。

宇多丸　なるほど。『水戸黄門』のご老公たちの粗末なものもおいしく食べるこの善人ぶりに対して、言ってみればさっきのお菓子じゃないですけど、食べなくても死なないようなものが前にあって、しかもそれすら食べてないとか。酒なんてまさに嗜好品ですからね。嗜好品にいけばいくほどやっぱりあれですね、どんどん……。

福田　**快楽度数が増す。**

宇多丸　快楽度数が増すほど、やっぱり善人度は減ってくみたいなことですかね。

福田　この図式でいうとそうですね。だからお菓子の下に金子《きんす》を忍ばせて渡したりっていうシーンもありますよね。

宇多丸　米とかではある種記号になっちゃうからね。米の中だともうちょっと必死な金感が出ちゃうというか、結構ギリ出してますよ、みたいな暗示になっちゃいますよね。でもお菓子だと、不思議と遊び感が出ますね。

福田　快楽の上に快楽みたいな。

宇多丸　確かに、はいはい。あとエンディングでは、大体こう団子屋みたいなところで……。

福田　たいていうっかり八兵衛が峠の茶屋で団子をのどに詰まらせて「ムグググ！　待ってくださ～い、ご隠居さま～！」って言って追っかけるところで終わるんですよね。これは三原則には入らないんですけれども、**「フードでたわいもないギャグをやる人は憎めない！」**。

宇多丸　アハハハハ！　ちょっと待ってください、まずフードを粗末に扱うと悪人のわけじゃないですか。この線引きはどういう感じなんですか？

福田　あのですね、世界中を見ても祭りっていうのは例えば……。

宇多丸　トマト祭りとかオレンジ祭り〈★31〉とかね。

福田　ぶつけたりとかはしますけど、いやな感じはしないという。

宇多丸　要するに大事にしなきゃいけないのは前提で、それをこうガーッと大赦《たいしゃ》することで、なんかハレの場を作るっていう。

福田　お祭りの時はたくさん食べていいとかありますよね。なので、ある程度のギャグを食べ物で

★31　**トマト祭り／オレンジ祭り**
スペインで8月に行われる収穫祭。正式名称は「ラ・トマティーナ」。世界中から人が集い、熟したトマトをぶつけ合うのがトマト祭り。そしてイタリアで開催されるカーニバル「カルニバーレ ディイヴレア」のメインイベントになっているオレンジ投げ合戦のオレンジ祭り。正式名称は「バタリア デッレ アランチェ（オレンジの戦い）」

やることっていうのは、たぶん全世界的に分かりやすくって。

宇多丸 ある種、道化には許されている？

福田 **道化には許されてるんですよね。**それに、急いで食べ過ぎて喉に詰まらすとか、お腹が空いて鳴るとか、原始的で根源的な笑いなんです。

宇多丸 あ、なるほど、ジョーカーというかね。

福田 だから食べ物でギャグをやる限りは、心の底からは憎めないんですよね。

宇多丸 ということは、やっぱり全編食べ物でたわいなく騒いでる『くもりときどきミートボール』は、憎めない作品っていうことでもありますね。

福田 私はそう思いますね。

宇多丸 なるほどなるほど。いや、すごいですね〜。でも言われてみると、たぶん僕らが水戸黄門を観て得てる印象の裏付けなんですよね。なぜこの印象を持つのかという。

福田 私、活躍の長い俳優さんや女優さんは、自分の生まれた歳でどういう印象を持つかっていうのが全然違ってくると思うんですよ。私は『水戸黄門』が東野英治郎《とうのえいじろう》〈★32〉の初見だったから、なんていい人なんだろう！ってずーっと思ってたんですよ。で、もうちょっと大人になって先ほどの『七人の侍』を観るわけですよ。東野英治郎の役は何ですか？

宇多丸 東野英治郎はどこで出てきたっけ……？

福田 例のスローモーションの。

宇多丸 あ、そうか！

福田 子供を盾に取った盗人役。

★32 **東野英治郎**
日本の俳優。『七人の侍』『東京物語』『用心棒』など、様々な役をこなす日本映画界を代表するバイプレーヤーとして知られていたが、1969年に始まったテレビドラマ『水戸黄門』の初代黄門役として14年にわたって演じた。

宇多丸　あ、そうでしたっけ？　そうかそうか！

福田　ものすごい憎らしいのね。だから私よりももっと年上の人たちの東野英治郎の印象っていうのは悪役か、もしくは卑近な感じのずるっこい社長とか。すごいしょぼくれた役とか、落ちぶれた先生の役を小津映画では演じていらしたと思うんですけど。だからずっとそんなにいいイメージじゃなかったのに、やっぱりご老公さまとしてあれだけおいしそうにものを食べると……。

宇多丸　もう一気にそうなっちゃうっていう。

福田　ええ。映像リテラシーが低い大正生まれの私の祖父母ですら、東野英治郎を一発でいいひと認定してしまったという。おいしそうに食べることで、確かにこの老人は聖人君子だから土下座すべきだ、と印籠の効力を下支えしているんです。

宇多丸　〝フード理論〟で悪役はろくなご飯の食べ方をしないっていうことですよね。僕ね、この話が出た時になるほどと思いながら、じゃあアレはどうなんだっていうのが1つあって。福田先生は『ダイ・ハード』[★33]ご覧になってますよね？　『ダイ・ハード』で覚えてらっしゃるか分かりませんけど、テロリスト一味は、大体ドイツ系っていうかヨーロッパ系チームなんですけど、1人だけ東洋系っていうか、モンゴルっぽい特徴的な髪形をした人がいて、まぁ悪役でよく見る人ですね。あの人が、置いてあるスニッカーズ[★34]をふっと取って食べるっていう一連のショットが入ってるんですよね。そこだけなぜか入ってるんですよ。あれでテロリストチームがちょっと人間くさく見えるんですけど。これ〝フード理論〟的にいうと、あんまり食べさせちゃ本当はいけないだろうに、あえてテロリスト側の人間性みたいなのを観せたっていうことなんですかね？

★33 『ダイ・ハード』

1988年・米／監督：ジョン・マクティアナン／出演：ブルース・ウィリス、アラン・リックマン。テロリストに占拠された高層ビルを舞台に、1人で立ち向かう刑事の姿を描いたアクション映画。

福田　端役といえど人生はある、機械じゃないぞ、みたいなことなんじゃないですかね。

宇多丸　しかも悲しいかな、**スニッカーズを食べた直後に彼はお亡くなりに……**。俺あの場面で、やつがすぐ死んじゃうのがちょっと悲しくなるんですよ。要するにスニッカーズつまみ食いするような、悪いやつじゃないと。こうやって緊迫した瞬間に、スニッカーズがどうしても気になって二度見するんですよ。可愛いやつじゃないですか！ なんであの可愛いやつが！ って……アハハハ！

福田　食べ物を食べて、そこで気が緩んだからじゃないですかね。

宇多丸　あ、じゃあさっきのアレだ、『七人の侍』の盗っ人じゃないですけど。そっかそっか、**スニッカーズなんか食べてっからだよ！ おまえは！**

福田　**集中しろ！** みたいな。

宇多丸　そういえばハンス[★35]は全然食べないよな。はいはい。

現代で突出する〝フード理論〟作家

宇多丸　あとさっきからお話伺って、黒澤作品における緻密な〝フード理論〟は分かりましたけど、現代で突出したフード作家というか、フード描写作家みたいな人はいますか？

福田　私の場合アニメになっちゃうんですよね。

宇多丸　はい。アニメでもいいですよ。

福田　宮﨑駿[★36]さんと、まぁそこから続く細田守[★37]監督ですかね。**この2人は突出してますね。**

★34 スニッカーズ
アメリカのマース社が販売する、ピーナッツ入りヌガーをミルクチョコレートで覆ったスナックバー。

★35 ハンス
『ダイ・ハード』の武装窃盗団のリーダー、ハンス・グルーバーのこと。アラン・リックマンが演じている。

宇多丸　フード的に見ても突出している。例えば宮崎さんでいうとどの辺りでしょうか？

福田　そもそも宮崎駿監督の場合は、おいしそうっていうことで語られがちなんですよね。

宇多丸　そうですね。よく言われますよね。

福田　だけど、そうじゃないんですよ。

宇多丸　そこじゃない？

福田　はい。**食べさせる人には食べさせて、食べさせてはいけない人にはちゃんと食べさせてない**っていうことがしっかり描かれてるんですね。

宇多丸　ほおほお。ちょっと分かりやすい配置で何かありますか？　もはやこれは、フード文法です。

福田　観ていちばん分かりやすいのは『天空の城ラピュタ』[★38]ですね。冒頭のシーンに飛行船の中に閉じ込められているヒロインが一瞬映るんですよね。黒眼鏡の部下にミルクとサンドイッチか何かを食べろって言われてるような感じ。それを断固として拒否するんです。

宇多丸　なるほど。あんたたちには腹は見せんぞと。

福田　一緒の食卓には着きません。**仲間にはなりませんっていう意志表示。**

宇多丸　という意志がそれだけで伝わると。

福田　伝わるんですね。で、そのあとに画面が切り替わって、パズーが親方に頼まれて肉団子を買いに行きます。観た人はその肉団子が「おいしそうだ」って言うんですけれども、そうじゃないんですよね。表現したいのは、その肉団子はパズーの腹には入らなかったっていうことなんですよ。なぜかっていうと、残業があると思って買ってきたその肉団子は、戻ってきた時点で親方に「残業はなくなったよ」って言われて、そうすると親方はその肉団子を持って帰っちゃうんですね。

★36　**宮崎駿**
日本の映画監督・アニメーター。1941年生まれ。1978年『未来少年コナン』（NHK）で初監督を務め、映画『ルパン三世カリオストロの城』で映画監督デビュー。1985年、スタジオジブリを創立し『天空の城ラピュタ』『となりのトトロ』『魔女の宅急便』『もののけ姫』を制作。『風立ちぬ』公開年である2013年、長編映画製作からの引退を発表。

★37　**細田守**
日本のアニメ監督。1967年生まれ。1991年、東映動画（現：東映アニメーション）に入社し、『劇場版デジモンアドベンチャー』で監督デビュー。2005年にフリーとなり、『時をかける少女』『サマーウォーズ』『おおかみこどもの雨と雪』を監督。2015年には新作『バケモノの子』が公開予定。ちなみに『タマフル』の「サタデーナイト・ラボ」には数回出演している。

宇多丸 パズーがもともと食べる用じゃなかった。

福田 いえ、残業するんだったらおまえが食べてもいいけれども、残業はなくなったんだから、それこそ**「お前に食べさせるタンメンはねぇ」**〈★39〉ですよ。で、たぶん肉団子は帰宅後に家族と食べるんでしょうね。

宇多丸 あ、そっか！

福田 だからすごく孤独なんですよ。親方は悪い人ではないけれども、はっきりと家族ではないと弟子だと区別してる。で、そのあとに落ちてきた少女を拾うという名シーンがあるんですけれど、ずっと2人は何も食べてないんですよ。子供なのに！

宇多丸 お腹が空いてるはずだと。

福田 で、パズーは結局彼女をお家に連れて帰って、一晩眠って起きたらまず何をするのかっていったら、小鳥に餌をやるんですよ。

宇多丸 **自分は食べてないのに小鳥に餌をあげる少年。**

福田 だからもう絶対悪くないですよね。もうこの時点で彼がすでにヒーローですね。

宇多丸 **絶対悪くないよ、それは！**

福田 ですよね。で、パズーが2人のご飯を作ろうとしてたら空の海賊に急襲されるわけですよ。そのあと、追っ手たちに追われるわけですね。そこでまず何をするかっていうとですね、逃げるためのお弁当を作るんですよ！

宇多丸 なるほど～！

福田 **これをね、省くか省かないかじゃ大違い！**

★38 **『天空の城ラピュタ』**

1986年・日／監督・原作・脚本：宮崎駿／声の出演：田中真弓、横沢啓子、初井言榮。『ガリバー旅行記』をモチーフにした宮崎駿のオリジナル原案作品。空から降りてきた不思議な少女・シータと、彼女を助けた少年・パズーの冒険を描く。

★39 **「お前に食べさせるタンメンはねぇ」**
正しくは「お前に食わせるタンメンはねぇ！」。お笑いコンビ・次長課長の河本準一のギャグ。

宇多丸　大違いだ！　なおかつアレですもんね、敵方もちゃんと厨房で働くシーンがあったりとかして。

福田　そうです。のちにそうですね。

宇多丸　のちに出てきてね、決して憎めない。本当は悪いやつじゃないよっていうのが分かる。

福田　で、結局2人は逃げ延びて地下道に行くんですけど、そこでやっと初めてご飯が食べられるんです。

宇多丸　初めてこの物語上で。

福田　2人で一緒に1つの目玉焼きパンを2つに分けて、今度はちゃんと少女も食べるんですよ。そうすると、**この2人は絶対裏切りません**。

宇多丸　絆が生まれるということですから。

福田　腹の底を見せて、この2人はチームですっていうのが、ストンと胸に落ちるんですよ。下手な説明セリフなしに、絵的にはただ朝飯を食べてるだけなのに！　そこで鳥肌なんですよ。

宇多丸　ちゃんと宮崎駿さんはそういうキャラクターを造る。やっぱ**キャラクターっていうものをきちんと掘り下げてると〝フード理論〟が正しくなっていく**、ということかもしれないですよね。

福田　はい。私ね、あの時お弁当を持って逃げなかったら、いつまでもすごく心配なんですよ。**この子たち戦えない**って思うの。だってお腹に何も入れてないもん。子供がこんなに保《も》つはずないって。で、その心配をしなくていい唯一の監督なんです。必ず戦いの前には食べさせてるんですよ。それはね、**監督が食べ物がロマンチックだと思ってるの。**

宇多丸　ほお。宮崎駿さんが。

福田　それが作家性なんですよ。だから食べるシーンがロマンチックじゃないって思ってる人は、入れる必要なんてないです。効果があると信じられないなら、もちろん省きますよ。こんなの描くの大変に決まってますから。作画、超面倒くさいもの。

宇多丸　でもやっぱそれによって、僕らがキャラクターに抱く生きてる感じみたいなものにまったく差が出てきますよね、当然ね。

福田　出てきますね。

宇多丸　宮崎駿監督は本当に優れた作家で、ほかの作品もいろいろ当てはまると思うんですが、その系譜でアニメ作家でいうと細田守さんが突出していると。

福田　そうですね。みなさんどうしてアニメ作家になろうと思うかっていうと、やっぱり初期衝動的にはアクションシーンが描きたいんですよね。派手なカーチェイス、ロボの合体シーン、ロケットが飛んでいる、バトル……。だから食べ物を丹念に描くっていうのとは、たぶん正反対のベクトルの人たちが集まってる集団じゃないかなって常々思っていて。だから細田監督が出てきた時には本当にびっくりしてしまって。

宇多丸　『時をかける少女』〈★40〉の時からものすごく絶賛されてますよね。あれもやっぱり要所要所に食べ物が出てくる作品ですけど。

福田　その前の劇場版『デジモンアドベンチャー』もケーキの焼ける時間をタイムサスペンスにしていますからね。これはもう作家性です。**やっぱり食べさせる人に食べさせて、食べさせない人には食べさせない。それがきっちりしてる**んですよね。

宇多丸　『時をかける少女』でいうとあの真琴っていうキャラクターは、まず食い意地で基本的に動い

★40　『時をかける少女』

2006年・日／監督：細田守／声の出演：仲里依紗、石田卓也、板倉光隆。幾度となく映像化されてきた『時をかける少女』の初アニメーション映画。原作を映画化したものではなく、約20年後を舞台にした続編的作品。単館公開からスタートするも、口コミでロングランヒットへと発展した。

ているという。

福田　だから憎めないんですよ。恋敵の友人に結構酷いことしてるんですけどね。冒頭でプリンでギャグをやるんですが、さっきのアレですよ。

宇多丸　食べ物でたわいもないギャグをやるやつはやっぱ憎めないということですし。

福田　そうなんですね。

宇多丸　そのフード的なことでいうと『サマーウォーズ』〈★41〉**は何がウォーズって、もうフード描写ウォーズですもんね。**

福田　もう、本当にそうですね！

宇多丸　来たー！　って言って大スペクタクル。細田さん自身、お招きした時の話でもありましたけど、日常的なそういう所作とかにこそ、アニメのよろこびは宿ってるという考え方の人だから、**食事シーンこそがスペクタクル！**　っていうね。やっぱり『サマーウォーズ』も誰にいつ食べさせるかは……。

福田　もう完璧！　ねー!!

宇多丸　分かりやすいところでいくとやっぱり侘助《わびすけ》ですかね。

福田　そうですね〜。**もう私あそこで号泣です。**

宇多丸　号泣ですか！

福田　はい。

宇多丸　要は、一緒の食卓で食べた時に初めて家族に帰ってくるという。

福田　そうなんですよね。で、はじめに見せた食卓シーンっていうのは、卓を何個も繋いだ大きなところなんですよね。

★41『サマーウォーズ』

2009年・日／監督：細田守／声の出演：神木隆之介、桜庭ななみ、谷村美月。『時をかける少女』のスタッフが再結集。田舎の大家族に仲間入りした天才数学少年が、突如世界を襲う危機に立ち向かう。

宇多丸　大きなところで縦にね。しかも机もバラバラで、置いてあるものもすごく雑多だったりする。

福田　それが侘助が帰ってきた時にはですね、わりとちっちゃめのテーブルに全員がぎゅっと集まって食べるんですよね。その対比とかもたいへん素晴らしいし。

宇多丸　そうか、主人公から見てどれがどれやらのある種バラバラな感じが、ついにグッと1つにまとまる瞬間。でも侘助は一緒にご飯食べてるから、絶対に裏切らないと分かるとかね。

福田　ホントですよね〜。

宇多丸　というね、ちょっと駆け足になってしまったんですが。僕、この福田さんのお話を伺ってから、**本当にすべてのエンターテインメントを〝フード理論〟を通じてチェックするようになっちゃいました。**

福田　ありがとうございます。もう1つ別の視点を持つと面白くないですか？

宇多丸　面白いです。面白いですし、**演出とかをちゃんと突き詰めると、やっぱり食事なんだなと。**要するに食べない人間はいない。キャラクターを生かすためにはそこを考えるっていうのは一流の、ある意味エンターテイナーっていうか、作り手は突き詰めるんじゃないかと。つまり良い作品は良いフード映画でもあることが多いんじゃないのかなという風に……。

福田　思いますね。感情移入が滑らか、食べなくて生きてる人間はいないってことなんです。

宇多丸　例外的に〝ノー・フード理論〟映画で、でも全然気にならなかった作品って何かあります？

福田　マンガとかだったらあるんですけど。映画は長いですから、食べないと演出的に間が持たないですよね。必ず液体くらいは飲んでたりして。恋愛、アクション、SF……動物映画だろうと何かしら食べてますよね。だからこそ、フードに注目して映画を観るとおもしろいんで

★42 ジョージ・ルーカス
世界的大ヒットシリーズ『スター・ウォーズ』『インディ・ジョーンズ』などで知られるアメリカの映画監督。1944年生まれ。黒澤明を尊敬しており、作品にも日本文化の影響が多く見られる。

★43『スター・ウォーズ』

1977年・米／監督・脚本：ジョージ・ルーカス／出演：マーク・ハミル、ハリソン・フォード、キャリー・フィッシャー、アレック・ギネス。銀河系で繰り広げられる帝国と反乱軍の戦いを描くシリーズ第1作。公開とともに世界的SFブームを巻き起こし、以降も人気シリーズとなった。

す。

宇多丸　例えばジョージ・ルーカス〈★42〉という人がいますよね。『スター・ウォーズ』〈★43〉って本当にまずそうな食いもん、青っぽいミルクとかしか出てこないっていうか。だからやっぱジョージ・ルーカスは生きた人間には興味がないのかなーとかね、思っちゃったりとかね。

福田　そういう風に観ていくと、「スクリプト・ドクター〈★44〉助けて〜!」みたいなところもありますよね。

宇多丸　でも作品で一貫していればね。要するに一切食べ物に興味ないから、ジョージ・ルーカス。**「えっ何? 食べんの?」**みたいな感じだと逆にこっちも気づかないとか。

福田　それが作家性ですよね。そんなところを観察するのも楽しいですから。

宇多丸　『アメリカン・グラフィティ』〈★45〉ってどうだろう? お酒とかは出てくるけどね。

福田　ダイナーが舞台の1つだから、まず背景にフードイメージが溢れています。

宇多丸　食べてはいるか。

福田　はい。DJのウルフマン・ジャックがアイスバーを食べる場面は必見!

宇多丸　だからものすごく分かりやすい話、あれがやっぱりいちばん人間ぽいというのはそういうことだったりとか。

福田　ドライブスルーみたいになってて、ローラースケートでハンバーガーとか持ってきますから。

宇多丸　スピルバーグってどうかな〜とかね、いろいろ考えますよね。

福田　ぜひ、宇多丸さんのお気に入り映画をフード視点で見直してみてください。

宇多丸　ということでちょっと駆け足になってしまいましたが、これは**みなさんの映画鑑賞にものすごい大事なツールをいただいたと思ってます。福田先生!** ひとつ、よっ! **先生!!**

★44 **スクリプト・ドクター**
ここでは三宅隆太監督のことを言っている。スクリプト・ドクターについては、本書P86「スクリプト・ドクターというお仕事」を参照。

★45 **『アメリカン・グラフィティ』**

1973年・米/監督:ジョージ・ルーカス/出演:リチャード・ドレイファス、ロン・ハワード。1962年、カリフォルニア北部の小さな街に住む若者たちの一夜の出来事を描いた青春映画。

福田 やめてくださ〜い！

宇多丸 最後になんか雑な大声を出してごまかしてしまいました。

福田 でもフード三原則をぜひ！

宇多丸 はい、そうですね。じゃあもう1回繰り返したほうがいいですかね。「1、善人はおいしそうにフードを食べる。おいしく食べる」、「2、正体不明者はフードを食わない」そして「3、悪人はフードを粗末に扱う」。この三原則。そして＋αで「フードでたわいもないギャグをやるキャラクターは憎めない」という原則をみなさん覚えて、いろいろ観てみてください。福田先生、実はあと、チーム男子的な見方〈★46〉もあるわけでしょ？ いろんな作品へのアプローチがあるんですよね？

福田 そうですね、はい。

宇多丸 そんなのもまたね。ちょっとそこは口ごもってらっしゃいます。はい。

福田 フフフ、いやいやいやいや……〈★47〉。

宇多丸 またぜひご教授いただければと思います。ということでありがとうございました。本日は、福田里香さんをお招きして〝フード理論〟についてお送りいたしました！

★46 **チーム男子的な見方**
後に2011年7月30日放送の「サタデーナイト・ラボ」の「チーム男子特集 feat. 福田里香〜チーム男子萌えとは何か？ 21世紀最大の難問〈チーム男子問題〉に対する〈福田予想〉大発表！」に出演。

★47 **いやいやいやいや……**
その後も「〝フード理論〟講義・第2弾！ こっちが本丸！ 〝フードマンガ〟とは!?」（2010年8月14日）、「なぜ、宮崎アニメの食事シーンはあんなにもグッとくるのか？」（2012年4月21日）、「メガネ男子、その歴史と今特集」（2013年7月20日）など、番組に再登場している。

ON AIR を振り返る

宇多丸

福田先生と番組との関わりは、2009年の7月にアニメ監督の細田守さんが出演した回に、「素甘」というラジオネームでメールを紹介させていただいたのが最初です。そのメールの内容がすごく面白くて……あとから「実はこの人、すごい人なんですよ」と構成作家の古川さんに教えてもらった感じです。で、その後の企画会議で、改めて古川さんから福田さんをゲストにお呼びする案が出て、この特集になっていったと。

ここで展開されている〝フード理論〟は、その後も番組の内外で繰り返し語られるようになっていく、「サタデーナイト・ラボ」屈指の名ロジックですよね。要は、ものすごく普遍性のある、真っ当な〝演出論〟なんです。

当然この理論には当てはまらない作品や作家もたくさんあるんだけど、それによって「この作り手は食べ物を通じた演出にはあまり興味がないようだ、すなわち……」という風に思考を展開していくこともできるわけで、なんにせよフード理論の有効性は揺るがないという。これもまた、お話をうかがって以降、映画やドラマを観る時には必ず「フード理論に当てはめるとどうか?」と考え出すクセがついてしまう、完全に〝ポスト福田里香〟なリテラシーが身に付いてしまう特集でしたね。

特に『七人の侍』に当てはめたフード理論は、米や麦をめぐる描写とか、リアルタイムの観客にはあったはずのリテラシーが今の自分には失われているというのをはっきり自覚させられて、「オレ何も分かってなかったな〜」と、衝撃を受けました。結構肝心なところが分かってなかったんだなと。これはもう本当にドスンと来た回でございました。

そして、もう1つ忘れちゃいけないのは、2014年の4月、マンガ『進撃の巨人』の作者・諫山創《いさやまはじめ》さんに出演いただいた際、「フード理論を取り入れた」との言質を取ったこと。例えば『進撃の巨人』における、「巨人は栄養摂取のために人間を食べていない」という設定は、まさにこの回で福田先生がおっしゃったことをベースにしている！「サタデーナイト・ラボ」を創作に活かしてくれている方はほかにもいらっしゃると思いますが、ここから最大限にブレイクした例とでも言いましょうか。しかも福田先生はそれとは別に、単行本になる前から、『進撃の巨人』をプッシュされていて、こういうのも面白い縁ですよね。

フード理論は僕らにとっては、もはや一般名詞でございます。

古川《ふるかわ》耕《こう》

1973年生まれ。ライター・構成作家。『ライムスター宇多丸のウィークエンド・シャッフル』『ジェーン・スー 相談は踊る』（共にTBSラジオ）などの構成作家を務める一方、アニメやコミック関連書籍の制作、文房具ライターとしても活躍。ポエトリーリーディング・アーティスト小林大吾のプロデュースも担当している。

高畑《たかばたけ》 正幸《まさゆき》

1974年生まれ。文具王。『TVチャンピオン』（テレビ東京系）にて全国文房具選手権に出場し3回優勝。サンスター文具で10年間商品企画を担当したのち、マーケティング部へ。2012年に退社後は同社とプロ契約を結ぶ。文房具トークユニット「ブング・ジャム」の1人。著書に『究極の文房具ハック』（河出書房新社）、『そこまでやるか！ 文具王 高畑正幸の最強アイテム完全批評』（日経BP社）、ブング・ジャム（共著）『筆箱採集帳（増補・新装版）』（廣済堂出版）などがある。

他《た》故《こ》壁《かべ》氏《うじ》

1966年生まれ。「ブンボーグA（エース）」を自称する子煩悩な文房具マニア。文房具トークユニット「ブング・ジャム」の1人。著書にブング・ジャム（共著）『筆箱採集帳（増補・新装版）』（廣済堂出版）、ブング・ジャム（共著）として『ドラゴンマガジン』（富士見書房）での連載記事「駄文具Walker」などがある。

きだてたく

1973年生まれ。ライター・デザイナー。イロモノ文具、略して「イロブン」の第一人者である文具コレクター。文房具トークユニット「ブング・ジャム」の1人。著書に『愛しき駄文具』（飛鳥新社）、『イロブン 色物文具マニアックス』（ロコモーションパブリッシング）、ブング・ジャム（共著）『筆箱採集帳（増補・新装版）』（廣済堂出版）などがある。

しまおまほ

1978年生まれ。漫画家・エッセイスト。1997年に漫画『女子高生ゴリコ』でデビュー後、ファッション誌やカルチャー誌に漫画やエッセイを寄稿。著書に『まほちゃんの家』（WAVE出版）、『マイ・リトル・世田谷』（SPACE SHOWER BOOKs）などがある。

サタデーナイト・ラボ

2010.4.24 ON AIR

タマフル・春の文具ウォーズ特別編!

ブング・ジャム

a.k.a.

文具ジェダイ評議会が文具の悩みに答える

〝文具身の上相談〟スペシャル

メインゲスト

古川耕・高畑正幸・他故壁氏・きだてたく

ゲスト

しまおまほ

日本唯一の文具トーク・ユニット〝ブング・ジャム〟のお三方。そして当番組の構成作家であり〝ど腐れ文具野郎〟として知られる古川耕。このメンバーにてたびたび特集が組まれている文具特集サーガの、今回は特別編。『スター・ウォーズ』の例えにならって、文具界のジェダイの騎士たちがスタジオに結集。文具というライトセーバーを振り回し、リスナーからの文具にまつわるお悩みを一刀両断します。

宇多丸　TBSラジオ『ライムスター宇多丸のウィークエンド・シャッフル』。ここからは1時間の特集コーナー「サタデーナイト・ラボ」の時間です。スペシャルウィークの今夜は、この企画で勝負します！

「タマフル・春の文具ウォーズ特別編　ブング・ジャム a.k.a. 文具ジェダイ評議会が文具の悩みに答える〝文具身の上相談〟スペシャル」！

（♪BGM『スター・ウォーズのテーマ』流れる）

古川耕（以下、古川）**「遠い昔、はるか彼方の銀河系……からの、2010年春、東京」**

宇多丸　「からの」ってなんだよ！

古川　「今、市民たちは恐れ、おびえ、おののいている。私が使っているこのノートとかボールペン、何か違う気がする。何かちょっと、違う感じがする。今求められているのは、そんな迷える子羊たちに救いの手を差し伸べる文具ジェダイ・マスターたちの深い知識、そして勇気」

宇多丸　勇気って……。

古川　「我々は今、どういう文具を選ぶべきか。今宵、文具賢者の声に、耳を傾けてみよう……」

宇多丸　あのですね、文具特集をやるたびに『スター・ウォーズ』〈★1〉の音楽をかけて『スター・ウォーズ』の例えで来てたのはいいんですけど、もう最初のとこだけじゃん！「遠い昔、はるか彼方の銀河系……からの2010年春、東京」って。「からの」ってまったく意味分かんない。これ英語に訳せませんからね？

古川　からの……。「but何とか」みたいなことでしょうね。

宇多丸　後半はもう「私が使っているこのノートとかボールペン、何か違う気がする」ってこれ、全然『スター・ウォーズ』じゃないですから！

★1　**『スター・ウォーズ』**

1977年・米／監督・脚本：ジョージ・ルーカス／出演：マーク・ハミル、ハリソン・フォード、キャリー・フィッシャー、アレック・ギネス。ここではこの1作目をはじめとする『スター・ウォーズ・シリーズ』全般を指している。本特集では、映画冒頭の「遠い昔、はるか彼方の銀河系で……」という字幕と共にBGMが流れるシーンや、銀河系の自由と正義を守るジェダイ騎士、その中で最も位の高いジェダイ・マスターなど、随所に『スター・ウォーズ』で例えている。

古川　毎回みんなこの曲にごまかされているだけで、**実は『スター・ウォーズ』感なんてのは最初からないんです。**

宇多丸　アハハハハ！　そうですか！

古川　それを**うまいテクニック**でごまかしているにすぎなくて。

宇多丸　別にごまかせてもいないからね。古川さん自体『スター・ウォーズ』に詳しくないっていう問題がありますからね。

古川　**あんまり興味がないんですね、『スター・ウォーズ』にね。**

宇多丸　そんなこと言っちゃやだめだよー!!

古川　はい、すみませんでした！

宇多丸　ちょっと今度レクチャーしますから。

古川　はい、楽しみで〜す。

宇多丸　ということで、今夜の「サタデーナイト・ラボ」は、〝文具 身の上相談〟です。ナビゲーターは先ほどから話しております、この番組の構成作家にして、**〝ど腐れ文具野郎〟〈★2〉こと古川耕と、日本唯一の文具トークユニット、ブング・ジャム〈★3〉のお三方です。**要するに『スター・ウォーズ』でいえば、**ジェダイ評議会**〈★4〉。

古川　そういうことですね。

宇多丸　最高峰の評議会ですよね。それでは古川さん、ブング・ジャムのお三方をご紹介してください。

（♪BGM『ジェダイのテーマ』流れる）

★2　**〝ど腐れ文具野郎〟**
宇多丸が古川耕に対して付けた肩書き。

★3　**ブング・ジャム**
高畑正幸、きだてたく、他故壁氏らによる文具トークユニット。文房具の素晴らしさを語り、書き、実践する活動を展開している。著書に『筆箱採集帳』（増補・新装版）（廣済堂出版）などがある（P176のプロフィールも参照）。

★4　**ジェダイ評議会**
『スター・ウォーズ』シリーズで用いられる用語。ジェダイの組織を統括する、意思決定機関のこと。

古川　それでは私が僭越《せんえつ》ながら紹介させていただきます。まずは、**〝文具王〟こと高畑正幸さんです。**

高畑正幸（以下、高畑）　よろしくお願いします。

古川　『TVチャンピオン』全国文房具通選手権〈★5〉で3度優勝の、文字どおりの文具王でございますね。現在はサンスター文具に勤務し、文房具の企画開発をなさっているということで。本当のプロの人です。

宇多丸　そして今、入れ物にさまざまなる文房具が。言ってみればライトセーバーセットがズラリと並んでいますね。

古川　セーバー感はないですけどね。

宇多丸　あくまで僕は『スター・ウォーズ』例えを堅持していきたいと思いますけどね。

古川　分かりました。じゃ、もうひと方ご紹介しましょう。**他故壁氏さん**です。

他故壁氏（以下、他故）　ブング・ジャムの他故です。よろしくお願いします。

古川　現在、某文具メーカーに勤務する文房具ハンター。ブング・ジャムの中においては、**賑やかし担当**をしていらっしゃるということで。

宇多丸　以前こちらの文房具の特集の際にもお世話になりました。

古川　はい。お世話になりました。夏フェスの時ですね。あ、文具の夏フェス〈★6〉ですね、失礼しました。

宇多丸　いろんな例えがありすぎて分かりづらいから！

古川　で、3人目の方です。**きだてたくさん**でいらっしゃいます。

きだてたく（以下、きだて）　よろしくお願いします。

古川　文具の中の色物、**通称「イロブン」〈★7〉の提唱者**であります。珍奇な文具や雑貨の楽しさを広

★5　**『TVチャンピオン 全国文房具通選手権』**
テレビ東京の人気番組『TVチャンピオン』内で実施された文具王を決定する選手権。高畑正幸は過去3回にわたり同番組で優勝している。

★6　**文具の夏フェス**
毎年夏に開催されている【国際】文具・紙製品展」通称・ISOT（イソット）のこと。2009年7月18日放送「文具野郎たちの夏フェス・ISOT 2009レポート」を皮切りに、何度か番組でロケをしている。

める好事家《こうずか》でございます。

宇多丸　なるほど〜。文具にも色物があるわけですね。

きだて　そうですね。ほかの2人は文具の正しい使い方を広めるジェダイ側なんですけども、僕1人だけが文具でいかにサボれるかとか、いかにオモチャとして学校に持ち込むかとか、そういう……。

宇多丸　なるほど。フォースの間違った使い方、みたいなダークサイドという。

きだて　**暗黒側。シス〈★8〉です。**

宇多丸　なるほど、シスだ！　シスが紛れ込んでいる！　評議会に！　これはエライことになりました。

古川　これは盛り上がるに決まってますよね。

宇多丸　はいはい、いいですね〜。

古川　ブング・ジャムのお三方は、以前から「セタガヤ・ブングジャム」ですとか、年末開催される文具のトークイベント〈★9〉などをずっとやられていて。

きだて　そうですね。ほかには僕の持っている色物文具というのを紹介する「駄目な文房具ナイト」とか、そういうのもやってます。真面目と駄目なほうと。

宇多丸　いやあ、まず文房具シーンというのがそこまで充実というか盛り上がっているのかっていうね。この番組で最初は恐る恐る文具特集をやり始めてみたんですけど、もう反響がすごかったんですよ。実際大人気なわけですね？

古川　文具トークイベントは、一度来ると結構衝撃を受けると思いますよ。

宇多丸　どういう辺りで？

★7 **「イロブン」**　きだてたく氏が提唱する、一般常識から少しはみ出した珍妙奇態な文房具「色物文具」のこと。きだて氏の著書『愛しの駄文具』（飛鳥新社）などでその品が見られる。

★8 **シス**　『スター・ウォーズ・シリーズ』で用いられる用語。正義のために生物の持つエネルギー・フォースを使うジェダイに対し、悪や利己的な目的のために使用する信奉者のこと。

★9 **文具のトークイベント**　ブング・ジャムでは「セタガヤ・ブングジャム」「駄目な文房具ナイト」など、数多くの文具トークイベントを開催している。

古川　ただ文具の話しかしないんですよ。当たり前なんですけど。**文具の写真をプロジェクターに映して「フウ〜!」とか。**

宇多丸　え? えっ?

古川　ま、それは極端ですけど。

宇多丸　でもノリは「フウ〜!」なんですか?

古川　けど僕は1回、スタンディングオベーションをしかねない瞬間がありまして。文具王の持ちネタの『Vaimo11《バイモイレブン》』〈★10〉芸っていうのがあるんですけど、僕はもう**話芸の領域に達している**と思うんですよ。

宇多丸　バイモってアレですよね? ホッチキスっていうか……。

高畑　はい、ホッチキスですね。それがいかにすごいかっていうのを、分解した写真とか、てこの原理を説明するところから始まってですね、それだけで20分以上しゃべるっていう。

宇多丸　すごいですねえ。

高畑　やりすぎだろ、という。

古川　**そして最後にスタンディングオベーション!っていう。**

宇多丸　それで盛り上がるっていうんだったら、いいですよ〜。

古川　そういった素晴らしいイベントなんですが、そこに去年の夏に呼んでいただきました。あと、直接的に今回の企画に関していうと、僕が連載をしている『CIRCUS《サーカス》』〈★11〉という雑誌がありまして。

宇多丸　はい。これ、おまえこの連載のタイトル言えるのか! というね。

古川　**「勃起する文房具」というタイトルが……。**

★10『Vaimo11』
ホッチキスのトップメーカー・マックス株式会社が開発した新型の11号針を使う、2枚〜40枚までの書類を軽く美しく綴じられる新世代ホッチキス。

★11『CIRCUS』
KKベストセラーズから発行されていた月刊誌。2012年10月休刊。同誌にて古川耕は「勃起する文房具」という連載を持っていた。

宇多丸　よく顔も赤らめずに言えるものだ！　と。

古川　編集者さんが僕に電話口でそんなことを切り出した時は、ふざけるなと思いましたけど。

宇多丸　いや面白いですよ、この連載。拝読してますよ。

古川　昨年の11月号に「仕事がはかどる快適文房具50選」〈★12〉という、僕とブング・ジャムお三方とで文房具の悩みについてどんどん答えていくという記事がありまして。**それの露骨なオマージュになっております。**

宇多丸　まさに、完全にこのメンツによる同じような企画ですよね。

古川　同じような企画です。だからオマージュですね、オマージュと言ってください。

宇多丸　ま、パクリ……。

古川　**オマージュと言ってください！**　許可はもらいましたからね!!

宇多丸　ああ、そうですか。はい、分かりました。今日は全体的に息苦しさを感じます。

一同　アハハハハハハ！

古川　まあ、ねえ。威圧していきますからね。

宇多丸　さっきから評議会の圧力もだいぶ感じますし。

通称〝消しゴムシーン問題〟

宇多丸　じゃあ早速なんですが、先週の放送でリスナーのみなさんから、文具にまつわるお悩みを募集したわけですね。

★12「仕事がはかどる快適文房具50選」

『CIRCUS』2009年11月号に掲載された。

古川　そうです。そうしたら続々といただきましてですね。それが若干こちらの予想を上回る、**相談からして面倒くさい人**も結構多いという……。

宇多丸　当初はジェダイ騎士に比べれば、ど素人たちが、まあジャワ〈★13〉ですよ、ジャワたちがキーキー言ってくるくらいかと思いきや。

古川　結構面倒くさいのが。

宇多丸　結構な使い手が。

古川　使い手もやってきましたね〜。それで、こちらで選んだいろいろな文具の悩みや疑問に、僕を含めブング・ジャムのお三方でどんどん答えていこうと思っております。

宇多丸　本日はお知恵をお借りしてよろしいでしょうか。

高畑　スパッと行きます。

古川　じゃあ、相談を宇多丸さんから読んでいただけますか。

宇多丸　はい、ではまず最初の相談です。相談者、ラジオネームがないんですけれども、メールでいただきました。「私は今、コクヨの『カドケシ』〈★14〉という消しゴムを使っているんですが、現在の消しゴムシーンはどのようになっているのでしょうか？」。略しまして、通称〝**消しゴムシーン問題**〟ということでございます。

古川　うーん、なるほどですね。

宇多丸　消しゴムシーンは今どうなっているのか、ということです。

古川　まず、コクヨの『カドケシ』という消しゴムを使っているというところからこのメールは始まっていますね。

宇多丸　『カドケシ』というのは、どういう……。

★13　**ジャワ**
『スター・ウォーズ』用語。砂漠の惑星タトゥイーンの原住種族のこと。

★14　**『カドケシ』**

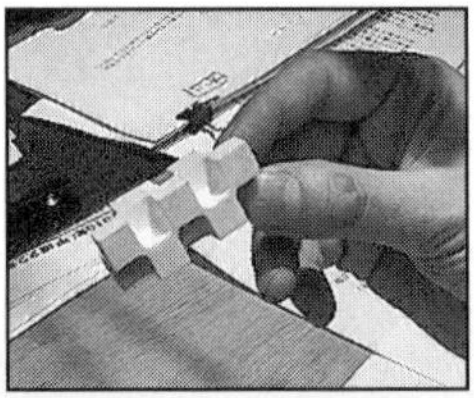

コクヨが2003年から発売している消しゴム。1cm四方の立方体を10個組み合わせた形状で、グッドデザイン賞を受賞。

高畑　これですね（と、取り出す）。

他故　はい、出ました。

宇多丸　これは何ていえばいいんですかね？　立方体というか……。

高畑　立方体が10個交互に、チェッカーフラッグ状にくっついているものです。

宇多丸　非常に奇怪な形態ですよね。パズルのような形をしていますけれども。

高畑　これはですね、角で消したい、というのを**露骨に形にする**とこんな感じになるという。

宇多丸　これ要するに消していって1個の角が減っていっても、どんどん次の角が出てくる。

高畑　はい。28個、角が外に出ているんですよ。次の角で消せ、という。

古川　次から次へと角が出てくるという。

宇多丸　あ〜、なるほどなるほど。

古川　これに端を発した『カドケシ』シーン。消しゴムシーン以前にですね、**角で消す消しゴムたちのシーンが大変な盛り上がりを見せています。**

宇多丸　ほう。まず普通に考えたらね、これでいいんじゃね？　って感じがしちゃうけど。

高畑　やっぱりこれ、すごいんですよ。ニューヨーク近代美術館〈★15〉にも展示されて。

宇多丸　そうなんですか！　これがすごい発明だと。これはいつから発売されているんですか？

高畑　もう5年以上になるんですけれど。

宇多丸　その短期間に世界に認められたと。

高畑　これが出てきて、やっぱりほかのメーカーも黙っちゃいられないわけですよね。『カドケシ』をリスペクトした消しゴムたちがですね、すごい闘いを繰り広げることになるわけですね。

★15　ニューヨーク近代美術館
アメリカ・ニューヨーク市にある近現代美術専門の美術館。The Museum of Modern Art, New York の頭文字から「MoMA（モマ）」という愛称で親しまれている。商品デザインやポスター、映画など、美術館の収蔵芸術とはみなされていなかったものも多数収蔵している。

宇多丸　「リスペクトした消しゴムたち」

古川　ハハハハ！

高畑　これまでにもいろんな消しゴムは山ほどあったんですけれども、角で消したいという僕らの潜在的な欲求をここまではっきり具現化したというのは……。

宇多丸　我々の欲望が形になったのがこれである、と。

きだて　欲望の形です。これが。

他故　それが本当は欲しかったはずなんですよ。

宇多丸　あの……ジェダイ評議会、**大丈夫かなあ**。

一同　アハハハ！

高畑　そうなると私も文房具を作っているメーカーの一員なので、「何か考えろ」と社長に言われまして。

宇多丸　何か斬新な消しゴムを。

高畑　そこで私が作ったのが、消しゴムの中から**なんと消しゴムが出てくる**という『でるけし』〈★16〉というものです。

宇多丸　要するに、普通の四角い消しゴムの真ん中に、水色の筒状といいますか……。

高畑　正面から見ると日の丸の旗みたいなデザインになっていまして、真ん中の円《まる》い部分がニュッと出てくるという。細かいところを消したかったらその細い消しゴムで消して、いつもはそれを収納して普通に消してくれ、という。

古川　アイスキャンディーの棒が出たり引っ込んだりする、みたいな感じですかね。

宇多丸　これを出す時はどうやって？

★16 『でるけし』

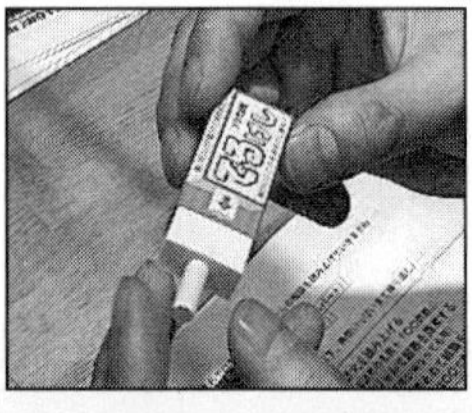

サンスター文具が販売。消しゴムの中心に、細かいところを消すための細い消しゴムが内蔵されている。

高畑　出す時は後ろから押してください。ペンか何かで押してください。

宇多丸　**こんなものを考えちゃったの！**

高畑　こんなものが出てきたりとかですね。あとは、こういう……。

古川　フフッ……あ、すいません、ちょっと画像で笑ってしまいました。

宇多丸　いろんな画像がチラリチラリと。いやらしい画像が！

高畑　メーカー各社もいろんなことを考えるわけですね。例えばマンガを描いてる人たちは、最後に下書きを全部消すじゃないですか。なので、全部消したい時と細かいところを消したい時があるということで、三角の平たいおむすびみたいな形の消しゴムができました。これは『コミケシ』〈★17〉というんですけれども、こんな消しゴムだったりとか。

古川　コミック消しゴムで略して『コミケシ』。

高畑　あとは、「角がなければ作ればいい」ということで、いかだみたいな形の消しゴムなんですけれども。

宇多丸　何ていうんですかね、練り物みたいなのがありますが。

古川　ちくわぶがくっついてる、みたいな。

高畑　いかだみたいに細い棒状の消しゴムが繋がっていて、折って外せるわけですね。そうするとどんどん角ができるという、あとから角を生産する方式だったりとか。

古川　随分、力技ですね。

高畑　パキッと折ってシュッと消すっていう。

宇多丸　それ、別にもとの……普通の消しゴム何個か持ったって同じじゃねえのか？っていう気がす

★17 『コミケシ』

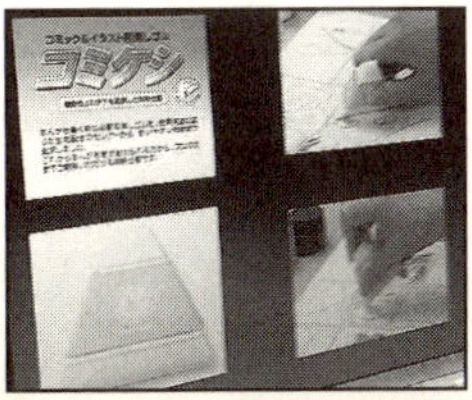

シードが販売するコミック&イラスト用消しゴム。辺と角で消しやすいよう、トライアングル形状が採用されている。

るんですけど。

高畑　でも手で折りやすくなっているんですね。パキッと折ってシュッと消すので『パキッシュ』〈★18〉。

宇多丸　いろいろ考えてるなあ。

高畑　あと、これですね。穴が足してあるので『アナタス』〈★19〉という消しゴムとかね。消しゴムの中に穴が開いていて、穴の角で消した時に内側のエッジが利く、という。

古川　内側のエッジが利くって、どういうこと？

高畑　穴の内側に角があるんです。

宇多丸　要するに消せば消すほど、さっきは外側に角が出てたんだけど、これは中に角が生じる。

高畑　穴がいっぱい開いた四角いレンコンみたいな形なんですけれども、そうやって消していくと内側の角が当たってる感覚が何となく……。

宇多丸　角っぽいぞ、と。

高畑　もう、**「感じろ！」**というね。フォース〈★20〉を感じながらですね。

宇多丸　「ここには確かに角があるぞ！」と。「フォースは存在するぞ！」と。

高畑　そう。目を閉じて感じながら消す、というね。

宇多丸　**スピリチュアルの領域に入ってきた！**

高畑　そのうち、角で消すのはたくさん出ていますからフチで消すという『フチケシ』〈★21〉という消しゴムも登場します。

古川　形容しがたい形状ですね。

高畑　フチがやたら複雑な形になっている。これは使い方の図がパッケージに6個付いてまして、

★18『パキッシュ』

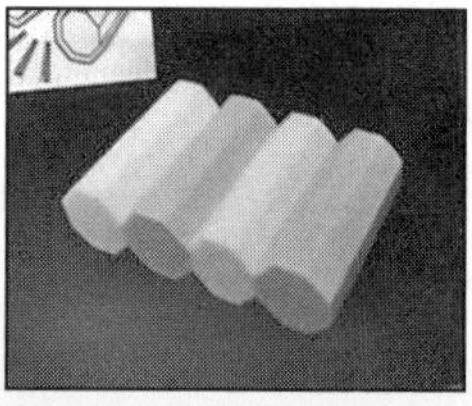

パイロットが発売する消しゴム。パキパキと折ると、次々と角が出てくる構造になっている。

★19『アナタス』

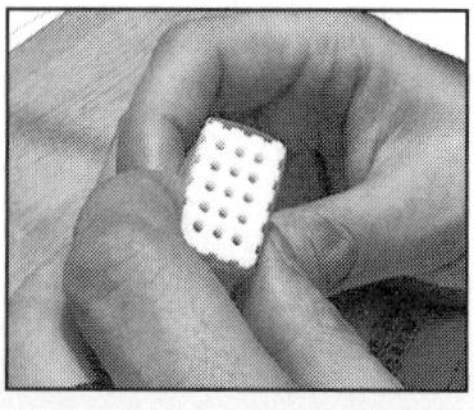

シードが発売する消しゴム。穴と溝を作ることで消しやすさを追求。角が丸くなっても、消し感が持続する。

1から6の順番どおりに消すと、角が常に出続けるということになっています。言葉で説明できないのでちょっと先に行きますけれども。

宇多丸　でもすごくグッとくる図ですねえ。

古川　非常に面倒くさい。

宇多丸　ちょっと泣けてくる図ですね。

高畑　消し方に説明が必要な消しゴムですからね。あとはこれですね、『速消《はやけ》し』〈★22〉。消しゴムが3個並んでまして、一度に3度消し、というですね。

宇多丸　どういうことですか？

高畑　ひげ剃りでもあるじゃないですか、5枚刃みたいな。これは3枚刃になるわけですね。

宇多丸　どうやって消すんですか？

高畑　消しゴムが3つ当たる状態でこのまま動かすと、3つの消しゴムが常に紙面を行き来する状態になるので、2番目3番目の消しゴムが、ちゃんと消し残しをフォローしてくれる。

宇多丸　スーッと消える、と。

古川　長方形の消しゴムが3つ、ちょっとずれて並んでいるんですね。それがちょうど、**ひげ剃りの2枚刃、3枚刃のように段違いになっている**ことによって3度消しになる、と。

宇多丸　消しゴム1、2、3の色が、それぞれちょっと微妙に違っていたりしますけれども。

高畑　いちばん最後のやつは消し残したらいけないので、ちょっと固いんですよ。

宇多丸　あ、やっぱり、ちょっと変わっているわけですね？　剃り残しなし、みたいなことですか。

高畑　はい。そういう感じの。こうやってどんどんいろんな消しゴムが出てきてですね。

★20 フォース
『スター・ウォーズ』シリーズで用いられる用語。生物の持つエネルギーで、ジェダイやシスが使える特殊な能力のこと。

★21 『フチケシ』

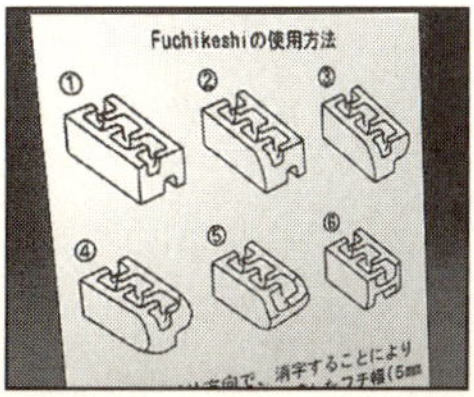

ヒノデワシが発売する消しゴム。角で消すことを追求し、個性的な形に発展。使い方が少し複雑なのが特長。

宇多丸　消しゴムシーン盛り上がってるんですね～。『テトラ消ゴム』[★23]、これはテトラポッド？

高畑　テトラポッドの形。

宇多丸　これは、まあ確かに角は……。

高畑　4つあるんですけど。何よりこれは僕がデザインしたんですけれども、この状態が見たかったというね。岸壁にあるような感じに組み合わせたかったという。

宇多丸　それはもう、全然、角で消すということとは関係なくなってくるという。

高畑　**だんだん見失っていくというのが、文房具のちょっと恐ろしいところなんですね。**

一同　アハハハハハハ！

高畑　そうやっていろいろなものが出てくるんですけれども。そろそろもういいかなって思った時にとどめを刺したのがこれです。

宇多丸　これ、「消」って書いてあります。

他故　これは衝撃的な、究極の。

宇多丸　要するに縦から、上から見ると**「消」って漢字になっていて。**それが『カドケシ』的な。

高畑　そう。これは『KE《ケ》SU《ス》GO《ゴ》MU《ム》』[★24]といいます。**もはや消える消えないの問題ではなくて、もう消えるって書いてあるという。**

古川　フフフ。この形がいいですね。

宇多丸　これは実際、角は生きる形になっているんですか？

高畑　当然文字の角の部分では消せるんですけれども、どれだけ消しやすいのかというのを比較することと自体、もはや無意味だと。すでにそこではない、と。

きだて　**消しゴムの概念の世界に入った、ということですよ。**

★22 『速消し』

クツワ株式会社が販売する消しゴム。『速消し2』は9mm幅の消しゴムが2個組み合わさった形状で、消す速さも2倍になるというもの。3個重ねの『速消し3』もある。

★23 『テトラ消ゴム』
サンスター文具が販売する消しゴム。36mm四方のテトラ形状をしており、転がりにくく、持ちやすい実用的な面も評価され、2008年度グッドデザイン賞受賞。

宇多丸　すごいですね。「消しゴムって何だろう」の世界に入っちゃった!

高畑　これを見た瞬間に、おそらく私も含め各メーカーの消しゴム開発者は**「もう角で闘うのはやめよう」**と。

宇多丸　アハハハハ!　不毛な闘いはやめようと。

高畑　すべて出尽くしたかな、と。もちろん角で便利なものはいっぱいあるんですけれども、ここまで来たら、もうこれ以上踏み込んでもしょうがないかな、というぐらいの。

宇多丸　消すという行為にね。それぐらい『カドケシ』の登場で一気に盛り上がったわけですね。過去にもムーブメントはあったんですか?

高畑　キン肉マン〈★25〉とかスーパーカー〈★26〉とか、何万種類、何十万種類といういろんな消しゴムがあったのに、気がついていなかった。僕たちの欲求はそこ以外にもあるということを……。

宇多丸　突然爆発したというか、産業革命〈★27〉じゃないけれど。

高畑　カンブリア紀〈★28〉の生物大爆発みたいな状況に陥るわけですよ。

古川　消しゴム大爆発が。

きだて　カドモンスターが現れたわけです。

宇多丸　最終的にエントロピー増大して行くところまで行っちゃった、みたいな感じですね。『KESUGOMU』が出ちゃったからというね。この消しゴムシーン問題に質問された方は、今の宇宙論的なところまでは求めていなかったと思いますよ。

一同　アハハハ!

古川　この相談に対する回答をすると、**『KESUGOMU』の登場をもってしてカドケシ・ウォーズは**

★24 『KESUGOMU』

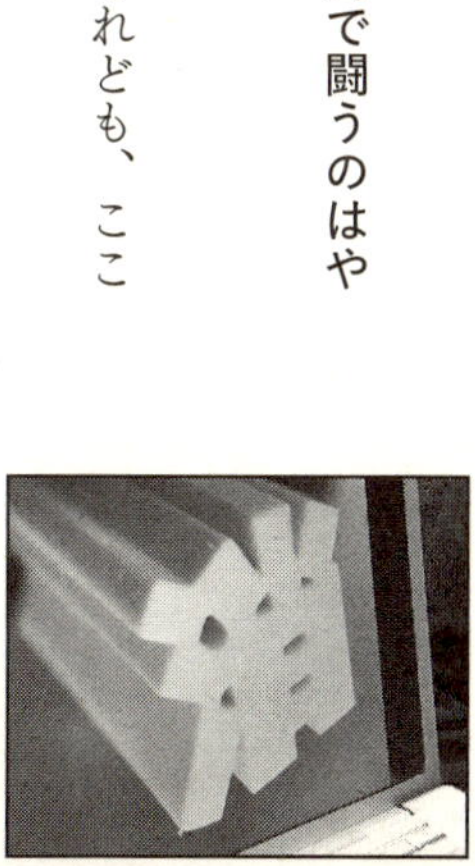

シードが販売する文字シリーズ消しゴムのひとつ。横から見ると消しゴム自体が「消」の文字になっている。

★25 **キン肉マン**
ここでいうのはマンガ『キン肉マン』に登場する超人をかたどった人形のこと。通称「キン消し」。80年代に大ブームを巻き起こした。

★26 **スーパーカー**
ここでいっているのは「スーパーカー消しゴム」のこと。ゴム製スーパーカーの玩具で、スーパーカー・ブームと共に、70年代後半に社会的な現象を巻き起こした。

一度ピリオドが打たれている——という消しゴム史観を我々は持っている、ということですね。

宇多丸　簡潔に説明していただきましたが、文具全般そうですけど、何も知らず興味を持たないで生きていると、消しゴムの世界が今そこまで進化しているんだ！　ということ自体がいちばん驚きなんですよね。

古川　種類も相当ありますよね。

高畑　そうですよね。お店に行ったらサラッと通りすぎないで、よ〜く見ていただくと、実はすごくいっぱい並んでいるんだけど、みんな気づかずに素通りしているという。

宇多丸　そうかもしれないですね。

他故　ぜひ見てもらいたいですよね。並んでいるものをね。

宇多丸　やっぱりイチオシ新製品みたいなものは、例えばＣＤみたいにドン！　と目立つ場所に置いてあったりするものですよね？　そういうところに注目していれば一応最新の動向が分かる、という感じですか？

高畑　そうですね。それで基本は押さえられます。

古川　ということで、軽く消しゴムシーンについてお話をしたところで。

宇多丸　軽くですか、これ？

古川　軽くですよ。じゃ、次の相談に移りましょうか。相談2はいくつか質問が並んでいるんですが、まとめて答えていきたいと思います。じゃあ宇多丸さん、読んでください。

★27　**産業革命**
18世紀後半から19世紀にかけてイギリスで起こった産業分野における革命。機械を導入した工場の登場により、工業化による生産方法が進み、人々の生活や社会構造を根本から変化させた。

★28　**カンブリア紀**
約5億4200万年前から約4億8830万年前の古生代の区分の1つ。この時期の初期に、突如として今日見られる生物の分類が出そろったと考えられており、これを「カンブリア爆発」と呼ぶ。

通称〝シャーペン問題〟と〝筆箱問題〟

宇多丸　相談2です。相談者、橋本名誉プロデューサー〈★29〉。早速内輪か！　っていうね。「シャーペンって今どんな位置付けなんでしょうか。全然使わないんですけど」。これは通称〝シャーペン問題〟ということになっております。シャーペン関連の相談もいくつかいただいているんですが、まずはということで。

古川　これはどう答えましょうかね。シャーペンを使わないという橋本プロデューサーの意見なんですが。

きだて　大人になると使わないという。

宇多丸　これはやっぱり賢者から見てもそういうものですか？

きだて　そうですね、社会人になるとボールペンですませちゃうじゃないですか。でも学生さんはいまだにルーズリーフにシャーペンで字を書いています。

宇多丸　あれは何なんですか？　僕もそれは実感としてすごく分かるんですよ。社会人になるとボールペンというか、消えないもので書く機会がわりと増えるっていうのはなぜなんでしょう？

古川　分からないですね。僕もちょっと思いつきと仮説ですけど、シャーペンってうっかりすると消える確率が高いじゃないですか。

宇多丸　あと薄くなっていっちゃいますよね。

古川　まず1つ、大人の文章は消えちゃまずい文章が結構入ってくるので、シャーペンをおのずと使わなくなってくるのかな？　と。

★29　**橋本名誉プロデューサー**　2007年に『ライムスター宇多丸のウィークエンド・シャッフル』を立ち上げたプロデューサー・橋本吉史のこと。社内異動に伴い、別の部署や番組に移ったあとも「名誉プロデューサー」「タマフルグループ会長」等を名乗り、番組に度々登場している。

宇多丸　あれじゃん？　いずれ黒鉛は薄くなる、でも**若いうちは永遠だと思っているから……。**

古川　フフフ。この生活がいつまでも続くと思っているから……。

宇多丸　**黒鉛で書いたものは残るとは限らないよ、ということを大人になるにつれ学んでいく、と。**

古川　あとは鉛筆とかって、消して書くというのが勉強のルーティンの1つですよね。

高畑　学生の時にはノートを綺麗に書く、板書《ばんしょ》を綺麗に写していくっていうのが、ある程度必要だと思うんですけど、社会人になると、どちらかというと結果があれば、その過程のノートに書くという作業はしなくても覚えておければいい、というところで。

宇多丸　人に見せる用じゃないんだから、綺麗に書くという意識はないですもんね。

高畑　線引いて消しても社会人としては別に問題ないんですけれども、学生の時ってどうしてもノートを綺麗に取りたいとかあると思います。

宇多丸　あと、テストとかでぐちゃぐちゃってやるわけにいかないもんね。

高畑　テストはシャーペンじゃないと駄目でしょうね。

宇多丸　なるほど。納得しました。

古川　ということで、学生さんはいまだにシャーペンをすごく使っています。

高畑　ファンシー系のものはシャーペンのほうが売れるんですよ。シャープとボール両方あるやつでも、ファンシーなものはシャーペンのほうが売れるんです。

他故　ボールペンとシャープペンと同じ形で売っていれば、シャープペンシルのほうが売れています。

宇多丸　そうなんですか！　じゃあ、全然盛り上がっているんだ。

古川　学生は常に必要として使うものなのでね。**「シャーペンは全然使っている」**というのがお答えでございます。

宇多丸　この下のシャーペン問題はいいんですか？

古川　じゃあ、やりましょう。

宇多丸　相談者、ラジオネーム・じふさん。「二十歳で、手汗が半端なくて、筆圧が時と場合によって強かったり弱かったりするんですが、基本的には薄めの文字を書きたくて」ということなんですね。「極力、細い字が書けるシャーペンを教えてください」と。

古川　はい。細い字が書けるシャーペンを教えてくれとなると、選択肢は実は非常に狭いです。

きだて　狭いというか、もはや、これがファイナルの答えだろうというのが。

宇多丸　ファイナルアンサーですね。それは何ですか？

きだて　『クルトガ 0・3ミリ』〈★30〉です。

古川　この番組でも何度か紹介していますね、三菱鉛筆というメーカーの『クルトガ』。シャーペンの芯がクルクルと自動的に回るんですね。シャーペンが紙に接した段階で、何度でしたっけ？　何度かクルッと回る。

高畑　40画で1回転する。

古川　なので芯が片一方だけではなく、常に均等に減り続けるのでずっとシャープな線が書けるというのが**自動芯回転機構「クルトガエンジン」**です。特に0・3ミリというのが出たんですけど、もう本当に針で紙をなぞっているような書き味に近い、と言ってもいいかもしれない。これは非常に便利だし、細い字好きな人は持っていたほうがいいと思いますよ。

きだて　手帳とか小さい紙面に書く時に圧倒的にこの細字の強みっていうのが出ますんで。

★30 『クルトガ 0・3ミリ』

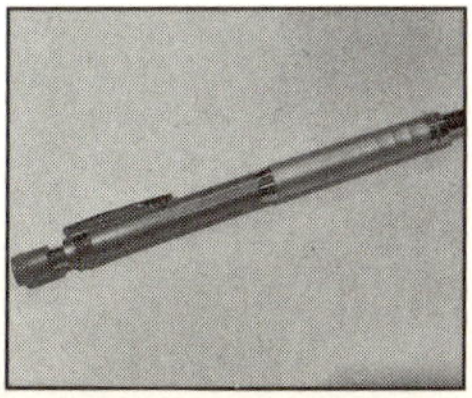

三菱鉛筆が発売するシャープペンシル。書くたびに芯を少しずつ回転させるクルトガエンジン搭載により、常に文字を細く、クッキリ書くことができる。

宇多丸　なるほど、『クルトガ』の特に0・3ミリ。じふ君、これはもう回答出てます。

古川　もしくは、という回答もあります。

宇多丸　もしくは？

高畑　もしくは、というか、これはレジェンドなペンなんですけど。実は0・3ミリまでのシャーペンは普通に売っているんですけど、ぺんてるから0・2ミリという超極細なシャーペンが出ていまして。なんと替え芯が12本入りで300円という、すごい……（試し書きをして見せる）あ、もう折れちゃった。先端がめちゃくちゃ細いので、ちょっと気を遣って書かないとすぐ……。

古川　1文字すら書けてない、という。

高畑　実用面で考えたら、ガリガリ書くのであれば『クルトガ』の0・3ミリくらいのほうがいいですね。

宇多丸　やっぱりはっきり違いますね。

高畑　めちゃくちゃ細い。

古川　0・2ミリのやつはそもそも何用なんですか？

高畑　製図用ですね。

古川　あ～なるほどね。

宇多丸　これはどこのなんですか？

古川　ぺんてるというメーカーの……。

高畑　『グラフペンシル　0・2ミリ　PG2-AD』〈★31〉。

宇多丸　先ほどレジェンドとおっしゃいましたが、どういう意味ですか？

★31『グラフペンシル　0・2ミリ PG2-AD』

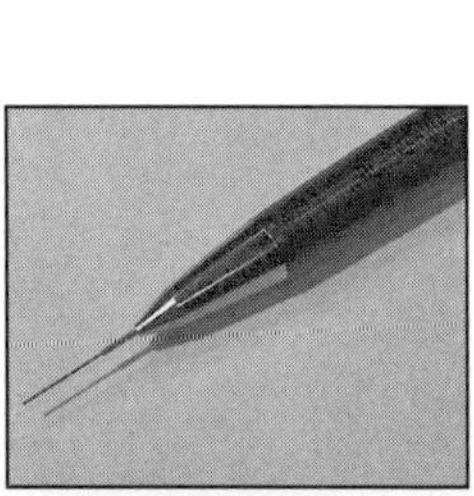

ぺんてるから販売されていた超極細シャープペンシル。製図用としてロングセラーとなったが、現在では販売が終了している。

高畑　今はあまり見ないので。

宇多丸　要するに古いタイプということですか。

高畑　はい、そうですね。

宇多丸　そうですか。それ、レジェンドと言われるんですか。えーと、シャーペン問題はこんなもんでいいのかな？

古川　もう1個行きましょうか。

宇多丸　どれ？　これ？

古川　関連相談その2を。

宇多丸　その2。ラジオネーム・トークトークさん。「僕は今年大学生になり、毎日シャープペンシルを使っているのですが、いつもペンの持つところがベタベタします。癖でいつも鼻や肌を触り、そしてペンを握るからだと思うのですが、本当に嫌でたまりません。その予防になるようなシャーペン、何かありませんか？　お答えお願いします」。要は皮脂というか、そういうものでベタベタしてしまう、と。何か予防になるようなシャーペンって、その前に**おまえの癖を直せ！**　というね。

古川　癖を直すという選択肢はまずないんですね、彼の中で。

宇多丸　何かありますか？

他故　やっぱりグリップにラバーとかが付いていると当然、脂でベタベタしちゃいますよね。滑らないものだったら、いわゆるローレット加工というんですけれども、金属の軸にそのまま刻みが入っているような形状の商品ですね。そういう**製図用のものであれば、恐らく有効であ**

ろう、と。

宇多丸　これだったら確かにベタベタもしなさそうですよね。製図用で鉄製です。どこのメーカーのものですか？

他故　これはロットリングというメーカーの『ロットリング600』〈★32〉というシャープペンシルです。

古川　これに限らず、比較的製図用シャーペン、例えば値段が1000円前後とかになっちゃうんですけど、そういうものだとグリップのところが鉄でギザギザが付いていて、滑らなかったりベタベタしないというのは選択肢として結構あります。

宇多丸　おまけにこのロットリングってカッコいいですよね。

他故　そうですね、カッコいいですね。

宇多丸　モノとしてカッコいいから、こんなの持っているとうっかりモテちゃったりもするかもよ、と。トークトークさんのね、ベタベタした鼻や肌といったのが気にならないようなカッコいい文具ってことかもしれませんね。

古川　いくらでも、鼻、触ってください。

宇多丸　もう1個行っちゃう？

古川　はい、行っちゃいましょう。

宇多丸　ラジオネーム・ピュタゴラスさん。「鉛筆、シャーペンの上部に消しゴムが付いているものがありますが、便利と思いきや、消しゴムが使い物にならないのが大半です。消しゴムが付いていること自体は最高に便利なのですが、消えそうで消えない、少し消える消しゴムが付いているのはかなり惜しいです」。これ「辛そうで辛くない少し辛いラー油」〈★33〉の……。

★32『ロットリング600』

ドイツのロットリング社が発売する金属製のシャープペンシル。グリップが滑り止め加工してあり、美しいデザインと書き味の良さに定評がある。

★33「辛そうで辛くない少し辛いラー油」

桃屋から発売されている調味料。『タマフル』では2010年2月27日に、怒髪天のボーカル・増子直純による「桃屋リスペクト！　辛そうで辛くない少し辛いラー油特集」が組まれた。

古川　**オマージュですね、**これね。

宇多丸　「何かいい消しゴムが付いた鉛筆かシャーペンはないですか？」という質問です。

古川　これは、じゃあ文具王、サクッと答えていただけますでしょうか。

高畑　ぺんてるの『ゴムデール・クリック』（★34）という分かりやすい名前の商品があります。

宇多丸　**文具ってそういうネーミング多いですよね？**

古川　これはまた別の問題です。**いずれ1回、特集したいです。**

高畑　おしりのダイアルの部分を回すと、非常に極太で長い消しゴムが……。

古川　びっくりするぐらい出ます。小指ぐらい出ますよ。

宇多丸　これは消しゴム自体の質もいい、と。

高畑　そうですね。はい。

宇多丸　ぺんてるの『ゴムデール・クリック』などはいかがでしょうか。これ、ちなみにノックはどこですか？

高畑　ノックはサイドノックですね。

古川　本体の横にボタンが付いていて、それを押すというタイプです。

高畑　後ろにいっぱいゴムが入っているので、そこは押せないんですね。それ以外にも各社、ゴムが大きいやつは何種類か出ています。

宇多丸　良質な消しゴムが付いてます、ということに特化した商品も当然出てますよ、ということで。ピュタゴラスさん、いかがでしょうか。

古川　じゃあ、次の相談移りましょうか。宇多丸さん、こちらを読んでください。

★34 『ゴムデール・クリック』

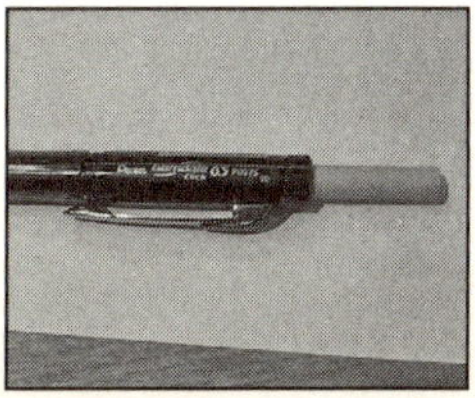

ぺんてるが発売するシャープペン。ツマミを回転させると、圧倒的に太い消しゴムが出てくるようになっている。

宇多丸　もう、ゲッソリですね。

古川　楽しいじゃないですか！

宇多丸　いきますよ。ラジオネーム・ぺぱおさん、小荒井ディレクター〈★35〉ほか、多数からいただいている相談です。いいですか？「文房具の話の中で、今まであまり触れられていないと思うのですが、筆箱はどんなものを用意したらいいのでしょうか？　ちなみに僕は布のクルクル巻くタイプを使っています。おすすめを、ぜひ教えてください」。これは通称〝筆箱問題〟とさせていただきます。ということで、これ実は僕もつい先日ぐらいにたいへん悩んだ問題なんですけれども。

古川　ほう。筆箱を買おうと思ったの？

宇多丸　買おうと思って。まあ、買ったんですけど。巻くやつがオシャレかなと思ったんだけど、なんか面倒くさそうで結局こんなのにしちゃったんですけど（と、ポーチタイプのものを出す）。

他故　筆箱問題ですねえ。

きだて　まあ正直、非常に困った問題、困った質問ですよね、これ。

宇多丸　というのは？

きだて　筆箱というのはまさに使う用途、もしくは自分が何を持ち歩きたいかによって全然変わってくるんですよ。それこそ筆箱1つ持ち歩いてそれだけで何でもやりたい『冒険野郎マクガイバー』〈★36〉的な人は、何でもかんでも入る空母型というか、母艦のような。

宇多丸　とりあえずデカイ。

きだて　デカイやつですし、オシャレにいきたいという人は、ボールペン1本を収納する、1本収納できるだけの「ペンシース」〈★37〉という鞘のようなものがありまして、それだけですまし

★35 **小荒井ディレクター**
『タマフル』の音楽ディレクター小荒井弥のこと。

★36 **『冒険野郎マクガイバー』**
1985年〜1992年にアメリカで放送されたアクション・ドラマ。フェニックス財団のトップエージェントであるマクガイバーが、さまざまな危機を豊富な科学知識の応用で解決する。

★37 **「ペンシース」**
ボールペンや万年筆を傷つけずに持ち運ぶための筒状ペンケース。

ちゃう。

宇多丸 カバンにむき出しで入れるのもなんだから、っていうのもありますよね。

きだて あと、重量ですとか。やっぱり大量に持ち歩くと重いじゃないですか、文房具といっても。

宇多丸 荷物の中のエンゲル係数ならぬ文具係数が異常に高くなると、なんだそりゃ、っていうね、本末転倒感が。ほとんど文房具が占めているという。

古川 重いなと思って文具捨てたらすごい軽かったっていうこと、ありますからね。

宇多丸 ということはつまり、まずは自分の普段携行する文具の種類なり用途なりというところを明確化しないことには、ということですか？

きだて そうですね。だから**持ち歩きたいものをリストアップして、それを収納できるだけのものを探す、というのがまずベスト。**

宇多丸 はいはいはい。形でいうと僕がさっき言いましたけど、小荒井ディレクターのは布で巻くタイプですね。あとジッパーがあって、袋タイプというんですか？　これらのそれぞれの利点というか、長所、短所みたいなのがあったりするんでしょうか。

他故 あると思いますね。特にこのロールタイプというのは、広げて一気に並べてるもの全部を見ることができますよね。自分で持ってるものをすぐに出すっていう意味での確認の速度がすごく速い。奥のものを出したい、というようなイライラ感はなくなりますよね。

きだて 文房具のレファレンス性が高まるんですね。

高畑 あと1本1本が傷つきにくいですよね、綺麗に収まっています。

他故 だから高級なものをぜひ入れたくなりますよね。

宇多丸　中で結局踊っちゃっているわけですね、袋タイプのやつは。

古川　ガッチャガチャになってるんですよ、満員電車に揺られてね。

宇多丸　僕は巻いて出すとかがおっくうだなと思ったんですけど、そういう利点があったわけですね。

古川　そうですね。あとは巻き取ってひもでキュッと縛ったりっていう、ある種フェティッシュな行為が含まれるので、**ど腐れ的には一度は通る道ですね。**

宇多丸　なんでさ、その言葉を言う時に**若干のいやらしい笑みが口元に出るの？**　そういうことだから勃起するとかタイトルに付けられるんじゃないの？

古川　そうですね。自業自得だなと思いながらいつもやってます。

宇多丸　じゃあ逆に、ほかのタイプのものは。

高畑　あとはスタンド型になっていて、ジッパーを開けてペロンってめくるとそのまま筆立てになってしまうという（と、実演してみせる）。

宇多丸　あ、すごい！

古川　最近多いですよね。

高畑　これだとファミレスとかで原稿書いたりみたいな時に、狭いところでもそのまま立てて使えるので。

宇多丸　便利ですね。なるほどなるほど〜。

他故　ロールタイプだと中身を出すのに広げなきゃいけないですからね。

宇多丸　スペースが必要ですから。

古川　通常の筆箱が自立して筆立てのように使えるものも、各メーカーからいろんなタイプが出ています。

高畑　これは最近のコクヨさんの『クリッツ』〈★38〉っていうものですけれども。

古川　とにかくいろんな需要に対して、文房具に関しては大体の答えは用意されています。で、多様なニーズとか、どんな種類の筆箱があるかというのを知るには打ってつけの1冊がございまして。

宇多丸　打ってつけの1冊！

古川　ロコモーションパブリッシングから発売中の『筆箱採集帳』〈★39〉というですね、ありとあらゆる筆箱と筆箱の中身を写した写真集。

宇多丸　これは実際に使われている、みなさんの筆箱を……。

高畑　取材させていただいて、開けた写真と、それに対するいろんな分析であったりとか感想だったりといったものを紹介しています。

きだて　職業別になっていますので、こういう仕事の人はこういう筆箱を持っていて、こういう文房具を入れているんだなというのが分かりやすく載っています。

古川　ブング・ジャムさんが著者になっていまして。結構ロングセラーですね。

宇多丸　ブング・ジャム名義ですね。なるほどなるほど。

古川　これは素晴らしい本ですよ。いろんな職種の人がいろんな視点で、これ筆箱じゃないじゃん！　みたいなものを筆箱的に使ってる人も含めて。

宇多丸　あ～、そういうこともあるわけですね。筆箱といったって、要は入れ物なわけだから、何だっていいっちゃ何だっていい。

きだて　そうですね。

★38『クリッツ』
コクヨが発売するペンケース。立ててチャックを開けると、そのままペンスタンドになる。その後、改良版の『ネオクリッツ』も発売された。

★39『筆箱採集帳』

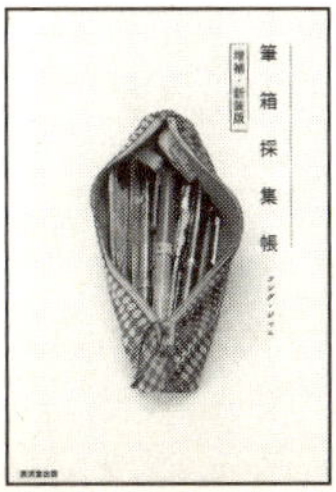

ブング・ジャム・著による書籍。様々な職業の人の筆箱とその中身を取材。そこから浮かび上がる人となりを紹介する。その後、増補版となる『筆箱採集帳 増補・新装版』（廣済堂出版）が刊行され、ここでは宇多丸と構成作家・古川の筆箱も紹介されている。

他故　中には筆箱の形を持っていないものも入ってますからね。

宇多丸　例えば？

他故　例えば白衣のポケットだとか。

宇多丸　なるほど。当然そこにペンを挿《さ》しているっていう、一種の筆箱というわけですね、持ち歩くためのもの。これ、でもある種、僕ら好みのさ、普通の人の調査だよね。僕も前に連載でバッグの持ち物調査〈★40〉みたいなのをやっていました。

古川　ああ、やっていましたね。

宇多丸　やって、キャッキャキャッキャ言ってました。ああいう感じの面白さもあるし。

古川　**他人の思い入れを見るっていうのは、とてもいいものですねえ。**

宇多丸　そこでなんでニヤニヤしているのかなってのは、ちょっと気持ち悪いんですけど……。

通称〝映画用メモ問題〟と〝付箋がばらける問題〟

宇多丸　でもまぁ濃密な……さすがジェダイ評議会による濃密な相談回答をいただいて、素晴らしい特集になっていると思うんですがね。

古川　**僕たちはとても楽しいです！**

一同　アハハハハ！

宇多丸　でもいいですよ。実際役に立ちますからね。じゃあ、どんどんいきましょう！

古川　だんだんメールが面倒くさくなっていくところもありますので、留意してください。

宇多丸　リスナーのみなさんから寄せられた文具の悩みにお答えしていきます。相談者、ラジオネー

★40 **連載でバッグの持ち物調査**
1994～2007年に発行されていたヒップホップ／R&B専門誌。同誌で宇多丸が連載していたコラム「B-BOYイズム」で、読者や当時編集部員だった高橋芳朗のバッグの中身を公開調査していた。

ム・シネラーマン、46歳男性、ラジオネーム・ペップさんからも同様の悩みあり。「自分はほぼ毎週『ザ・シネマハスラー』〈★41〉のコーナーにメールしてまして、そのために映画を観ながらメモを取るようにしてるのですが、暗闇の中で、しかも視線はスクリーンに集中しながら書くため、ミミズがのたくって、同じ場所に重ねて書いたりして判読不能な場合が多く困っております。当然、上映中なので明かりはつけられず、うっかりするとペンのインクで手を汚したりとなかなかうまくいきません。シャーペンも考えたのですが、時々カチカチさせて芯を出さざるを得ず、その時のカチカチ音が周りの方々に迷惑になりそうなので、マズイかなと。そこでブング・ジャムのみなさん、オススメの**〝映画館の中で観ながらメモするならコレ！〟なペンとメモ帳の組み合わせ**を教えていただけませんでしょうか。ちなみに、今の私が使ってる組み合わせは、メモ帳はコクヨの『Tidbit《チビット》』〈★42〉、そしてペンは……」。

一同　**フフフフ！**

宇多丸　**なんで笑いが出るんでしょうか？**

古川　いやこれはね、ちょっと面白いところですよ。

宇多丸　「……ペンはゼブラの『クリップ-オン マルチ』〈★43〉です。何卒《なにとぞ》よろしくお願いします」。通称**〝映画用メモ問題〟**ということですが。これはまず映画観ながらメモするっていうのは、植草甚一《うえくさじんいち》〈★44〉さんとか映画評論家の方とかもたまに、特に試写会なんかだといるんですけど、カチカチうんぬんじゃなくてね……うるっさいわ！っていう人は正直、結構います。

古川　マナー的に決して褒められたことでは、たぶんないとは思うんですけどね。

宇多丸　だから両脇の座席が空いていたりとかね、そういう時にしていただきたいものだな、と。焼

★41「ザ・シネマハスラー」
2013年3月30日まで番組内で放送されていた『タマフル』の映画評論コーナー。その後「ムービー・ウォッチメン」にリニューアル。

★42『Tidbit』

コクヨが発売するメモ帳。横罫と方眼罫のタイプで全面に細かくミシン目が入っており、自由な形に切り抜くことができる。カバーの裏はポケットがあり、それらを入れることもできる。

★43『クリップ-オン マルチ』
ゼブラが発売する多機能ボールペン。1本で黒・青・赤・緑の4色油性インクのボールペンとシャープペンシルの5機能が使える。

きつけて来い！ と。

古川　まあ理想を言えば焼きつけるのがいちばんですけどね。

宇多丸　シネマハスラーとしては、ちょっとそういう気持ちもありますけれども。とはいえ、いかがでしょうか？　僕も確かにメモりたいなと思う時もあるんですけど。

古川　まず大前提として、明かりをつけるのはいかなる形であれ言語道断だと思うので。

宇多丸　**そんなのは死刑です。首をはねよ！　です。**

古川　はい。それは死刑です。ペンの先っぽにライトが付いていて、暗闇で筆記できるようなペンもあったりするんですが。

きだて　そうですね、わりと狭い範囲を照らす用のペン先ライトというのがありまして、でもさすがにそれも駄目ですよね。

宇多丸　ちなみにその商品はどういう状況を想定して作られたものでしょうか？

きだて　基本的にベッドの脇に置いておいて、何かあった時にさっと起きてメモを取るとか。夢メモ的な。そういう使い方をする人はいるようですね。

古川　「まだらの紐《ひも》」〈★45〉って書いたりとかして。

一同　アハハハ！

他故　いろいろ残すべきものは多い。

宇多丸　ダイイングメッセージ。

古川　基本的にライトはご法度《はっと》とすると、どうするか。これは結構難しい問題だと思って、いろいろ話していたんですが。どうしましょうかね、これ。

他故　難しいですよね。

★44 **植草甚一**
日本の映画評論家。1908〜1979年。1935年に東宝に入社し、『キネマ旬報』に映画評論を発表。1949年頃から本格的に執筆活動を始める。1966年、『平凡パンチデラックス』などで紹介されたことを機に若い世代の読者が急増し、〝植草ブーム〟が巻き起こる。

★45 **「まだらの紐」**
アーサー・コナン・ドイルによる推理小説『シャーロック・ホームズ・シリーズ』の短編の1つ。

▲文具ジェダイ評議会のブング・ジャムのお三方。左から、きだてたく氏、他故壁氏氏、高畑正幸氏。

▼放送終了後、文具王・高畑氏が実演したハサミ芸！　使ったのはもちろん高級ハサミ。

きだて　まず使われているメモが『Tidbit』。なぜそれを選んだのかと。

宇多丸　さっき若干失笑が起こったのはなぜでしょうか？

他故　こちらが『Tidbit』です（と現物を取り出す）。

宇多丸　要するに、チビ。小さいわけですか？

他故　大きさではなくて、実はミシン目が罫線代わりに入っていまして。1枚だけ切り取るための1本が入っているのが普通のメモ帳なんですけど。

高畑　これはどこでも切れるんですよ。

他故　方眼5ミリ角で、すべて切れる。

宇多丸　細か～！　可愛いですね！　要はメモって全面を使ったりするわけじゃないから、みたいなことですか？

古川　そうです。下3分の1を使ったら下の3分の1だけを自由に切り取ればいいじゃないですか、というコンセプトで作られたのが『Tidbit』。

宇多丸　なおかつ、切り取ったメモを入れられるポケットが表紙と一体化している。これ確かに便利そうですね。

高畑　便利ですけど、暗闇で書くのにその細かい切り込みだとちょっと小さすぎませんかね？

宇多丸　あ～、メモ自体が小さいんじゃないか、ということですか？

高畑　いや、メモもそうですし、その細かい切り込みがあんまり……。まあ、普通のメモでいいかな、という。

古川　『Tidbit』である利点があんまりないのでは？　と思ったので、なぜ『Tidbit』なんだろう？　という疑問を我々は持ったわけです。

宇多丸　さっきのは、**なぜ『Tidbit』なんだ？ の失笑**だったんですね。

古川　失礼な感じでございますが……。

宇多丸　なるほど分かりました。で？

古川　これはいろいろと迷ったんですが、まずひとつ考えられるのは、他故さん、どうでしょうかね。

他故　やっぱりメモ帳ではなくて、もう少し大きい紙に一気に書きつけるほうがいいんじゃないか、と思うんですね。持ち込める最大の大きさって、たぶんＡ４ぐらいだと思うんですけれども。

古川　大学ノートよりちょっと大きいサイズですね。

他故　ええ。このクラスのノートであれば、どこにって考えずにとりあえず書けるじゃないですか。

宇多丸　はい。もうとりあえず書きつける。

他故　とにかく書きつけることができる。小さいメモではなく、**まずはでかい紙と、でかく滑らかに書けるペンを使ってやってみたらどうだろうか、と。**

宇多丸　要はちゃんとしたメモはあとで作るとして、そこは覚え書きなわけだから、ということですよね？

高畑　はい。小さいとはみ出しちゃったりとか、同じところに重なっちゃったりとか。

宇多丸　はいはい。そうか、少なくとも場所とかね。さっきこの辺に書いたから今度はこっちに書いて、みたいなことできますもんね。

古川　極端な話、例えば1枚に1行ぐらいとか一言ぐらいを書いて、そしたらすぐ次にめくる、というやり方もありかなと。

宇多丸　バサッバサッみたいなね〜。

古川　音には気をつけたほうがいいですけど。ただ書き損じはそうすると格段に減ると思います。取材なんかで手元にメモ帳を持ったら、とにかくでかい字で書きなぐっていって枚数をジャンジャン使うと。そういう書き方をするとあとで整理する時にすごく楽ですよ、というテクニックはあります。

宇多丸　なるほどなるほど。

古川　そう考えていくと、ふさわしいペンは何でしょうかね？

高畑　僕は水性のペンがいいかな、と思います。インクの出がすごくいいので、サラサラッと書いた時に、とりあえず紙にペン先がついていれば大丈夫、という利点があるので。ボールペンの中では、水性インク〈★46〉のいっぱい出るタイプのものがいいかな、と。

宇多丸　要は書くにあたって筆圧がそんなに要らないということは、例えば音とかも生じにくいだろう、ということですね。

高畑　そうですね。

古川　あと書く紙に関していうと、いろいろと選択肢はあるんですが、例えば大きな文房具屋さんに行くとリーガルパッド〈★47〉というものが売られているんですよ。要はレポート用紙とフォルダがセットになっているようなもので、紙がすごく安いんですね。まとめ買いする必要があるんですけど。これもガンガン書きなぐっていって、めくっていって、というような使い方をするのにいちばんふさわしいので。こういうものを持っていくのがベターじゃないかな、と思います。

宇多丸　なるほど。今この方が使われている、ゼブラ『クリップ‐オン マルチ』ペンはどうですか？

★46 **水性インク**
色の素となる染料や顔料を水で溶いたものが水性インク。水のようにサラサラで軽く書けるのが特長。一方、有機溶剤で溶いたものが油性インク。粘り気があり書き味も重くなるが、乾きが早いなど、それぞれの利点がある。

★47 **リーガルパッド**

横罫線の入った黄色い紙を綴ったメモノートの総称。上端にミシン目があり1枚ずつ切り離すことができる。アメリカで広く愛用されている。

古川 これはいわゆる普通の油性ボールペンですね。

高畑 全然悪くないと思うんですよ。

宇多丸 ペン自体はいいけども、『Tidbit』もそれ自体はいいけども、今の組み合わせで試してみてはどうか、ということでしょうか。シネラーマンさん、ペップさん、いかがだったでしょうか。じゃあ、またいきましょうか。

古川 じゃあ次の質問はですね、この相談7という、これを宇多丸さん読んでもらえますでしょうか。

宇多丸 相談者はゲーテ・ベンジー・虎の穴さんです。「みなさまこんばんは。私は現在中3女子です。早速ですが相談です。テストの時期になると、ここからここまでと教科書に付箋を貼ってテスト範囲を確認していたのですが、紙の付箋だったため、カバンという名の宇宙の中で空中分解してしまうという事態が起こりました。かといってページの端を折るのも嫌です。ジェダイ・マスターのみなさま、何かいい方法、グッズはありませんか？　キャピキャピ可愛いものでも、土牛〈★48〉のマーカー差し系などのゴツめのものでも何でもいいので、お願いします」。**通称〝付箋がばらける問題〟**ということです。

古川 ああ、はいはいはい。

宇多丸 これ僕もちょっと悩みなんです。本を読んでいる時にすぐ付箋を貼れるようにカバンに入れているんですけど、どうしてもぐちゃぐちゃになっちゃって、なんなら取れちゃって、ベタベタになってゴミみたいにくっついちゃって。スマートに収納できてなおかつ取り出しもしやすい、みたいなものがないのかな、というのは僕からも訊きたいと思っているんですよ。

★48 **土牛**
主に工具や現場作業用の道具を扱うメーカー。2009年7月18日放送の「文具野郎たちの夏フェス・ISOT 2009レポート」にて土牛ブースを訪れ、質実剛健な道具の数々に宇多丸らは大熱狂した。

古川　なるほどなるほど。

宇多丸　まずはこのゲーテ・ベンジー・虎の穴さんの、本に貼ってもグチャッとならない付箋はないか、という……。

古川　付箋がばらける問題ですね。これはいくつか回答のパターンがあると思うんですが、まずいちばんストレートに……えーと、じゃあ、僕から行きますね。付箋には「**強粘着タイプ**」というのが存在します。いろんなサイズでいろんな形のものがありまして、粘着力が普通の付箋に比べてはるかに高いです。だからこれはグシャグシャになる、というのはカバーできないんですけど、うっかり外れたりするっていうのはほとんどなくなる、かな？

宇多丸　貼ってみていいですか？

古川　どこにでも貼ってみていいですよ。

宇多丸　じゃあここにね。確かに普通のよりは……。

古川　普通のより強いですよ。

宇多丸　あ、でもまあ、気持ちぐらいですけど、確かに剥がれはしないっていうぐらいですね。

古川　付箋には「貼って剥がして貼って剥がして」という時もあれば、「貼ったら貼りっぱなし」というケースもあるので、**貼りっぱなしの時は強粘着を使ってみるのが、まず一案です。**

高畑　あとは貼り方なんですけど、付箋を貼る時に紙片をいっぱい出すからグシャグシャになるのかな、というのがあって。貼った時に付箋の端っこをちょっとしか出さないとか。

宇多丸　本当に数ミリだけ。

高畑　数ミリしか付箋を教科書の端から出さない、という風にするとですね、グシャグシャになることもほとんどないんで、だから短く出す。ただそうすると内側が長くなってしまうので、

宇多丸　教科書の文字の上に付箋がかぶってしまうようなことが。僕はそこに何のために付箋をしたのか、軽くメモもしたりすることもあるんですけど。そういう場合は……。

高畑　その場合は逆に透明な付箋というのがあるんですね。

宇多丸　はいはいはい、これはすげえ！

高畑　見出し用の付箋というのがありまして、ベースのフィルム自体が透明でできていて、だから貼っても下の文字はそのまま読めます。

宇多丸　新たにそういう索引《さくいん》ができる、みたいな。

高畑　索引の部分、見出しの部分だけが外に出るようになっています。こういう**見出し専用の付箋というのもあるので、TPOに応じて使われるとすごい便利です。**

宇多丸　これはいい！　これにします！

高畑　大小いろんなサイズがあるのでおすすめです。あと小さい付箋になると、さっきのカバンに入れた時問題があると思うんですけど、これはケースがちゃんとありますので。

宇多丸　要するに引き出していけばいいわけですね。ティッシュペーパーじゃないですけど。

高畑　そう、ティッシュみたいに。ティッシュ方式なのでカバンに入れた時もぐちゃぐちゃになりにくいという。これはなかなかいいかな、と。

宇多丸　マスター、解決です！

古川　整いました。

宇多丸　あ～これいい！　これ普通に売っているやつですか？　この平たいやつ。

高畑　売っています。3Mの『ポスト・イット』〈★49〉のシリーズの中にあるので。

宇多丸　強粘着もそうですね。

古川　そうですね、はい。

高畑　これは『ジョーブインデックス』〈★50〉『フラッグ』というシリーズです。

古川　ほかにもこういうのもありますね。

他故　そうですね。私がパッと思ったのは、要するに出っ張っているから取れちゃうんですね。だからはみ出している部分というのが一切なしにしてしまおう、と。これ『ブックダーツ』〈★51〉というものなんですけれども。

宇多丸　『ブックダーツ』？　初めて聞きましたよ。えーと、金属製？

古川　銅板のクリップがすごく薄くなっているんですね。指の爪ぐらいのサイズですか。

宇多丸　うわ〜、これはまた薄いね〜。

古川　あまりにも薄すぎて、取り扱い注意しないと手を切ったりするんですが。

宇多丸　これをどうするんですか？

古川　これをクリップのように普通の紙の端に挿し込むんですね、ピッと。それで普通に閉じると上には飛び出さないんですが、紙に銅板が挟まることになるので、要は見出しとしての機能は全然失われないんですよ。

宇多丸　要するに「パッと開きやすく」が確実になるんですね。

他故　そこに何かがある、っていうのは間違いなく分かるようになる。

古川　本からは全然1ミリも2ミリも外に出ないので、少なくともカバンの中でグシャグシャになったりはしないという。

★49『ポスト・イット』

3Mの商標登録商品。世界中の3Mで扱っている付箋『ポスト・イット』の種類は5万種にも及ぶ。

★50『ジョーブ インデックス』

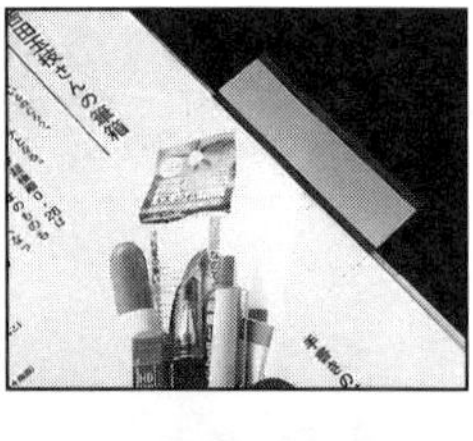

『ポスト・イット』のラインナップの1つ。フィルム素材で透明性があり、書き込むスペースのある付箋。見出しなどに便利。

他故　非常にスマートに収納できるということですね。

宇多丸　『ブックダーツ』、初めて知りました。

他故　もともと洋書のために考案されて、先端の部分がちょうど字のところにかぶると、ここまで読みましたっていうインジケーターになる。

古川　形が矢印になっている。尖っている。

宇多丸　あー！　矢印になってるんだ！

他故　そういうデザインなんですね。

古川　『ブックダーツ』。これがこの非常にオシャレな缶に入っておりまして。

宇多丸　へえ～！　……ほ、欲しい！

古川　これは、**ど腐れ的にも結構くるものなんですねぇ。**

宇多丸　さっきから、**また気持ち悪いところが出てますよ。**

古川　すいません本当に。自業自得ですね。

高畑　カッコいいんですよね。

宇多丸　カッコいい！　カッコいい！

古川　靴のクリームみたいな。

他故　円いケースに入っていて。

古川　『ブックダーツ』って書いてあるクラフト紙のシールが貼ってあって。

宇多丸　だってこの質問者のゲーテ・ベンジー・虎の穴さんは中3女子ですから、こんなものを持ってチャラチャラしていた日には、**彼氏がねぇ……。**

★51『ブックダーツ』

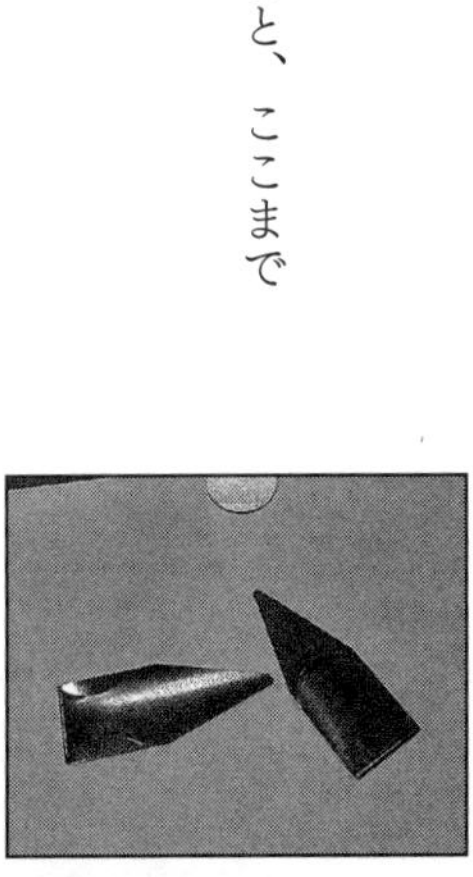

薄い金属製の紙クリップ。矢印の形をしているため、本のしおりなどで使うと、行を示すのにも便利。缶に入って販売されている。

古川　告白されちゃうかもなあ〜。

宇多丸　彼氏ができてしまうかも〜。

一同　**しれませんねえ〜。**

きだて　大人の入り口ですね。

宇多丸　はいはいはい、いいじゃないですか〜。付箋がばらける問題、一気に解決してしまいましたね。

古川　ということで、いかがでしょうか。

宇多丸　ていうか注意していないと、『ポスト・イット』という商品はもちろんみんな知っていても、そこにいろんな用途というか、進化があるとか分からないですよね。

高畑　種類むちゃくちゃありますので。

他故　売り場に行くと実はすごく並んでいる、というのを、ぜひもう1回じっくり見てもらいたいですよね。

宇多丸　大抵の問題はちゃんと選ぶことで解決してしまうよ、ということですね。なるほど。じゃあ、行きましょうか、どんどん。

通称〝友達作りに使える文具問題〟と〝とにかく便利な文具が知りたい問題〟

古川　次の相談、こちらお願いします。

宇多丸　ラジオネーム・ラスベガスゴリラさん。「4月に高校生になりました。クラスメートも知らない人ばかりで、人に話しかけるのが苦手な僕はうまく友達ができません。そこでブング・

ジャムのみなさんに質問なのですが、授業中などに使っていて、周りからあの文具カッコいいと思ってもらえて、人に声をかけてもらえるような文具、a.k.a.〈★52〉イケメン文具や女子にホレられるような文具、そして一風変わった面白い文具がありましたら教えてください。よろしくお願いします」。**通称〝友達作りに使える文具問題〟**です。

古川　なるほど。これはですね、人に声かけてもらえるような文具、イケメン文具、女子にホレられるような文具、そして一風変わった面白い文具。私、ここを抽出して主に……。

一同　フハハハハ！

宇多丸　あの〜、目が怖い感じになってますからね。

古川　もちろん答えるのは僕ではなくて、シスこと、きだてさんが。

宇多丸　**いよいよシスの本領発揮ですね。**

古川　一風変わった面白い文具です。

きだて　一風変わったということであれば、とりあえず私、今回大量に準備させていただきましたので。

宇多丸　シスの道具が！

古川　アタッシュケースにズラッと！

きだて　これをガパッと開けますと。

宇多丸　**奇怪な拷問道具のようなものが!?**

一同　アハハハハ！

古川　カラフルな拷問道具が。

★52 **a.k.a.**
「also known as」の略。「別名」「またの名を」という意味。番組内で多用される。

宇多丸　並んでいるんですけれども。確かにすべて、見るからに「これ何？」というものばかりです。

きだて　例えばですね、こちらですと、ボールペンなんですが。

宇多丸　銀色のボールペンなんでしょうと思われるところに、これ何ですか？　トラクター？

きだて　「ラジコン文具」〈★53〉という。

宇多丸　え⁉　ラジコンなんですかこれ⁉　え〜！　すげ〜！　うわ〜‼　小さいショベルカーのラジコンがペンにくっついていて、そのペンの先で、今可愛いらしくショベルカーが動いております！　動きがちょっと拙《つたな》いような気がしますけれども、萌える感じですね〜。これはキテますね〜！　ボールペンとしては、どう……**どこを持つの？**

きだて　この、先端が。

他故　キャップが付いていて。

きだて　コントローラーが。

古川　ボールペンですから。

宇多丸　あのですね……**たいへん持ちづらいですね。**

一同　アハハハ！

きだて　ただボールペンは文房具ですので学校に持ち込んでもオッケーです。合法です！

宇多丸　確かに人気が出ますよ、これは。

古川　話しかけられもしますよ。

宇多丸　へえ〜。

古川　**小馬鹿にされる可能性もありますけどね。**

宇多丸　いや、馬鹿にはされないんじゃないですか？

★53　「ラジコン文具」

リモコンで動くミニカーが付いたボールペン。ラジコンの動きが拙いのはご愛嬌。

古川　**あいつヤベエ**ってことになりますからね、やっぱり。

宇多丸　あ〜そうですか。こんなものがあったりとかね、はいはいはい。これは確実に友達作りやすいな。

きだて　そして女子さんにはこれがおすすめですね。最近出ました『リラステロールアップペン』〈★54〉というボールペンなんですけれども。

宇多丸　ボールペンの先にロール状の……。

きだて　**美顔ローラーです！**　コロコロと顔で転がす美顔ローラー。

古川　あ〜、ペンに付いてる。

きだて　超気持ちいいです。

高畑　頬っぺたのたるみを抑える。

宇多丸　これ、ペンはどうやって？　あ、こうか、なるほどね。これは書き味とかうんぬんではなく、この要素っていうことですよね。

きだて　そうですね、主にこの気持ちよさを追求した、という。

古川　これは隣の女子が「キャー！　貸して！」ということになりますからね。

宇多丸　なるほど。皮脂とかがビチョッと付いていなければ、という前提でございますけれども。

きだて　これはローラー部分がちゃんと取り外せて洗えるので皮脂も安心。

古川　素晴らしいですね。

宇多丸　じゃあ「皮脂がベタベタしてると思うかもしれないけれども、**これは取り外して洗えるんだよ**」と。だから……。

★54　『リラステロールアップペン』

サカモトから発売されている。リラステとはリラックスできるステーショナリーの略。美顔ローラーとボールペンがドッキングしたユニークな商品。

古川　そこまで言ったら、もうね。

きだて　イケメンだなあ〜。

宇多丸　**「なんなら、君用のローラーを付け替えたっていいんだよ」**と。

古川　もうそこまで言ったら、もうね。

宇多丸　「キャー!」でしょうね。**「キャー!」って言って向こうに逃げるでしょうね。**はい、これがあったりとか。ほかにありますか？

古川　もう1品くらい、じゃあ行きましょうか。

きだて　そうですね。ボールペンの軸の真ん中に細いスリットが開いているんですけれども、ここにメモ帳を1枚通しますと……（と実演してみせる）。

宇多丸　何ですかそれは？　メモ帳を通してグルグル回すと……。

古川　出たー！

宇多丸　**シュレッダー!!**

きだて　授業中にメモを回し合ったりとかするじゃないですか。

宇多丸　はいはいはいはいはい。

きだて　先生に見つかって、やべえとなった時に、このボールペンをシュッと貸してあげると。

宇多丸　**すばやく証拠隠滅。**

きだて　「これでシュレッダーにおかけ！」

宇多丸　キリキリ音がするんですけど。そしてペンとしてはこれ以上持ちにくいペンはないだろう、という形状だけれども。ペンはどうやって出すんですか？

きだて　この先端の部分を回すと出てきます。

宇多丸　それだったらシュレッダーを別個に持っていたほうがいいんじゃないですか？　小さいシュレッダーとかあるんだから。

古川　いやいや、やっぱりペンに付いてるってところがいいんですよね。

宇多丸　あ〜そうですか。でも確かに今ショッキングな映像が出ましたね。まさか！っていう。

古川　きだてさん、こういうのってどこで買えるんですか？

きだて　国内で買えるものもあるんですけれども、僕は大体アメリカの方から個人輸入しています。

古川　あ、宇多丸さん、いいの見つけましたね〜。

宇多丸　これは、どういう……。

きだて　**それは暗黒中の暗黒の「イロブン」ではなくて「エロブン」〈★55〉というやつですね。**

古川　いいですね〜。

宇多丸　男性が裸の状態でボールペンで……。

古川　ペンの上に付いてますね。

宇多丸　**ちんこをですね、両手で持っているという状態。**これはどういう……手が動きますよね？

きだて　ボールペンのペン先を出すためにノックしますよね。ノックすると、こう手を**コキコキッ**とするという。

宇多丸　あー！

古川　手淫をするという。粋なボールペンですね。

きだて　**手淫というか、ちんこレシーブに近い感じ**ですけど。

宇多丸　こんな女性版もありますけど。

★55「エロブン」
きだてたく命名。ちょっとエッチな文房具のこと。ものによっては、かなりエッチな文房具もある。

きだて　**これはノックすると女子のビキニがスルッと脱げるという。**

古川　あ〜！　カッコいい〜！

宇多丸　あ〜なるほど、これはいいんじゃないですか？

古川　ジュニアスクールよりちょっと上の人たちに使っていただきたいですね。

宇多丸　例えば男子校というか、男たちには「超マイメン！〈★56〉」っていうか、「あいつ超信頼できるぜ」と。

古川　その日飲みに行きますよ、みんなで。学生さんですから。

宇多丸　どこで買ったの？　と、これはなりますよね。

きだて　そうですよね。

宇多丸　下ネタにしても、もうちょっと品はないものかという動きをしていますけれども。

一同　アハハハハ！

古川　お時間もなくなってまいりました。今の質問、相談に対する答えは、きだてさんの答えをすべてとさせていただいて。最後の相談10をお願いいたします。

宇多丸　はい、相談10。なんと相談者は、しまおまほさんです。「とにかくあると便利なやつが知りたいです。雑誌や新聞紙をうまくまとめられるとか、切りにくいビニールも便箋も切れるとか、裁断が楽にできるやつとか」。**通称〝とにかく便利な文具が知りたい問題〟**で〜す。

古川　う〜ん、なるほどなるほど。

宇多丸　たいへんぼんやりしたアレですね〜。

古川　しまおさんがいらっしゃいました。

しまおまほ（以下、しまお）　よろしくお願いしま〜す。

★56　**超マイメン！**
「親友」の意。主にヒップホップ界で使われるスラング。

一同　よろしくお願いします。

宇多丸　しまおさんは文房具を使われる機会が多い。職業柄ね。

しまお　そうですね。あ、初めまして。しまおといいます。

一同　どうも初めまして〜。

宇多丸　**うちの番組のレイア姫〈★57〉がやってまいりました。**

しまお　**エヘヘヘヘ！**

古川　便利な文具が知りたい、と。

しまお　はい、そうなんですよ。文具は東急ハンズとかに行っていろいろ買ったりとかはしているんですけど。大体書くものばっかりですが、この前『しめしめ45』〈★58〉っていうのを購入したんですよ。

きだて　あ〜はいはい。

しまお　JUNKで伊集院光さんが話題にしているのを聞いて。

きだて　結束機ね。

しまお　そう、結束機。

宇多丸　え、どういうの？

きだて　古新聞を束ねる時に使います。

宇多丸　ああ、あれ面倒くさいですよね。便利なものあるんですか？

きだて　あります。

高畑　ビニールのひもをビーッと締めてパチッて切れるっていう。

★57 **レイア姫**
『スター・ウォーズ・シリーズ』に登場するヒロイン、レイア・オーガナのこと。劇中では「レイア姫」と呼ばれることが多い。キャリー・フィッシャーが演じている。

★58 **『しめしめ45』**
仁礼工業から発売されている小型結束機。新聞紙からケーブルなど、あらゆるものを簡単に結束できる便利なツール。

しまお　うまくやれないとすごく悔しいんですよねえ。

一同　フフフフフ。

宇多丸　でもそれは良さそうですね。

しまお　すごい良くて使っているんですけど、それに通ずるスカッとするようなものが何かあれば。

宇多丸　要はさ、つまりさっき言った、その便利なものがあることによって、もともとはこんな欲望があったじゃないけど、気づかせてくれるような道具ってことね。

しまお　そうそうそうそう。

古川　じゃあ、どれから行きましょうかね。

しまお　どれからって、結構あるんですか？

古川　じゃあ軽く文具王から。

高畑　貼るものとかはどうでしょう。最近はテープのり、スティックのりとか、いろんなのりがあるんですけど。質問の中にもありましたけど、のりってどれを使ったらいいのかっていう問題がある。**最近はテープのりがすごく便利になりました。**

宇多丸　テープのりすごいですよね〜。僕、あれは本当に感動しました。

高畑　でもうまく使えない人が結構いて。まっすぐ引くのがなかなか難しい。

しまお　力を均等に入れないと失敗したり。

高畑　脱輪するんですよ、あれ。なのでそういう人のために、これはこう置いていただいて。スタンプみたいな形になっていて、置いて狙ったところで本体をガシャッって押すとそこにちょうど四角くのりが塗れる、というものになっています。

しまお　へえ〜！

きだて　ワンポイントでのりが貼れるという。

宇多丸　テープのりもガシャッてやるやつ、ありましたよね？

古川　ありましたけどね。よりスタンプチックになったものです。

宇多丸　それに特化したわけですね、なるほど。

しまお　へえ〜、本当だ！

高畑　要るところだけしか塗らなくていいので意外と使う量も少なくてすむし。それと、はみ出しがなかなかない。

宇多丸　実際そんなにびっちり塗らなくてもいいですもんね。

高畑　今まで引いて使っていたものが押して使うようになった、という。発想がだいぶ違っているので便利かな、と。

宇多丸　より経済的かもしれないですね。

しまお　え？　これどうなってるの？　あ、へ〜！　なるほど！　中でチョイっと引いてくれる感じ。

宇多丸　その中のテープが半透明になって見えてたりするわけですか？

古川　そうですね。

しまお　うんうん、なるほど。これ便利そうですね。

高畑　これはコクヨの『ドットライナー スタンプ』〈★59〉というやつなんですけども。

しまお　これ、いいですね。

古川　ここで僕30分ぐらい要る予定だったんですけど、気づいたらもう残り3分しかないですね。

一同　アハハハハ！

★59 『ドットライナー スタンプ』

コクヨが発売するのり。スタンプのように押して使うタイプのテープのりで、片手で簡単にのり付けができる。

しまお　え、いいよ？　まだやっても。

宇多丸　どうします？　ちょっと持ち越したっていいんですよ。だって、せっかくしまおさんもいるわけだし、しまおさんの質問に答えているんだから。「ぼんやり」のコーナーも使ってやりましょうよ。

古川　軽くやりましょうか。

宇多丸　この調子で行きましょう。

しまお　お願いします。

古川　じゃあ、僕の紹介を1個させてもらっていいですか？　最近は修正液じゃなくて修正テープというのがあるんですが、これはトンボの新製品『MONO《モノ》 PGX』〈★60〉というシリーズです。修正テープでピーッと引くじゃないですか、でも修正テープってそれで終わりじゃなくて、さらにその上に書きますよね。でも修正テープにボールペンの先が引っかかっちゃってペロッとめくれたりとかってありますよね。

宇多丸　ちょっと不細工なことになったりして。

古川　不細工なことになりますよね。これはそこを改良したという謳《うた》い文句で、実際にこうピーッって引いて上にボールペンで書いても、めったなことではビリッて破れない。

宇多丸　強いんですか？

古川　強いんです。そういうストレスを解消する修正テープでございます。

宇多丸　こちらなぞはいかがでしょうかということで、実際ちょっと使ってみてくださいよ。

しまお　あ〜、なるほど。幅がそんなに太くないから……あ、でも、ちょっとよれちゃった！

宇多丸　一応、何かしらの情景描写をしながら、ね、やっていただければね。これラジオなんでね。

★60『MONO PGX』

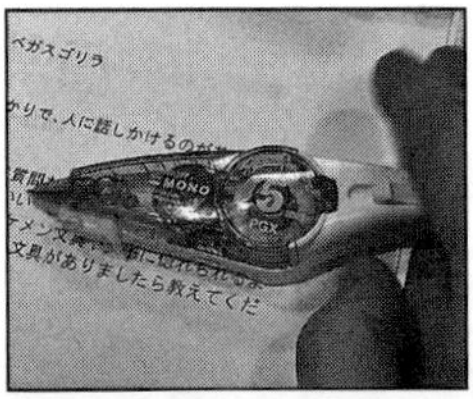

トンボが発売する修正テープ。よれやはがれ、めくれに強い薄膜テープにより、再筆記性に優れている。

文房具でお金をかけるべきハサミ

古川　じゃあ、ハサミいきますか。

きだて　僕の持論として、**文房具でお金をかけるべきはハサミとホッチキス**なんですよ。

宇多丸　ほーう、その心は。

きだて　ボールペンなんかですと、大体500円ぐらい出すと日本でも最高峰のものが買えちゃうんですね。今は安くて質がすごく良くなっているので。ただ意外とみんなお金をかけてないのが、さっき言ったハサミとホッチキス。

宇多丸　ほうほうほう。違いがやっぱり出るわけですか。

きだて　出ます。百均のハサミを使っていると、切れないな〜と多少は思いながらも普通に切れちゃうので、ざくざく切っちゃうんですけども。ここでひとつ、低いながらも清水の舞台から飛び降りたつもりで3000円ぐらいのハサミというものをちょっと買ってみてください。

宇多丸　でも3000円ですもんね。

きだて　そうすると**切れ味の〝味〟というものが分かります。**何がどう味なのか、ちょっとこれで切ってもらうと実感できるんですけど。これが『シルキーネバノン』〈★61〉というハサミでして、ハサミの刃の部分にフッ素加工がしてあって、ガムテープを切ってもネバネバしない、という。

宇多丸　へえ〜！　なんか切りづらそうなものないかな。

しまお　ねー！　でもこれだけで優しい感じが。

★61『シルキーネバノン』

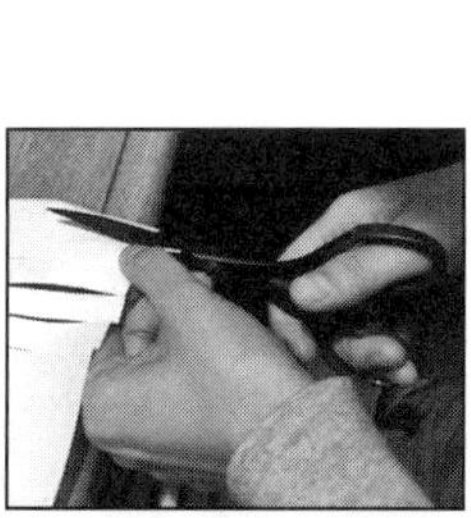

丸章工業株式会社が製造・販売する世界初のダブルコーティングにより非粘着の刃を持つハサミ。ガムテープやセロハンテープなどの接着剤を寄せつけないのが特徴。

宇多丸　スーッスーッといってますよね、さっきから。

きだて　本当に楽しいぐらいに、優しくスッと切れるんです。

しまお　そう、優しいんですよ、力が全然要らない！

宇多丸　**ガムテープ切りてぇなあ〜。**

古川　あえてそこで難しいところを言いますね〜。でも紙を切ってみてくださいよ、宇多丸さん。

しまお　郵便物とかって、やっぱりテープがあるからちょっと切りにくいし。

宇多丸　あ〜！　スムース！　あと、なんだろな、切れ味としてすごくいいですね、シャープっていうか。

古川　ハサミが勝手に進んでいくというか、進ませていけば紙が切れていく、みたいな。

きだて　スーッとまっすぐ行けるっていう。

宇多丸　あ〜！　本当だ！　あ〜これはいいわ〜。

きだて　こうやっているとハサミって刃物だったんだな、というのをちゃんと思い出せるっていう。

宇多丸　刃物ですもんね。当然質が相当左右するはずのものだったんですね。

きだて　値段がストレートに切れ味に反映するので、ちょっと思い切っていいハサミを使ってみてください。

古川　ねばらないから『ネバノン』。

宇多丸　これが３０００円くらいなんですか？　いいですね〜。

高畑　では私も。こっちはドイツのダーレ[★62]という会社のハサミです。

しまお　わあ、すごそう！

高畑　これはかなりロングバレルなので、普通の人からすると大きすぎるんじゃないのか、と思う

★62 **ダーレ**
刃物に定評のあるドイツのメーカー・ダーレ（DAHLE）社。その商品のクオリティーの高さは、世界中から評価されている。

かもしれないけど、こういうのを持っていると、かなりこう……。

宇多丸　出た！　今、細か〜く切ってます。

しまお　あー！　すごい！　すんごい細かい！

古川　千切り。**紙の千切り**を今やってます。

宇多丸　うわ、細かー！

しまお　すごい細かい！　髪の毛みたい！

古川　1ミリ以下かなあ。

高畑　以下ですね。

宇多丸　それ、ハサミがいいんじゃなくてウデの問題なのでは？　っていう。

高畑　いや、でもいいハサミじゃないと細いのとか切れない。

宇多丸　うわ！　すごーい！　何ていうのこれ？

古川　使い終わった歯ブラシみたいな。

宇多丸　そうそうそうそう！

古川　でも、もっと細い感じ。

高畑　すごくよく切れる。

宇多丸　こんななっちゃうの!?

古川　糸みたい。紙がね、糸くずみたいになっちゃうんですね。

しまお　（自分でも挑戦してみて）あ、切れない、全然そんな風にはならない……。

高畑　刃全体を使うようにすると切りやすいかも。バサーッと切ってもらうと。

宇多丸　すげー!!　ちょっとこれ、紙って信じられないですね！

古川　これ僕、家で自分のハサミでやろうとするとできないんですよ、普通のハサミだと。

高畑　刃の先端が薄くなっているので、隣の紙を切り落とさずに切れるんですよ。しかも切った時には切れ味が全然違うんですね。

しまお　え～、すご～い、気持ちいい～！　すご～い！

高畑　これは切ってる紙の紙質が違うと、切った時の手の感覚も違うんですよ。

宇多丸　ほうほうほうほう、それが伝わってくると。

高畑　伝わってくるんですね。

しまお　やっぱりドイツ製はすごいですか？

きだて　やっぱり刃物いいですね。

他故　刃物いいですね。

きだて　さっきの『ネバノン』は刃物の関市《せきし》ですね。

古川　岐阜県。刀の有名なところですね。

きだて　日本刀とか刃物を作ってるところのハサミだなっていうのが分かりますね。

高畑　切ってるだけで楽しいじゃないですか。

しまお　う～ん、すごい楽しい。

宇多丸　しまおさんの切りの勢いが強くなってきて、だんだん『シザーハンズ』〈★63〉的な怖さが出てきてますね。

しまお　台本すごい切っちゃった。

古川　**台本じゃねーかよ！**　びっくりした、今気づいて！

★63『シザーハンズ』

1990年・米／監督：ティム・バートン／出演：ジョニー・デップ、ウィノナ・ライダー、ダイアン・ウィーストス。両手がハサミの人造人間と心やさしい人間の少女との交流を描いたファンタジー作品。

宇多丸　アハハハハ！　これから使うはずの台本が。

しまお　ザッキザキになっちゃった。すごい。

高畑　切ってると楽しくなりますね。

古川　これは普通にお店でっていうより通販とかで探したほうがいい？

高畑　ネットで探したほうがいいかな。でも３０００円から５０００円くらいのクラスの刃物は非常にいいのがあるので、そういうのを選んでもらうと。

宇多丸　高いっていってもそのぐらいだし。でもちょっとおっかないぐらいの……。

古川　そう、オーラというかね、刃物としてのオーラが出てくるというのがありまして。

しまお　安いものを買っちゃってるから、刃のところもテープでネバネバしてきちゃうんだけど、それでも使い続けてるから切れ味もそんなに良くなくて。

宇多丸　そうだよね。

古川　ということで、ちょっと時間をはみ出してしまったところに、思ったよりも数はできなかったですが、以上のような形で文具相談に答えていただきました。

宇多丸　文具相談、１個１個が濃厚でしたからねえ。

古川　これ第2回、第3回やりましょうね〈★64〉。

宇多丸　お越しいただけるんでしょうか？　ジェダイマスターのみなさんたちに。

一同　もちろん、ぜひ。

しまお　カッターナイフとかも何かおすすめありますか？

一同　あります。

★64 **第2回、第3回やりましょうね**
以降も番組では文具特集をいろいろとしているものの、この企画の第2回は結局やっていない……。

他故　また1時間くらいかかっちゃう。

きだて　新しいやつはまた違うんで。

高畑　**まだ時間20分くらいいいですか？**

一同　アハハハ！

宇多丸　じゃあ、またすぐお願いしましょうか。本日はありがとうございました！「タマフル・春の文具ウォーズ特別編　ブング・ジャム a.k.a. 文具ジェダイ評議会が文具の悩みに答える〝文具身の上相談〟スペシャル」でした。ありがとうございました！

一同　ありがとうございました！

宇多丸

この「〝文具 身の上相談〟スペシャル」は文房具特集シリーズとして何回かやったあとのものなんですが、実はいちばん最初の『タマフル』での文房具特集は、ポッドキャストのみのコンテンツとして行われました。当初は恐る恐るの企画だったんですよ。

今となっては、文房具がメディアで取り上げられることも普通になっていますが、当時はまだ全然注目されていなくて。企画会議で古川さんが「ボールペンが熱いんですよ!」と言い出した時も、スタッフ一同「何それ?」という反応だったくらいだし。「だったらそれ、まずはポッドキャストで話してみてよ」みたいな感じで始めてみたところ、段々と人気企画になっていったんです。

かく言う僕自身も、当初は文房具に積極的な興味を持っているタイプではありませんでした。「宇多丸さん、ボールペンは何を使ってますか?」「え、別に適当に……」なんて返したら、「笑止!」って怒られちゃったりね。

それが今となっては、僕もボールペンやノートなどにそれなりに気を使うようになりまして、そういう意味では自分の生活が変わってしまった特集シリーズともいえます。ハサミはいまだに「ネバノン」(※本文中に登場)を使ってますしね。お陰さまで僕も、ほかの仕事先で適当なボールペンを使っている人を見かけると、「笑止!」と言えるまでに成長してしまいました。

ちなみに構成作家の古川さんによれば、今の文房具ブームはマジでこの『タマフル』がきっかけらしいですよ? というのも、ポッドキャストで古川さんがボールペンのことについて熱く語り、それを聴いて面白いと思った編集者(※当時KKベストセラーズにいた岩崎多《まさる》氏)が文房具のムックを出版して、これがかなりヒットしたことから、いろんな出版社が参入してきて文房具ムックがちょっとしたブームになって、そこに目を付けたテレビやほかのラジオが文房具を紹介し始めて……という流れなんだそうで。つまり明確に、今の文房具メディアブームというのは、この番組が発火点なんだそうです。

へー!! 知らなかった!っていう。

高《たか》橋《はし》芳《よし》朗《あき》

1969生まれ。音楽ジャーナリスト／ラジオパーソナリティ。音楽雑誌の編集を経て、フリーの音楽ジャーナリストとして活動。エミネムやレディー・ガガなどのオフィシャル取材のほか、数多くのライナーノーツを手掛ける。『高橋芳朗 HAPPY SAD』『高橋芳朗 星影 JUKEBOX』のメインパーソナリティや『ザ・トップ5』のレギュラーコメンテーター（すべてTBSラジオ）など、ラジオパーソナリティとしても活躍。

古《ふる》川《かわ》耕《こう》

1973年生まれ。ライター・構成作家。『ライムスター宇多丸のウィークエンド・シャッフル』『ジェーン・スー 相談は踊る』（共にTBSラジオ）などの構成作家を務める一方、アニメやコミック関連書籍の制作、文房具ライターとしても活躍。ポエトリーリーディング・アーティスト小林大吾のプロデュースも担当している。

しまおまほ

1978年生まれ。漫画家・エッセイスト。1997年に漫画『女子高生ゴリコ』でデビュー後、ファッション誌やカルチャー誌に漫画やエッセイを寄稿。著書に『まほちゃんの家』（WAVE出版）、『マイ・リトル・世田谷』（SPACE SHOWER BOOKs）などがある。

妹尾《せのお》匡夫《まさお》

放送作家。放送作家集団「オフィスまあ」代表。『マジカル頭脳パワー!!』や『THE夜もヒッパレ』（共に日本テレビ系）など数多くの人気のテレビ番組やラジオ番組に参加。アドバイザーとして『ライムスター宇多丸のウィークエンド・シャッフル』に携わるほか、舞台作家・演出家としても活動中。

サタデーナイト・ラボ

2010.7.31 ON AIR

現実・妄想
どっちも歓迎
真夏のア（↑）コガレ自慢大会

メインゲスト
高橋芳朗・古川耕

ゲスト
しまおまほ・妹尾匡夫

高橋芳朗が脳内に溜めに溜めまくったア（↑）コガレを、ここぞとばかりに大放出。この特集が大きな話題となり、以降もシリーズコーナーとなった『タマフル』の名物人気企画。でもよく考えれば、それらはたわいもない脳内妄想話というだけのこと。狂気と背中合わせとも思えるこれらの妄想が、話芸、はては詩の領域にまで昇華する瞬間を見よ。これがア（↑）コガレ師匠による名人芸の1席！

宇多丸　TBSラジオ『ライムスター宇多丸のウィークエンド・シャッフル』。ここからは1時間の特集コーナー「サタデーナイト・ラボ」の時間です。今夜お届けする企画は、お待たせいたしました……待たれていたのか？　この企画です！

「現実・妄想・どっちも歓迎　真夏のア（↑）コガレ〈★1〉**自慢大会」‼**

（♪BGM　KinKi Kids『ジェットコースター』流れる）

一同　アハハハハハハ！

宇多丸　何このテンション！　今日このテンションが全部続くんですよ！

「私たちはいつも何かにア（↑）コガレていたい。その対象は現実でも妄想でもいい。ア（↑）コガレの出会い、ア（↑）コガレの職場、ア（↑）コガレの打ち上げ……人の数だけ存在する無数のア（↑）コガレを、これから1時間たっぷりごきげんなサマーチューンと共に紹介していきます」。わりと申し訳的〈★2〉なっていう以上に、ベタなサマーチューンのつるべ打ちでテンション上げていこうということです。今回聞き役には番組構成作家・**古川耕さん**、コメントしていただくのは**ア（↑）コガレ専門家、ア（↑）コガレ怪獣こと**音楽ライターの**高橋芳朗さん**です！

高橋芳朗（以下、高橋）　よろしくお願いします。

古川耕（以下、古川）　構成作家・古川です。

宇多丸　先週の「**異性とのスムーズな会話特集**」〈★3〉、大評判でしたね～。

高橋　ありがとうございます。

宇多丸　今すぐ役に立つ金言の数々をいただいたわけですが。

高橋　アハハ、精神的にかなりダメージを受けましたけど。

★1　**ア（↑）コガレ**
高橋芳朗考案による、現実・妄想構わず憧れ（＝アコガレ）るシチュエーションを語る話芸。発音の際、「ア」にイントネーションを置くことから「ア（↑）コガレ」と表記される。ちなみに本特集ののち、「ちょこっとラボ」のコーナーで連続企画となったほか、「サタデーナイト・ラボ」でも計3回の特集が組まれた。

★2　**申し訳的**
DJミッツイー申し訳（その後DJミッシェル・ソーリーに改名）が主宰する日本語曲DJイベント／DJ集団。安易な〝J-POP DJ〟ではなく、ひねりの効いた選曲を信条とする。

★3　**「異性とのスムーズな会話特集」**
本特集の前の週に放送された「サタデーナイト・ラボ」の企画。ゲストは高橋芳朗。しかし少しも参考にならないということで、後半に翌週の告知を含めて「ア(↑)コガレ」を披露。翌週に繋がる盛り上がりを見せた。

宇多丸　あれはある意味、今日の前振りですよ。駄目じゃねえかと、スムーズな会話の前にまず、もっと楽しいことしようよということで、アメリカからついに上陸！

高橋・古川　アハハハハ！

宇多丸　この番組の特集の番宣が「**アメリカからついに上陸、ア(↑)コガレ**」って、ついに**てらいなく嘘をつきだした**っていうね。ストレートに嘘つきだした。

高橋　先週の時点では「アメリカから上陸」ってことにはなってなかったもんね。

古川　はっきりとした嘘ですよ。

宇多丸　アメリカから上陸の新概念〝憧れ〟なんだけど、〝ア(↑)コガレ〟っていうことですよね。ヨシくんはア(↑)コガレのいろんなバリエーションを持っているんですよね。これだけ聞いたら何のことやらって思ったけど、先週の終わり際、ア(↑)コガレ特集のフリの段階で、ヨシくんの持ちア(↑)コガレをいくつか聞いて、あれでもうみんな「あっ！」って思ったんですよ。「**狂ってる！　この人おかしい！**」ってことで。

高橋・古川　**アハハハハ！**

古川　こいつはタダ者じゃないぞっていうね。

宇多丸　あのさ、何だっけ？　〝閉塞した状況を女の子が切り出して打開するア(↑)コガレ〟〈★4〉**だっけ？**

高橋　そうそう。文化祭の準備が大詰めを迎えてるなかで本来あるはずのものがない、みたいな状況が理想ですかね。

宇多丸　じゃあやってください。

★4　**〝閉塞した状況を女の子が切り出して打開するア(↑)コガレ〟**
プロジェクトが大詰めを迎える中、トラブルが発生して全員が煮詰まってしまうものの、ムードメーカー的な女子の一声がきっかけとなって状況が動き出す……といった内容。

高橋　**「じゃあ私が行ってくる!」**

宇多丸・古川　アハハハハ!

宇多丸　**俺、こんな変態会ったことねえって思いましたもん!**

高橋　でもちょっとなんかね、グッとくるでしょ?

古川　まあまあ、分からないでもないってあたりが、**微妙なツボを突かれる感じ**ですよね。

宇多丸　ということで、まずはア(↑)コガレって何なのかっていう定義、アメリカからやってきた新しい概念ですから、ちょっと説明しておかなきゃいけないんですけど。

古川　僕が今、架空ででっち上げた〝ア(↑)コガレの定義〟というのがあって。

宇多丸　アメリカから上陸も嘘ならここもでっち上げって、聞く意味ないよね。

古川　グラグラの台に積み上げていくっていう。

宇多丸　まさに砂上《さじょう》の楼閣《ろうかく》。

古川　砂上の楼閣っていうのはこのことか! っていう今日の特集なんですが。その前に高橋芳朗さんはね、**音楽ライターとして著名な方で……**。

宇多丸　そうなんですよ。**ただのド変態じゃないですよ**。R&Bの、いわゆるお歌のCDを買うとですね……。

古川　いわゆるお歌のCDっていう説明はどうなんですか。

宇多丸　アメリカのお歌のCDを買うと、解説を大体ヨシくんがやってる。

高橋　ありがとうございます。

宇多丸　アメリカに実際に行って、ビヨンセ〈★5〉だジェイ・Z〈★6〉だっていうその人たちを直接取材されてる、そんな立場ですよね。

★5 **ビヨンセ**
ビヨンセ・ジゼル・ノウルズ。アメリカのシンガーソングライター・ダンサー・音楽プロデューサー・女優。グラミー賞にて6部門に輝き、女性アーティストでは史上最多受賞の記録を持つ世界の歌姫。

★6 **ジェイ・Z**
アメリカのラッパー・作詞家・作曲家・音楽プロデューサー。MTVの「世界的にもっとも偉大な輝きが衰えないラッパー」「世界的頂点に君臨するラッパー」に選ばれた。ビヨンセの夫でもある。

高橋 もうフックアップ〈★7〉の可能性大。

宇多丸 実際その状況がア(↑)コガレそのものですよ。

高橋 あ〜、ありがとうございます。

宇多丸 キミは〝妖怪ア(↑)コガレさせ〟ですよ！

高橋 アハハハハ！

古川 ゲゲゲ的なね。

宇多丸 ヨシくんはR&Bのコメンテーターとして活躍されている、と。

古川 第一線のライターなんですが、我々3人では当番組で「R&B馬鹿リリック大行進」〈★8〉とかね、おなじみの企画をやっております。

宇多丸 そう、綺麗な感じのアメリカのソウルの歌なんかも、よく詞を聴いてみたら実はエロいこと言ってますよ、みたいな。

古川 そういう、ためになる啓蒙《けいもう》企画をやったりとかもする高橋芳朗さんと今日お送りするんですが、ア(↑)コガレおよびア(↑)コガレさせ、これは何なんだ？　と。単なる妄想の話じゃないのかって言われると、**確かにそうだね**みたいなことなんですけど、妄想と唯一違いがあるとしたら、まず自分で考えたことでもいいし、実際に目撃した光景とか……。

宇多丸 現実に存在する人でもいいわけね？

古川 事象とか風景とかそういうのでもありですね。高橋芳朗さんが先週披露した、完全に妄想のものもあれば、実際に……。

高橋 あ、**ペイントボールをぶつけ合う**っていうやつね。

★7 **フックアップ**
本来は「つるす」「接続する」の意味が、ヒップホップ・スラングとしては「若手や仲間たちを引き上げる」という時に用いる。高橋芳朗はかねてより、自身の「フックアップされたい願望」を公言していた。

★8 **「R&B馬鹿リリック大行進」**
2009年10月24日の「サタデーナイト・ラボ」での特集「本当はウットリできないR&B歌詞の世界！〜R&B馬鹿リリック大行進!!」のこと。オシャレな海外のR&Bの歌詞を調べてみると、とんでもない下ネタだということを検証する。高橋芳朗と古川耕による大人気企画で、計5回にわたって特集が組まれた。元々は雑誌『blast』での連載が元になっている。

宇多丸　アメリカでペイントボールをぶつけ合う公園。それは実在しますもんね。

高橋　はい。『ヒース・レジャーの恋のからさわぎ』〈★9〉っていうラブコメ映画に出てきます。

宇多丸　じゃあそれ観ればア(↑)コガレの公園が、バッチリそのものが映ってます！

高橋　アハハハハ！

（♪BGM ORANGE RANGE『ロコローション』流れる）

古川　ラジオの前でみんなメモ取ってますからね、なるほどって。あと、**自分の歩いてる横を追い抜いていくカップルの話**もありましたよね。

高橋　あ～！　はいはい。表参道とかでね。どこに向かうのか、慌ただしく急いでるカップルが自分の横を駆け抜けていく。

宇多丸　映画館に「時間遅れちゃうよ！」なんつって。

高橋　女の子はついていくのがやっとで息切らしながら「もう待ってよ～」みたいな。

宇多丸　小芝居がいいよね～。ちなみにこの〝待ってよア(↑)コガレ〟は、のちほどまざってもらいますけどアドバイザーのせのちんさんも分かるよって言ってました。

高橋　妹尾さん。ありがとうございます。

宇多丸　あの人ちょっとね、ちょっとアレなところあるんでね。

高橋　アハハハ！

古川　このまま話してるとあの人の問題点みたいなのが今日は浮かび上がってくると思いますけどね。とにかくそのア(↑)コガレ対象は**妄想でも現実でもどっちでもいい**っていうのと、何だろうな、あくまで自分はそれを見ているっていうこと……ちょっと待ってください、説明の途中で宇多丸さんのどうしても堪えきれんみたいな笑い、何笑ったんですか？

★9『ヒース・レジャーの恋のからさわぎ』

1999年・米／監督：ジル・ジュンガー／出演：ヒース・レジャー、ジュリア・スタイルズ。28歳でこの世を去った名優ヒース・レジャーの初出演ラブ・コメディ。

宇多丸 いやいやいやいや、ORANGE RANGE〈★10〉でしょ！

古川 あ〜BGMがね。

宇多丸 **やっぱこのテンションがおかしい！ アガるね！**

高橋 アハハハハ！

古川 今日はもうここで引っかかったら……すべてがずーっとこのBGM、**とにかく景気のいいサマーソングがバックに流れてますからね。**

宇多丸 分かった、先行こう。

古川 自分の外側にあるア(↑)コガレの対象っていうのを見て、そこに同化したいとかそこにまざりたいっていう気持ちとは若干違うのかもしれないんですよね？

高橋 う〜ん、むしろ見ているほうが良かったりしますね。

宇多丸 ちょっと離れたところから見てるぐらいがいい。

古川 その見てる自分とア(↑)コガレの対象との距離感だったり、その間に引かれた線だったりを包括《ほうかつ》して、たぶんア(↑)コガレというんですね。

宇多丸 だから、〝ア(↑)コガレさせ〟になりたいわけじゃないんですよね？

古川 そう、それとは違うんですよ。

宇多丸 むしろ〝妖怪ア(↑)コガレたがり〟！ のままでね。

高橋 アハハハハ！

古川 その**ア(↑)コガレ対象と自分の間の線だったり、関係性だったりそういったものをア(↑)コガレと呼んでるのであって、自己投入型の妄想とは若干違うっていう。**

★10 **ORANGE RANGE**
沖縄を拠点に活動するYAMATO、HIROKI、RYO、NAOTO、YOHからなる男性5人組ロックバンド。2003年シングル『キリキリマイ』でメジャーデビュー。シングル『ロコローション』はオリコン週間チャート2週連続1位を獲得。

宇多丸　なんか小難しいこと言ってますけどね〜。

古川　というのが、ア(↑)コガレの定義だということで今日はスタートしたいんですが。

宇多丸　でもやっぱりね、リスナーのみなさんからア(↑)コガレのメールがいっぱい来てるんですね。

古川　続々来ましたね〜。

宇多丸　ただ言ってみりゃ彼らは**ア(↑)コガレ・ア(↑)マチュア**ですから。ここはひとつね、プロのスキルの差っていうんですか、ア(↑)コガレ力の差っていうんですか、まずヨシくんのア(↑)コガレの数々を、先週いろいろ聞かせてもらいましたけど、まだ持ちア(↑)コガレはいっぱいあるんですよね？

高橋　とりあえず**20個ぐらい**は用意してきたんですけど。

古川　20個あるわけですか、ア(↑)コガレ！

宇多丸　メールで「4〜5個ぐらいは新しいネタがあると番組的にありがたいんだけど」って送ったら、**すぐ「20個あるから大丈夫だよ」って返ってきて**。もう、**ちょっとした落語家**みたいな感じじゃないですか！

高橋　アハハハハ！

宇多丸　「どの話やる？」みたいな。

古川　「どの話聞きたい？」みたいな。

宇多丸　じゃあ早速、20個はアレですから時間の許すかぎりお願いします。

古川　大丈夫？　今プリントアウトが目に入った。

宇多丸　書いてきてるんだ！

高橋　はい、なのでちょっと夏っぽい感じの3席ぐらい……。

宇多丸・古川　3席ぐらい！　アハハハハ！

宇多丸　ア(↑)コガレの話す数詞が〝席〟って！　1席2席って、これいいですね～。

(♪BGM　H Jungle With T『GOING GOING HOME』流れる)

高橋　じゃあ、ジャブ、軽いものから始めたいと思っています。**〝横断歩道ア(↑)コガレ〟**っていう。

古川　どういうことですか？

高橋　甲州街道とか246(★11)みたいなちょっと大きめの道路の横断歩道で、時間帯は深夜ぐらい。終電がなくなってファミレスに向かってるのか、飲み屋をハシゴしてるのか分からないけど、男女5、6人ぐらいのグループが横断歩道を渡ってるんですね。2人、3人、1人ぐらいで散らばって歩いてる。そして半分ぐらいまで来たところで、突然1人のやつが**「白いとこ踏んだやつバーカ！」**って。

宇多丸・古川　アハハハハ！

高橋　で、みんなで「ひゃー！」「うぉー！」とか声を上げながらピョーンピョーンピョーンと白い線を踏まないように横断歩道を渡りきって、ワイワイやりながら夜の街の中に消えていくという……。

宇多丸　ジャブでそれ……？

高橋　これが〝横断歩道ア(↑)コガレ〟。

宇多丸・古川　アハハハハハハハハ！

古川　この人怖い！

宇多丸　あのさ、「これが〝横断歩道ア(↑)コガレ〟」って、プレゼンの仕方もおかしいですよね！

★11　246　東京都千代田区から神奈川県を経由し、静岡県に至る国道246号のこと。

高橋　え？　なんでなんで？

宇多丸　「これが〝横断歩道ア(↑)コガレ〟って。これさ、なんか話芸の新しいスタイルかもしれないね。だってオチとかじゃねえんだもん。シチュエーションしか言ってねえんだもん。

古川　ア(↑)コガレ、確かにオチがある話じゃないよね。

高橋　そうオチらしいオチは別になくてもいいんですよ。

宇多丸　要は若者たちが、それこそ打ち上げじゃないけど何ひとつ心配することなく遊んでる状態で、一瞬のとっさの思いつきで、新たなゲームが始まっちゃう。だから〝遊びア(↑)コガレ〟。とっさの〝遊びア(↑)コガレ〟。

高橋　そう、**ちょっとした茶目っ気やいたずら心がア(↑)コガレを生み出すケースはわりと多いですね。**

古川　なるほどね。確かに。

宇多丸　でもそんなのヨシくんなんかは実際、ゲ(↑)ンジツに……。

高橋　アハハハハ！

古川　今日はそういう問い詰めもありなの？

宇多丸　なかなかこういうことは現実にできんじゃないすか？

高橋　そこに乗っかってきてくれる人はなかなかいないですよ。

宇多丸　そうなの？

高橋　うーん、そうそういないと思いますよ。

宇多丸　僕、なんなら帰りにちょっと。

高橋　じゃあご一緒に〝横断歩道ア(↑)コガレ〟をぜひ。

宇多丸　急に言ってくれれば僕やりますよ。でもア(↑)コガレさせられるかな〜。

高橋　たださっきも言ったように、**これは別に自分がやりたいわけではないんですよ。**

宇多丸　あ、なるほど、見たい？　え、どういうこと？

高橋　信号待ちの車から見ている感じの距離感というかね。

宇多丸　アハハハ！　すごいね、そこも妄想が入ってるんですね、車っていう。車持ってないのに。

古川　砂上の楼閣シートだよね。見る側ももう……。

宇多丸　ヨシくんは渡ってくるこっち側にいて、そいつらがワー！　って騒いで自分に当たっちゃったりしてちょっと迷惑がかかるとか、現実だとそういう事故があるわけじゃないですか。その場合はどうですか？

高橋　そのへんはもうぶつからないように……まあ、彼らはディズニーランドでいうところのキャストみたいなものなので。

宇多丸　あ、キャスト！

高橋　だから、邪魔になりそうだったら彼らが渡り終わるまで端の方で待ちますよ。

宇多丸　**あくまで観察者として……。**

古川　アハハ！　さすがですね〜。

宇多丸　これがジャブか〜。

古川　ちょっとどんどん聞きたいですね。

宇多丸　こんなん掘り下げてる場合じゃねんだよ、1個1個な。

ア(↑)コガレ専門家、ア(↑)コガレ怪獣による話芸

高橋　じゃあ次。これはちょっと夏っぽいんですけど〝土砂降りア(↑)コガレ〟っていう。

古川　何かありそうな。

宇多丸　季節的にはね。

(♪BGM　浜田麻里『Return to Myself』流れる)

高橋　これは舞台はオフィスですね。急に外が真っ暗になってものすごい勢いで雨が降ってくるんですよ。

宇多丸　にわか雨が、はいはいはいはいはい。

高橋　で、みんなで窓のほうに集まって外を見て「なんかすごいことになってきたね～」って。そうしたら「うわー!」「ひゃー!」とか言いながら、営業で外回りに出ていた男２人女１人のチームがずぶ濡れになってオフィスに入ってくるんですよ。「うわ～、もうすごい雨ですよ～、いやマジでやばいっす!」って。で、同僚のみんなが「大丈夫? 風邪ひくよー」みたいな感じでハンカチとかで彼らを拭いてあげるんですね。そうこうしてると今度は上司がやってきて、「おまえら、風邪でもひいたらアレだからこれに着替えろ」とか言って、会社で作ってるノベルティのＴシャツを持ってきて。

宇多丸　はいはい。ダサイやつね。

高橋　カッコ悪いキャラクターが入ってるような。で、「え～、こんなのイヤですよ～。こんなの着て働けないですよ～」ってゴネるんだけど、上司は「バカおまえ、忙しい時期なんだし風邪ひいて休まれでもしたら困るから、いいから着替えろ。別に外に出るわけじゃないんだから

いいだろ」と。そうしたら観念して「はーい、分かりましたー」って。で、トイレとかで3人がノベルティのTシャツに着替えてきて、周囲のクスクス笑いの中で「マジかよ～」って照れ臭そうにしながら仕事を再開するんです。で、そうすると、**なぜか土砂降り以前よりみんなの作業の効率が上がってるんですよ。**

宇多丸・古川　フハハハハハ!!

高橋　モチベーションもなんか上がって、その部署全体に一体感も出てきて、「あの書類どうなった?」「もうまとめてあるよ」「おー!　すげえ助かる!」みたいな感じになって……これが**〝土砂降りア(↑)コガレ〟**。

宇多丸　ウハハハハハ!!　今の話の落とすポイントが分かんねえんだけど。ワー!　って能率が上がってっていう〝土砂降りア(↑)コガレ〟。ヨシくんはまずさ、うちでいつも1人で原稿とか書いてるから、チームで仕事をするア(↑)コガレがあるわけだよね。

高橋　それはちょっと強いかもしれない。

古川　〝職場ア(↑)コガレ〟の1バリエーションといえるわけですね。

宇多丸　かつてはだって『blast』編集部〈★12〉っていうね、女性もちゃんといるショ(↑)クバで働いてたじゃないですか。ヒ(↑)ラサワさんが。

高橋　**あんまり良い土砂降りに恵まれず……**。

古川　アハハ、じゃあ次いってもらっていいですか?　どんどん聞いてみたくなっちゃった。

高橋　ホントですか～。次ね、これかなり自分の中で好きな……。

古川　それちょっと聞きたいですね、好きなって言われたらね。

★12　『blast』編集部
高橋芳朗が在籍していたヒップホップ／R&B専門誌。当時の編集長は平沢郁子。

宇多丸　好きだからア(↑)コガレなはずなんだけど。まあいいや。

高橋　ちょっと長いんですけどね。〝草野球1人足りないア(↑)コガレ〟っていう。

(♪BGM キマグレン『LIFE』流れる)

大会とかに出るわけじゃない、休日だけ趣味でやってるような草野球チームなんですけど、試合当日になって急に1人来られなくなってしまったんですね。まさに１人足りなくなってしまった。で、「どうしよっか、困ったね」って話してたら、犬の散歩がてら試合の応援に来た友達の女の子が目に入って。で、彼女に「そうだ、悪いけどメンバー足りなくなって今から誰か呼んでも間に合わないから、ちょっとおまえ入ってくんない?」って。当然彼女は「えー? そんなの絶対無理だよ!」って拒否するんだけど、「いやホント頼む! もうライトとかで立ってるだけでいいからさ、形だけでいいからちょっと入ってくんない?」って食い下がると、「え～」とか言いながらも結局その女の子は試合に出ることになるんですね。

宇多丸　ユニフォームは着るわけ?

高橋　あ、いい質問ですね。ユニフォームはないんですよ。でもブカブカの野球帽と、あからさまに体に不釣り合いな大きいグローブを着けてライトの守備位置につくんです。

宇多丸　とりあえず行くしかない。

高橋　でも守備位置につくんだけど、いきなりライト線ギリギリのところに立ってたりして。で、「バカおまえそんなとこ突っ立ってどうすんだよ!」「だって分かんないも～ん!」みたいな。

宇多丸・古川　アハハハハハハハ!!

高橋　そんなやりとりがあって。で、試合が始まるんだけど、とりあえずは滞りなく進行していくんですよ。

宇多丸　ライトに球が飛ぶこともなく。

高橋　そう。で、最終回。勝負を分ける決定的な場面で、今まで一度もボールが飛ばなかったライトにフライが上がるんですよ。で、「ライト行ったー!」ってみんながライトの方にパッと視線を向けたら、女の子が完全に試合に飽きちゃって、**グローブを頭の上に乗っけて四つ葉のクローバーとか探してて。**で、「おまえ何やってんだー!」ってチームメイトの怒声が飛び交う中、相手チームのベンチも「回れ回れー!」って大騒ぎになって、女の子が連れてきた犬もびっくりしてワンワン吠え出したりして、もうグラウンド内が騒然となっちゃって。

宇多丸　ワハハハハ!　賑やかになってね~。

高橋　そんな感じで大騒ぎになってるから女の子は何が起こったんだろうってあたふたしてるんだけど、もうボールがどこに飛んだか完全に見失っちゃって、最終的には気がつくんだけど時すでに遅しで外野の奥の方まで抜けていっちゃって。で、センターがフォローに駆けつけるんだけどランニングホームランになって、結局そのチームは負けちゃうんです。

宇多丸　そうなんだ!　たまたま捕れちゃうとかじゃないんだ。

高橋　それで「ごめ~ん……」って女の子がしょんぼりしながらベンチに帰ってくるんだけど、でもチームメイトのみんなは特に怒ったりすることもなく、むしろ「おまえ何やってんだよ~、あ~、腹痛え~」とか言って爆笑してたりして。で、みんなでワイワイやりながら打ち上げのファミレスに向かっていく……これが〝草野球1人足りないア(↑)コガレ〟。

一同　アハハハハハ!　アーハハハハハ!!　アーッ!

宇多丸　あのさ、どうやって思いつくの?　これ。

高橋　自然に。

宇多丸　結末の部分から逆算で思いつくのか、それともだんだん野球のメンバーが足りなかったらで始めて理想的な展開になっていくのか。

高橋　やっぱさ、女の子が野球やってる絵ってなんかいいじゃん。

宇多丸　それでいちばん効果的にアガるのはどうなるかっていう、わりとそんな感じだ？

高橋　そうそうそう。相手チームはたまったもんじゃないと思うんですよね。試合に勝ったけど勝負には負けた、みたいな。これ、勝ってもあんまりうれしくないと思うよ。

宇多丸　さっきの雨が降ったあとに能率が上がるじゃないけど、その実質とは別のマジックが何かかかってる状態ね。

（♪BGM　ゆず『夏色』流れる）

高橋　これは結構ア(↑)コガレません？

宇多丸　まあまあまあ。いい話みたいな。

古川　強力だな〜。

高橋　僕はこれすごい好きなんです。

古川　確かに登場人物として物語に関わってるとかいうんじゃないもんね。それの一連を見たい。

宇多丸　なんかいい話って、ストーリーとかいらねえのかなっていう。

古川　オチはないからね。

高橋　オチがないから誰でも参加しやすいという……。

宇多丸　参加ってなんだよ。

高橋　アハハハハ！

古川　まぁまぁ、こういう話を開帳し合うね。

宇多丸　でもこのクオリティは無理じゃねえかな〜。じゃあ、もうちょっと聞こうよ。

高橋　この3つぐらいあれば十分かと思ってたんだけど。

宇多丸　いやいやもっと聞きたい！　**もっと聞かせろ！**　もう1席！　もう1席！

高橋　アハハハ！　じゃあどうしようかな……日常でみんな見過ごしてるようなア(↑)コガレ。誰もがたまに見かけるようなシーンにあるア(↑)コガレ……小ネタなんですけど、〝**両手ふさがりア(↑)コガレ**〟。

宇多丸　フハハ。ちょっと待って、不穏な感じがしてますけど。

高橋　いろんなバリエーションがあるんですけど……例えば、映画館でポップコーンのLとコーラのLを2つずつ抱えて、それで口にチケットをくわえて、こう膝を曲げてシネコンの係の人にチケットを見せて入り口に入っていく、みたいな。

古川　アハハハ！

宇多丸　ちょっと待って、それア(↑)コガレなの？　1人で持たされてバカヤロー！ってことじゃないの？

高橋　ア(↑)コガレでしょ！

宇多丸　要するに誰かが待っている。「急いでよ」にも通じるけど、楽しいことが待っている手前のちょっとした不都合？

高橋　そうそうそうそう。

古川　俺は1人で2つ食うんだよってやつだったら、また違う。

高橋　それはちょっと寂しいよね。

宇多丸　こうやって両側に置いて**2枚使い**〈★13〉**の……。**

古川　腹減ってんだよねってのとはちょっと違うと。

高橋　あと空港で片手でトランク転がして、もう片手で結構でっかいボストンバッグを持って、それで**パスポートを口にくわえて**足早にゲートに向かってる、とか。

古川　アハハ！　口にくわえんのが結構……。

高橋　なんかさ、その人のちょっとした茶目っ気というかいたずら心が垣間見れるというか……きっとこの人いい人生送ってるだろうな、みたいな。

古川　口にくわえてるぐらいのほうがいい人生？

宇多丸　でもさ、チケットとか口にくわえようかなとか考えるけど、**汚えぜ！**　だってあれ、通すんだよ機械に。

高橋　そのへんは唇を使って**うまい具合に。**

古川　挟み方の話？

宇多丸　そこだけは妙にリアリズムじゃねえかよ！

高橋　あと、ケンタッキーのファミリーパックのいちばんでかいのが入った袋を両手に持って、**これから向かうところの地図を口にくわえてる、**とかね。

宇多丸　アハハハ！　どうしても、**どうしても口にくわえる！**

高橋　そういう人が歩いてたら凝視しちゃうよね。どこに行くんだろう？って。

宇多丸　間違いなく、行ったことない場所でのパーティーだもんね。

古川　そいつはたぶんナイスガイだしね。そんだけの荷物を持っていくってことはね。

★13　**2枚使い**
本来はヒップホップ用語。同じレコード2枚を左右2台のレコードプレイヤーに乗せてフレーズを反復させるテクニック。

宇多丸　そうか、そこから見える人の好《よ》さとか、故にいい人生を送ってんだろうな感。

古川　いい友達もいるんだろうな感。

高橋　口にくわえてるだけでその人の人生に広がりが出るよね。

古川　口にくわえる推しだな。

（♪BGM　爆風スランプ『リゾ・ラバ -Resort Lovers-』流れる）

宇多丸　口にくわえるものはわりと平らなもんじゃないと駄目でしょ？　なんかこう**筒状のもの**をこう……。これはNGでしょ？

高橋　でもほら、**女の子がヘアピンをくわえて髪の毛まとめてるのとか**いいでしょ？

宇多丸　やっぱ口を使うっていう、ちょっとしたイレギュラー感が基本的にはいいということ？

高橋　そうそう。トイレとかでも手を洗ってそれからハンカチを出して手を拭くより、先にハンカチを出して口にくわえて、それから手を洗う方のが全然いいでしょ？

宇多丸　ハンカチを口にくわえるのって俺、本末転倒じゃねえのかって思うんだけどね、時々。

高橋　なんで？

宇多丸　汚ねーじゃねーかって。

高橋　それはまた**唇をうまい具合に使って**。

古川　アハハハハ！　その一点張りだよ、唇のここでっていう。

宇多丸　まだもう1席ぐらい行けるんじゃないすか？

高橋　マジすか！

古川　ちょっとじゃあ行きましょうか。

宇多丸　行けるとこまで行こう。

高橋　どうしようか……どれにしようかな。

宇多丸　**このデスマッチ**で一晩中行きたいぐらいだよ。ア(↑)コガレデスマッチで。

古川　この人どこまで行けんだろう。どこまで連れていかれんだろう僕たち、みたいな。

宇多丸　これ、なんか新しい話芸のスタイル切り拓いた感じするな。

古川　一発ネタとも違うしな。いい話とも違うしな。

高橋　じゃあ〝**電話声色ア(↑)コガレ**〟は?

宇多丸　アハハ!　電話声色ア(↑)コガレ。いいですね〜、ネーミングがもうね〜。

高橋　こちらから女の子に電話してもいいし、例えば女の子とお茶してる時にその子に電話がかかってきたってシチュエーションでもいいんですけど、電話に出た女の子がもうバレバレの機械的な声色で**「アナタガオカケニナッタバンゴウハ、ゲンザイツカワレテオリマセン」**って出る、という。

古川　いたずらってこと?

宇多丸　茶目っ気。別にそんぐらい現実にない?　そんなもん。

高橋　でもここまでやってくれる子はなかなかいないですよ。

宇多丸　確かにそれをやる子はいないな〜。これを聴いた女子たちはぜひこれやってみてください。でもこれア(↑)コガレだから実際にやられると**「てめえふざけんじゃねえよ」**っていうことになるか。

高橋　ちょっとめんどくさい手間を入れていくと、ア(↑)コガレが生まれる可能性が高くなると思うんですよね。

宇多丸　一手間加えると、みたいなことか。

高橋　さらに付け加えると、その電話を受けた男の方がブチッて切っちゃったりしてね。で、女の子がすぐにかけ直してきて「なんで切るの！」みたいな。

宇多丸　信頼の上でのじゃれ合い感が。

古川　グルーミング感が。

高橋　ちょっとワンクッション入れてみる？

宇多丸　うれしそうに言うねえ。

高橋　アハハハハハ！

宇多丸　いいですね。まだ行けるよ、全然。

高橋　じゃあ、ちょっと今まで紹介したのとはタイプが違うものを……先ほどアメリカに実際あるペイントボールの話をしましたけど、そういう方向で1つ。

宇多丸　そういう遊びですね。

高橋　これは**〝キス・ミー・ア(↑)コガレ〟**っていうんですけどね。

（♪BGM　JUDY AND MARY『Over Drive』流れる）

宇多丸　ん？

高橋　うん、〝キス・ミー・ア(↑)コガレ〟。NBAのハーフタイムとかメジャーリーグのイニングとイニングの間とかにシックスペンス・ノン・ザ・リッチャー〈★14〉の『Kiss Me』って曲がかかって……あ、この曲、知ってます？

宇多丸　ちょっと分かんない。

★14 **シックスペンス・ノン・ザ・リッチャー**
アメリカのロックバンド。ギタリスト兼ソングライターのマット・スローカムが教会でリー・ナッシュに出会ったことを機に結成。1999年にシングル『Kiss Me』が全米の注目を浴び、グラミー賞にノミネートされるが、2004年に解散を発表。

高橋　『シーズ・オール・ザット』〈★15〉って青春映画のテーマソングで、大ヒットした曲なんですけどね。

宇多丸　あなた好きですよね〜。

高橋　超甘酸ソングなんですよ。この『Kiss Me』がハーフタイムに流れると、スタジアムのカメラがスタンドにいる男女カップルをガンガン抜いていって、スクリーンに映し出していくのね。で、『Kiss Me』がかかってる時にスクリーンに映されたカップルはキスしないといけないの。

宇多丸　いけないいんだ！

高橋　去年ドジャースタジアムで実際に体験したんですけど、これがもうめちゃくちゃ盛り上がるのよ。で、これの面白いところがさ、カップルといっても必ずしも恋人同士とは限らないわけですよ。

宇多丸　はいはい、友達で来てるかもしれない。

高橋　そう、友達で来ている男女も当然いるわけですよ。

宇多丸　上司と部下かもしれない。

高橋　そうそう。そこでちょっと照れくさそうにキスする人、ガチでいく人もいれば、ほっぺたにチュッと可愛らしくやる人もいて、とにかくものすごく盛り上がって。**やっぱりこいつらが考えることはハンパないな**って。

宇多丸　やっぱア(↑)メリカから上陸した概念だからね、ア(↑)コガレ。

高橋　うん。ア(↑)メリカから上陸してるともいえるね、これ。

宇多丸　アハハ！　高橋くん的にはね、なるほどなるほど。ア(↑)メリカは実際ア(↑)コガレがもう、高橋くん的には満載。

★15『シーズ・オール・ザット』

1999年・米／監督：ロバート・イスコヴ／出演：フレディ・プリンゼ・Jr.、レイチェル・リー・クック。シックスペンス・ノン・ザ・リッチャーのヒットシングル『Kiss Me』が主題歌に採用され、若者を中心に反響を呼びヒット作となった。

高橋　ア(↑)コガレづくりがうまいんですよ。

古川　**メイキング・ア(↑)コガレ**がね。

宇多丸　ア(↑)コガレさせのシステムが良くできてる。

高橋　良くできてます。そこはやっぱりアメリカは**ハグの国だから。**

宇多丸　え？　アメリカはハグの国？　初めて聞きましたよ、そのフレーズ。いやいやいやいや、**なんか俺もう疲れてきちゃった。**頭痛がしてきた。なんかフルキャン〈★16〉もさ、メール読んでて頭痛くなってきたって言ってたよね。

古川　**人の大量のア(↑)コガレを過剰に摂取すると体に変調を来《きた》すって、先日初めて知ったんです**けど、今またちょっとそれをね、それを思い知らされてます。

高橋　すみません、失礼しました。

宇多丸　このあといろんなみなさんからのア(↑)コガレを紹介していきつつ、間にあれですよ、名人からの1席もどんどん挿《はさ》んでいっても全然構いませんから。

高橋　分かりました。

宇多丸　そこ、1席！　**よっ、もう1席！**ってあると思いますのでね。ではこのあとみなさんのア(↑)コガレを聞いていきましょう。

（♪ＢＧＭ　石川優子とチャゲ『ふたりの愛ランド』流れる）

リスナーのみなさんから寄せられた大量ア(↑)コガレ

★16　**フルキャン**
構成作家・古川耕のあだ名。放送中、ごくまれに宇多丸がこの呼び方を使う。

宇多丸　まずさ、サマーソング特有の過剰なハイテンションに、もうすでに面白くなっちゃうよね。

高橋・古川　アハハハ！

古川　BGM選んでる最中にみんなで爆笑してましたからね。

宇多丸　そしてここからはですね、やはり番組内にも妖怪ア(↑)コガレたがりが跋扈《ばっこ》しておりますので、スタジオに入れてみたいと思います。番組アドバイザーのせのちんです！

妹尾匡夫（以下、妹尾）　はいどうも妹尾でございます。

宇多丸　そしてやはりここはね、妄想といえばこの人になりますね、我が番組が誇るミューズ、しまおまほさんです。

しまおまほ（以下、しまお）　どうも。フッ、**もう無理……。**　フフッ、もう最初に言っておくけど**無理ですから。**

宇多丸　でも名人のア(↑)コガレの……。

しまお　**名人すぎる。話がさぁ、面白すぎますよ！**

妹尾　ホント勉強になる。台本を書く時の勉強になるよね。

宇多丸　なんかやっぱリアリティがね。

しまお　そう、情景がパッと浮かんでくるんですよ。

高橋　ホントですか？　ありがとうございます。

妹尾　素晴らしいシーンというわけではない。**さりげないというところが。**

宇多丸　そんな劇的なことが起こりすぎないというね。褒められてますよ。

高橋　いや〜、すごいうれしいです。

宇多丸　ということで、のちほど我が番組のア(↑)コガレたがりのア(↑)コガレも聞いていきたいと思うんですが、まずはリスナーのみなさんからも大量に寄せられておりますア(↑)コガレ、ご紹介していきたいと思います。

古川　たくさん届いてですね、じゃあまずさっきヨシくんに1席ぶっていただいたやつにちょっと近いあたりからいってみようかな。じゃこれをお願いします、宇多丸さん。

(♪BGM　サザンオールスターズ『真夏の果実』流れる)

宇多丸　はい、長野県男性、農機具さんの1席です。

「僕のア(↑)コガレは、**フットサルをした際に相手のチームにめちゃめちゃ可愛い女子がいるア(↑)コガレ**です。しかもこの女子はただの可愛い女子ではなく、めちゃめちゃサッカーがうまく、僕らのチームはほぼその女子1人にチンチンにされ、ボロ負けします。そして試合後雑談をしているうちに、**その女子がなでしこジャパンの選手であることが発覚**。僕はチームの人たちと、そのなでしこジャパンの選手を中心に記念撮影をし、その場は解散。そして数カ月後、何げなくなでしこジャパンの試合を見ていると、一緒にフットサルをやったあの子が試合に出場している。僕は、あんなすごい選手とフットサルをやっていたのか……と思うシチュエーション。ということで僕のア(↑)コガレは、〝**あんなすごい選手とフットサルをやっていたのかア(↑)コガレ**〟です」

一同　お〜。

宇多丸　ということなんですけど、これいかがですか？　先生。

高橋　いいですね。それで**女の子が悪質なファウルを受けて足を引っかけられて転んだりするとなおいいですね。**

宇多丸　そこで、あぁっ！って心配する。

高橋　そうそうそう。あと、前に会った時に「頑張ってください」ってプレゼントしたミサンガを着けて試合に出ていたりしたら、もうたまんないですよね。

一同　ああ〜！

古川　**さすが瞬時に、ア（↑）コガレますね〜。**

妹尾　足していくね〜。

古川　瞬時にア（↑）コガレが生まれてますね。

高橋　このへんの要素を加えていうと、よりア（↑）コガレが高まりますよね。

宇多丸　ちなみにこの選手と恋愛感情というか、そこに発展していくムードはあるんですか？

高橋　う〜ん、そこはやっぱりないほうがいいんじゃないでしょうか。

宇多丸　その手前で止まるところ。理解の入り口に立った時がときめく〈★17〉、という私の持論も裏付けるかのように。

高橋　ただ、恋愛や甘酸《あまず》〈★18〉系のア（↑）コガレはわりと生み出しやすいというのはあります。

宇多丸　甘酸系っていうのは説明が必要ですよね、食べ物かよ！ってなりますから。甘酸っぱい、甘酸系。

古川　そうね。テクニカルタームだよね。

高橋　すいません、あなたたちと話しているとこのへんのワードが自然と。

しまお　このア（↑）コガレのポイントって、熱しやすく冷めやすいというか、あれ何だったんだろうね、ぐらいの感じがありますよね。

一同　あ〜。

しまお　ああいう人いたよねってこうさ、もう3、4年後には。

★17 **理解の入り口に立った時がときめく**
宇多丸、高橋芳朗、古川耕らが『blast』誌上で連載していた座談会（単行本はシンコーミュージックより）の中で議論された〝ときめき〟の本質についての結論。

★18 **甘酸**
このあと、高橋芳朗はTBSラジオで始めた『高橋芳朗 HAPPY SAD』『高橋芳朗 星影JUKEBOX』でも、度々ア（↑）コガレ話を披露。〝甘酸師匠〟と呼ばれるようになった。

▲高橋芳朗による〝ア(↑)コガレ〟の1席は、ただの妄想話を飛び超え、新しい話芸のスタイルを確立した。

▼宇多丸、古川耕とは古い友人という間柄。『ブラスト公論』のメンバーでもある。

宇多丸　ちょっと淡い感じで過ぎていくぐらい。

妹尾　過ぎていくって結構ね、ポイントかもしれないね。

宇多丸　その時だけのいい関係だったり、空気だったりっていうことなんですかね。

高橋　現実だったのか幻想だったのかも定かじゃなくなってくるような……。

宇多丸　ていうか妄想だけどね。

一同　アハハハハ！

古川　**基本的には全部砂上の楼閣ですからね、今日はね。**

宇多丸　さっそく1席目から。このぐらいでございます。

古川　じゃあ次の方いってみましょうか。

宇多丸　それでは、愛知県のリョウタさん、男性からの1席です。

（♪BGM class『夏の日の1993』流れる）

「僕のア（↑）コガレは、僕は人気俳優です。しかし**テレビドラマには一切出ない映画俳優です。**その俳優が、オシャレめの1対1のトーク番組に呼ばれて（『トップランナー』〈★19〉的な）。司会者『今日は俳優の○○さんです』自分『あ、こんにちは』司会者『あれ？　今日はいつもと感じが違いますね。ひげがすごいですね。次の映画の役作りのために生やしてらっしゃるんですか？』自分『いやあ、今は撮影が入っていないので剃ったりするの面倒くさいので、そのままにしているんですよ』。〝**この部分ア（↑）コガレ**〟です」

妹尾　アハハハ。

宇多丸　『いやあ、今は撮影が入っていないので剃ったりするの面倒くさいので、そのままにしているんですよ』。この言葉を言いたいんです。なんか粋な感じがしてカッコよくないですか？

★19『トップランナー』
1997年〜2011年までNHKで放送されていたトーク番組。ミュージシャンや歌手、俳優、作家などの著名人をゲストに迎え、その素顔や本音に迫る。

仕事が今はオフ感みたいな。ひげの感じは撮影が入っていない時に家族サービスしてるところをパパラッチに撮られたブラッド・ピット〈★20〉みたいな、仙人的な感じです。僕の記憶が正しければ、昔『テレフォンショッキング』に出演した香川照之〈★21〉さんがこんな感じのことをトークしていました」

しまお　あ〜、なるほど〜。

宇多丸　この「僕は人気俳優」。つまりその……。

妹尾　人気俳優であることに憧れるわけじゃないんだよね。

古川　そう。それ自体ではないっていうことですよね。オフの姿をテレビに晒すア(↑)コガレ。

高橋　**無防備ア(↑)コガレ。**

宇多丸　要は、自分は評価されるべき仕事は十分ほかにしているからこその、**ちょっと余裕見せても大丈夫ア(↑)コガレ**っていうことでもあるんですかね。僕がライブ後に殊更にパンツ一丁で楽屋裏をうろついてるじゃないですか。あれは、ある意味その心境なんですよ。俺ライブ終わったあとなんだから、どんな格好でうろついていようといいだろ、っていう。ある種、ア(↑)コガレさせの。

古川　結構伝わりにくい類のア(↑)コガレさせなんだ。

宇多丸　みんな俺のこのパンツ一丁で歩ける様に、ア(↑)コガレているんじゃないのかい？　っていうね。

しまお　**難しいな〜。**

古川　キャッチしてる人はいるかもしれません。どこかにね。

★20 **ブラッド・ピット**
ハリウッドを代表する俳優の1人。1988年『リック』で映画初出演を果たす。代表作に『リバー・ランズ・スルー・イット』『インタビュー・ウィズ・ヴァンパイア』『セブン』『12モンキーズ』『ファイト・クラブ』『オーシャンズ11』などがある。パートナーはハリウッド女優のアンジェリーナ・ジョリー。

★21 **香川照之**
日本の俳優・歌舞伎俳優。父は歌舞伎役者の二代目市川猿翁。1989年、大河ドラマ『春日局』で俳優デビュー。2013年に出演した『半沢直樹』(TBS系)では、その迫力ある演技が評判となった。2011年、九代目市川中車を襲名。熱狂的なボクシングファンとしても知られる。

宇多丸　これいかがです？　先生。

高橋　いいですね。でもふいに終わるよね、ア(↑)コガレって。油断して聞いてたら「あれ？　終わったの？」みたいな。きっと僕のもそうだったんだろうけど。

一同　アハハハ！

古川　本人のテンションとちょっと違うからね。

宇多丸　**ア(↑)コガレ話のポイントは、どこで落ちるか油断できな**いっていう。

妹尾　行きすぎた感だよね。

宇多丸　ものすごい短い時もありましたよね。はいはいはいはい。

古川　あと『トップランナー』的な番組ということで思い出したんですけど、せのちんさんがね、『情熱大陸』……。

宇多丸　あー、せのちんさんのア(↑)コガレ1席ちょっとお聞きしようじゃないですか。

（♪BGM　ZONE『secret base ～君がくれたもの～』流れる）

妹尾　**〝『情熱大陸』〈★22〉ア(↑)コガレ〟**ですね。『情熱大陸』に取材されるわけですよ。

宇多丸　ない話じゃないですよね。

妹尾　最後、葉加瀬太郎がかかり、エンドテーマが流れ、窪田等《くぼたひとし》〈★23〉さんのナレーションが乗って。最後に取材対象者が**「こんなんでいいんですか？」**って言うのに憧れる。

しまお　アッハッハ！

宇多丸　これは説明が必要ですよ。うわっ！って感じでしょ？

妹尾　カメラクルーに「こんなんで大丈夫なんですか？」っていう。それで最終的に「頑張ってください」って会釈《えしゃく》してタクシーに乗るっていう。

★22 **『情熱大陸』**
1998年から毎日放送系にて放送されているドキュメンタリー番組。スポーツ選手、文化人、俳優、アイドルなど、さまざまな分野で活躍する人々を密着取材する。テーマソングは葉加瀬太郎作曲・演奏によるもの。

★23 **窪田等**
日本の声優・ナレーター。テレビやラジオ、CMなどの数多くのナレーションを行うが、中でも『情熱大陸』（毎日放送系）やF1グランプリ、ニンテンドーDSのCMでのナレーションが特に知られている。

宇多丸　**「と、妹尾匡夫は事もなげに言い放った」**

妹尾　つまり、〝言ってみたいア(↑)コガレ〟。

古川　取材対象になるような生活を十二分送ってて密着取材されてるのに、本人はその自覚が実は……ない。

宇多丸　至って、普通のことだと。

妹尾　「普段の毎日だけ撮って大丈夫なのかな」っていう。

一同　ああ〜!

宇多丸　**「僕の日常で番組になるんですか〜?」**

しまお　え〜っ!

宇多丸　でも、俺『情熱大陸』のその終わり方、観たことある気がしますよ。

妹尾　時々出てくるんだよ、やっぱ。うらやましい〜って思っちゃう。観ててね。

高橋　でも帰り方もいいですよね、タクシーに乗って引き揚げたりするの。

宇多丸　せのちんさんだって、いずれ取材されるという可能性はありますからね。

妹尾　でもたぶんね、**もし万が一あったとしても、言い忘れるね。**

一同　アハハハハハ!

宇多丸　言い忘れるとか、そんな!

妹尾　実は緊張してるから。

宇多丸　緊張して撮られてたら最後のセリフいきませんもんね、全然ね、頑張っちゃって。「**せのちんさんずっとネクタイしてるよ**」なんて。

一同　アハハハハ！

古川　「あれ？　そんな服だったっけ？　いつも」みたいな。

宇多丸　「せのちんさん、なんかチークしてねえ？」とかそういう。

しまお　うっすら眉毛描いてたり。

宇多丸　先生どうですか？

高橋　いいですね〜。

宇多丸　せのちんさんのだんだんアレなところが……これ、その人のアレなところが浮かび出てしまうというのがありますよね。

高橋　嗜好が見えてくるね、だんだんね。

古川　じゃあまたメールいきましょうかね。ちょっと毛色を変えてですね、コウヘイくんのメールをいってみようかな。少し長いですね。

宇多丸　久しぶりですね。コウヘイって、あれですか？　高校生のコウヘイ〈★24〉ですか？

古川　そうですね。ア（↑）コガレを、ちょっとこじらせた感もある感じをくみ取っていただければ。

宇多丸　若いうちっていうのは常にア（↑）コガレでね。体の90パーセントはア（↑）コガレでできてるみたいな。はい、じゃあいきましょう。ラジオネーム・コウヘイくんのア（↑）コガレ1席です。

（♪BGM　CHEMISTRY『Point of No Return』流れる）

「実は今日7月31日で18歳になりました」おめでとうございます。

しまお　おめでとうございます。

宇多丸　**「そんな日に、とっておきのア（↑）コガレを紹介します。それは……」**

★24 **高校生のコウヘイ**　『タマフル』初期からの常連リスナー。TBS前で出待ちをしていたことも。

しまお　そんな日……**知らないよ。**

一同　アハハハハ！

宇多丸　まず発想がおかしいよね。誕生日に。

しまお　教えてやる、みたいな体《てい》がおかしいよね。

宇多丸　「誕生日にとってきのア（↑）コガレを紹介します」って、知らんがな！

古川　頼んだわけじゃない。

宇多丸　じゃあいきますよ。「それは〝**関係者ア（↑）コガレ**〟です。去年は1回のみでしたが、今年に入り急に行く回数が増えた洋楽アーティストの出待ち&入り待ち」。「急に行く回数が増えた」って、これおまえの案配《あんばい》だろ、それ、っていうさ。洋楽アーティストの出待ち&入り待ちをコウヘイがしているんだ。

しまお　へえ〜。

宇多丸　「お金がないので肝心のライブは観ずに、ただ待っていることもしばしば。なぜこのような行動を取るのかというと、普段から聴いていて、好きで好きでたまらないアーティストの方たちに、自分という存在を知ってもらい、なおかつ、その人の肌に触れて、『やべえ、俺この人と触れ合ってるよ』という感覚に襲われたいからです。今まで最長で8時間ぐらい待ったことがあります。これだけ苦労しているにもかかわらず、我が物顔でさっそうと楽屋から入っていく関係者 a.k.a. ア（↑）コガレさせたち。**朝でもないのに『おはようございま〜す』**みたいな挨拶をし、明らかにお偉いさん気取りでこちらの様子をチラチラ窺いながら、おまえら一般人とは違えんだよ的な笑顔で入っていかれると、『負けた！　負けた〜！　俺もああなりてぇ～！』という敗北感に加え、『**あいつら、いつかシメたるわ！**』という怒りを感じます」

古川　なんでだよ～！

宇多丸　「いちばんむかつくパターンは、おまえ本当にファンなのか？　と疑問を抱きたくなるような風貌のア(↑)コガレさせが入っていく時です。そういう時は、『**今から何が目的なのかを俺に言ってから入れ！**』と思いながら終始しかめっ面をしています。なので将来アーティスト側になって、そのア(↑)コガレさせたちに取材を受ける立場になりたいというのが**僕の夢です**」

一同　アハハハ！

妹尾　**夢だよ、夢って言っちゃったよ！**　でもバックステージパスっていうのがあって、あれを貼りたいア(↑)コガレはあってさ。演劇なんかはあんまりもらえないのよ。音楽だとバックステージパス、ペタッて貼るやつ、あれもらった時にさ、ついつい見えるように胸に貼っちゃって。中にはジーパンの太ももに貼ってる人とかいるじゃない。あれア(↑)コガレしちゃうんだよね。

宇多丸　あれはね、胸に貼るもんじゃないですよ。やっぱズボンの太ももか、シャツでも斜め下か。

高橋　絶対そうだよね。

妹尾　胸に貼っちゃって、「あ～失敗した、これ素人だ～」と思って貼り直そうかなとしたんだけど、**もう粘着力なくなってるみたいな。**

古川　それ、毎回ご苦労なさってるんですね。

宇多丸　これどうですか、ア(↑)コガレ。音楽関係で、完全にお偉いさん気取りで入っていくア(↑)

コガレさせ。僕なんかもう、中でパンツ一丁。コウヘイが8時間待ってる時、**僕は我が物顔でパンツ一丁。**

古川　アハハハ！　コウヘイが8時間待ってる間にね。

しまお　〝**マタセ**〟だもんね。

古川　〝マタセ〟だね。

妹尾　また妖怪出た！

古川　待つ人イコール〝マタラセ〟だから。

宇多丸　嫌だな、〝マタセ〟って名前。

古川　これはでもア（↑）コガレというよりか、「僕の夢です」っていう締めだから。テイストがちょっと違うってことかもしれないですね。

高橋　こじらせてますね。

宇多丸　なんかあとシチュエーションにまったくひねりがない。

古川　ちょっとおまえ自分勝手すぎるだろ、っていうのも若干あるよね。

宇多丸　「負けた～！」って、アハハハハ！　じゃあ、次のいってみましょう。府中市、ワールドイズマインさん。男性33歳の1席です。

（♪BGM　夏川りみ『涙そうそう』流れる）

「僕のア（↑）コガレは、〝**結果を確信し、見ないでその場を去るア（↑）コガレ**〟です」

一同　アハハ！　あ～。

宇多丸　「これは僕が子供の頃、戦隊ものや『宇宙刑事ギャバン』〈★25〉等のヒーローものを夢中で観て

★25『宇宙刑事ギャバン』　1982年～1983年にテレビ朝日系で放送された特撮テレビ番組。宇宙犯罪組織から地球を守るべく、銀河連邦警察より派遣された宇宙刑事ギャバンの活躍を描く。

た時に芽生えたものです。フィニッシュホールドを決めたヒーローは敵に背を向け、カメラに向かって悠然と歩き始める。後方でフラフラしている敵は数秒後に大爆発。それを確認せずに炎に背を向けこちらに向かって歩き続けるヒーローに、僕は男のロマンと果てしないア(↑)コガレを感じてきました」

高橋　ああ～。それ分かるよな～。

妹尾　めちゃくちゃ分かる。

宇多丸　「あれから二十数年、僕は日々の生活で車から降りる時、ドアを閉め、**車に背を向けた状態で歩きながらリモコンをロックする**」

一同　アハハハハ!!

古川　それ見たことある！　そういう人！

宇多丸　「で、小さなア(↑)コガレの達成感を味わっています」

妹尾　それは分かるわあ～。

宇多丸　まずさ、「大爆発をバックに悠然と歩く」は、これはもう本当に男のア(↑)コガレ。

しまお　だって爆発なんか普通は見たいですよね。

宇多丸　本当だったらね。そうだし、背後で爆発起きてたら普通は怖いわけですよ。でも、どの程度の規模かも分かってるわけ。

古川　ここは大丈夫っていうのを見切ってる。

宇多丸　見切ってるア(↑)コガレですよね。後ろを確認せずその場を去るっていうね、これもう普通じゃないわけですから。**見ろや**っていう話だから。

古川　確かにリモコンキーで車のロックを閉じる人で、たまに本当に車のこと見ないで。

宇多丸　そっぽ向いてて。

古川　動き始めてピッみたいな人がいて。あれ毎回気にはなってたんですよ。

宇多丸　なんなら両手に抱えて、何かくわえながらのピッなんかも。

高橋　いいっすね〜。

古川　何かは感じたのよ。僕のア（↑）コガレ回路がまだそこまで発展してなかったから、それはア（↑）コガレとしてはキャッチできてなかった。けど彼らは発してたんだね。

宇多丸　**「おまえ、今ア（↑）コガレさせただろ？」**って。

古川　ビンビン出してたんですね、なるほどね。

しまお　これとはちょっと違うけど、何でも結果を見ずにその場を去るって、私なかなかできないんですよ。飲み会でもなんでも途中で帰らずに最後までいる。何か面白いことあるかもとか思ってさ。

宇多丸　そりゃそうですよ。俺がいなくなったあと面白いことになっちゃうんじゃないかと。

しまお　そうそうそう、残らずにはいられないから。

宇多丸　**〝いなくても平気ア（↑）コガレ〟**。

しまお　途中で帰る人とか、むちゃくちゃカッコいいなって思っちゃいますもん。

宇多丸　あ〜、それだけで。

古川　途中で帰るやつはカッコいい。

宇多丸　**「え？　途中で帰れんの!?」**みたいな。

一同　アハハハハ！

妹尾　帰ってもいいんだ。

宇多丸　だからある意味、我関せずじゃないけど、自分の道を行く感じですよねえ。

妹尾　途中で帰る時はね、へりくだるだけへりくだって「ごめんね～」とか言っちゃ駄目なんだね。スッと行かなきゃ駄目なんだ。

宇多丸　俺なんかもう、その前に解散させるけどね。**俺が帰るんだから解散しろよ**って。

しまお　ハハハ！

古川　俺が帰れば終わりだというね、なるほどね～。じゃあちょっとこの人何通か書いてくれたんで、まとめて3つぐらい読んでもらいましょうか。

宇多丸　じゃあ、貫く棒の如きものさんの1席です。5つある中で3席ご紹介したいと思います。

（♪BGM　井上陽水『少年時代』流れる）

「新しくできたショッピングモールでのイベントに雑用として派遣され、炎天下、着ぐるみに入る兄ちゃんたちが、頭をはずして死んだように休憩中。そこに、『お疲れさまです！』と言いながら1人1人にジュースを配って回るちょっとした〝**救世主ア（↑）コガレ**〟」

妹尾　あ～、助け舟ア（↑）コガレね。

宇多丸　軽い感じのアレですね、職場のチームワークア（↑）コガレですかね。これ先生だったらもうひと発展するんじゃないですか？

高橋　そうだね……どういうのがいいかなあ。

宇多丸　でもやっぱ配るのは女の子。本人じゃなくて女の子が配っているア（↑）コガレっていう、1個シチュエーションも俯瞰《ふかん》してるのが先生ですかね？

高橋　でもね、これはもう女の子いらないかなっていう。

宇多丸　あ、男たち？

高橋　ステージで着ぐるみ着て子供たちを喜ばせて、で、舞台裏に引き揚げてきて頭だけ外して「はあ〜」って達成感に浸りながらコーラ飲んでたりするだけでもう十分にア（↑）コガレかなって。

宇多丸　あ！　子供たちをさんざん喜ばせて、〝真のヒーロー〟だっていう感じア（↑）コガレですかね。しかも人知れず。

高橋　1人でこうやってコーラを。

一同　ハハハ！

古川　そこは1人なんだね。

高橋　そのほうが何か「いい夏を過ごしてるなぁ」みたいなね。

宇多丸　じゃあ次いきますか。貫く棒の如くさん、あと2席ありますから。「スランプから脱出した小説家。書き下ろしの私小説。最後の1行をキーボードに向かって打ち込む。ちょっとためらってから、エンターキーをターン。深く、長く息をついて隣の部屋へ。長年連れ添った妻の遺影にそっと手を合わせて涙を流す」

一同　アハハハハハハ!!

宇多丸　「バッシングを受けたけれど、一度は筆を折ろうとしたけれど、おまえのおかげで立ち直れたよ。**〝今は改心したかつての売れっ子作家ア（↑）コガレ〟**」

一同　あ〜……。

しまお　いろいろな要素がありすぎて。

妹尾　これはカミさん亡くならないといけないっていうね、そこに問題がちょっと。幸が薄い。

宇多丸　隣の部屋にって、長いんだよ！　長いしさ、やっぱ名人のに比べるとフィクショナル感がかなり強い。

古川　ちょっとどっかで見たことある感じは否めないね。

宇多丸　自然な一風景ではないですね。

高橋　特殊すぎるね。

古川　そのシチュエーションが好きなだけじゃないの？　っていう。

宇多丸　でもこの話には、どこに連れていかれるんだろうっていう醍醐味はちょっとありますね。

古川　このシリーズ、オチが分からないシリーズですからね。

高橋　ていうか人1人死んでるからね。

宇多丸　要はさ、自分のア(↑)コガレのためなら妄想とはいえ人1人殺しても平気だというね。

古川　暴力的ですね、確かにね。

宇多丸　あとね、「浴衣を着た女子数人がふざけて、『あ～した天気にな～あれ！』と言いながらポーンと放った下駄が自分に当たって、『すいません』『こちらこそボーッとしておりまして』『すいません』『いえいえ』ってなる。大したことないんだけれど、お互い顔を真っ赤にして気遣い合う、夏祭りで遭遇した〝**無限すいませんア(↑)コガレ**〟」。

妹尾　これはなんか分かるね。

古川　淡い恋以前の感じのシリーズ。

高橋　神社前だよね。

宇多丸　赤の他人同士が、ふとしたことで思わず顔を赤くするぐらいのコミュニケーションを取らざるを得ないア(↑)コガレっていうの。そういうのない？　やっぱ。

高橋　僕、この〝無限すいませんア(↑)コガレ〟に似た1席があるんですけど……。

宇多丸　それじゃあ1席。

高橋　よろしいでしょうか。**〝ハリセンア(↑)コガレ〟**っていうんですけど。男女5、6人のグループで河原にバーベキューに行くんですよ。そうしたら馬鹿なやつがパーティーグッズとしてハリセンを買ってきて。で、1人の女の子がそのハリセンを持ってみんなのことペシペシ叩いて回ってたりして、ちょっかい出して遊んでるんですね。

しまお　ふんふん。

高橋　そのうちだんだんエスカレートしていって、かがんで火を起こそうとしてる男の後頭部を思いっきりそのハリセンでスパーン！って引っ叩くんですよ。で、その男が「痛っ！」って振り返ったら、**鼻血**がタラーってたれてきて。で、女の子が「あ、ごめんなさーい！」って真っ青になって謝ったら男が平静装って「あ、全然大丈夫大丈夫！」って。その「ごめんなさいごめんなさい！」「大丈夫大丈夫大丈夫！」が永遠に続いていくっていう……これが**〝ハリセンア(↑)コガレ〟**。

古川　**〝ハリセン無限ごめんア(↑)コガレ〟**！　ハハハハハ！

宇多丸　ハハハハハ！　それさ、バーベキューでなくてもいいんでしょ？　別に。

高橋　まあ例えばっていう感じ。

古川　例えばの軽さではないよね。

宇多丸　しかも**鼻血**まで、結構な惨事になってるっていう。

高橋　でも鼻血ってちょっとファニーなところがあるでしょ？

宇多丸　怪我の中ではね。

高橋　僕、鼻血出したことないんですよ。

宇多丸　え？　鼻血出したことがないんですか？　何それ！　アンビリーバブル！　『アンブレイカブル』[★26]じゃない？　ひょっとして。

高橋　アハハハ！

妹尾　てことは、どっかでドバドバ鼻血出している人がいるんだ、実は。

高橋　ブルース・ウィリス[★27]かっていうね。

宇多丸　そういえば俺、風邪引いたことねえわ、みたいな。

高橋　これはちょっとした鼻血に対するア(↑)コガレも入ってるんですけどね。

古川　あ～、それも重なってるんだ。いわゆる茶目っ気からのスタートってことだね。

高橋　うん。だから女の子が深刻そうに「ごめんなさい！」って謝っても、周りの人たちはちょっと笑っちゃってるみたいな。

古川　大したことじゃないよっていう感じで言ってるということでしょうかね。

宇多丸　フハハハハ！　名人やっぱ味わい深いですね～。

古川　さすがだなあ～。高度なのを挿してきますね～。

高橋　結構いいでしょ？　なんか。

宇多丸　いいですね～、じゃあもう1個いきましょう。

古川　ものすごいいちばん長いやつが届いたんで、これを最後に。超大作なんで。

宇多丸　しまおさんのア(↑)コガレも最後に聞きましょうね。

★26『アンブレイカブル』

2000年・米／監督・脚本：M・ナイト・シャマラン／出演：ブルース・ウィリス、サミュエル・L・ジャクソン。『シックス・センス』のナイト・シャマラン監督とブルース・ウィリスが再びコンビを組んだ、衝撃のサスペンス・スリラー。ちなみにブルース・ウィリス演じるデイヴィッドは、怪我も病気も風邪もひかない「破壊不可能（アンブレイカブル）」な人間として描かれている。

★27 **ブルース・ウィリス**
映画『ダイ・ハード』シリーズの主人公ジョン・マクレーン役でおなじみのハリウッド俳優。1955年生まれ。代表作に『パルプ・フィクション』『フィフス・エレメント』『シックス・センス』『アルマゲドン』などがある。

しまお　はい。

宇多丸　いきますよ、超大作。カマイルカさん、女性からの超大作。第1席でございます。

(♪BGM　サザンオールスターズ『TSUNAMI』流れる)

「それは、〝ろくでなし男性を自転車の後ろに乗せて2人乗りしたいア(↑)コガレ〟です。まず私ですが、コンビニでアルバイトをする中国人留学生、ウェイ・リンになります」

一同　アハハハハ!!

宇多丸　「コンビニは平均的かつ最先端でもない郊外の幹線道路沿いにあり、この2カ月ほど、近くにオープンするショッピングセンターの建設作業の人たちがかなり出入りしています」

妹尾　あるね〜。

宇多丸　「そこを頻繁に利用しては現場仲間同士でお弁当、飲み物を購入し、帰りには成人雑誌のコーナーを立ち読みする騒々しい集団がいて、その中に私(ウェイ)の気になる男性が……この男性は、根元が黒い茶髪で、元光GENJI〈★28〉のかーくんこと諸星和己《もろほしかずみ》やKAT-TUN〈★29〉の田中聖《こうき》、または寺島進〈★30〉氏を……」

古川　あ〜、ちょっとやんちゃタイプね。

宇多丸　「ここは諸星かーくんで進行いたします。諸星もウェイが気になっている様子。一度に会計を済まさずに何度もレジに並んだり、レジ周りに置いてある新商品を、諸星『これっておいしいの?』ウェイ『ハイ。トテモオイシイデスヨ』諸星『ウェイちゃんが言うなら買ってこうかな』なんてやりとりとか。コンビニに売っている化粧惑星〈★31〉とか、そういうコンビニ化粧品のリップをお弁当と一緒に購入」

★28 光GENJI
1987年に結成されたジャニーズアイドルグループ。メンバーは内海光司、大沢樹生、諸星和己、佐藤寛之、山本淳一、赤坂晃、佐藤アツヒロ。1980年代を代表する伝説的アイドルであり、今もなお「最後のスーパーアイドル」と称される。1995年解散。

★29 KAT-TUN
2001年に結成されたジャニーズアイドルグループ。当初6人のメンバーで活動していたが、2010年に赤西仁、2013年に田中聖が脱退し、亀梨和也、田口淳之介、上田竜也、中丸雄一で活動している。

一同　アハハハハ！

宇多丸　「コンビニ袋に口紅とお弁当を入れながら、ウェイの心（はあ。やっぱり彼女がいるんだ）と。しかしその後ガサガサと袋から『**ほらよ。おまえ口紅くらい塗らないと彼氏もできねえぞ**』と化粧っけのないウェイにポンと口紅を投げ渡し。はあ〜、たまりません」

しまお　アハハ、知らないよ！

宇多丸　「そんなある日、いつもより早い時間にバイトから上がったウェイが自転車で帰ろうとすると、外の駐車場で携帯で話し込む諸星の姿が。疲れた表情でかなり酔っている様子。ウェイに気づいた諸星が『じゃあまたあとで。今から行くからよ』と言い電話を切って、ウェイに『ウェイちゃん今帰り？　一緒に帰ろうぜ』と声をかけ。ウェイは一瞬喜んだのも束の間。『ヨッテマスカ、シカタナイデスネ』と渋々了承。でも諸星を自転車の後ろに乗せて『オモイヨ〜！』などと言いながらも楽しそうに自転車を運転。酔った諸星も『痛って！　おまえ運転荒えなあ！』とか。そして2人に沈黙。で、諸星おもむろに『♪いのち短し恋せよ乙女〜ってか』と『ゴンドラの唄』[★32]を大声熱唱。もちろん志村喬より大声で。それを聴いて、ウェイ『ナンデスカ？　ソレハ』諸星『つーか、ウェイちゃんも恋せよってことだわ、ダッハッハッハッハ！』……沈黙。『あ、そこで止めて』と、突然『クラブ麗華』の前で降りる諸星。酔っていておぼつかない。諸星『おお、ありがとう。おまえ、気をつけて帰れよ』と残し、中から女性の声がキャアキャア聞こえる麗華の中へ。突然残されたウェイは、実は今日がアルバイト最後の日。あと数日で中国に帰国することは諸星に言えずじまい。1人で自転車を漕ぎながら『♪イノチミジカシ　コイセヨオトメ〜』と鼻歌を歌いながら帰路へ。そこに、**雪がチラつく……**」

★30 **寺島進**
日本の俳優。1986年、松田優作が監督をした『ア・ホーマンス』で映画デビュー。1989年の北野武初監督作『その男、凶暴につき』の出演で注目を浴び、その後も『ソナチネ』『キッズ・リターン』など多くの北野作品に参加。以降も数多くのテレビドラマや映画、CM出演などで活躍している。

★31 **化粧惑星**
資生堂が子会社であるオービットを通じて販売しているコンビニ化粧品のシリーズ。リーズナブルな価格やパッケージで若者を魅了する、コンビニエンスストア向けのコスメチックスブランド。

★32 **『ゴンドラの唄』**
「いのち短し　恋せよ少女」という歌詞が有名な大正時代の歌謡曲。黒澤明の映画『生きる』の劇中歌として使用されたことでも知られている。

古川 ふ、冬!?

しまお 夏だと思ってた!

宇多丸 どうですか? 先生これは……。

高橋 ア(↑)コガレっていうか、いや、だってこれもう物語……。

しまお 中国人留学生になんなきゃいけないからね～。

宇多丸 困ったものでしたね。

一同 アハハハハ!

しまお でも〝留学生ア(↑)コガレ〟みたいなのはあるかもしれませんね。

宇多丸 あ～、やっぱその時だけっていうことですよね。

しまお そうそうそう。電車の中とかでも大学生と留学生みたいな人がしゃべってて、たぶん今日初めて一緒に帰るんだな、みたいな。お互いに言葉も通じにくいし、共通の話題もない。

宇多丸 「♪お喋り～出来な～い～」[★33]ですよ。

しまお 知ってる中国人俳優の名前とか言ってみるんだけど「シラナイ」みたいな。「これ何て言うの? 中国語で」みたいなのをずっと、どうでもいい会話なんだけど頑張ってしてるっていうのを電車の中で見て、あ～いいなっていう。

古川 これはア(↑)コガレですね～。

宇多丸 正統派ですね～。

★33 **「♪お喋り～出来な～い～」**
サザンオールスターズ『TSUNAMI』のサビより。ちょうどBGMとして、この曲が流れていたことから言いだしたフレーズ。

しまおさんの〝ギプスア(↑)コガレ〟

（♪BGM　浅香唯『C-Girl』流れる）

宇多丸　ということで、みなさんからのア(↑)コガレのメールがまだ大量に届いておりますし、これは**新しい話芸のスタイルが確立できそうなので**、8月の「ちょこっとラボ」は1カ月、「真夏のア(↑)コガレ・カーニバル」と題し、毎週リスナーのみなさんからのア(↑)コガレを発表していく、こういうコーナーにしていこうかと思ってます。夏らしいでしょ？　で、バックグラウンドにサマーチューン流れまくりっていうね。番組を聴いていて思いついた新しいア(↑)コガレや、この夏新たに生まれたア(↑)コガレ、もしくはこのア(↑)コガレを実際にやってみたよといったメールを大募集します。具体的に、あなたの〇〇ア(↑)コガレを書いて送ってください。さっきから、何だっけ？　いろんな珍妙なア(↑)コガレがありましたね。
〝ハリセンア(↑)コガレ〟とか。

古川　〝両手持ちア(↑)コガレ〟ていうのもありましたね。

宇多丸　〝ギョウ虫検査ア(↑)コガレ〟とかはできないかな？

高橋　アハハハハ！

古川　どこに憧れる余地があるのか、期待してますよ。

宇多丸　いやいや、いろんなア(↑)コガレがあると思いますからね。

妹尾　あと、わりとさりげなく過ぎていくっていうような話がいいみたいね、なんとなく。

宇多丸　ものすごいショートショートもありですし、ロングストーリーも全然ありですね。

古川　やっぱり具体的なのは面白いですね。

宇多丸　ディテールが細かくなってくるといいですからね。ということで、あなたの○○ア(↑)コガレ。〝出会いア(↑)コガレ〟とか、〝バイト先ア(↑)コガレ〟でも何でもいいですけど、なぜその状況にア(↑)コガレるのか、その理由を書いて送ってください。また、ア(↑)コガレを実際にやってみた、もしくは私こそア(↑)コガレさせである、こういった人たちからのメールも募集しております。ということでちょっとすいません、しまおさん、最後になってしまいましたが、ア(↑)コガレ、何かありますか?

(♪BGM　プリンセスプリンセス『世界でいちばん熱い夏』流れる)

しまお　アハハ、なんか怖いな〜。えっと、私は〝**ギプスア(↑)コガレ**〟。骨折してギプスを1カ月ぐらいはめることになって、友達がそこに落書きをするっていうのにすごい憧れてて。

古川　実際ギプスしたことないんでしたっけ?

宇多丸　しまおさん大骨折したじゃないですか、昔。

しまお　両肘骨折したんですけど。私「**しめた!**」と思ったんですよ。これはみんなに絵を描いてもらったりとかしたいと思って。

古川　アハハハハ!　ポジティブだな〜。

しまお　そしたらね、動かさなきゃいけないからギプスしたらかえって良くないんですよ。関節の骨折だったんでできなかったんです。だけど、私のア(↑)コガレでは、ギプスして治った時にギプスを思い出に持って帰ってよく見ると、「あれ?　これ誰書いたのかな」みたいな。で、ちょっと意中の男の子とか「**治ったら、夏祭り行こうな**」みたいなのとか。

古川　はいはい、ちょっと見えにくい場所にね。書いてあるからね。

しまお　普段なら言えないようなメッセージとか書いてあって。

宇多丸　それこそ足の裏で、自分はそれまで見えない。

しまお　そうそうそう！

古川　持って帰ったら初めて見れた。

しまお　で、ギプスを見ながら、みんなのメッセージを噛みしめるっていう。

一同　アハハハハ！

古川　ギプスをなめるように見て。

宇多丸　まあ愛情の表れですもんね……僕だったら**チンコの絵**ですけどね、完全に。

しまお　あ〜、嫌がらせね。

宇多丸　**チンコ(↑)です。チンコ(↑)。**

古川　イントネーション的に正しく言うとチンコ(↑)ね。

宇多丸　この特集には**イントネーションを変えるだけで特集は可能か**っていう、そういう試みもあったんでね。

一同　アハハハハハハ！

宇多丸　はい、ということで高橋くん、本当にありがとうございました。もう、あなたたぶんね、リクエスト来ると思います、また出てくれって。

高橋　ぜひお願いしたいです。よろしくお願いします。

宇多丸　また何席も、持ちネタを増やして、ぜひお話を伺っていきたいと思います。ということで、ア(↑)コガレ怪獣、ア(↑)コガレ評論家の高橋芳朗さんをお迎えしての「真夏のア(↑)コガレ自慢大会」でした〜。

ON AIR を振り返る

宇多丸

高橋芳朗、通称「ヨシくん」は、今まで番組に呼んだゲストの中でも特に古くからの付き合いで、僕や構成作家の古川さんと一緒に『ブラスト公論』（シンコーミュージック）という本も出してます。そこで、彼が音楽雑誌の雑誌編集者時代にやっていた企画、「本当はウットリできないR&B歌詞の世界！〜R&B馬鹿リリック大行進!!〜」でまずは番組に登場してもらい、リスナーへのお披露目が終わったところで、ついに本丸に入って行ったのが、「異性とのスムースな会話特集」に続くこの「ア（↑）コガレ」企画でした。

彼は以前からこの手の妄想話というか、「これこれこういうシチュエーションって、よくない？」みたいな話を、僕らによくしていたんですよ。で、「別にそれはいいけど、それってどこかで見た光景なの？」と訊くと、「そういうわけじゃなくて、自分が考えたんだけど……」って。狂ってる！　で、面白いので『タマフル』の特集でアレをやろうということになったタイミングで、現在の「ア（↑）コガレ」という、要は「憧れ」のイントネーションを変えただけなんですけど、この妄想遊びのネーミングが決まりました。これ以降、このように「もともとある言葉のイントネーションを変えるだけで何か新しい概念の・ようなものをでっちあげる」というのは、番組おなじみのメソッドになっていきます。

『タマフル』にはまったく〝実〟がないタイプの特集というのがありますが、これはその最たるものですよね。もはや持論ですらない。〝実〟ゼロ！　ロジックですらないんですよ。伝えたいのは「この感じよくない？」という〝気分〟だけなので、文化圏が違うとまったく伝わらないかもしれないですよね。でも同時に、新しいタイプの話芸として、何か異常な完成度に達しているようにも聴こえるのがまたすごいあたりで。『新耳袋』っていう現代版の百物語の怪談がありますけど、あれの〝萌え〟版ってところですかね。

面白いのは、決して妄想世界の出来事の当事者になりたいわけではない、自分が直接的に何かおいしい思いをしたいわけじゃない、というあたりですよね。僕らは「神の視点で萌えじゃくる」って言ってますけど。要は、こういうことが起こる世界って素敵なところだよね、という感覚なんじゃないですかね。

あと、これは密かに自負している部分として、ほかの番組でこれをやっても100パーセント理解されることはないんじゃないか、というね。この狂気の受け皿になれるのはうちの番組しかない！　とはちょっと思ってます。

町《まち》山《やま》智《とも》浩《ひろ》

1962年生まれ。映画評論家。早稲田大学在学中に啓文社の大百科シリーズを編集し、宝島社に入社。『宝島』『おたくの本』などの編集に携わる。その後、洋泉社にて『映画秘宝』を創刊し、97年退社。著書に『映画の見方がわかる本』（洋泉社）、『トラウマ映画館』（文春文庫）など多数。

コンバットREC《レック》

「ビデオ考古学者」を名乗る、謎の映像コレクター。『ザ・トップ5』（TBSラジオ）のレギュラーパーソナリティも務めるほか、イベントなどへの出演も多数。素顔は公表していない。

吉《よし》田《だ》豪《ごう》

1970年生まれ。プロ書評家・インタビュアー・ライター。膨大な蔵書から得た知識と徹底的なリサーチによる高度なインタビュー術を誇り、雑誌などの連載やラジオ、イベントへの出演も多い。主な著書に『聞き出す力』（日本文芸社）、『人間コク宝　サブカル伝』（コアマガジン）、『元アイドル！』（新潮文庫）など多数。

高《たか》橋《はし》ヨシキ

1969年生まれ。アートディレクター・ライター・デザイナー。1999年より『映画秘宝』（洋泉社）のアートディレクター兼ライターを務めるほか、数多くのDVDジャケットのデザインを手掛ける。映画『冷たい熱帯魚』では、園子温監督と共同で脚本を手掛けた。主な著書に『暗黒映画入門　悪魔が憐れむ歌』（洋泉社）、『異界ドキュメント　白昼の囚』（竹書房）などがある。

サタデーナイト・ラボ

2011.4.9 ON AIR

映画駄話シリーズ

町山智浩の素晴らしきトラウマ映画の世界

町山智浩《メインゲスト》

コンバットREC、吉田豪《ゲスト》、高橋ヨシキ

町山智浩の書籍『トラウマ映画館』の刊行を記念して行われた特集。トラウマ映画とは、子供時代に観て嫌な気持ちになり、その後の人格形成に影響を与えてきたものの、作品タイトルが分からないままになっている映画のこと。そんなリスナーからのトラウマ映画の調査に応じる企画。しかし中盤からはサブカル・オールスターたちも加わり、ギリギリの映画トークが、最終的にはカオス状態にまで発展！

宇多丸　TBSラジオ『ライムスター宇多丸のウィークエンド・シャッフル』。ここからは1時間の特集コーナー「サタデーナイト・ラボ」。今夜お送りするのはこの企画です！

「映画駄話シリーズ、単行本『トラウマ映画館』発売記念！　町山智浩の素晴らしきトラウマ映画の世界」！

町山智浩（以下、町山）　どうもよろしくお願いします。町山です。

宇多丸　いらっしゃいませ！　早速紹介してしまいますが、**映画評論家・町山智浩さんです！**

町山　よろしくお願いします。

宇多丸　ちょっと声が嗄《か》れちゃってますね。

町山　声が出なくなっちゃって……。

宇多丸　来日期間中ものすごく忙しかったみたいで、ってことですよね。

町山　ハハハ、はい、そうなんです。

宇多丸　でも町山さんアレですよ、僕も以前ポリープの手術したじゃないですか〈★1〉。この状態で無理を続けると本当にヤバいですから、ちょっと休めたほうがいいです。

町山　ピエール瀧くんにも言われたんですよ、休まないとって。

宇多丸　だって誰だか分かんないですもん！

町山　誰だか分かんない声になってしまって……。

宇多丸　この前も川越で『トゥルー・グリット』〈★2〉のディスカッションみたいなのをやられて。

町山　あ〜、非常に真面目なやつ、全然下ネタなしでやりました。

宇多丸　下ネタ炸裂の回もいろいろあったようですよね、先週の。

町山　へへへ、先週の花見〈★3〉とか。

★1　**僕も以前ポリープの手術したじゃないですか**
宇多丸は以前、ポリープの手術で2010年1月9日から1月30日まで『タマフル』のパーソナリティを休んだことがある。この期間は番組スタッフが司会を担当したり、「宇田丸出席裁判」などの企画が行われた。

★2　**『トゥルー・グリット』**

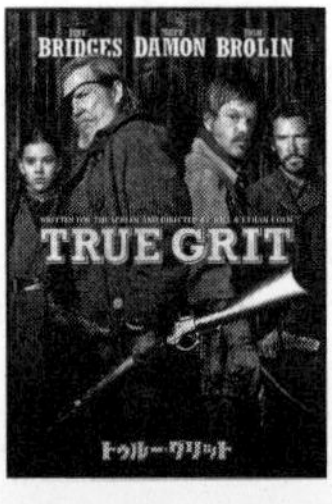

2011年・米／監督：ジョエル・コーエン、イーサン・

宇多丸　すごい大盛り上がりになったらしいですね。俺行きたかったんですけど、ちょっと駄目だったんです。

町山　花見だけでも来てくれればよかったのに、ちょこっとね。

宇多丸　あとから評判聞いてすごい後悔したんですけど。あと、そこからの『豪STREAM』〈★4〉という『BUBKA』のUstream放送の大暴れっぷりなども聞きましたよ。

町山　はい。あれは花見の最中みんながお酒を持ってきてくれて次々とついでくれるから、それを全部飲んでたら、よく分からなくなりました。

宇多丸　飲んではいろんな人のトラウマ映画質問に答え、みたいな、そういうサイクルだったんじゃないですか？

町山　なんか途中から分からなくなりました、ハハハ。

宇多丸　じゃああの生放送の時点から、かなり記憶がない感じなんですか？

町山　**記憶がない感じなんです。**

宇多丸　伝説になってますよ、最高でしたけど。**結論が「女最低」ってどういう結論だよ！**

町山　**そんなこと言ってんの？**

宇多丸　ものすごい暴論で終わったっていう。

町山　そうなの？

宇多丸　最高でしたけど。

町山　**ひでーなそれ！　ハハハ！**

宇多丸　ということで、新刊の『**トラウマ映画館**』〈★5〉拝読しました。素晴らしかったです。そして

コーエン／出演：ジェフ・ブリッジス、マット・デイモンによる西部劇。69年のジョン・ウェイン『勇気ある追跡』の原作ともなった、チャールズ・ポーティスの同名小説を再映画化。

★3 **先週の花見**
2011年4月3日。町山智浩が発起人となり、新宿中央公園にてお花見が開催された。高橋ヨシキ、吉田豪、コンバットREC、掟ポルシェ、柳下毅一郎、飯田和敏ほか、300人が集まった。

★4 **『豪STREAM』**
吉田豪とコンバットRECによるUstream番組。雑誌『BUBKA』読書会として、芸能界やアイドルの濃密なトークを繰り広げていた。ちなみにこの日の『豪STREAM』の様子は、後日『BUBKA』（コアマガジン）2011年6月号に収録された。

このあと、いろんな怪獣たちというかサブカル怪獣〈★6〉たちがここに来てくれることになってますが。

町山　すごいメンバーだよ、これ！　でもこの間の飲み会〈★7〉のメンバーなんだけどね。

宇多丸　飲み会のメンバーがそのまま来て。たぶんこのあとカオス状態になるのは目に見えてるじゃないですか。なので最初にちゃんとした本の話をしておきましょうということで、先月に単行本『トラウマ映画館』が集英社より発売されました。

町山　お陰さまでベストセラーになってます。

宇多丸　だってむちゃくちゃ面白いですもん！　このアプローチの映画本って今までなかったですよね。

町山　そうですね、ないですね。

宇多丸　なんかみんなが覚えてないギリの線のとこを狙ってる、みたいな。それで改めてトラウマ映画っていうものの定義を町山さんにしていただくとしたら、どういう感じなんですか？

町山　子供の頃に観てすごく嫌な気持ちになったことだけは忘れられないのに、そのあとその映画自体を観ることがなかなかできなくて、作品の正体が分からなくなっている状態。

宇多丸　何だったんだあの映像は、とか。

町山　そうそう、傷だけ心に残ってて。で、それはその人の人格形成に非常に大きな影響を与えてるんだけれども、でもそのあと確認すると、実際はトラウマって結構癒えちゃうものなんですよ。

宇多丸　こんなもんだったのか、とか。

町山　たいしたもんじゃなかったって消えちゃうんだけど、観れないとずっと残るじゃないですか。

★5 **『トラウマ映画館』**

2011年に発売された町山智浩の著書。著者の心に爪あとを残した「トラウマ映画」たちを厳選して紹介。集英社より刊行。文庫化がされている。

★6 **サブカル怪獣**
タマフル用語で、宇多丸の制御が効かず傍若無人に振る舞うゲストたちのことを「野獣」「怪獣」「猛獣」などと呼ぶ。

★7 **この間の飲み会**
先の花見のこと。P287の「先週の花見」を参照。

そういったものだけを集めて、しかも世間的に有名な映画は全部排除して、現在もうほとんどビデオ自体が入手不能のものを中心にしていったと。

宇多丸　そうですよね。入手不能な作品ばかりなのにどうやって書いたのかっていうその辺に関しては、今号の『映画秘宝』〈★8〉に詳しく書いてあってすごく勉強になったんですけど。僕もこれに載ってるの、できる限り手に入れて頑張って観たりしたんです。前回番組に来ていただいた時にリチャード・フライシャーの『マンディンゴ』〈★9〉の話したじゃないですか。最近、日本でもDVDがね。

町山　出たんです、ちゃんと日本語字幕が入ったやつが。

宇多丸　向こう版のDVDは先に観てたんで、改めてちゃんとセリフ入りで理解できる状態で観て。

町山　すごい映画でしょ？

宇多丸　もう本当に不愉快な映画でした。

町山　すっごい映画でしょ？　僕はあれを**荻昌弘《おぎまさひろ》〈★10〉の解説付きで家族で観たんですよ！**

宇多丸　この『トラウマ映画館』に出てくる映画がテレビで放映されてたことって、結構重要ですよね。

町山　全部テレビでやってるでしょ？

宇多丸　テレビだと、要は**事故的に出会っちゃう**ってことですよね。

町山　そうそうそう。夜の洋画劇場は基本的に全部家族で観てたんで、だから選んでないですから。

宇多丸　子供には明らかに難しい映画も多いじゃないですか。それでも、面白くねーなと思いながらもとりあえず観てたってことなんですか？

★8『映画秘宝』

町山智浩と田野辺尚人が創刊した映画雑誌。洋泉社発行。創刊は1995年。ムックとしてスタートしたが、1999年に隔月刊映画雑誌としてリニューアル、2002年より月刊化された。

★9『マンディンゴ』

1975年・米／監督：リチャード・フライシャー／出演：ジェームズ・メイソン、スーザン・ジョージ。19世紀半ばの奴隷問題をテーマにした、K・オンストットのベストセラーを映画化。

町山　だって他にやることないし。家族みんなでいるわけじゃないですか、ご飯食べたあと。

宇多丸　当然、親と観るのが気まずい映画とかもありますよね。

町山　めちゃくちゃ気まずいですよ！

宇多丸　そういう、めちゃくちゃ気まずいのも含めてトラウマっていう。

町山　うちのおふくろって東京の人だったけど、いわゆる関西のおかんに近い人だから、余計なこと言ってイラッとさせるんです。だからおっぱいとか出てくると「あ～、おっぱいだね～」とか余計なこと言う。

宇多丸　アハハハハ！

町山　すごく気まずいから、黙ってくれれば通り過ぎるものなのに。

宇多丸　お母様的には、ちょっと和《やわ》らげようとしてるんじゃないですか？

町山　そう。たぶん緊張した雰囲気を紛らわそうとしてるんだけども、なんかね。

宇多丸　余計気まずくなっちゃう。

町山　**「白人と黒人が抱き合ってるね～、裸で～」**とか、それ画面見りゃ分かるんだから！

宇多丸　アハハハ！　見りゃ分かることを。

町山　言わなくていいよ！　っていうことを言う。

宇多丸　余計気まずさが増す。

町山　すごい気まずい。俺、何て言ったらいいの？　っていう。

宇多丸　そういう意味ではあんまりトラウマ映画を観る体験が、今は逆にできなくなってんじゃないのかな。

町山　だってテレビで放送できないですよ。ここで出てるようなのはね。

★10 **荻昌弘**
1925年生まれ。映画評論家、料理研究家、オーディオ評論家。1970年～1987年まで『月曜ロードショー』（TBS系）の解説者を長年にわたり務める。1988年没。

★11 **『午後のロードショー』**
テレビ東京系にて、月曜から木曜日の13：35から放映されている映画番組のこと。

★12 **ラジー賞**
ゴールデンラズベリー賞のこと。ラジー賞とも呼ばれる。アカデミー賞授賞式の前夜に、その年の最低映画を選んで表彰するアメリカの賞。1981年に創設された。

★13 **『フェイズIV／戦慄！昆虫パニック』**

1973年・米／監督：ソール・バス／出演：ナイジェル・ダヴェンポート、リン・

宇多丸 そうですよね。テレビでわけ分かんない映画をやること自体があんまないし。『午後のロードショー』[★11]は頑張ってると思いますけどね。ラジー賞[★12]特集とかってなかなか組まないと思うけど、えらいことやってるなあと。

町山 テレビ東京の人は『映画秘宝』の読者ですから。

宇多丸 そういうことなんですか？

町山 企画やってる人はそういう人なんで。

宇多丸 ラジー賞特集とか、すげーなと思って観てますけど。そこでこの本で扱われているトラウマ映画の話ですが、『フェイズⅣ／戦慄！ 昆虫パニック』[★13]とか……。

町山 これも東京12チャンネル『木曜洋画劇場』[★14]で初めて放送したんですけども。

宇多丸 ソール・バスの監督作だから、これは僕も輸入DVDで観ました。

町山 『戦慄！ 昆虫パニック』ってタイトルがテレ東らしい。

宇多丸 あと『妖精たちの森』[★15]っていう……。

町山 だけど、**この程度のエロ映画**っていうのはさ……。

宇多丸 ハハハ、エロ映画って言った？ まあエロいですよ！ これはマーロン・ブランドがむちゃくちゃエロイ。

町山 裸が出るやつは圧倒的に荻昌弘の時間帯、『月曜ロードショー』なんです。

宇多丸 やっぱり荻先生が大人の映画のチョイスをしてるってことなんですか？

町山 いや、これは『水曜ロードショー』の水野晴郎[★16]さんと『日曜洋画劇場』の淀川長治[★17]さんと『土曜映画劇場』の増田貴光[★18]さんが、男女の恋愛に興味がなかったって

フレデリックによる天変地異の影響で知性を得た蟻と科学者たちのコミュニケーションを綴ったSF。数々の名作映画タイトルデザインを手がけたソール・バスの長編監督デビュー作でもある。

★14 『木曜洋画劇場』
テレビ東京系にて、毎週木曜日の21：00から放送されていた映画番組。1969年10月から2009年3月の41年にわたって放映されていた。

★15 『妖精たちの森』

1971年・英／監督：マイケル・ウィナー／出演：マーロン・ブランド、ステファニー・ビーチャム。ヘンリー・ジェームズ『ねじの回転』の前日談を描いたサスペンス。

いうのが一番の原因なんです。

宇多丸　アハハ！　まあそうですよね。おっぱいが出てきても、別にどうってことはね〜よっていう。

町山　全然興味がないから。

宇多丸　「エロくないわね」なんて言って。

町山　淀川さんもジャッキー・チェン、シュワルツェネッガー、スタローンという上半身裸になる人の映画しか放送しないですから。水野さんはでっぷり太ったオヤジが制服着てバンバン撃つ映画しか、ほとんどやらないですから。

宇多丸　アハハ、**それ以外の映画もやってますけどね。**

町山　やってもたぶん興味ないんだから、ほとんど。

宇多丸　じゃあそういうチョイスでいうと荻先生が……。

町山　荻先生になっちゃうんですよ。荻先生が『ゴールデン洋画劇場』のほうにいっちゃうんです。

宇多丸　なるほど。男の裸といえば『裸のジャングル』[★19]も扱われてましたけど。

町山　はい。これはすごいですよ、この『裸のジャングル』。

宇多丸　町山さんが最初に僕が大好きな映画『アポカリプト』[★20]を解説された時に、「くそー！　なんか観たことない映画にひっかけて『アポカリプト』の悪口を言ってるよ！」と思って。

町山　「『裸のジャングル』観てねーやつが『アポカリプト』とか言ってんじゃねえよ」って俺が言ってたって。

宇多丸　だから、悔しいから輸入DVDを手に入れて観たんです。でも俺は、それでもやっぱ『アポカリプト』擁護《ようご》は全然変わんないですけどね。『裸のジャングル』も、むちゃくちゃいい映画でした。展開もすごく似てるっていうか、参考にしたの間違いないでしょうけど。

★16 **『水曜ロードショー』の水野晴郎**
日本テレビ系にて、毎週水曜日の21：00から放送されていた映画番組。1972年4月から1985年9月に放映された。映画解説者として水野晴郎が登場し「いやぁ、映画って本当にいいもんですね！」という締めくくりのフレーズが生まれた。

★17 **『日曜洋画劇場』の淀川長治**
テレビ朝日系にて、日曜日の21：00から放送されている映画番組。放送開始は1967年4月から。映画解説者として1998年11月まで淀川長治が担当。映画の冒頭と終了後に登場し「サヨナラ、サヨナラ、サヨナラ」のセリフで番組が締めくくられた。

★18 **『土曜洋画劇場』の増田貴光**
テレビ朝日系にて、毎週土曜日の21：00から放送されていた映画番組。1968年10月から1977年6月に放映された。中でも2代目の解説者である増田貴光の名セリフ「あなたとお会いしましょう！」の名フレーズが知られている。

町山　モロですよ、これ。

宇多丸　ただ、結果として全然違うテイストの映画になってるから。

町山　全然違う、全然違う。

宇多丸　僕はサンプリング映画としての『アポカリプト』っていうところを評価してるから。どこかで観たような場面ばっかりなんだけど、それをすごい密度で、やっぱり今のスピード感というか今の演出力でやると全く違う見た目の映画になるんだなってことを証明してる点が、僕が評価してるところなので。

町山　あー、僕はでもね、いちばん重要なのは『アポカリプト』とほとんど同じなんだけど、ラストだけが根本的に『裸のジャングル』と違うんだけども、これ『プレデター2』〈★21〉なんですよ。

宇多丸　はい、ずっと敵対してた相手を認めてやるってことだよね。

町山　もうめっちゃくちゃ泣ける。だからいわゆる番長同士の土手での殴り合いですから。男と男の殴り合いでとことん殴った、なかなかいいパンチだったぜっていう。

宇多丸　認めてやろうじゃないかっていうね。

町山　俺とおまえもこれで親友だぜっていうのが、このアフリカの原住民の人と白人の間でもあるし。

宇多丸　文化を超えてもあるよと。

町山　『プレデター』の、宇宙の12万光年先の何とか星から来た人とダニー・グローヴァーの間でもあるという。そういう『ハリスの旋風《かぜ》』〈★22〉的なね、テーマが確かに素晴らしい！

★19『裸のジャングル』

1966年・米、南アフリカ／監督・製作・主演：コーネル・ワイルド。19世紀のアフリカを舞台に、主人公が先住民の部族から逃れるため必死のサバイバルを繰り広げる様を描いたサスペンス。メル・ギブソン監督作『アポカリプト』の元ネタともいわれる。

宇多丸 いや素晴らしいけど、それって町山さんがよりそっちが好みだってことじゃないですか！

町山 いやもう俺はアメリカとか、それこそいろんな外国行ってもそういう闘いをさんざんしてきましたよ。

宇多丸 ん？　闘い？　異文化の？

町山 **バカ映画をどんだけ知っているかって。**もうお互い『ブラック・ゲシュタポ』[★23]！　とか、『ボーディングハウス』[★24]が！　っていう闘い……。

宇多丸 そうやって闘うと、おまえもなかなかやるじゃねーか、って？

町山 そう、相手が黒人だろうがメキシカンだろうが「おまえあの映画知ってるのか！　『ブラック・ゲシュタポ』のカンフーシーン最高だぜ！」って感じですよ、もう。**「今までそんな映画のそのシーンのこと言って、パッと切り返してきたのはおまえだけだよ」**と。もう熱き友情ですよ。

宇多丸 たまらないですよ！　うっとりですよ！

町山 今までそんな友情なかったから。みんな寂しい人たちですよ。

宇多丸 アハハ！　そっかそっか、お互い孤独な魂がそこでね。

町山 孤独な魂が、そのバカ映画で繋がるわけですよ！　って全然関係ねーな。

宇多丸 『裸のジャングル』と関係ない、そんな映画かなこれ？　っていうね。

町山 **全然関係ない映画でした。**

宇多丸 でも全然知らない映画だったし、すごく勉強になって、素晴らしい作品を教えてもらってそれも楽しかったし。もちろん著書も普通観られない映画を文章で表現して、ちゃんと興味も湧くしっていうとこで、やっぱすげーなという風に改めて思いました。

★20『アポカリプト』

2006年・米／監督・製作・脚本：メル・ギブソン／出演：ルディ・ヤングブラッド、ダリア・エルナンデスによるアクション・アドベンチャー。映画経験のない若者たちをキャスティングし、全編を通してマヤ語を使った作品。宇多丸のオールタイムベストの1本。

★21『プレデター2』

1990年・米／監督：スティーヴン・ホプキン／出演：ダニー・グローヴァー、ゲイリー・ビューシイによる、麻薬組織の抗争中に始まったエイリアンの人間狩りに刑事が立ち向かうSF第2作。

町山　アメリカ版も出てない、全世界でどこにも出てないビデオとかがあるんですよ、この本の中の映画ね。

宇多丸　例えばこれだとどれですか？

町山　『ロリ・マドンナ戦争』[★25]っていう映画は、今のところ合法的には絶対観られないんです。

宇多丸　これ読んでるとむちゃくちゃ。名前はなんか聞いたことあったんだけど。

町山　ロリマドンナって聞くと、なんかもうすごいV・マドンナな感じしない？

宇多丸　中村幻児の『V・マドンナ大戦争』[★26]だと思ってたんです。

町山　V・マドンナな感じがするでしょ？　あれ全部夢でしたってやつですよね。

宇多丸　それ言わない！　……あのね、町山さんは時々ね！

町山　**そうか！　オチかそれ！**

宇多丸　**「オチかそれ！」って、大問題な時がある!!**

町山　**アハハハハ！**

宇多丸　ものすごい問題ある時がありますから！　まぁ、『V・マドンナ大戦争』はそれで迷惑する人あんまいないだろうからいいけど。はいはい、V・マドンナかって思います。

町山　V・マドンナのタイトルはたぶんロリマドンナが元なんですよ。V・マドンナよりロリマドンナ、すげー！　**マドンナの上にロリがついてるよ！**　すっげーじゃん！　っていう。

宇多丸　そういう話じゃないんだよね。

町山　もう全然関係ない映画なんですよ。

宇多丸　ロリでマドンナって、そういう話じゃないんですよね。

★22 **『ハリスの旋風』**
1965年〜1967年に『週刊少年マガジン』にて連載された、ちばてつやのマンガ作品・アニメ作品。毎日ケンカと大食いに明け暮れるわんぱくヒーロー・石田国松の日々を描く痛快学園物語。

★23 **『ブラック・ゲシュタポ』**
1975年の日本未公開映画。監督はR・L・フロスト。

★24 **『ボーディングハウス』**
1982年の日本未公開映画。監督はジョン・ウィンターゲイト。

★25 **『ロリ・マドンナ戦争』**
1973年・米／監督：リチャード・C・サラフィアン／出演：ロッド・スタイガー、ロバート・ライアンによる、いがみ合う2つの家族を描いたバイオレンス作品。未ソフト化。

町山　そういう話だったらよかったんだけど。

宇多丸　もっとエグい話だっていうんですけど。

町山　そうそう、これはアメリカのド田舎のアパラチアっていうところに住んでいる、ヒルビリーっていう人たちが家族同士で殺し合う映画なんですけれども、これは**ビデオが一切存在しない。**

宇多丸　なんでですか？

町山　単純に版権の問題らしいんですよ。ただあまりにも手に入らないから、アメリカのネットにはいっぱい『『ロリ・マドンナ戦争』のビデオ売ります」って裏ビデオの情報が流れてるんです。

宇多丸　あ〜、その映像っていうのは例えばテレビ放映した時の？

町山　テレビ放映したものみたい。

宇多丸　録画してあるとか。で、町山さんはどうやって確認したんですか？

町山　僕ね、**3回ぐらいだまされた。**

宇多丸　あ！　ロリマドンナありますって⁉

町山　お金を送っても何も届かないっていう。

宇多丸　何とかの**裏ビデオあります**、みたいな。

町山　そうそう、昔のエロ本に載ってた「お好きな写真」とか「粋な写真」とか、よく下手くそな絵のなんか四角い広告でさ。

宇多丸　アハハ！　はいはい、相撲取りの写真が入ってるとか、そういうのに引っかかるように。

町山　そうそう！　懐かしい詐欺でしたね。

★26『V・マドンナ大戦争』1985年・日／監督：中村幻児／脚本：野沢尚／出演：宇沙美ゆかり、斎藤こず恵、中村繁之による、〝ネオ・ポルノの巨匠〟と言われる中村幻児が手がけたアクション作品。未DVD化。

宇多丸　でも、何回目かにちゃんとしたものに出会ったってことなんですか？

町山　3回目にやっと本物が届いて、めちゃくちゃ感動しましたけど。だから手に入れるまでものすごいお金使ってますね。

宇多丸　なるほど。大変な労力がかかってるのも分かりますし、素晴らしい本なので、ぜひ『トラウマ映画館』をご覧ください。

町山　このたびドカンと、初刷りよりももっとでかい部数を増刷しました。

宇多丸　『映画の見方がわかる本』〈★27〉とかもアレですよね、今。

町山　増刷かかりました。あれも10年目ぐらいなんですよ。だからロングセラー。

宇多丸　俺なんかもう必須本ですけどね！

町山　でしょ？　でしょ？

宇多丸　でしょ？　って。声、元気になってきちゃって！

町山　声が甲高くなって。アハハハハ！

宇多丸のトラウマ映画とは？

宇多丸　ということで『トラウマ映画館』ぜひぜひ読んでいただきたいんですが、ここから先は野獣たちがね、サブカル野獣たちを呼び込みつつ、リスナーのみなさんからのトラウマ映画の話なんかも募ってますので、そちらのあたりも町山さんに伺いたいのですが。

町山　宇多丸くんのトラウマ映画も訊いていいんですか？

★27『映画の見方がわかる本』

2002年に発売された町山智浩の著書。正しい名称は『〈映画の見方〉がわかる本―『2001年宇宙の旅』から『未知との遭遇』まで』。映画に込められた謎を著者が読み解いてゆく、映画評論の名著。洋泉社より発売。

宇多丸　はい。今、この話先にしちゃってもいいんですよね。あのね、俺は結構調べちゃうから分かっちゃってる、でもいいですか？

町山　ガキの時は調べられないでしょ？

宇多丸　いや違う、大人になってからインターネットがあるから調べちゃうじゃない。例えば親子のネズミが出てくる映画でアニメで、なんか外国の映画っぽかったんだけど、みたいな感じ。で、「親子　ネズミ　アニメ」って検索したら出てきちゃったんですよ『**親子ねずみの不思議な旅**』〈★28〉っていう。

町山　ありましたね〜。

宇多丸　サンリオが逆輸入した海外映画。別にこれトラウマってわけじゃないんだけど、あれなんだったっけ？　みたいなものは結構調べられちゃってって。

町山　トラウマ映画っていうのは、**観てていきなりちんちんが勃っちゃった**とかそういうやつだよ。

宇多丸　えぇっ!?

町山　そういうやつないの？　それを思い出すと、**逆にちんちんが勃たなくなるっていう映画**ですよ。

宇多丸　本当に嫌なのは、やっぱこれもベタだけど野村芳太郎の『**震える舌**』〈★29〉です。

町山　『震える舌』ね、まあ本当に王道ですから。

宇多丸　これがなんでトラウマかっていうと、僕、観れてないんです、まだ！　要するに**あれだけは絶対に観るまいと。**僕すごい危機察知能力が高いから、テレビで『エクソシスト』〈★30〉やる日は「お母さん、今日は6チャンネル絶対に回さないでね！」と。番宣でも観たくないから。

町山　アハハ！　駄目だおまえ、よけてんだもーん！

★28『親子ねずみの不思議な旅』
1978年・日／監督：フレッド・ウォルフ、チャールズ・スウェンソン／出演（声）：坂本博士、坂本敦子、財津一郎による、サンリオが手がけた劇場用アニメ。オモチャの親子ねずみの冒険を描き、日本だけでなく欧米でも上映され、好評を得た。

★29『震える舌』
1980年・日／監督：野村芳太郎／出演：渡瀬恒彦、十朱幸代、若命真裕子による破傷風に冒された少女と看病する両親の闘病記。原作は三木卓による同名小説。

宇多丸　いやそうじゃなくて、危機察知能力が高いわけですよ。で、その『震える舌』っていう非常に感じの悪い映画を今度やるらしいぞと。当然行けやしませんよ、そんなの。でもたまたまテレビでCMやっていて、女の子が川辺ですごいソフトフォーカスで遊んでる。そこに渡瀬恒彦のお父さんが「なんとかちゃん！　やめなさーい!!」みたいなことを怒鳴ってる。もう渡瀬恒彦の声も怖いし、俺それを見て、**これは『震える舌だ』**!!　と分かっちゃって、すぐパッて替えたんだけど、そのソフトフォーカスで女の子が水辺で遊んでる「なんとかちゃん！　やめなさーい!!」がそれでもう焼きついちゃって！

町山　何も起こってねーじゃん、まだ！

宇多丸　いや、でも『震える舌』が感じ悪いのは分かってますから。

町山　何も起こってないじゃん！

宇多丸　超感じ悪い。DVDとかでは手に入りますけど、いまだに観れないんですよ！　俺、今『震える舌』を観ること考えると**吐き気がしてくるぐらい**。

町山　あれ当時テレビコマーシャルで、いきなり女の子が舌を歯に挟んでブシューッて血が出るっていう、イテテテー！　っていう。

宇多丸　僕、今、えずきました一瞬。だから、そのぐらい本気でトラウマですよ。やっぱ、親と子の絆が揺らぐような話がものすごい嫌だったんですよ。

町山　じゃあ『鬼畜』〈★31〉は観た？

宇多丸　ああいう犯罪系じゃなくて。『ススムちゃん大ショック』とか『ザ・チャイルド』でもいいんですけど、あと赤ちゃん系も嫌でしたね。『悪魔の赤ちゃん』〈★32〉とか、なんかそういう

★30『エクソシスト』
1973年・米／監督：ウィリアム・フリードキン／出演：エレン・バースティン、マックス・フォン・シドー、リー・J・コッブ。ウィリアム・ピーター・ブラッティの同名小説を映画化。一大オカルト・ブームを巻き起こし、ホラー大作として知られる。

町山 ……。

町山 じゃあ『アンディ・ウォーホルのBAD』〈★33〉は？　あれ、コマーシャルを当時『ルックルックこんにちは』〈★34〉の時間帯とかにやってたんですよ。で、『ルックルックこんにちは』次は？」とか振ると、いきなりお母さんが赤ちゃんがギャーギャー泣くからうるさいって、高層マンションの窓からボーンと落とすと下で潰れて、道を歩いていた女の人がその血を浴びてギャーッて言う。

宇多丸 そんなとこを見せちゃってる……。

町山 『アンディ・ウォーホルのBAD』って、もう朝っぱらからコマーシャルでやってました。

宇多丸 そういうの子供は嫌じゃん、親との絆が揺らぐのが子供サイドにしろ親サイドにしても。だから、そういう変な赤ちゃんが生まれておっぱい噛みちぎっちゃったみたいなさ……。

町山 あ～、『悪魔の赤ちゃん』とかね。

宇多丸 超嫌なわけですよ。その流れで「なんとかちゃん！　やめなさーい!!」ってあのソフトフォーカスな女の子。だから川辺に女の子が遊んでる絵面で、もうウエッてなりますもん俺。

町山 なんか川べりで、ちっちゃい生き物とかちょこちょこいじってるあの女の子が怖いんですよね～、あの子がね～。

宇多丸 そうですよ。

町山 具体的に言うと破傷風〈★35〉にかかっちゃうだけ。

宇多丸 ひどい話ですよね！　**破傷風を『エクソシスト』扱いはひどいですよね。**

町山 そうそうそうそう、あれ単に破傷風にかかるだけなんですよ。

宇多丸 そういう話ですよね。

★31『鬼畜』

1978年・日／監督：野村芳太郎／出演：緒形拳、岩下志麻、小川真由美、大滝秀治によるサスペンスタッチの人間ドラマ。3人の隠し子を押しつけられた男が親とは思えぬ行動を起こす様を描いた問題作。原作は松本清張の同名小説。

★32『悪魔の赤ちゃん』

1973年・米／監督・製作・脚本：ラリー・コーエン／出演：ジョン・P・ライアン、シャロン・ファレル、ジェームズ・ディクソンによるオカルトブームの頂点とも評されるホラー作品。ラリー・

町山　痙攣して、まあ悪魔憑きのようになるっていう。ものすごいひどい。

宇多丸　『エクソシスト』ブームに便乗してたね。便乗の仕方にももうちょっとやり方があるだろうっていうね。

町山　でも監督が野村芳太郎さんだから、あの監督全部そういう感じなんだよほかの映画も。

宇多丸　ちょっと怪奇テイストがね。

町山　『鬼畜』もそうですからね。

宇多丸　『鬼畜』全然観直してないから、ありましたっけ？　そういう怪奇テイストって。

町山　緒方拳《おがたけん》扮する印刷所で働いてる気の弱い男がいて、そいつがあっちこっちで気が弱いくせに愛人を作って妊娠させるると、その愛人が産んだ子供を連れてきて男の家に置いてっちゃうんですよ。すると預かったお母さんが、なんでこんなもん育てなきゃいけないのって殺そうとするんです……。

宇多丸　そんな、怪談を語るみたいな口調で。

町山　寝てる時に濡れたちり紙だか布だかを、子供の鼻と口の上にかぶせたりするんだ。**めちゃくちゃ怖いよ〜!!**

宇多丸　アハハ！　ですね〜。いや、やっぱね70年代はそういう嫌がらせ描写が多かった気がします。

町山　多かったですよ。『木枯し紋次郎』[★36]のこんにゃく描写っていうのもすごかったんですけど。

宇多丸　その描写ってどういうのですか？

町山　木枯し紋次郎ってこんにゃくが食べられないんですよ。めちゃくちゃ強い任侠の男なんですけど、こんにゃくだけはダメで、飯屋に行ってこんにゃくが出ると「**ああああ――――!!**」っ

コーエンの代表作としても知られる。

★33『アンディ・ウォーホルのBAD』

1977年・米／監督：ジェッド・ジョンソン／出演：キャロル・ベイカー、ペニー・キング。アンディー・ウォーホルのプロダクション製作による、女だけの殺人集団を描いたサイコ・スリラー。

★34『ルックルックこんにちは』1979年〜2001年にわたり日本テレビ系で放送されたワイドショー番組。沢田亜矢子、岸部シロー、斉木かおりなどが出演しており、「突撃・隣の晩ごはん」や「ドキュメント・女ののど自慢」など数々の名物コーナーも誕生した。

てなるんです。で、中村敦夫《あつお》〈★37〉さんが……。

宇多丸　アハハハハ!!　町山さんの顔がすさまじすぎるんです！　それがトラウマになりますよ今！

町山　ラジオだから大丈夫でしょ。

宇多丸　最高でしたけど。

町山　どうしてだろうって過去を振り返ると、すごく貧しい農家で生まれて、子供の間引きをやってたと。で、赤ん坊の顔の上にこんにゃくを乗っけて窒息させる、その紋次郎の回想シーンが出てくるんです。

宇多丸　わざわざ見せなくてもねぇ！

町山　これ、子供の頃に観たんだよ〜俺！

宇多丸　セリフで言えばね、分かりそうなものをね！

町山　俺んとこなんか親の夫婦仲が悪くてさ、母に心中するとかで連れていかれたことあるからさ、「死のうか」とか言われて。シャレになんないですよ！　もう生々しくてねえ、そういうものがトラウマだよ！　本当に。

宇多丸　アハハ！　お互いのトラウマっぷりを自慢みたいに、そういうのもアリってことですよね。じゃあのちほどリスナーのみなさんからも募集しつつ、怪獣たちを呼びたいと思います。

ゲスト怪獣がついに参戦

宇多丸　では、ここでゲストの怪獣のみなさんをご紹介いたしましょう。町山さんがTwitter上で勝手に——困りますよ、町山さん！——勝手に呼びかけて集まったこの方たちです。まずプロ

★35 **破傷風**
傷口などから破傷風菌が入り、体内で増殖。神経毒素により強い痙攣をひき起こす感染症のこと。

★36 **『木枯し紋次郎』**
1972年、フジテレビ系にて放送された市川崑監修のテレビ時代劇。ドラマは好評を得て、同年には菅原文太が主演の東映製作劇場版が公開されたほか、20周年の1993年には映画『帰って来た木枯し紋次郎』が東宝により配給。

★37 **中村敦夫**
俳優、作家、政治家。1972年のテレビ時代劇『木枯し紋次郎』の主役・紋次郎役で一躍人気者に。以降も俳優業以外にも、ニュースキャスターや参議院議員など活躍の場を広げていった。

インタビュアーの吉田豪さん。

吉田豪（以下、吉田） はい、どうもー。吉田です。

宇多丸 そして、この番組ではおなじみ、映像コレクターのコンバットRECさん。

コンバットREC（以下、REC） どうもこんばんは。

宇多丸 そして映画批評家、アートディレクターにして映画『冷たい熱帯魚』で園子温監督との共同脚本を手掛けた高橋ヨシキさん。

高橋ヨシキ（以下、高橋） どうもこんばんはー。

宇多丸 はい。ということで、これは完全にただの……。

町山 誰かの家のようなね。

高橋 ただの『豪STREAM』ですよ、これ。

宇多丸 『BUBKA』Ustreamの続きが。みなさん、飲み会をやっていたそうで……。

吉田 コンバットRECとボクで。

宇多丸 ヨシキさんも緊急参戦ということで、よろしくお願いします。

高橋 よろしくお願いします。

宇多丸 じゃあまずは、ちょっとカオス状態になる前に、それぞれのトラウマ映画を伺っていこうと思うんですけど。まず吉田さんから。

吉田 ボクですか。

町山 『地上最強のカラテPART2』〈★38〉とかじゃないの?

吉田 意外とその辺は大人になってから観たんですけど、当時は観てなくて。

★38 **『地上最強のカラテPART2』**

1976年・日／監督：後藤秀司／出演：大山倍達、真樹日佐夫、ウィリー・ウィリアムス。ブームとなり3部作が作られた空手映画。このPART2では、熊と素手で戦うウィリー・ウィリアムスの格闘シーンが見どころの1つ。

町山　あ、そうなんだ。

吉田　だとすると、中学時代に女優の裸目当てで観たらひどかったみたいのがいくつかあって、『沙耶のいる透視図』〈★39〉。

宇多丸　あー。あれ、だって石井隆脚本ですよね？

町山　そうだっけ？

吉田　**高樹沙耶の裸が見られると思ったら、ド変態系の作品。**

宇多丸　一風堂〈★40〉の土屋《つちや》昌巳《まさみ》さんが熱湯を股間にうわ～っとかけるっていう。最後の後味の悪さ半端じゃないですよ。名高達郎がビニ本のカメラマンで。

町山　よく考えるとすごいメンバーだよね。

吉田　それもそうだし、あと『丑三つの村』〈★41〉で、やっぱそれも**田中美佐子の裸目当てで観たら、何だこれ？っていう。**

宇多丸　あれはショットガンを口にくわえさせられて。

町山　大場久美子がね。

高橋　はいはいはい、ありましたね。

町山　あれ成人指定じゃなかった？

宇多丸　そんな気もしますね、たしか。

REC　いや、でも夜中テレビで観たと思いますよ。

町山　本当に？　じゃあカットしたのかな？

吉田　ビデオで観たかどっちか分かんない。でも大体、中学時代のそういうやつです。

町山　役者は古尾谷《ふるおや》雅人《まさと》〈★42〉さんだっけ。

★39 『沙耶のいる透視図』
1984年・日／監督：和泉聖治／出演：名高達郎、土屋昌巳、高樹沙耶、加賀まりこによる、男女3人の間で繰り広げられる愛と性を描いた作品。高樹沙耶が鮮烈なヌードを披露したことでも話題に。

★40 一風堂
80年代に活躍したロックバンド。リーダーはギター兼ボーカリストの土屋昌巳。『すみれ September Love』のヒットで知られる。

★41 『丑三つの村』
1983年・日／監督：田中登／出演：古尾谷雅人、

吉田 古尾谷さん。今観るとさらにね。

町山 さらにリアルでさ〜。

吉田 本当に死んじゃった人ですよね。

町山 全然シャレにならないんだよね、あの映画ね〜。

宇多丸 といったあたりですね。じゃあ次はRECかな。

REC 僕は年代別にいくつかあるんですけど、いちばん最初はやっぱり『ゴジラ対ヘドラ』〈★43〉。

町山 あ〜、『ゴジラ対ヘドラ』はトラウマよ。基本中の基本！

REC **バットトリップ映像っていうのも、生まれて初めて観たって**いう。

吉田 子供の時にリアルタイムで観てたの？

REC いや、近所の公民館でゴジラ映画ばっかりを上映していてそこで観ました。当時は、**すでにゴジラといえば人間の味方になり下がった飼い犬みたいな状態**だった。

一同 アハハハハ！

REC 安心してみんなで観に行ってたんですけど、観に行ったらもう、あの悪夢のような映像が。

高橋 トリップね。

REC テレビの特撮とかでも、当時サイケデリックって基本的に悪夢の表現としてよく使われてたんですけど。だからあの『レインボーマン』〈★44〉の9話の「タケシを狂わせろ」〈★45〉とかも……。

吉田 表現に気をつけなきゃいけない。

REC これ放送禁止なんだっけ？

田中美佐子、池波志乃、夏八木勲による、1938年に起こった実際の事件をもとに村人30人を虐殺した青年の狂気を描いたサスペンス。

★42 **古尾谷雅人**
俳優。1977年『女教師』でデビュー。映画『ヒポクラテスたち』やテレビドラマ『若草学園物語』などで脚光を浴びる。数多くの映画やテレビドラマで活躍したが、2003年に自宅で首つり自殺を図り死去。45歳という若さだった。

★43 **『ゴジラ対ヘドラ』**

1971年・日／監督：坂野義光／出演：山内明、木村俊恵、川瀬裕之、柴本俊夫によるゴジラシリーズ第11作。製作当時の社会問題であった公害問題を取り上げ、汚染された海から誕生したヘドラとゴジラの対決を描く。

吉田　いや、用語に気をつけて。
宇多丸　いや、話して大丈夫です。
町山　言葉に気をつけなきゃいけないです。
REC　レインボーマンがLSDみたいなの飲まされて、おかしなことになり。
町山　母ちゃんに「ゆけー!」って言いながらね。
宇多丸　ラリパッパになるんでしょ。
REC　あんまり内容に触れても危ないのかな。あと『サンダーマスク』〈★46〉のアレとかね。あのシンナーマンが出てくるので。ちょっとタイトル言うとたぶん……。
町山　**シンナーマン最高ですね!**
REC　そういうサイケデリックなものっていうのは、基本的に子供には恐怖を植えつける材料だったんですけど、『ゴジラ対ヘドラ』はそれがいちばん完成度が高くて、途中に入るアニメとかも怖いし。あと途中でゴーゴーバーで魚人間みたいなのがいっぱい出てくるシーン……。
町山　はいはい。柴俊夫《しばとしお》が薬でラリって魚になった人間たちを見るっていう。
REC　もうすべてが怖くて。内容もタイムリーすぎてね、ちょっとね。
町山　タイムリーすぎるよね。だって歌詞の中にストロンチウムとか出てきますからね。
REC　そうですね。ちょっと恐ろしいっていうのは。
宇多丸　歌があるんですよね。
REC　あと同じくゴジラ映画で『キングコング対ゴジラ』〈★47〉っていうのが結構トラウマで。
宇多丸　あれ?　割合明るい内容じゃなかった?
REC　いや、どっちも大スターじゃないですか。で、もう**ワクワクして観たら、決着が両者リング**

★44 **『愛の戦士レインボーマン』**
1972年〜1973年に放送された特撮テレビ番組。原作は川内康範。インドの山奥に住む聖者ダイバ・ダッタのもとで修行しレインボーマンに変身できるようになったヤマトタケシが、死ね死ね団に戦いを挑む。

★45 **「タケシを狂わせろ」**
狂人の発作を起こし、その後死んでしまうという秘薬「キャッツアイ」。これをレインボーマンであるヤマトタケシが飲まされたシーンが描かれている。

★46 **『サンダーマスク』**
1972年〜1973年に放送された特撮テレビ番組。手塚治虫によるマンガ版も『週刊少年サンデー』で連載された。なお、脳波魔獣シンナーマンは第19話『サンダーマスク発狂す』に登場する。

アウトっていう。普段プロレスでいつもモヤモヤしてるのに……。

吉田 映画でも同じっていう。

REC 映画なんだから勝ち負けをつけろよ！ と思ってたら、映画で両者リングアウトっていうのを生まれて初めて観て。

町山 これもかよ！ ってね。

REC あれは子供心に、これは何か大人の事情があるぞと思って。子供心に、決着をつけられない訳があると。

吉田 『マジンガーZ』とかの対決も戦わないっていうのと同じでしょ？

REC 両者リングアウトっていうのは、どちらのファンタジーも守る夢のある解決方法だって思えるようになったのは20歳過ぎてからなんで。やっぱ子供心に、両者リングアウトを映画でも観せられたのはすごいショックで。

町山 キングコングとゴジラがお互いに戦えばいいのに、なぜか全然関係ない熱海城を2頭で破壊するシーンがあるじゃないですか。あれってビックバン・ベイダーとスタン・ハンセンが対決した時に、互いに戦わないで客を攻撃しているのと同じだよね。しょうがないから客に八つ当たりするという、非常に危険な。

REC そういうのもトラウマで。

宇多丸 おかしなトラウマだな！

REC いやいやいやいや。

吉田 ハヌマーン〈★48〉とかは？

★47『キングコング対ゴジラ』

1962年・日／監督：本多猪四郎／出演：高島忠夫、浜美枝、佐原健二、藤木悠によるゴジラシリーズ第3作。シリーズ初のカラー製作であり、東宝創立30周年記念作品でもある。

★48 ハヌマーン
インドの神話に登場する神様。1974年公開の劇場映画『ウルトラ6兄弟VS怪獣軍団』（円谷プロ、チャイヨー・プロダクション合作）では、殺されてしまった主人公の少年がウルトラの母によって「白猿ハヌマーン」として甦り、ウルトラ兄弟とともに怪獣と戦うストーリーが描かれた。

REC　ハヌマーンは別に。

宇多丸　でも結構残虐描写が！

町山　あれ、首ぼんぼん飛んでさあ。

REC　いや、意外と僕、残酷表現は大丈夫で。

町山　あれ、最初に子供を殺すとこもさ、すごいじゃない。

REC　僕らが子供の頃の70年代ってパニック映画が世界的にすごく作られてたんで、それらをいっぱい観せられていたっていうのと、あとショック映画ブームっていうのもあったんで。

町山　『カランバ』〈★49〉ね！

REC　だから80年代はそれもわりといっぱい観てるんで、まあトラウマといえばトラウマなんですけど、**残酷耐性はあります。**前も言ったんですけど、うちは父親がヤコペッティ〈★50〉が大好きだったんで。

一同　アハハハハ!!

宇多丸　そんな親じゃなぁ〜。

吉田　残酷好き。

町山　どんなオヤジだよ一体！

REC　意外と残酷の耐性はあるんですけど。

宇多丸　残酷の耐性ってそんな言葉、初めて聞いた！

REC　あと小学校高学年になって性への目覚めが始まった時のトラウマっていうのが『戦国自衛隊』〈★51〉。

宇多丸　小野みゆきってことですか？

★49 **『残酷を超えた驚愕ドキュメント／カランバ』**
1984年・伊／監督：マリオ・モッラ、アントニオ・クリマーティ。目を覆いたくなるような残酷シーンを集めたドキュメンタリー。ジープにくくりつけられた腕が引っ張られてちぎれるシーンが当時のテレビCMに流れ話題となった。未ソフト化。

★50 **ヤコペッティ**
イタリアの映画監督。グァルティエロ・ヤコペッティのこと。1961年に世界中の奇妙な風習を集めたドキュメンタリー映画『世界残酷物語』を公開。〝モンド映画〟と呼ばれるジャンルを築いた。

★51 **『戦国自衛隊』**

1979年・日／監督：斉藤光正／出演：千葉真一、中康治、江藤潤、速水亮に

REC　じゃなくて、**男同士ってあるんだって**いうのを……。

一同　**アハハハハ!!**

宇多丸　それは吸い込まれるね〜。

町山　おかしいだろ！

高橋　そっちか！

宇多丸　それは景虎《かげとら》と千葉ちゃんと……。

吉田　**それはいいこと、悪いこと？**

REC　いいのか悪いのか、いまだにモヤモヤしたまま続いてるんですけど。

宇多丸　あれは町山さん的には、だって、**うっとりですよ。**

町山　うっとりだよ、**外国中で超うっとりだよねぇ。**

REC　僕あれを小5か小6で観て、「えっ！　男同士ってあるの!?」って。想像もしてなかったんで。

一同　アハハハハ!!

REC　それまでわりと梶原先生〈★52〉のマンガとかも好きだし、極真空手軍団とかも大好きで……。

吉田　それとそこがリンクするの？

REC　いや、なんか**ホモソーシャルな世界に憧れてたんだけど、あれホモセクシュアルじゃね？**
この映画って。

一同　アハハハハハハハ!!

吉田　千葉ちゃん系？

宇多丸　ホモソーシャル超えてセクシャルいっちゃった！

よる、戦国時代にタイムスリップした自衛隊1個小隊を描いたSFアクション作品。伊場隊長（千葉真一）率いる自衛隊と、戦国武士・長尾景虎（夏八木勲）の時代を超えた男の友情を描く。原作は半村良の同名小説。

★52 **梶原先生**
マンガ原作者、小説家である梶原一騎のこと。『巨人の星』『タイガーマスク』『あしたのジョー』『空手バカ一代』の原作者として知られ、数々のヒット作を生み出した。

REC　ホモセクシュアルじゃねーかって。あ、表裏一体なんだなっていう。

宇多丸　**表裏**っていうか。

町山　というか、モロじゃん！　みたいな。

REC　だってまず最初のほうで、ふんどしで2人が海辺で語り合うシーン。

宇多丸　デートシーンありましたよね。

REC　なんで**現代から行った千葉ちゃんがふんどしなのか**っていう。

町山　あ〜、おかしいね。

REC　千葉ちゃんのふんどしだけ細いひもみたいなやつなんですよ。で、ケツ出して形がもうくっきり分かる。で、夏八木勲のほうのふんどしが、もうぴったりさせすぎて。

宇多丸　そんなディテール覚えてねーよ、普通！

REC　**夏八木勲の亀頭の形がはっきり分かるんですよ。**

一同　アハハハハハハ!!

宇多丸　やめなさい!!

吉田　それはいいの？　**ラッキーなの？**　何なの？

高橋　それはトラウマなの？

REC　2人とも体にベビーオイル塗ってて、すごくテカテカしてるんですよ！　この2人はふんどしで海辺で何をしてるんでしょう!?　っていうのがすごく子供心に引っかかって。で、後半に2人のデートシーンがあるの覚えてます？　馬に乗ってスローモーションで、デヴィッド・ハミルトン〈★53〉の撮影みたいな。

吉田　ソフトフォーカスな。

★53　デヴィッド・ハミルトン
イギリス出身の写真家・映画監督。ソフトフォーカスによる独特のヌード写真などが、よく知られている。

★54　JAC
アクション俳優やスタントマンが所属する芸能事務所

REC　よく見るとあれ、途中で装備をポンポンって捨てたあと、**2人の衣装がチェンジしてるんで**すよ。

町山　そうなの？

REC　入れ替えてるんです。夏八木勲が自衛隊の衣装を着て、千葉ちゃんが夏八木の衣装を着て。

宇多丸　あ〜、あったかも。

REC　**槍と槍がクロスしてる意味深なシーンがインサートされたりとか。**

一同　アハハハハハ!!

REC　槍がこう交わってたり、**波がザバーンって来たり。**

高橋　いろいろなメタファーがそこに入ってる。

宇多丸　波がザバーンは分かりやすいけど。

REC　何だこの映画！　と思って。

町山　ドキドキしたんだ。

吉田　それからＪＡＣ[★54]が大好きになって？

REC　いや、ＪＡＣはその前から好きなんですけど。ＪＡＣ映画として観に行ったら、なんかすごいもん見せられたっていう。

町山　ＪＡＣ映画って大抵観に行くと、何これっていうすごいものを見せられるという……。

宇多丸　そういうニュアンスが入ってるっていうのはもうね。

町山　だから『伊賀野カバ丸』[★55]とかもね、あれ真田広之[★56]が化粧して美少年で。どっかの高校の屋上かなんかで「この高校は名門高校ですよ！」とか言うんだけど、すぐ横にネオンが

「株式会社ジャパンアクションエンタープライズ」の略。1970年、千葉真一が世界に通用するアクションスターを育成するため創設した。

★55　**『伊賀野カバ丸』**
1983年・日／監督：鈴木則文／出演：黒崎輝、高木淳也、真田広之、武田久美子。千葉真一が企画に携わり、ジャパンアクションクラブに所属するアクション俳優やスタントマンが総出演した作品。原作は亜月裕の同名漫画。未ＤＶＤ化。

★56　**真田広之**
俳優・歌手。ＪＡＣに入団。その後、映画『柳生一族の陰謀』『魔界転生』『里見八犬伝』他、数多くの映画、テレビドラマで活躍する。ちなみに『タマフル』では、コンバットＲＥＣが「ヒロユキが〜」と言うたびに、宇多丸が「2ちゃんのひろゆきのことじゃないですからね！」とリスナーに説明するのがルーティン化している。コンバットＲＥＣが愛してやまない俳優でもある。

立ってて、トルコって書いてあって。**トルコ風呂の横に名門高校はねーよ！**っていう。

宇多丸 あれ鈴木則文[★57]さんですか？

町山 そう鈴木則文さんですね。

REC 『伊賀野カバ丸』はメーキングもトラウマ映像ですよね。

宇多丸 それは『コータローまかりとおる！』[★58]のメーキングです。

REC あ、そうかそうか。

宇多丸 **千葉ちゃんが黒《くろ》崎《さき》輝《ひかる》[★59]の乳首を舐めるシーン。**

一同 アハハハハ!!

町山 映画にはないんだよね。

REC 映画にはない。原作者の蛭田《ひるた》先生が黒崎輝とじゃれるシーンがあるんです。おかまの役かなんかで。で、やっぱマンガ家なんでちょっと恥ずかしがってできなかったら千葉ちゃんが、「演技指導やるぞ」って言って、「こうやるんだ！」って**乳首べろべろべろべろ。**

高橋 おー、千葉ちゃん！

宇多丸 キャッキャキャッやってんだね。

REC 黒崎もわりとうれしそうみたいで。

宇多丸 今日は踏み込むね〜。

町山 武田久美子[★60]はどっちだっけ、『伊賀野カバ丸』だっけ？

REC あれは『カバ丸』のほう。

町山 スカートまくられただけで武田久美子が「きゃ〜、いや〜」って言うところが、今考えるととんでもないものだよね！

★57 **鈴木則文**
映画監督・脚本家。数多くの作品があるが、中でも『トラック野郎』シリーズの監督や『緋牡丹博徒』シリーズの脚本家として知られている。

★58 **『コータローまかりとおる！』**
1984年・日／監督：鈴木則文／出演：黒崎輝、千原麻里、真田広之。『伊賀野カバ丸』同様、企画は佐藤雅夫と千葉真一。原作は蛭田達也の同名漫画。未DVD化。

★59 **黒崎輝**
JAC最後の新人といわれたアクション俳優。映画『コータローまかりとおる！』では、主役の新堂功太郎を演じている。

★60 **武田久美子**
女優、元アイドル。1982年に映画『ハイティーン・ブギ』のヒロイン役に出演するなどアイドルとして活躍していたが、1990年代からはグラビアや写真集でヌードを発表し話題に。中でも写真集『My Dear Stephanie』（ワニブックス）での貝殻ビキニは、今でも語りぐさとなっている。

宇多丸　とんでもないものって!?

吉田　武田久美子なのにっていう。

町山　帆立て貝、股間にバーン！　だもんね、その後ね。

宇多丸　貝水着は、掟ポルシェ〈★61〉さんか武田久美子かっていうね。

REC　あとは豪ちゃんもそうだと思いますけど、中学の頃になると『伝説巨神イデオン』〈★62〉とか。

町山　イデオンはね〜！

REC　イデオンは『発動篇』がやっぱりあれは……。

吉田　アニメトラウマはあるね。

REC　それまで『ザンボット3』とかで、なんか変なことやる人だっていうのは知ってたんですけど。

町山　富野由悠季〈★63〉さんね。

REC　こんなことまでやるのかなっていうのはびっくりしました。

町山　最後、全員全裸。

REC　『火の鳥・未来編』〈★64〉を読んだ時みたいな終末感とかも含めてね。一応ハッピーエンドっていえばハッピーエンドなんでしょうけど。

町山　でも4歳ぐらいの子が頭吹き飛ばされて死ぬんですよ。めちゃくちゃだもんね。

高橋　あれもショッキング。

REC　あと僕これはもう個人的な話なんですけど、『スター・ウォーズ／ジェダイの復讐』〈★65〉**っていうのは僕の中ではトラウマで。**

★61 **掟ポルシェ**
ロマンポルシェ。のボーカル&説教担当。『タマフル』にはDJ等で準レギュラー的に出演している。ちなみに掟ポルシェも、武田久美子と同趣向の貝殻ビキニの写真を撮影している。

★62 **『伝説巨神イデオン』**
1980年〜1981年に放送された日本サンライズ（現：サンライズ）製作のロボットアニメ。原作は矢立肇、富野喜幸。1982年には劇場版『伝説巨神イデオン 接触篇』『伝説巨神イデオン 発動篇』が公開された。『発動篇』のラストの衝撃は、今でも語りぐさとなっている。

★63 **富野由悠季**
アニメーション監督、演出家、脚本家、小説家。代表作に『機動戦士ガンダム』シリーズや『伝説巨神イデオン』『聖戦士ダンバイン』などがある。なお1977年に制作された『無敵超人ザンボット3』は、強烈かつ衝撃的な最終回が当時話題となり、その後のアニメーション作品にも多大な影響を与えた。

宇多丸　えっ？　おいおいなんでだよ!!

REC　これはもう全然内容の話じゃなくて、当時中3だったんですけど、僕の中で映画館で映画を観るっていうのはすごく楽しい行為だと思ってたんですよ。

高橋　そうじゃないことが何か？

REC　絶対に面白くない映画なんかないと思ってたし、テレビで観る映画はたまにつまんないのもあるけど、映画館で厳選しているぐらいだから絶対に面白いに決まってるし、いちばん好きな『スター・ウォーズ』だしと思って行ったら、まず**世界でいちばん美人だと思っていたレイア姫がブスだっていうことに気づいた。**

一同　アハハハハ!!

吉田　もともと美人でもないよ。

REC　いや、お姫様っていったら綺麗だと思ってたから。で、その頃になるとソフィー・マルソー〈★66〉もいれば……ねえ。

宇多丸　ソフィー・マルソーって！

吉田　外見の比較対象がね。

町山　いろいろ可愛い人がいるからね。

REC　ナスターシャ・キンスキー〈★66〉とかも知り、いろいろな女優を知ってきて。

宇多丸　フィービー・ケイツ〈★66〉もいるし。おっぱいまで見えてるから。

REC　こいつブスなんじゃね？ってまず気づいたりとか。で、ちょっと嫌な気持ちになってたら、**適当に振り回した棒に当たってボバ・フェット〈★67〉が死んだりとか。**

一同　アハハハハ!!

★64 **『火の鳥・未来編』**
手塚治虫によるマンガ作品『火の鳥』。この作品は不死鳥である火の鳥を物語の中心にした一連の編で成り立っており、これはその中の1つ。

★65 **『スター・ウォーズ／ジェダイの復讐』**

1983年・米／監督：リチャード・マーカンド／出演：マーク・ハミル、ハリソン・フォード、キャリー・フィッシャー。スター・ウォーズ・シリーズの3番目に発表された作品で、現在では『スター・ウォーズ エピソード6／ジェダイの帰還』と称される。

★66 **ソフィー・マルソー、ナスターシャ・キンスキー、フィービー・ケイツ**
80年代の海外人気女優。いずれも美人というだけでなく、全員ヌードを披露している。

町山　ボバ・フェットがドテンと落っこってさ、怪獣に食べられて死んじゃう。

REC　**最強だと思ってたボバ・フェットが。**

宇多丸　あれはハン・ソロが目が見えないまま振り回した棒にたまたま当たっちゃうんだよね。もっと情けない！

REC　皇帝との戦いもどんなにすごいフォースバトルが起きるんだと思ってたら、**持ち上げて穴に落とすだけ**っていう。俺でもこんなじじい殺せるよと思った。

宇多丸　いや、『ジェダイの復讐』に関しては「そんなことは分かってる！」と。「そんなことは分かってるよ！　言うな!!」っていう。

REC　何だこの映画！　と思ってたら、**最後イウォークが踊って終わりでしょ？**　何だよこれっていう。

宇多丸　あ、もうね、イウォークの悪口言ったら……。

町山　あれだけ強大な銀河帝国がさ、あんな熊ちゃんダンスの熊ちゃんにやられちゃうってどういうこと？　っていう。

宇多丸　ちょっと待ってください。熊ちゃんの悪口言うとヨシキさんがマジ怒りだしますから。

町山　熊ちゃん大好きなの？

高橋　**イウォーク大好きですよ。**

REC　マジですか？

宇多丸　いい映画じゃないですか。

高橋　なんでみんな、そんなにイウォーク嫌いなんですか？

★67 **ボバ・フェット**
映画『スター・ウォーズ・シリーズ』の登場人物。『エピソード5／帝国の逆襲』で、ダース・ベイダーが雇ったバウンティハンター（賞金稼ぎ）として登場。『スター・ウォーズ・シリーズ』の人気キャラの1人でもある。

町山　あのね、銀河帝国がイウォークに滅ぼされていいの？
高橋　いやいや、あれはだからジョージ・ルーカスが黒澤明の真似しようと思って、でも百姓っぽい人出すのもどうかと思ったの、宇宙ストーリーで。
宇多丸　踏み込むね〜。
高橋　いろいろ考えて、やっぱここはちょっと可愛げのあるもので、原始的な種族ということにして。
町山　『七人の侍』〈★68〉をやろうとした。
高橋　だから、なんか変な石斧でスカイウォーカーの足ガンガン殴ったり、途中で死んだりしてちょっと気の毒だったりするでしょ？　**100回観てれば好きになりますよ!!**
宇多丸　アハハハハ！　道のり遠いよ!!
町山　銀河帝国にジェダイの騎士たちは負けたんだよ？　それでイウォークが銀河帝国に勝ったって、ジェダイの騎士たちはイウォークより弱いの？
高橋　だからそうだと思いますよ。
宇多丸　だからフォース持ってるんだから、イウォークは！
町山　おかしいよ！
REC　こんだけフォースで引っ張ってきて、フォース関係ないんですよ1つも！　こうやって持ち上げてるだけなんですよ！
宇多丸　あれは近寄れないの！　すげーフォースがないと皇帝には近寄ることもできないの！
町山　でもイウォーク、フォース使えないよ。
REC　イウォーク、フォースなんか何にもねーし。

★68『七人の侍』

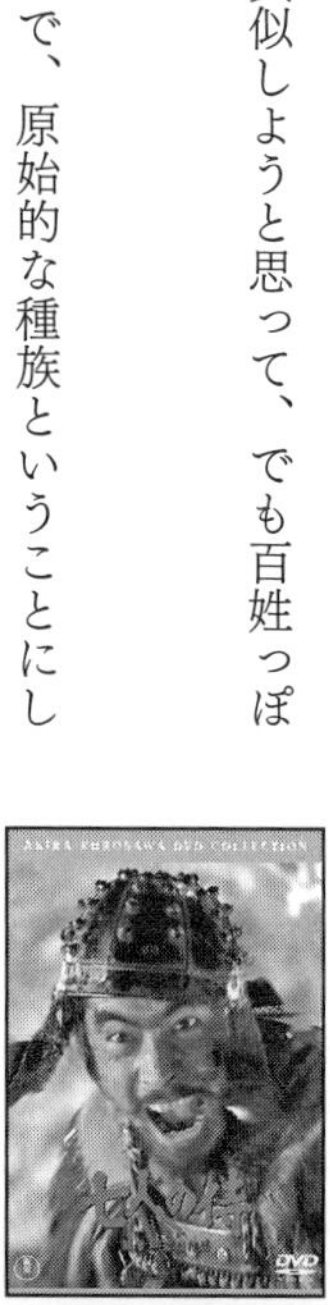

1954年・日／監督：黒澤明／出演：三船敏郎、志村喬。なお映画『スター・ウォーズ』は、『七人の侍』ほか黒澤明からの影響が多いと言われている。また本書P128『七人の侍』は、最高の食育映画だ！　名作の裏に〝フード理論〟あり！（福田里香）も参照。

▲『タマフル』に数多く出演した町山智浩氏。ほかにも配信限定の「放課後DA★話」では、いつもさらなるギリギリトークに。

▼サブカル怪獣がスタジオに集結。左よりコンバットREC、高橋ヨシキ、町山智浩、宇多丸、吉田豪と、まさにオールスター！

町山　ウキー！　ウキー！　って言ってるだけだよ。

吉田　あれは油断したんでしょ？

町山　そういう問題なの？

宇多丸　**『ジェダイの復讐』の話はもういい!!!!**

一同　アハハハハ!!

宇多丸　もういい!!

町山　トラウマ映画、トラウマ映画！

REC　まあそんな感じです、僕のトラウマは。

宇多丸　おかしなトラウマいっぱいあったけどなぁ。じゃあちょっと、ヨシキさんこの空気の中大変ですけど。

高橋　いや本当にイウォークはいいと思いますけど、これからも**機会があるごとにイウォークの良さを……**。

宇多丸　イウォークの擁護をしていきたいと思います。

高橋　僕はわりと洋画派だったんで、今お話聞いててすごい世界観というか育ってきた環境というか、観てるもんが違うんだなぁと。あとから僕も観たりしてますけど。でもそれでも邦画的なことでいえば、例えば子供の時に怖かったのはやっぱ『日本沈没』〈★69〉ですよね。テレビで観たんですけど、とにかく**ガラスが降ってきて顔面にぶっ刺さる**じゃないですか。

町山　あ～、東京大地震のとこですね。

高橋　そう、あそこであまりにも嫌な気分になって、あ～嫌なもん観たってつい消しちゃったぐらいトラウマになってる。

★69『日本沈没』

1973年・日／監督：森谷司郎／出演：藤岡弘、いしだあゆみ、小林桂樹。日本列島が沈没の危機を迎え、人々がパニックに陥る中で出会った男女の運命を描い

町山　ＯＬが顔にガラスが刺さってギャー！　っていうところはひどいシーンだよね〜。

宇多丸　町山さん、心底嫌そうに。

高橋　ギャーギャー言って、血がブーブー出るじゃないですか。例えば『13日の金曜日』〈★70〉の1作目でも水の中からバシャッて出てくるジェイソンの顔がすごく怖いでしょ？　はっきり言って奇形児っぽいんですよ。で、それがあんまり怖かったんで特殊メークのトム・サヴィーニっていう人の本を買ってきて見たんです。そしたらメーキングが載ってるんですけど、その写真ももう嫌！　っていう。で、**それを乗り越えて立派な大人になれたなーっていう話がしたかったんですけど。**

宇多丸　やっぱ乗り越えなきゃいけないんだ。

高橋　乗り越えるべきですよ。それと今思ってたのは、映画って子供の時は自分で好き勝手に観に行けないとかいうこともあったんで、やっぱテレビで観たものとかですよね。あとはポスターとかチラシがヤバくて。

町山　ポスターだよね。

高橋　やっぱ『サスペリア』『サスペリア2』のポスターとか死ぬほど怖かったし。あとその頃、この間も話したんですけどナチ映画。ポスターを見た時に、僕の知り合いの林部くんっていう人が、「**ヒトラーは本当に女を裸にして吊るしてたんだぜ**」って僕にささやいたので、**これはちょっと大変なことだ**と思って。その後僕がいろいろナチの本とかいっぱい読むようになったきっかけになったりとかですね、なんかそういうようなことがポスターにはあるんじゃないですかね。

た作品。原作は1973年に刊行された小松左京の同名小説。

★70『**13日の金曜日**』

1980年・米／監督：ショーン・S・カニンガム／出演：ベッツィ・パルマー、エイドリアン・キング、アリ・レーマン。キャンプ場を舞台に、若者が殺人鬼ジェイソンに次々と惨殺されていくホラー映画。ヒットとなり、2002年までにシリーズ10作品が作られた。

宇多丸　あとヨシキさんと僕がちょっと共通してる体験でいうと、昔ホロコーストのドキュメンタリー映画みたいなのを山ほど親に観せられて。

高橋　『夜と霧』〈★71〉とかそういうやつですよね。

宇多丸　そう。山ほど観せられて。あれ本当に死体をドサーッて……。

町山　干からびた死体を積み上げてある。

高橋　あ、思い出した。前に宇多さんに話したと思うんですけど、70年代の半ばぐらいに、夜7時頃12チャンネルか何かで、毎週第二次大戦の記録っていうだけの番組やってましたよね。

REC　そんなのやってましたっけ？

町山　やってたよ。

高橋　知ってますよね？　毎週特集なんですよ。ユンカースやかUボート〈★72〉の特集とか、まぁドイツ寄りなんですわりと。で、ワクワクしながら毎週観てて「挑戦者カッコいい！」とか言ってたら、最終回アウシュビッツって。で、どんなだろうって取りあえずテレビつけたら、連合軍なんですけどショベルカーでガーッて裸の死体を何千体と処理してるところが延々テレビで流れて。

宇多丸　テレビでやっちゃったんだ。

高橋　そうそう。で、それから**俺１カ月ぐらい、寝て「ギャッ！」って叫んで飛び起きる症状が出て、かなり苛《さいな》まれた。**あれトラウマだと思います。

宇多丸　それテレビでやってたのすごいですね。俺、よみうりホールでそういう上映みたいなのがあって、やたらと行かされてたっていうことが。

REC　親に？　小学生が？

★71　**『夜と霧』**

1955年・仏／監督：アラン・レネ。第二次世界大戦下のアウシュビッツ強制収容所で起きたユダヤ人の虐殺。これらを記録したドキュメンタリー映画。

★72　**ユンカースやＵボート**
ユンカースとはドイツの航空機メーカー。Ｕボートとはドイツ海軍の保有する潜水艦のこと。

宇多丸　小学生が。勉強のためにっていうことだと思うけど、それはトラウマだよね。

高橋　でもあの時は、本当に第二次大戦がいちばんの娯楽なので。

宇多丸　あと戦記もの的なのもあるよね。定番になってた。

REC　学校の図書室にも戦記ものはいっぱいありましたもんね。

高橋　結構そういうのに戦艦のスペックとかしつこく載ってて面白いんですよね。

リスナーからのトラウマ映画の問い合わせ

宇多丸　はい。じゃあ、ここらでちょっとリスナーの方からのトラウマメールを読ませていただきます。貫く棒の如き者さん。「20年くらい前の海外映画です。当時しつこくテレビCMをしていました。主人公と思われる少年がスプーンですくわれて、コーンフレークと一緒に今、まさに巨人の……」

町山　**『ミクロキッズ』〈★73〉だよそれ！**

宇多丸　ただの『ミクロキッズ』か。

吉田　トラウマじゃないでしょそれ。

高橋　お父さんに食われそうになるとこですね。

宇多丸　あ〜、はいはい。でも巨人に食われるってこういうイメージにすると、やっぱすげ〜怖いものとして映っちゃうっていう。

町山　でも食うやつはリック・モラニスだから、大して怖くないよね。

★73『ミクロキッズ』

1989年・米／監督：ジョー・ジョンストン／出演：リック・モラニス、マーシャ・ストラスマン。父が発明した物体縮小装置によりミクロ・サイズになった子供4人の冒険を描いたSFコメディ。

高橋　なんか円《まる》いドーナツ形のね。ミルクがたまってるところに入ってて。

宇多丸　さすが早いですね〜。ラジオネーム・黒光りさん。「7年ほど前、たしか小5の時でした。僕は風邪で学校を休んでいて、軽い罪悪感を感じながら『午後のロードショー』を観ていました。その時観た映画がトラウマです。タイトルは分からないのですが」これすぐ答えられちゃいそうだな。「舞台は潜水艦の艦内か深海の施設。モンスターが出てくる……」

町山　2つしかないですね。『リバイアサン』〈★74〉か『ザ・デプス』〈★75〉のどっちかですよ。

宇多丸　「深海作業用のスーツを着た男性がモンスターに下半身を食いちぎられる。おっさんの片腕が分厚い扉に挟まって身動きが取れず見捨てられる。シュナイダーという登場人物が……」

町山　**はい、それ『ザ・デプス』です！**

宇多丸　あー！　すげー！

町山　シュナイダーをやる俳優はミゲル・フェラーです。

宇多丸　すげー！「モンスターを倒すための槍を誤って人間に刺してしまい、そいつが死ぬ。最後は男女2人が脱出。シュナイダーという名前が強烈に印象に残っています」

町山　シュナイダーですね。それはショーン・カニンガム監督の『ザ・デプス』です！

宇多丸　すごい、さすがですね。もうちょっと読みましょうかね、ラジオネーム・ビッグ反町さん、25歳。「ぜひとも町山さんに題名を教えてほしい映画があります。すごく幼い頃にテレビで観たのですが、ほとんどの記憶が欠落しています。でも強烈に印象に残っているシーンがあります。とても大きな風呂かプールに、おっぱい丸出しの女性が数十人集まってラジオ放送をするシーンです。映画の中で2、3回出てきたように思います。女性たちの中心人物は40歳くらいの女性だったと思います。まだ性に目覚めていない当時の自分にはショッキングす

★74『リバイアサン』
1989年・米伊／監督：ジョルジ・パン・コスマトス／出演：ピーター・ウェラー、アマンダ・ペイズ、リチャード・クレンナ。深海に沈没したソ連艦艇・リバイアサンを発見した、海底採掘基地の研究員たちの恐怖を描く。

★75『ザ・デプス』

1989年・米／監督：ショーン・S・カニンガム／出演：グレッグ・エヴィガン、ナンシー・エヴァーハード、ミゲル・フェラー。深度1万メートルの海底にあるミサイル基地で、クルーたちが正体不明の深海生物に襲われるSFモンスター映画。

ぎるシーンでした」。白人の裸の綺麗なお姉さんたちが風呂でラジオ！

町山　それは『むちむちラジオ／おっぱい大放送』っていう映画ですね。

一同　アハハハハ!!

吉田　本当ですか？

町山　ウソです。

一同　アハハハハハハハハ!!

宇多丸　ひどい！

吉田　酒入ってる、本当に。

町山　突っ込まなきゃ、みんな本当にあると思ってそれで済んだのに。

宇多丸　今、日本中が本気にしました。

吉田　突っ込んでよかった……。

高橋　むちむちラジオなんて。

町山　そのままパッと流れるかと。

宇多丸　そんな映画あるんですか！ってね。

高橋　でもあってもおかしくないかな、そういう映画だったら。

宇多丸　これはよく分かんないな〜。

高橋　プールの中でラジオをやるってシチュエーションが、まずよく分かんないですよね。

宇多丸　すごいですよね、これね。こんなおかしな映画があるのかって。

宇多丸　この賢者たちをもってしても駄目ですか。では浦安市・テンピュールマキさん、48歳男性。

「私のトラウマ映画は40年以上も前にテレビで放映されたものを観た……」

町山　40年以上も前！

宇多丸　「吹き替え版の洋画です」これは答えがいがあるんじゃないですか？「当時の私は10歳前後なのでタイトルはもちろん、俳優の名前もどんなストーリーだったのかも覚えていません。それがなぜトラウマなのかといえば、あるシーンのシチュエーションが異常だったからです。どこが異常なのかは今から詳しく書きます。登場人物は愛し合っている2人の男女、便宜上2人のうち（これ便宜上の名前です）男をポール、女をリンダとします。あとリンダを好きだった男の人ジョージの3人。ジョージはリンダが自分ではなくポールを愛したことが許せなくて、腹いせに2人を船に乗せ、誰も来ない無人島へ置き去りにする。その無人島はいかだや釣り竿を作れるどころか、食料になるような植物が生えておらず当然動物も住んでいません。生き残りたいのならお互いを殺し合って肉を食らうしかないぞ、とジョージがポールとリンダに告げたのでした。そのセリフを聞いた時小さな子供だった私は、愛する人を殺して食べるくらいなら2人で心中すればいいじゃんと考えていたのです」ということですね。

町山　**それは『風と共に去りぬ』〈★76〉ですね。**

一同　アハハハハ!!

宇多丸　も〜ひどすぎますよ町山さん！

吉田　日本での仕事最終日ですから、疲れてますからね。

宇多丸　投げてるじゃないですか！

高橋　適当ですね〜。

町山　全然分かんねーなー。**……そんな映画はない!!**

★76『風と共に去りぬ』

1939年・米／監督：ヴィクター・フレミング／出演：ヴィヴィアン・リー、クラーク・ゲーブル、レスリー・ハワード。南北戦争前後のアトランタを舞台に、主人公スカーレット・オハラの波乱万丈な半生を描く。アカデミー9部門を受賞した、ハリウッド不朽の名作。

一同　アハハハハ!!

吉田　断言していいんですか？

高橋　夢で見たのかもしれない。

町山　それはあなたの妄想です！

宇多丸　そういう「あなたの妄想かもしれない」っていう、『ねじの回転』〈★77〉的な方向にしておいて。

吉田　白黒かどうかも分かんないですかね？

宇多丸　白黒なんじゃないかなと思いますよ、40年前だったら。分かんないけど。

町山　40年前ってねぇ！　冗談じゃないよ本当に。

宇多丸　テレビでやってるってことですからね。町山さん、この滞在期間にアレでしょ？　こういう質問されすぎて、はっきり言ってもううんざりしてる？

町山　疲れた。すごい疲れてる。100問以上答えたんじゃないかな。

宇多丸　しかも、**それ『エイリアン』だろ！**　じゃないけどさ、結構……。

高橋　**それ『ターミネーター』だろう**的な。

町山　小人の男が濡れた路上にしゃがんでいるとかね。いちばん本気で、真剣にとんでもない質問してきたやついたもん。

吉田　なんですか？

町山　白人と黒人のお父さんが子供のクリスマスプレゼントを探して駆けずり回るって、それ『ジングル・オール・ザ・ウェイ』〈★78〉って映画なんだけど、**白人ってシュワルツェネッガーだよ？　おまえ分かんねーのかよ！**　っていうさぁ。

★77 『ねじの回転』
1898年に刊行されたヘンリー・ジェイムズの小説。心理小説の古典的名作として知られている。

★78 『ジングル・オール・ザ・ウェイ』

1996年・米／監督：ブライアン・レヴァント／出演：アーノルド・シュワルツェネッガー、シンバッド、フィル・ハートマン。クリスマスを舞台に息子の欲しがるプレゼントであるレアなフィギュアを手に入れるために奮闘する父親を描いたハートフル・コメディ。

宇多丸　いや子供の時だと、さっきのリック・モラニスとかが分かんないようにさ、やっぱそういうのあるんじゃないですか？

町山　そうか〜分かんないのかな〜。

宇多丸　じゃあ、もうちょっとうんざりしてもらいましょう。サリーさん。「ワンシーンだけ強烈に覚えていてむしろほかのストーリーがまったく思い出せないんですが、牧場か寂れた村で夫婦がカウボーイみたいな人に囲まれ、女性のあらわになった背中を碁盤の目のように切り刻み、女性は「大丈夫」と言いながらじっと耐えているシーンがあり、かなり衝撃を受けました。手がかりは少ないですが、よろしくお願いします」

吉田　分かるわけないですね。

高橋　すごい少ないですね。

町山　「マカロニ・ウェスタン」とかで沢山あるよ、それ！

宇多丸　ムチでってことなんですかね？　この切り刻まれたっていうのは。

高橋　ナイフかもしれないし。

町山　**気持ちよかったんじゃないですか？**

高橋　投げやりにもほどがありますよ！

宇多丸　町山さんの滞在中の発言の中でも、いちばんひどい部類に入るんじゃないですか。

吉田　『豪STREAM』のほうがひどかったです。

宇多丸　あれはもう放送できないですからね。

町山　すみません。

吉田　とにかく、ちんこが好きだったのは確かです。

宇多丸 ホモソーシャルを超えたホモセクシュアル。
REC きょうあの飴ないの？　あの飴あればよかったのに。
吉田 **ちんこ飴？**
REC うん。
吉田 **ちんこの飴ずっと舐めながら、いかにちんこが好きなのかを言い続けるという。**
宇多丸 町山さんが帰ったあとに、コンバットRECが「これ町山さんが舐めたちんこ？」って。
一同 アハハハハ!!
吉田 狂ってるよね。あれ、舐めよう！　みたいな。
宇多丸 ひどすぎる。
町山 見てたの？
宇多丸 あとからTwitterとかでこんな話してたっていうのを知って、これはひどいと思って。
高橋 町山さん、何かっていうとちんちんの話好きですよね。
吉田 「小島慶子[★79]さんにちんこ付いてたら舐める」とかそういう話をいつもしてます。
町山 それない？
吉田 ないです。訊かれても困ります。
宇多丸 真顔で。『情熱大陸』観てたんです、ちょうどね。
町山 そう、それは覚えてんだ。
高橋 もうやめましょうよ、それ。
REC 一晩中ちんこの話しかしてなかったですから。

★79 **小島慶子**
タレント、ラジオパーソナリティ。95年にアナウンサーとしてTBSに入社。2010年にフリーとなり、ラジオ、テレビ、雑誌などで幅広く活躍している。ちなみに2009年3月から2012年3月まで放送されていた『小島慶子 キラ☆キラ』（TBSラジオ）では、町山智浩がレギュラー出演をしていた。

吉田　それぐらいひどいです。

宇多丸　リスナーの方は藁をもつかむ思いで、町山さんを信頼して訊いてきてますから。

高橋　そこで『風と共に去りぬ』じゃねーの？　ってひどくないですか。

吉田　ひどいでしょ。

宇多丸　ラジオネーム・ホッシーさん。「私が気になっているトラウマ映画は、オープニングで強盗数名が押し入ってきて、家の中にいた女性数名をレイプするというものです」

町山　いっぱいあるよ、それ！

宇多丸　「中でもトラウマなのは女性の中におばあちゃんもいたのですが、そのおばあちゃんまでレイプする野獣ぶりに吐き気を覚えた記憶があります」オープニングで強姦が……。

REC　『白昼の暴行魔』〈★80〉？

町山　『白昼の暴行魔』ですね、たぶん。レイ・ラヴロック主演だよね。イタリア映画です、それ。

宇多丸　あ〜そうですか、すごいですね。

町山　『白昼の暴行魔』1です。ちなみに2のほうは別の監督、ウェス・クレイヴン監督の。

吉田　そうですね、『鮮血の美学』〈★81〉。

宇多丸　『鮮血の美学』が2なんだ。あ〜そっか、なるほど。

町山　『木曜洋画劇場』で放送した**レイ・ラヴロック主演の『白昼の暴行魔』だと思います。**

宇多丸　まともなの来た！　全部『風と共に去りぬ』で終わらせられたらどうしようと。じゃあもうちょいいきますかね。メールでいただきました。「80年代にテレ東で観た古い邦画。大映のような気がするんですが。冷めた感じの父と子が夕陽の射す食卓にいる。父親が皿の上のまんじゅうをぱくついて、食い終わってから小学生の息子が一言『それ猫いらずだよ』。台所

★80『白昼の暴行魔』

1977年・伊／監督：フランコ・プロスペリ／出演：フロリンダ・ボルカン、レイモンド・ラヴロック。3人組の強盗に強姦された尼僧の教師と修道院の女生徒たちによるサスペンス・スリラー。

★81『鮮血の美学』

1972年・米／監督・脚本：ウェス・クレイヴン／出演：デヴィッド・ヘス、ルーシー・グランサム。映画『処女の泉』をベースとした、一人娘を惨殺された男の復讐劇。『エルム街の悪夢』のウェス・クレイヴンの初監督作品。

で吐き続ける父親。もう一度観たいんですが、何という作品でしょうか」

町山 それは大映じゃないんじゃないかな。**『魔少年』[★82]だと思うんだけど。**森村誠一原作で、少年が家族とかバンバン殺し続けるっていうか。

宇多丸 やっぱ『悪い種子《たね》』[★83]系の。

町山 『魔少年』は『土曜ワイド劇場』で昔やった気がします。

宇多丸 なるほど。これは『魔少年』。

町山 じゃないかなと思いますが。

宇多丸 いいですか、どんどんいって。もう最後のマラソンですからね。町田市・マルタマさん。「あ〜人間って嫌だと、ひしひしと感じてしまうラストなんです。戦争の映画で、小さな村のような場所に民間兵士のような捕らえられた兵士が、重しがなくなると爆発する仕掛けの地雷の上に寝かされ、ほかの兵士は逃げてしまいます。兵士はどうにかして逃げようとするものの、近くに何もなく為す術がありません。そこへスクープが欲しくてたまらなそうなカメラマンとアンカーマンが……」

町山 それ『ノー・マンズ・ランド』[★84]じゃないの？　昔の映画じゃないですよ。

宇多丸 「カメラマンは行ってみようと誘うものの、アンカーマンは小さな村をちらりと見ただけで、こんな村にスクープはないわよとそこを離れていってしまう、そんな最後でした」

町山 **それ『ノー・マンズ・ランド』！**

高橋 いつ観たってことなんですか？

宇多丸 いや、いつとは書いてない。

★82 **『森村誠一の魔少年 年上の愛人は情事の夜殺される！』**
1985年6月に『土曜ワイド劇場』で放送されたテレビドラマ。出演は加賀まりこ、松尾嘉代、中尾彬ほか。原作は森村誠一。

★83 **悪い種子**
1956年・米／監督：マーヴィン・ルロイ／出演：パティ・マコーマック、ナンシー・ケリー、ヘンリー・ジョーンズ。8歳の少女・ローダが殺人事件を犯すテーマがショッキングに描かれた古典映画。

町山　地雷の上に乗っかっちゃって動くと爆発しちゃうっていう。わりと最近の映画です、はい。**ちょろい質問です。**

一同　アハハハハ！

宇多丸　やめてくださいよ！

町山　ちなみに『ノー・マンズ・ランド』ってタイトルだったかどうか覚えてないや。

吉田　でもそういう映画ですよ。

宇多丸　これ送ってくるほうもイヤだよね、「ちょろい質問です」って。

一同　アハハハハ！

吉田　難しいのはひどいこと言うし。

宇多丸　難しい映画だと「妄想だ！」って。

町山　そんな映画ない！　とか。

吉田　どうすりゃいいんだっていう。

宇多丸　次、ドンドンさん。「私のトラウマ映画はまったく中身が分からないんですが、幼い頃夕方あたりに観た邦画。音楽もかかってなく、浜辺に男の人たちがたくさん群がってて何かしているんだけど……**思い出せない**」

一同　アハハハハ!!

REC　何か分かんねーよ！

宇多丸　「でも顔のアップとか大きく開けた口のアップとか、とにかく画が怖くて」

高橋　それはあるんだろうな。

宇多丸　「何だこれは！　と衝撃でした。**白黒かカラーかも覚えてません**」。データなさすぎるよね。

★84『ノー・マンズ・ランド』

2001年・仏伊英ほか／監督：ダニス・タノヴィッチ／出演：ブランコ・ジュリッチ、レネ・ビトラヤツ。ボスニア紛争でのノー・マンズ・ランドと呼ばれる中間地帯に取り残された、敵対する2人の兵士を描く反戦映画。アカデミー外国語映画賞ほか、数多くの映画賞を受賞した。

一同　アハハハハ!!

REC　知るか、そんなの！

町山　データなさすぎ。

高橋　これはぼんやりしすぎでしょ。

REC　**何がトラウマなのかも分からない。**何もなさすぎるんだろう、これ。

宇多丸　大人数の男が怖かった。でも下手したら、男の人っていうのはふんどしの男が2人で……。

REC　**あ！『戦国自衛隊』かもしれない！**

町山　『戦国自衛隊』かもしれない！『サン・ゴーズ・ダウン』[★85]っていう主題歌じゃなかったですか、これ？

REC　そうだよ。海辺で男たちがたくさんいて怒鳴り合って。

吉田　カラーですね、カラー。

宇多丸　勝手に『戦国自衛隊』にしちゃって……。

町山　『戦国自衛隊』！

REC　たぶん、**いちばん怖い男の名前は渡瀬恒彦です。**

一同　アハハハハ!!

宇多丸　でもやっぱ渡瀬恒彦は怖いでしょ？

町山　怖いよー。

宇多丸　渡瀬恒彦の怒鳴り声だけで震え上がるでしょ、やっぱし。

REC　本物だよね、これ。

★85「サン・ゴーズ・ダウン」松村とおるが歌う『戦国自衛隊のテーマ』のこと。

宇多丸 トシオさん。「内容は『世にも奇妙な物語』のような数話の話が1つになったものの1話でした」オムニバスの1話か。「その話は、棺桶に入れられて土に埋められた主人公が我々に事のいきさつを説明するといった内容だったような気がします。主人公のような青年がどうにかなって何回か死ねる体質になります。たしか何回死ねるか回数が決まっていたと思います。主人公はその体質を利用して、死ぬ行為を人に見せてお金を取っていました。死んでお金を儲けていったエピソードをうんたらうんたらと語り、今、主人公がいる状況もその1つということを知らされます。しかし主人公はあることに気がつきます。数えてみたら死ねる回数分、前回の死で消化してしまっていると主人公が叫びながらカメラが引いていって物語は終了します。これを観たあと母に泣きついてしまったことを鮮明に覚えています。20年ほど前、幼稚園から帰った時に昼3時にテレビで流れるマイナー映画を観ることを日課としていました」っていう、だから映画は映画なんだと思うんですけど……。

町山 それは**『何回も死ねる男の大冒険』**っていう……。

高橋 （無視して）いやいや、それは映画じゃない可能性ありますよね。ドラマっていうか。テレフィーチャー[★86]的な、そういう系のなんかあるかもしれないし。

宇多丸 もう町山さんが、「氷結」を手にヘラヘラ笑ってるだけという。

町山 **『評決』[★87]っていう。**ポール・ニューマンの映画だよね。

宇多丸 アハハハ！　字が違う！

高橋 何回も死ねるっていうのは面白いから気になりますよね、ちょっと調べてみます。

町山 それ、**「なんか死ぬ！」**って言うだけの女なんじゃないの？

吉田 それはただのエロ話ですよ！

★86 **テレフィーチャー**
単発物のテレビ用長編ドラマ番組のこと。

★87 『評決』

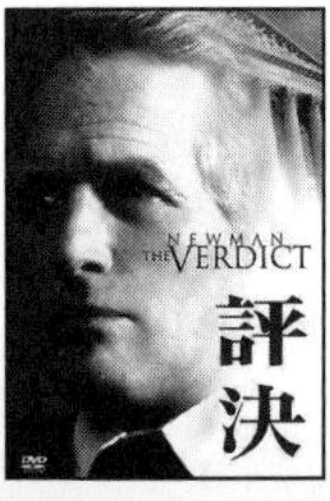

1982年・米／監督：シドニー・ルメット／出演：ポール・ニューマン、シャーロッ

町山　死ぬ死ぬ言う女いるじゃん。

宇多丸　**大丈夫なんですか？**　本当に、町山さん。

吉田　本当に死なないんですよ～、それ。

宇多丸　町山さんのひどくなり方の距離感が読めない！　ものすごい今、ぴょーんって飛んだからね。

吉田　拾いづらいでしょ。

高橋　次いきましょう。ほかの読むんでしょ？　まだ。

宇多丸　町山さん、ひょっとしてこれが最後の仕事ですか？

町山　これ最後で、もうあとはアメリカに帰るだけなんですよ。

宇多丸　じゃあもう解放感に満ち足りて。

町山　終わったー！　って。

宇多丸　まだ続いてるんだから！

高橋　まだ終わってないです。

吉田　打ち上げ気分だから。

宇多丸　あと5分、じゃあいきますよ。国分寺市のブンジノユウジさん。「町山さん、この前の新宿中央公園の花見行きました」

町山　どうもありがとうございます。

宇多丸　「さて僕の名前が分からないトラウマ映画ですが、『日曜洋画劇場』か何かで子供の頃に観ました。女の人が飛行機事故か何かが原因で、森の中で1人でジャングルでサバイバルする映画です。この映画で何がトラウマって、女の人が……」

ト・ランプリング、ジェームズ・メイソン。病院での不正事件の裁判をきっかけに、正義のため初老の弁護士が教会と法曹界を相手に立ち向かう。ポール・ニューマンの演技は、当時批評家たちに大絶賛された。

町山　『奇跡の詩』〈★88〉じゃないですか、それ。

宇多丸　どうだろう。「最後は助かるのですが、背中一面に何とアリの卵が……」

町山　**『奇跡の詩』です。**はい。これ実話なんですよ。アマゾンかなんかのジャングルに飛行機が落ちて、で、女の子が1人だけ生き残ってそれで脱出したっていう話なんです。『奇跡の詩』っていうとなんかこう、「詩」って書いて「うた」って読むんですけど、そんなんじゃないんです、この映画は！

宇多丸　結構ハードサバイバル？

町山　これがまず、すごいドジョウが出てくるんです。

宇多丸　ヒルじゃなくて？

町山　ドジョウかヒルか。ドジョウだと思う。

吉田　だいぶ違いますよ、ドジョウとヒルだと。

宇多丸　アハハハ！　ドジョウって！

吉田　人食いナマズみたいなの。

町山　肉を食い破って体の中に入ってくるんです。

宇多丸　寄生虫チックな感じでぐいぐい。

町山　そう。で、ギャー！　って言いながらズルズルって引きずられてズルズルズルっていうシーンがある。で、皮膚の下を通ってるのが見えたりする。『奇跡の詩』ですよ！

宇多丸　「背中の卵をナイフで取る場面がすごい……」

高橋　産みつけられちゃったんですか？

町山　その卵がまた背中の中で孵《かえ》ったりとか。『奇跡の詩』ですよ！　『奇跡の詩』！

★88 **『奇跡の詩』**
1974年・米伊／監督：ジュゼッペ・M・スコテーゼ／出演：スーザン・ペンハリゴン、グラツィエラ・ガルヴァーニ。旅客機が墜落し、南米のジャングルで一命を取りとめた少女が、ヒルに襲われたり、ハエに卵を産みつけられるなどの過酷なサバイバルを描いた。実話がもとになっている。未ソフト化。

宇多丸　**判明すると繰り返し言うという。**

一同　アハハハハ!!

吉田　うれしくてしょうがないんだと思います。

宇多丸　町山さん、喜んでください、解放です。

町山　分かりました！　やったー！

一同　やったー！

宇多丸　お疲れさまでございました。そんな町山さんから最後に大事なお知らせがございます。現在発売中の町山智浩さんの単行本『トラウマ映画館』を、今、手に入りづらくなっているということもありまして、番組をお聴きのリスナーの方にプレゼントいたします。

町山　今、手元にありますか？

宇多丸　あるのかな？　3冊。あればサイン入りとか。

町山　みんなで落書きしますからいっぱい。ここにいるメンバー全員で寄せ書き。

宇多丸　トラウマになるような落書きをして。

町山　便所の落書きみたいなものを。

宇多丸　当然**ちんぽの**絵とかそういうの。

REC　**全員、ホントに1本ずつ書こうよ。**

吉田　ちんこ？　1人1本で。

町山　全員でめちゃくちゃにしますから。

宇多丸　ヨシキさんがものすごい死んだ目になってます。俺までそういうの一緒にするなって感じ。

吉田　ちんこ得意じゃねーなって。

町山　誰だろうって顔してますけど。

高橋　いやいや。

宇多丸　ということで、まだちょっと時間があるから解放って言ったけど、もう一発ぐらいいきますか。なかなかない機会ですから。

町山　まだあるんですか〜。

宇多丸　いっぱいありますよ。藤沢市・ブライさん。「当方42歳、TBSの放映だったと思いますが、思い出せない映画があります。たしか高圧電線か何かが切れて地面に垂れ下がり……」

町山　あ、もう分かりました！

高橋　『スクワーム』〈★89〉じゃん。

町山　**『スクワーム』！『スクワーム』！『スクワーム』！**

吉田　ミミズが出る前に分かった。

宇多丸　素晴らしい！

町山　もう『スクワーム』、超イントロドン！　ですから。

宇多丸　「その近くにいたミミズか何か……」っていう、すごいです。イントロドン！

町山　**『スクワ――――ム』！**（絶叫）

一同　アハハハハ!!

吉田　**ホント、当たった時うれしそうですよね。**

町山　超高圧電線でピッときました。高圧ぐらいで、もう『スクワーム』!!

宇多丸　じゃあこれも一発ですよね。メールでいただきました。「25、6年前、小学生の頃に日曜の昼

★89『スクワーム』
1976年・米／監督：ジェフ・リーバーマン／出演：ドン・スカーディノ、パトリシア・ピアシー。何万匹というゴカイが襲撃してくるパニック映画。人の顔にもぐり込むゴカイなど生理的嫌悪シーンが話題となる。

の時間にテレビ放映されていた、人々がアリの大群に襲われ操られるといった内容でした」

町山　はい、それ『巨大蟻の帝国』〈★90〉です。

宇多丸　さっきから言ってる、ソール・バスのね。

町山　違う違う、別の映画です。『巨大蟻の帝国』って、バート・I・ゴードン監督で、本当にでっかいアリが出てきて。

宇多丸　でも、操られるって。「人の内側に入り込み、小さい、手のひらに巣穴のようなものを開け、中から意のままに動かすというもので、これが私のトラウマになりました」

町山　体の中に入るなら『フェイズIV／戦慄！　昆虫パニック』です。

宇多丸　はい、ということで、終了！　これで本当に終了～！

一同　やったー！

宇多丸　あ！　もう1個ありました。

町山　まだあるの？

宇多丸　イッチャンさん。「寺尾聡が出演していた放射能汚染の映画です」

町山　**そんなもん、黒澤明の『夢』〈★91〉じゃねーかそれ！**

吉田　「赤富士」ですね。

宇多丸　しかも放射能汚染の話ってそのエピソードだけじゃない？

町山　いかりや長介が出てきたとかそういう話ですか、それ。

吉田　タイムリーすぎます。

宇多丸　最後の最後に、まぁいいじゃないですか。ということで、お疲れさまでございました！

★90『巨大蟻の帝国』
1977年・米／監督：バート・I・ゴードン／出演：ジョーン・コリンズ、ロバート・ランシング、アルバート・サルミ。H・G・ウェルズの同名小説の映画化。

★91『夢』

1990年・日／監督：黒澤明／出演：寺尾聰、倍賞美津子、原田美枝子。黒澤明が見た夢をもとに作り上げたオムニバス映画。「日照り雨」「桃畑」「雪あらし」「トンネル」「鴉」「赤富士」「鬼哭」「水車のある村」の8話からなる。

一同　お疲れさまでした！

宇多丸　怪獣のみなさん、あと40秒ぐらいありますから。なんか告知がある人とかいないの？

吉田　明日ももクロ行くぐらいです[★92]。

REC　僕も。

吉田　宇多丸さんも行くんですか？

宇多丸　行けるようになりましたんで。

REC　隣はうちの嫁なんで、よろしく。僕はもっと前の席で観るんで。

宇多丸　あの、コンバットRECさんには今後、「宇多丸よ！　シリーズ」[★93]最新作として「愛妻家特集」っていうのを。

吉田　あ〜、妻への愛を歌に乗せて。

宇多丸　「宇多丸よ、おまえはまだ本当の結婚を知らない」という。町山さんもいかがですか？

町山　いいですね〜それね〜。

吉田　ヨシキさんもぜひとも、って同じメンツじゃないですか！

町山　吉田豪はどうなってんだよ！　吉田豪！

吉田　だって結婚してないですから。

町山　だから、おまえの男女関係とかどうなってんだよ。

吉田　**普通ですよ！**

一同　アハハハハ!!

町山　普通って、何それ〜。

宇多丸　町山さん、ありがとう〜！

★92　**明日ももクロ行くぐらいです**　2011年4月10日に中野サンプラザで開催されたももいろクローバーのコンサートで、早見あかりの脱退公演のこと。この日、5人となった「ももいろクローバー」は「ももいろクローバーZ」への改名を発表した。

★93　**「宇多丸よ！　シリーズ」**　ゲストが「宇多丸よ！」と居丈高な態度で宇多丸にプレゼンしていく、タマフルではおなじみのシリーズ。例としては「宇多丸よ！　クラブミュージックを狭い枠に閉じ込めているのはお前だ！　本来の意味でのクラブミュージックとは何かを教えてやる特集」（コンバットREC）など。

ON AIR を振り返る

宇多丸

大先輩というのもおこがましい映画評論家・町山智浩さんなのですが、きちんと話したのは、実はこの番組が初めてなんです。

ちなみにこの「トラウマ映画の世界」の放送は2011年4月9日で、東日本大震災の記憶もまだ生々しい頃。日本中が花見を自粛するしないなんてことで議論していたあの時期、町山さんがあえて「花見やるぞ!」と呼びかけて、東京の新宿中央公園に人がたくさん集まったという。放送内で花見がどうこうという話をしているのは、そういうわけなんです。

この回のポイントは、いつものようにきちんとした映画の解説をしている時とは違う、町山さんのチャーミングな側面が炸裂しているということですね。2008年7月「町山智浩のザ・邦画ハスラー『崖の上のポニョ』」オンエア後のポッドキャストで、高橋ヨシキさんと小説家の平山夢明さんが乱入してきて狼藉の限りを尽くすという伝説的な回があったのですが、あのノリにもちょっと近い感じ。要は、何かためになる情報が詰まっているというよりは、町山さんと飲みながらキャッキャキャッキャ映画の話して楽しい!っていう、その雰囲気全体を楽しんでいただく回ですね。

この回、町山さんも途中からどんどん酔っぱらってきて、最後はもうヒドいでしょ?『むちむちラジオ／おっぱい大放送』って! こんな町山さんのアイドル的側面は、ほかの番組ではなかなか受け止めきれないはず! 100パーセント映画〝駄話〟なんだけど、でも同時に、町山さんの映画ボケに対して、ほかのメンバーもそれなりの反射神経を要求される。実は意外と高度な闘いが繰り広げられているという側面もあるんです。ある程度知識を共有している人たち同士が、ボケ合うからこその楽しさというか。

というわけで、町山さんの単著では絶対に味わえない、さらにファビュラス・バーカー・ボーイズ（特殊翻訳家／映画評論家の〝ガース柳下〟こと柳下毅一郎、〝ウェイン町山〟こと町山智浩による「映画漫才コンビ」）のような完成された芸とも違う、素の町山さんの可愛さが垣間見えるのがこの特集だったと思います。

ジェーン・スー

1973年生まれ。プロデューサー・作詞家・コラムニスト・ラジオパーソナリティ。音楽クリエイター集団agehasprings での作詞家としての活動のほかに、『ジェーン・スー 相談は踊る』（TBSラジオ）など、ラジオのパーソナリティ、コメンテーターも務める。著書に『私たちがプロポーズされないのには、101の理由があってだな』（ポプラ社）、『貴様いつまで女子でいるつもりだ問題』（幻冬舎）がある。

サタデーナイト・ラボ

2011.9.17 ON AIR

男子のための初めてのコスメ入門

ゲスト

ジェーン・スー

名言を連発し「キラーフレーズを産む機械」と呼ばれるも、ラジオ出演はこれが3回目というから凄まじい！ このオンエアの2年後にはベストセラー書籍『私たちがプロポーズされないのには、101の理由があってだな』を刊行。メインパーソナリティを務めるラジオ番組『ジェーン・スー相談は踊る』の開始はこの2年半後。バッサバサと斬りまくるトークは、この頃より完成していたことが再認識できる、記念すべきジェーン・スーの『タマフル』初登場回。

宇多丸　TBSラジオ『ライムスター宇多丸のウィークエンド・シャッフル』。ここからは1時間の特集コーナー「サタデーナイト・ラボ」のお時間です。今夜の特集はこちら！　「**宇多丸よ、男たちよ、お前たちは何ひとつ化粧のことを分かっていない！　いや、分かっていないということさえ分かっていない‼**」　そこで『**男子のための初めてのコスメ入門**』by **ジェーン・スー**」！

男は化粧のことをまるで知らない。知らないことも知らずに、日々のうのうと怠惰な生活を送っている。そんな現状に警鐘を打ち鳴らすべく、『タマフル』が送る渾身の緊急化粧特集。『タマフル』の兄弟番組『高橋芳朗 HAPPY SAD』〈★1〉にゲスト出演し、**TBSラジオ局内の一部を騒然とさせたトークモンスター**……この紹介も、どうなんだと思いますけど、ジェーン・スーさんがついに『タマフル』初登場です！　ということでこんばんは、よろしくお願いします！

ジェーン・スー（以下、ジェーン）　よろしくお願いします。どうもこんばんは。モンスターで～す。

宇多丸　いやいや、モンスターって、こんなお綺麗な女性を前にね。

ジェーン　いやいやいやいや……。もうねぇ、中年ですからホントに。

宇多丸　それよりもどんな方なの、ジェーン・スーって？　というね。

ジェーン　日本人です、すいません。女性です。**日本生まれの日本育ち**です。

宇多丸　お仕事的にご紹介するならば、アイドルグループ Tomato n' Pine〈★2〉のプロデューサーでいいかな？

ジェーン　トマパイはagehasprings〈★3〉との共同プロデュースですね。

宇多丸　歌詞なんかはあなたが書いてらっしゃる。あなた歌詞いいですよ。作詞力ありますよ、僕は

★1 **『高橋芳朗 HAPPY SAD』**
2011年4月10日から2012年9月30日まで毎週日曜日に放送されていたTBSラジオの音楽番組。メインパーソナリティは高橋芳朗。『ライムスター宇多丸のウィークエンド・シャッフル』のディレクターや構成作家の古川耕がスタッフとして参加した『タマフル』の兄弟的な番組。ちなみにジェーン・スーの初めてのラジオ出演がこの番組だった。

★2 **Tomato n' Pine**
YUI＋HINA＋WADAからなるアイドルグループ。呼び名はトマトゥンパイン（略してトマパイ）。2009年4月、奏木純（かなきじゅん）と小池唯のデュオとしてCDデビュー。2010年春に奏木純が脱退し、HINAとWADAが加入。それぞれがグラビアや女優などの活動を行いつつ、Tomato n' Pineとして音楽活動を展開するも、2012年に散開した。

非常に高く評価していますけれどもね。

ジェーン　いや、もうホントすいません。

宇多丸　そして音楽業界に、結構いろんな形で関わってきてるんですよね。

ジェーン　そうですね。

宇多丸　みんなが分かるようなところで「こんなのやりました」みたいな過去の仕事は、問題なければ言っていい?

ジェーン　はい。Crystal Kay〈★4〉ちゃんとか担当してましたね。

宇多丸　なるほど。じゃあ、業界ではブイブイ言わせて。

ジェーン　いやいや、何をおっしゃるんですか。

宇多丸　その一方で、化粧品関係の仕事にも携わっているという。

ジェーン　はい、そうですね。

宇多丸　もう今や30代女性のロールモデル。

ジェーン　**いやいや、「こっちに来るな」っていう**話ですからね。ホントに。

宇多丸　こっちに来るな?

ジェーン　「こうなっちゃ駄目だぞ」っていう。

宇多丸　**女子たちにそういう警鐘を鳴らす役割。**

ジェーン　そうなんです。そのために出てきました。

宇多丸　なおかつ私との関係は、文京区の後輩〈★5〉というか……。

ジェーン　**文京ポッセ。**

★3 **agehasprings**
アゲハスプリングス。YUKI、CHARA、中島美嘉、Superfly、エレファントカシマシなど、数々のアーティストのプロデュースを手がける音楽制作プロダクション。

★4 **Crystal Kay**
1999年にデビューした女性シンガー。13歳の時に『Eternal Memories』でシングルデビュー。愛称は「クリちゃん」。

★5 **文京区の後輩**
ジェーン・スーが学生時代に所属していたサークルは「早稲田大学ソウルミュージック研究会ギャラクシー」。これは宇多丸はもちろん、RHYMESTER の Mummy-D、DJ JIN も所属していたサークルで、つまりジェーン・スーと宇多丸は古くからの先輩・後輩の関係にあたる。加えて、宇多丸、ジェーン・スー共に実家が文京区で近所同士、ということからくる表現。

宇多丸　まぁ後輩ということでいいんですかね。

ジェーン　そうですね。

宇多丸　何か僕、すごい不思議な感じがするんですけどね。高橋芳朗〈★6〉とかコンバットREC〈★7〉もそうですけど、**普段、普通に友達として馬鹿話していた、その馬鹿話がそのまま公共の電波に乗っている**っていう。

ジェーン　そうなんです。

宇多丸　お金になる時代になっちゃったっていう、何か不思議な感じが。ついつい本名で呼んでしまいそうになるのが危ないですけど。

ジェーン　気をつけないと。

宇多丸　あなたは別に士郎さん〈★8〉って、普段の感じで言っていただいていいですよ。

ジェーン　いやいや、宇多丸さんで今日はいかせていただきますけども。

宇多丸　そうですか、あくまでけじめの一線を引いてね。ということでジェーン・スーさんが『高橋芳朗 HAPPY SAD』で衝撃のデビューを飾った。

ジェーン　いやいやいやいやいや。

宇多丸　もう何ていうんですか、**「このしゃべれる女は誰なんだ?」みたいな。**この人は引き出しがまだまだありそうだと。まぁ実際そうなんだけど、世間が騒然としたという。で、そんなこと言ったら**俺のほうが前から知り合いなんだよ、**みたいな感じで、ぜひなんとかこの『タマフル』に出したくて。まずは何を語るのがいいのかね?　ということで、〝**コスメ**〟になったんですよ。

ジェーン　そうですね。

★6 **高橋芳朗**
本書では「現実・妄想・どっちも歓迎　真夏のア（↑）コガレ自慢大会」（P234）にも登場。ヒップホップ雑誌『blast』の編集部に勤務していたことがあり、その頃より宇多丸とは友人の間柄。『ブラスト公論』仲間の1人。

★7 **コンバットREC**
本書では「アイドルとしての王貞治 特集」（P64）にも登場。宇多丸とは古くからの友人で、プライベートでも容赦のない討論を交わし合う関係。

★8 **士郎さん**
正しくは佐々木士郎。宇多丸の本名。親しい友人からは「宇多丸さん」ではなく、「士郎さん」と呼ばれることが多い。

宇多丸　でも今まで『タマフル』で、コスメというこの3文字の言葉が出てきたことはないと思うんですよ。化粧品という理解ですか？

ジェーン　そうですね。まぁ、**その辺がすでに男の人にとっては五里霧中**だと思うんですけど。

宇多丸　五里霧中ですね。無知蒙昧《むちもうまい》。

ジェーン　だと思うんですけど。スキンケアというのとコスメ、いわゆる化粧っていうのはまったく別物なんで。

宇多丸　お肌のために何かすることと、綺麗に作り上げること、今日はどっちの話をするの？

ジェーン　今日は基本的にはコスメのほうの話。

宇多丸　それ、どっちだっけ？　ごめんごめん。

ジェーン　化粧です。分かりやすく言いましょう。

宇多丸　お化粧。あの作り上げていく、メイクアップするほうね。

ジェーン　メイクアップのほうです。

宇多丸　**すみません五里霧中で。**ということで、まぁ私ね、こんな調子ですよ。コスメとか言ったって化粧のこと何にも分かんないです。大体、俺のコスメの印象を言っていいですか？

ジェーン　はい。

宇多丸　前から僕は言ってるんだけど、女の人がデパートとか行くじゃないですか。で、化粧品売り場に「わ〜」とか言って寄るじゃないですか。瓶とかがいっぱい並んでてさ、まず、こんなに種類が必要なものなのか？　っていうね。で、手に取って匂いを嗅いでね。なんかこう嗅がせようとしたりするわけ。そんなの嗅いだってさ、それピーチって書いてあるから、そりゃ桃っぽいんだろ？　とかさ。

ジェーン　いやいやいや、何をおっしゃってるんですか！

宇多丸　そんなのどう反応すりゃいいんだよ、みたいな。

ジェーン　**「ピーチだね」っていう話ですよ。**

宇多丸　「ピーチだね」としか言いようがないじゃないですか。あと、そんなに種類が要るの？

ジェーン　要ります要ります。

宇多丸　**だってエアガンを手入れするのに必要なスプレー、多くて3本ですよ！**　僕が使ってんの2本ですからね。

ジェーン　もうそこからすでに間違えてると思うんですよ。

宇多丸　え？　違いますか？

ジェーン　**スプレーじゃないんですよ。エアガンです!!**

宇多丸　あ、コスメはどっちかっていうと、エアガンそのもののほう？

ジェーン　そうですエアガンです。**エアガンは1個じゃすまないでしょ？**　っていう。

宇多丸　「はあ～。また同じようなもの買ってきて……」

ジェーン　同じものを買ってきて、「同じじゃないよ、ちょっと違うよ！」っていう。

宇多丸　あぁ！　もう分かりました、コスメの話！　分かりました!!　**エアガンの例えで、もう全部分かりました！**

ジェーン　いやいや、本当に。

宇多丸　でもこの状態なので、無知蒙昧を啓発していただくという意味でですね、今日はリスナー、特に男性リスナーのみなさんからの、コスメおよび女性のお化粧に関する素朴な疑問に、このジェーン・スーさんが一刀両断にピシーッと。「愚問！」と。

ジェーン　「笑止！」と。

宇多丸　「噴飯《ふんぱん》もの！」ってね、答えていただこうかと思っておりますので、どしどしお寄せいただきたいなと思っております。

毎朝女は、社会に自分を釈放している

宇多丸　一部に誤解があるといけないので改めて確認しておくと、これは「男が化粧する」っていう話じゃないですよね？

ジェーン　違います。「女の化粧っていうのは何か？」ということを。

宇多丸　女の化粧の話ですね。で、その「女の化粧とは何か」っていうことを、いやそんなの分かってるよ、女の化粧っていうのは、あれだろ？　女がこうやって、ポンポンやるんだろ？　みたいな、そういうレベルのおまえら、貴様らに捧ぐっていう。

ジェーン　うんうん。そうですそうです。

宇多丸　例えばね、リスナーからこんなメールをいただいてます。神戸市のシミズさん。「女性の家に上がった時に、化粧台の上や鏡の前にいくつもの化粧品が並んでいますが、それは私にとって理科室感がすごくあります。化粧水は蒸留水。口紅は味のしないクレヨン。ファンデーションはセメント。マスカラはセメダイン。チークはビタミンカラーの絵の具。ビューラーは目のギロチン。実験感覚バリバリします。そこでお訊きしたいのですが、化粧品の知識も

そうですが、化粧する女性がいちばん男性に理解してほしいことは何ですか?」という質問をいただいています。

ジェーン　いちばん理解してほしいのは、今回の大きなテーマでもあるんですけれども、**まずはよく知ってほしい。これが何かということを知らないうちに、ズカズカと入ってこないでほしい**っていう。

宇多丸　女性にとっての化粧とは何かを、よく知らないうちに……。でも逆に言えば、やっぱりズカズカ入ってくる発言が目立つってことですか?

ジェーン　まぁそうですね。やっぱり、いちばん顕著な例としては「すっぴんのほうが可愛いよ」とか。

宇多丸　あー、**「すっぴんのほうが可愛いよ」**問題。

ジェーン　もう、**そういうのは愚《ぐ》の骨頂《こっちょう》**ですよね。

宇多丸　これはなぜ愚の骨頂なのか、のちほど伺っていこうかと思うんです。こちらにもリスナーのメールがあるんですけど、ラジオネーム・ウィザードさん。30歳、男性。「すっぴんとナチュラルメイクの違いを教えてください」。すっぴんの問題についてもあとで語っていきましょう。まずはその、大きなこととして「コスメとは何ぞや?」というね。

ジェーン　はい。女にとってのコスメ、化粧というのは何かっていう話ですね。基本的にまず、アラサー。まあ20代、10代でもメイクをする歳ではあるんですが、いちばんこう、肝になってくるのが30代前後から上……。

宇多丸　やっぱり、意味が変わってくるんですか?

ジェーン　そうですね。で、全世代に共通して言えることは、やっぱり**エンターテインメント性**。

宇多丸　エンターテインメント性!　ほうほう。

ジェーン　気持ちをアゲる。メイクをすることによって、欠点を隠し良いところを伸ばすという。「今日行くわよ！」という感じで。**つまりは甲冑《かっちゅう》ですよね。**

宇多丸　武装！

ジェーン　そうですね。戦国時代に例えるのであれば、甲冑ですね。

宇多丸　見た目は非常に薄い粉とか液体状のものだけど、あれはもうビシッと鉄だと。

ジェーン　もう**「突き破れると思うなよ」**っていう。

宇多丸　はいはい。カチーン！　カンカンカンカンカン！　と、いろんなものを跳ね返す。

ジェーン　そうです、まさにそうです。

宇多丸　弾を跳ね返すというもの。

ジェーン　はい。そういう用途のエンターテインメント性。**自分が自分になるため、見れる自分になるための。**

宇多丸　自分が自分に？　「見れる自分」になる？

ジェーン　そう。これはちょっと語弊《ごへい》のある言い方かもしれないんですけど、**アラサー以上の女の寝起きなんて、もう本当にマグショット**[★9]**なんですよ。**

宇多丸　マグショット？

ジェーン　取っ捕まった時に撮られるじゃないですか。

宇多丸　あぁ、はいはいはいはい。

宇多丸　カシャ！ってありますね。まぁ、寝起きは誰しもそういうところがありますけど。

ジェーン　そうそう。で、そこから外に出て行くための大事なプロセスとしての化粧。

★9　マグショット
主にアメリカなどで逮捕直後に撮影される容疑者が身長計の前に立ち、番号や名前を書いた板を持たされている写真のこと。映画のワンシーンでもよく見られる。

宇多丸　要はその、はたから見てね。客観的にマグショット的であるかどうかじゃなくて、自分がマグショットだって思ってるとアガらないところで、ちゃんと武装してというか……。

ジェーン　**毎朝、自分を釈放してるんですよ。社会に女という自分を。**

宇多丸　アハハハハハ！　**あなたキラーフレーズが、やっぱすごい！　量産機ですねぇ。**

ジェーン　いやいや、そんなことないです。

宇多丸　「毎日、世間に自分を釈放」！　ハハハハハハハ！

ジェーン　化粧することで釈放している、みたいな。

宇多丸　あ～なるほど、あくまで世間に受け入れられているとかじゃなくて、自分が自分を釈放するという。

ジェーン　そうです。もう自分が自分にということですね。

宇多丸　なるほどね。はいはい。

ジェーン　あとやっぱりもう1つは、パチンコ的な要素というか。

宇多丸　パチンコ？

ジェーン　はい。コスメっていうのは**すごく中毒性が高いん**ですよ。

宇多丸　いったんやると、ってことですか？

ジェーン　そうですね。ちょっとここにも持ってきたんですけども、メイク雑誌って呼ばれるものが、大体大手の出版社からでも4～5冊出てまして……。

宇多丸　僕ね、本屋でこういう表紙とか見かけてね、女性ファッション誌というものとコスメ誌っていうものの見分けがついていなかったです。

ジェーン　もう、全然違うものです。

宇多丸　違うんだね。これはコスメ誌なんだ。

ジェーン　コスメ誌です。顔と頭と体ですね。とにかくコスメは、春、夏、秋、冬どんどん新作が出てくるんですよ。

宇多丸　あ〜そうなんだ。

ジェーン　で、3カ月前まではこれがいいって言われてたものが、はい駄目、みたいな感じで……。

宇多丸　それはファッションも同じようなところがありますけど。化粧品なんて自分に合うものを見つけたら、そこで打ち止めはないの？　って思っちゃうんだよね。

ジェーン　まぁ、**パチンコですから、打ち止めはないですよね。**

宇多丸　パチンコですから〝ない〟って、おかしいでしょ。

ジェーン　ンフフフ。いやいやいや。

宇多丸　いったん出ても、「また出るかな？」と。

ジェーン　そうなんですよ。まさにその「また出るかな？」で、新しい台がどんどん出てくるわけです。そうすると、損することは分かってる、消え物だってことも分かってるけど、当たった時の、確変〈★10〉した時の……。

宇多丸　ちょっと待って。**当たる**ってどういうこと？　確変ってどういうこと？

ジェーン　自分にハマるんですよね。あのー……。

宇多丸　あ〜、いちばんなりたい自分になれた？

ジェーン　そうですそうです。といった時の、ズキューン！　っていう。**あのアガリが、もう確変がー！って。**

★10 **確変**
パチンコ用語で「確率変動」の略。大当たり確率や小当り確率を上昇させることで、次の大当たりを得られるシステム。それまでとはガラリと変わり、目をみはる活躍ぶりを見せる状態を指すこともある。

宇多丸　ジャラジャラー！　って出てくるわけだ。

ジェーン　そうなんです。

宇多丸　逆にやっぱり、することもあるんだ？　今日はすったわぁ〜とか。

ジェーン　することのほうが多いでしょう。圧倒的に。

宇多丸　買ってきてやったけど、うーん、と。

ジェーン　全然違うよこれ、っていう。

宇多丸　違う。それは色だったりとか？

ジェーン　そうですね。あと自分の肌に合わないとか。

宇多丸　肌問題、当然ありますよね。

ジェーン　そうなんです。お肌がもともと弱い人もいますし、アレルギーが何にあるかっていうのは人によって違うので。

宇多丸　で、これ、なんとかさんがいいって言ってたから、って買ったりしてますもんね。

ジェーン　そうなんです。

宇多丸　パチンコなんだ。

ジェーン　そう、中毒性がある。だからコスメジャンキーとかコスメフリークとか、コスメジプシーって言葉がもう普通にあるんです。

宇多丸　ジプシー？

ジェーン　**さまようんです。定まらない！**

宇多丸　あ、そうか。で、ある程度のところで手を打っときゃいいものを、どんどん行っちゃうんだ。

ジェーン　どんどん。で、新しいものがどんどんどん出てくるんで次から次へと新しいものを試したくなるんですよ、ハマる人は。もう私なんかは早々にそこから下りて、沿道で女子を応援する係になったんですけども。

宇多丸 アハハ。ちょっと待って、パチンコって言ってんだから沿道とか分かんないよね。いやいや、まぁ今日はいいか。

ジェーン フレキシブルにね。

宇多丸 実際に、わー！　と走ってる人を。

ジェーン そうですそうです。

宇多丸 じゃあもうジェーン・スーさんは、わりと「自分はこれ」という風に落ち着いてきてる？

ジェーン そうですね。でもやっぱり新しいものが出て、アジテーションされると試したくはなりますよ。

宇多丸 そうですか。「あの新台、相当いいらしいね」みたいな？

ジェーン 「いやもう来たよ、**『海物語』**[★11]**の新しいの**」みたいなことになると。

宇多丸 ほうほう。でもこれコスメの話ですからね。メタファーでね。はいはいはい。

ジェーン で、あともう1個、ここが大事なんですけれども、自意識問題にもなってくるんですけど、**社会との接点。**

宇多丸 先ほどね、毎朝、世間に自分を釈放してあげるなんておっしゃってましたけど、社会？

ジェーン そうです。結局、**自分自身と社会というものの間にある薄皮1枚のところに、化粧をしてペトーッとつけて、その中に入っていくというイメージ**ですよね。

宇多丸 それは社会側が化粧をしていない女を受け入れない、ということじゃなくて？

★11『海物語』
海を舞台にしたパチンコ・パチスロシリーズ。1999年の誕生以降、18シリーズも誕生するほど不動の人気を博している。

ジェーン　たぶんそれがもともとだったんだと思うんですけど。

宇多丸　最初はそれなんだけど……。

ジェーン　だんだんこう、よくありがちな自意識問題で自転していっちゃって、自分でグルグル回っちゃってもうよく分からない。

宇多丸　最終的には化粧をしているからこそ、自分は受け入れられるのだと。取ったらもう逮捕、逮捕者です。

ジェーン　だってコンビニ行くのに、眉毛描かないと出られないという女の人、たくさんいるんですよ。

宇多丸　あ～、はいはいはいはい。

ジェーン　休みの日に家にいて出掛ける予定もないんだけど、お茶買いに行きたいな、じゃあ、ちょっと眉毛だけでも描かせて、みたいな。

宇多丸　それこそパンツ穿《は》くみたいな。服を着るレベル。服を着ないと社会と接点は持てないですよね。

ジェーン　持てないですからね。そうそうそうそう。

宇多丸　本来の自分は裸だけど。服レベルで。

ジェーン　そう。生まれたままの姿では外に出られないっていう自意識。

宇多丸　う～ん。だってあなた裸で外に出ますか？　みたいな、そういう感じだ。

ジェーン　そうです。それぐらい結構センシティブで、かつ社会と自分を繋ぐアタッチメントになっているわけですね。だからたぶん、無人島に鏡が無かったら女は化粧しないと思うんですよ。

宇多丸　なるほど。じゃあ、あくまでそうか、その対に見られてる自分とは何か、という。

ジェーン　そうそう。だから逆に言うと無人島に鏡があったら、化粧する人はいると思うんですよね。

宇多丸　**深い話ですね！**　じゃあやっぱりさっき言った、なりたい自分になれているかどうか。

ジェーン　そうそう。第三者としての目が、鏡があると出てくるわけじゃないですか。

宇多丸　自分の中にも第三者はいますもんね。

ジェーン　そうそうそう。客観性というのが出てくるので。

宇多丸　あぁ～なるほど。僕のスキンヘッドに近いかもしれないですね。僕どんなに、それこそしょうもない用事でも、今だともう完璧に剃った状態じゃないと外に出たくないんですよ。

ジェーン　そうそう、そういうことだと思います。

宇多丸　で、その剃っているのは人に見られるため用だったのに、もう完全に本末が転倒しているわけですよ。しかもこれが別に社会に受け入れられやすいとは、とても言いがたいんだけど。う～ん、そうなのかなあ……。

ジェーン　そうですね。だからそういうエンターテインメント性、あとはジャンキーになるパチンコ性と社会との接点。いちばん大事なところはそこなんですけども。女子にとってはそれぐらいの大きなウェイトを占めるものになってますね。

「すっぴんのほうが可愛いよ」問題は、男のハゲ話に例えるとよく分かる

宇多丸　あと先ほどチラッと出ましたけど、化粧、いわゆるメイクアップというかですね、それをこうやっていくものと、いわゆるお肌の面倒をみてあげるスキンケア的なものというのは、何

かこう一緒くたというか、僕らから見ると同じような薬品を塗ったりつけたりしてるけど、これは別？

ジェーン　別です。こちらにプレゼンシートを書いてきたのでちょっと見ていただくと、スキンケアの手順というものが分かります。まず男性にはぜひ、ここを耳をかっぽじってよく聴いてほしいんですけれども。

宇多丸　まずもう、何か顔をパタパタとやっている、ぐらいに思っている人が多いと思うんですね。

ジェーン　男の人はお風呂から上がったらそのままじゃないですか。

宇多丸　確かにね。まぁ最近は化粧水ぐらい使う人もいるかもしれませんけど。

ジェーン　いるかもしれないけど、それぐらいじゃないですか。ではまず、家に帰ってきて女は何をするか？　メイクを落とします。ここで**メイク落とし**というものが要ります。

宇多丸　メイクは石鹸で洗ったんじゃ落ちないんですか？

ジェーン　駄目です。落ちないです。最近、落ちにくいものが多くなってきてます。

宇多丸　それこそ汗とかでなんかしないように、とか。

ジェーン　そうそう、そういうことです。で、メイク落としのあとは普通の**洗顔**がありますよね。オールインワン[★12]の人もいますけど、基本的にはメイク落としと洗顔。で、それから**スキンローション**をつけます。

宇多丸　スキンローションというのはその……。

ジェーン　**化粧水**ですね。で、そのあと例えば**パック**をしたりとか、**美容液**を塗ったりとか。で、これはやったりやらなかったりと、その人の好みではあるんですけど、**乳液**とか……。

宇多丸　そのさ、化粧水のあとに、さらに乳液かよ！　って、それって同じ機能だろ！　って感じがする

★12　**オールインワン**
クレンジングと洗顔が一度にできるタイプのメイク落とし。最近ではクレンジング＋洗顔のみならず、角質ケアや保湿などの多機能タイプも。

んですけど。

ジェーン いや〜、あのね、私は基本的に化粧水だけでいいと思っている派閥なんですけど、化粧水だけでいいと思っているのはかなりマイノリティーです。一般的に、これを「ふたをする」っていうんですよ。化粧水で入れた水分を、上からふたをしてあげる。

宇多丸 逃げないように。

ジェーン そう。で、ふたをしてあげる。それ以外に例えば、シミ、シワとか、美白っていう**スポッツケア**ですね、部分クリームを塗ったりとかがあるわけですよ。まぁ、ここまでのものを揃えるだけで、お幾ら万円かかると思ってるの⁉っていう。

宇多丸 やっぱり１個１個に違う液が必要なんですもんね。

ジェーン だから大体スキンケアでいうと、メイク落としがいちばん安いのでも１５００円ぐらい。高いものだと５０００円ぐらい。洗顔料が２０００円から４０００円。

宇多丸 えっ⁉　洗顔料、そんなするんですか？

ジェーン しますします。もっと安いものもありますけど、それこそアラサーと呼ばれるところでいうと、少しいいものを。

宇多丸 そのぐらい優しく洗ってあげないと。

ジェーン そうですそうです。で、化粧水が大体２５００円から５０００円ぐらい。乳液と呼ばれるものが３０００円から５０００円、美容液が５０００円から１万円というところで。あと、美白クリームが５０００円から８０００円くらい。結構お金がかかるんですよね。

宇多丸 ふんふん。こんなメールも来てますよ。showtaxi さん、男性。「化粧品って、高すぎねえ?」っていうね、素朴な意見も来てますけど。

ジェーン　はい。高いと思います。

宇多丸　値段に対しての納得度はどうなんですか?

ジェーン　コスメには結局、容器のデザインだったり、そういうものももちろん売価に入っているわけですよ。ただ、さっきも言ったように、**エンターテインメント性、アゲるという必要があるので。**

宇多丸　そうか、いくら安いからって、これがなんかしょうもないビニールかなんかの袋に入って、こうやってベチョベチョとね、**うんこっぽいものこう塗ってたら……。**

ジェーン　**テンション下がりますよ。**

宇多丸　いくら綺麗になるからって。

ジェーン　もうだだ下がりですよ。

宇多丸　やっぱりそういうところから。ズラリと、しかも同じものを並べたりして。

ジェーン　そうそうそうそう。だから、そこに投資してるという認識も女の中にあるので。見た目も自分の肌にも麗しいものを使いたいという。

宇多丸　甲冑がね。必ずしもあのデザインがね、機能性だけではないですもんね。

ジェーン　そうですそうです。

宇多丸　あれもアガる以外にないですね。〝愛〟〈★13〉はアガるしかないですよね。

ジェーン　そうです、〝愛〟はホントそうです。愛印。もう戦闘力ですよ。

宇多丸　戦闘力しかないわけだ。自分の中での戦闘力ね。はいはいはい。

ジェーン　という〝**スキンケア**〟っていうものがあって。あともう1つは〝**化粧**〟ですよね。さっきお

★13 **〝愛〟**
戦国時代から江戸時代前期に活躍した武将・直江兼続は、〝愛〟の文字を兜に取り付けていた。諸説あるが、直江兼続が守護神として進行していた愛染明王の〝愛〟をあしらったともいわれている。

話したスキンケア以外にもエステに行ったりとか、まつげエクステという、まつげに1本1本接着剤で毛を付けていくという作業が女子にはあるんですけども、こういうものも入って……。

宇多丸　ジェーン・スーさんはしてるんですか?

ジェーン　一時やってましたけどやめましたね。

宇多丸　そこはあれですね、だいぶ落ち着いたと。

ジェーン　もう、どんどん舞台から下りてるんで。

宇多丸　はいはいはい。まつげを付けたり。

ジェーン　というので、**大体月に2~3万円から、多い人だと10万円くらいかかってると思うんですけど。**

宇多丸　まつげに?

ジェーン　いや、化粧品含めたメンテもろもろ。

宇多丸　あ~メンテナンスね、はいはい。

ジェーン　美容院とかもあると思うので、修繕費にそれくらいかかって……。

宇多丸　**修繕費って今、言いました?**

ジェーン　言いました、修繕費に。で、これも全然分からないと思うんですけれども、基本的には化粧といったら、ファンデーションを塗って、なんかチュチュッと描いてパパッとやって終わりでしょ?っていうような認識が男子にはあると思うんですけど。

宇多丸　要するに塗りたくってね。なんか目の回りに線を描いて、ほっぺに何か……。

ジェーン　**笑止！**　行きます。はいメイク。まず**化粧下地**がありますね。

宇多丸　化粧下地っていうのは何？

ジェーン　**パテ**ですね。その上にファンデーションを塗った時に、均一に伸びるようにするためのパテ。

宇多丸　ファンデーションって、いきなり肌の上にやったらムラになっちゃうんですか？

ジェーン　塗る人もいますけど、化粧下地を使ったほうがいいです。これには日焼け止め効果もあるんですよ。基本的に日光に当たるのは肌によろしくないので、日焼け止めが入っているような化粧下地を。

宇多丸　ＵＶ効果。

ジェーン　そうですね。で、**ファンデーション**。

宇多丸　ファンデーションというのは、要するに肌をつるんと見せるもの？

ジェーン　そうです。肌色に塗る。肌に均一感を出すためです。

宇多丸　つるんとした肌色に見せると。

ジェーン　そうですね。ファンデーションも好みで、リキッドタイプと固形のファンデーション、ケーキタイプというものがあったりとか。で、まずはここで土台を作って、そのあと、**コンシーラー**というものを。コンシーラーって何かというと、これは分かりやすく言うと、絵の具みたいなものなんです。ファンデーションのかなり濃いもので。

宇多丸　細めの口紅みたいな形をしている。

ジェーン　そうですね。で、このコンシーラーというもので欠点を隠していく。ニキビ痕だったりとか、クマだったりとか。

宇多丸　細かいところをピンポイントで消していくんだ。

ジェーン　そうなんです。みなさんは頭の中で自分の好きなプラモデルに色を塗るような工程を考えてもらえればいいと思うんですけど。

宇多丸　コンシーラーってそうなんだ！　俺、今まで分かってなかった。

ジェーン　欠点を隠すためのものです。そのあとちょっと**パウダー**で押さえて。

宇多丸　押さえる？

ジェーン　そうです。

宇多丸　これは何を押さえるの？

ジェーン　リキッドを使った場合なんかはちょっとテカってたりとかするので、化粧崩れを防ぐために、のちのちのことを考えて。

宇多丸　乗せてくね〜。

ジェーン　乗せます乗せます。それで、そこにようやく**アイシャドー**とかが出てきて。あと**チーク**ですね。

宇多丸　さっき言った、ほっぺたに影を入れたりとか？

ジェーン　そうですそうです。で、チークというのを肌に塗って、ほっぺたの血色を良く見せる。というのは、ファンデーションを塗ったことによって、逆に顔が能面のように均一化されちゃっているので。

宇多丸　人間味がなくなってくるから。**「私、生きてるわ」**というのを示す。

ジェーン　そうです。生きてる感を演出するためのチーク。

宇多丸　はいはいはい。

ジェーン　で、次は**アイブロウ**といって、眉毛を描く。さっき言った、コンビニにも行けなくなるようなことですけど。

宇多丸　アイブロウは眉毛なんだ。女の人で眉毛なくなっちゃう人も結構いますもんね。あれって抜いててないの？　それとも……。

ジェーン　抜いたり剃ったりしてから描いてますね。

宇多丸　細いものを作るために。

ジェーン　そうですそうです。あとは**アイライナー**。これは目の際に入れることで、まぁ男の人に分かりやすく言うと歌舞伎のカッと目力を……。

宇多丸　隈取《くまど》り〈★14〉！　みんなが海老蔵〈★15〉！　ガーッと！

ジェーン　海老蔵です。で、アイライナーがあって、それ以外に**アイシャドー**があって。

宇多丸　アイシャドーは、まぶたとかにやるのかな？

ジェーン　そうです。まぶたに色をつけるものがアイシャドーですね。まぶたって、色がくすむんですよね。

宇多丸　ちょっと、こうお肉がね。

ジェーン　色素が沈着しちゃうんです。なので、そこに明るく色を乗せてあげるというアイシャドー。あとは、まつ毛のマスカラですね。まつ毛を長く見せるためにボリュームアップするんです。

宇多丸　やっぱりまつ毛は大事なんですね。

ジェーン　まつ毛は大事です。マスカラもいろんな機能があって、普通に黒い液体じゃなくて、中に繊維が入ってたりするんですよ。で、この繊維をつけることによって、まつ毛を偽装していく。どんどん厚みのある長いものにしていく。

★14　**隈取り**
歌舞伎独自の化粧法。もともとは顔の血管や筋を表現したもの。役柄によって使われる色が決まっている。ちなみに、その種類は大きく分類しても50種ほどあるといわれており、演者が役に合わせて自分自身で施す。

★15　**海老蔵**
歌舞伎俳優・十一代目 市川海老蔵のこと。屋号は成田屋。鼻筋の通った男らしい容貌で、二枚目の白塗りも荒事の隈取りもよく映える。愛称は「海老さま」。

宇多丸　1本1本がちょっと太くなっていったりとか。

ジェーン　そうですそうです。そうするとかなり目がパキッとしてくるので。で、あとやっぱり唇がね、このままだと寂しいというので……。

宇多丸　最後に口紅だよ、これ。たどり着いたなあ〜。

ジェーン　**口紅**を塗ります。で、その口紅を塗る時にも**リップライナー**というものがあって、唇の輪郭を取ったりするアイテムがあるんですけど……。まぁ、**ここまでの作業をやった人間に向かって「すっぴんのほうがいいよね」って気軽に言う、その無粋さっていうんですか？**

宇多丸　フフフフ。いやでも素朴にね、すっぴんの、要するに素材としての君だって十分可愛いよって、褒め言葉として言ってるんじゃないかと思うんですよ、そういう野暮天はね。これでも駄目ですか？

ジェーン　そうですね。まぁ、ここまでの工程を踏むには、さっきも言ったようにお金がかなりかかっていて。毎月ではなく何カ月か保《も》つものもあったりするんですけど、1万5000円から、まぁ4万〜5万円かけている人もいるわけですよ。だから**構想何年、製作費幾らみたいなものに対して「撮りっぱなしのロードムービーいいよね〜」みたいなことを言う無粋さ**という。

宇多丸　無粋っていうけど、そういうことは普通にあるでしょ？

ジェーン　いや、あるんですけど、それは長編大作を撮っている人には言わなくても良くない？っていう。

宇多丸　作っている本人に言われても、それは長編大作のキャメロン[★16]に、もっとこぢんまりとしたインディーズムービーでさ……。

★16 キャメロン
映画監督ジェームズ・キャメロンのこと。代表作は『ターミネーター』『エイリアン2』など。2009年に公開された『アバター』は全世界の歴代興行収入1位、1997年に公開された『タイタニック』は2位を記録している。

ジェーン　ほっこりムービー作ってよ、みたいな話でしょ。

宇多丸　みたいなこと言ったって、それは「俺はこういうのが作りてーんだから!!」っていうことなんだ。

ジェーン　で、あと男の人で、よくメイクをちょっと褒めたり。「あ、なんか**化粧してると可愛いね**」とか「なんか**今日のメイク可愛いね**」とかっていう。

宇多丸　さっきの「すっぴんのほうがいいよ」の逆だよね。化粧してるからいいよねっていう。

ジェーン　はい。**これも無粋ですね。**

宇多丸　ちょっと待ってくださいよ！　だって「えー！　製作費60億円もかかってすごいね！」って言ったら、キャメロンも「oh yeah! oh yeah! yeah!」ってやりますよ。

ジェーン　いやいや、**ならば、メイクを人形浄瑠璃《にんぎょうじょうるり》〈★17〉に例えてみましょう。**

宇多丸　じゃあ、さっきの映画の例えが合ってなかったんじゃんか！

ジェーン　いやいや、いいですよ。映画でもいいんですけど。

宇多丸　人形浄瑠璃？

ジェーン　より分かりやすくするために人形浄瑠璃に例えた場合に、**女は黒子なわけですよ。**で、化粧**をした顔というのが人形。これで一大ストーリーを作っているわけですよ。**

宇多丸　さっきから言っている自意識は、黒子の部分？

ジェーン　そうですそうです。外に出ていく部分というのが人形。

宇多丸　黒子と顔は似姿だけれども、という状態なわけだ。

ジェーン　人形浄瑠璃を観終わった人が、黒子の人に向かって「全然いないみたいだったよね」「全然分かんなかったよ。どうやったらああいう動きになるの」みたいな。**これは無粋!!**　っていう。

★17　人形浄瑠璃
日本を代表する伝統芸能の1つで、太夫・三味線・人形が一体となった総合芸術。観客からは見えないように、黒づくめの衣装をまとった黒子が三味線で伴奏する語り物に合わせて人形を操る。

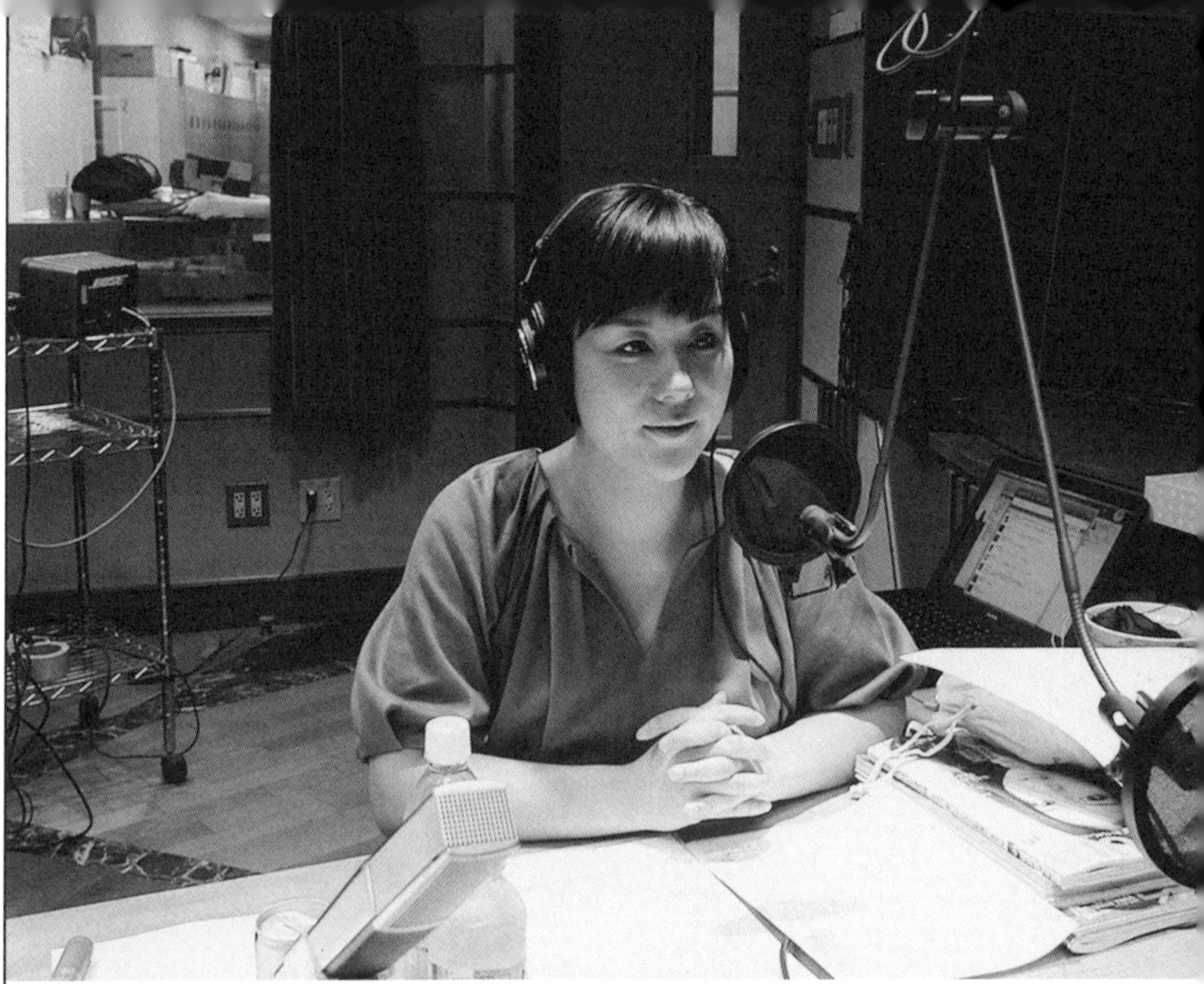

▲記念すべきジェーン・スーの『タマフル』初登場回。今ではラジオの冠番組のメインパーソナリティを務めるまでに大成長！

▼宇多丸、ジェーン・スー、しまおまほで並んで眺めるコスメ雑誌。デカい！ 分厚い！ まぶしい！

宇多丸　つまりもう、化粧をしていることなんか気づかないぐらいに……。

ジェーン　演目を楽しんでほしいのに、**「悲哀だったね」**とか**「泣いちゃったよ」**ぐらいの感想を聞きたいところで、**「いやー、なんかすごい熟練工みたいな動きしてたよねー」**みたいな。

宇多丸　化粧と言わずに、例えば「今日、何か綺麗だね」とか。

ジェーン　そうです。「あれっ？　ちょっと目がウルッとしてるけど、今日なんか可愛くない？」みたいな。

宇多丸　あ、それはいいの？

ジェーン　それによって醸《かも》される現象を褒めてほしいんです。

宇多丸　**つまり要するにさ、メイキングの話をするなと。**

ジェーン　そうですそうです。

宇多丸　「あのCGよかったね」とか、例えば「これ、ディカプリオ〈★18〉使うの、ギャラ高かったでしょ？」とか、それは無粋だと。

ジェーン　そう。あなたのオーディオコメンタリーは要らないっていう。

宇多丸　なるほど。『アバター』〈★19〉を観たら「自然が大事だと思いました」とか。そういうことを言えという。

ジェーン　そうです。

宇多丸　フフフフフ。あ〜、なんとなくは分かります。つまり〝化粧〟と言うことは、もう禁句に近い感じですかね。

ジェーン　そうですね。**というか褒めるんだったら、可愛いとか、綺麗とかね。まぁ「可愛い、綺麗、おいしい」だけ言ってれば女の8割は大体機嫌取れるんで。**

★18 **ディカプリオ**
ハリウッド俳優レオナルド・ディカプリオのこと。映画『タイタニック』に主演し、世界的に大ブレイク。日本では「レオ様」の愛称が浸透。

★19 **『アバター』**

2009年・米／監督：ジェームズ・キャメロン／出演：サム・ワーシントン、シガニー・ウィーバーによる3D上映向けSF映画。構想14年、製作に4年以上もの歳月を費やした超大作。世界興行収入は26億4000万ドル（約2385億円）を記録し、歴代1位に輝く。本作を機に3D映像が注目されるようになった。

宇多丸　まぁそうだけどさ。ただ、これだけお金かけてる努力の跡を知っていれば褒めたくもなっちゃうし。

ジェーン　いや、それをね、逆に男の人の立場で言ったりするとどういうことかっていうと、例えば**若干の薄毛に悩んでる男性**がいたとしましょう。

宇多丸　はいはいはい。頭がね、ちょっと最近薄くなってきた。

ジェーン　で、リアップ〈★20〉とかいろいろ使ってトントントンやって。で、いつもは右の分け目なんだけど左の分け目にしたら、あっ薄毛が目立たない！　**俺、大発見、天才！**　みたいな感じでデートに行った人に向かって**「あ、左分けにしたらハゲ目立たないね！」**って言う……。

宇多丸　**アハハハハハハ！**

ジェーン　そんなやついるかっていう話。

宇多丸　アハハハハハハハハハハ!!

ジェーン　**ほっといてくれ**っていう話じゃないですか。

宇多丸　まぁね。あ〜、そっかそっか。あと、さっきのすっぴんの話で言うなら、「全然ハゲてるほうが素敵じゃん！」と。

ジェーン　そうそう。

宇多丸　「一生懸命隠すよりいいじゃん」って言われても、そもそもハゲてる自分に自信が持ててないことが問題なのだから、いくら良いと言われたってね。それが重なれば、ちょっと話が違ってくるかもしれないですけど。

ジェーン　そうですね。だからそこは社会性と関係性の問題で。例えば、何年も付き合った彼氏が

★20　リアップ
大正製薬が販売する日本で唯一の男性用発毛剤。壮年性脱毛症における発毛・育毛・脱毛の進行を予防する『リアップX5』『リアップジェット』がある。

「すっぴんも可愛いよ」って言うのは、その人がかなり社会から自分の中に入ってきている存在なので全然いいと思うんですけど。

宇多丸　社会より自分寄りの存在になってるからね。

ジェーン　でも合コンとかで、女が製作費幾らっていうような状態でいるところに向かって「女の子はすっぴんが一番だよね」ってバシッと言うのを逆にすると、結構薄毛を気にしていろいろボリュームをアップしたりとかヅラをかぶったりしてる男性に向かって、女がしたり顔で**「ハゲてるあなたのほうが素敵だと思うの」と言うのと同じ意味！**

宇多丸　まぁね〜。あとハゲでも、ジェイソン・ステイサム〈★21〉はカッコいいよねとかさ。なんか竹中直人〈★22〉はカッコいいよとか……。ほら、すっぴんでも超美人な人は、本当にすっぴんでも美人だよねとか。そういうさ、それを言って何になる、おまえ！　みたいな。

ジェーン　そうそうそう。

宇多丸　これ、**ハゲ話にするとすごく共感度が高まる**かもしれないな〜。

ジェーン　それくらい、女にとってのすっぴんってセンシティブだったりするので。逆に、さっき宇多丸さんがおっしゃったように、「俺なんか毎日剃って、どうだハゲだ」っていう。「♪ねえ、ちょっと聞いてよ私はハゲ」〈★23〉っていうフレーズもありましたけれども。やっぱりそういう人は、自分自身に対しての一家言《いっかげん》あるわけじゃないですか。

宇多丸　はいはい。

ジェーン　自分に対してのアティテュードというか、社会に対しての。まぁ女も同じで、かたくなにすっぴんを通してる女というのは、なかなか自意識がいろいろあるぞという。

宇多丸　いらっしゃいますよね。全然、化粧しない方ね。

★21　**ジェイソン・ステイサム**
「ハリウッドでいちばんイケてるハゲ」とも評されるイギリス出身の俳優。1992年までは水泳の飛込競技の選手として活躍していた。1998年、映画『ロック、ストック&トゥー・スモーキング・バレルズ』で俳優デビュー。代表作は『トランスポーター』シリーズなど。

★22　**竹中直人**
俳優、映画監督。多摩美術大学在学中から映画製作に没頭し、卒業後は劇団「青年座」に入団。『TVジョッキー』（日本テレビ系）の素人参加コーナーで披露した「笑いながら怒る人」で注目を浴びる。1983年に映画『痴漢電車』で俳優デビュー。1991年には映画『無能の人』で監督デビューも果たす。以降、NHK大河ドラマ『秀吉』の主演を務めるなど、個性的な演技で評価が高い。

ジェーン　そうですね。というのも、すべてはその社会性と関係性っていうところにかなり踏み込んでくる問題なので。

宇多丸　そういう意味ではアレですね、例えば服とかもそうですけど、化粧をパッと見ることで、この人が自分と社会や世界とどう関わってきたかがモロに見えちゃいますよね？

ジェーン　分かりますね。

宇多丸　で、その自分のしてる感じがモロにバレてしまう、ということを何なんだって思い始めると、ますますこう、ぎくしゃくとね……。

ジェーン　そうそうそうそう。

宇多丸　それも何だからみたいにだんだんなってくるから。で、面倒くさいから、じゃあガードしちゃおっていうのもね。

ジェーン　そうですね。

宇多丸　化粧しちゃおう、とかもあるかもしれないですね。

ジェーン　だから**男の人が褒めていいのは髪形ぐらいじゃないですかね。**「パーマかけたの?」とか「あ〜、色可愛いね」とか。

宇多丸　でも、その化粧ってワードを使わないで、「今日、なんかいいね、可愛いね」とかは？

ジェーン　そうそう。それだったら。

宇多丸　化粧はちょっとこっちに置いておいて。だから、その見立てというか浄瑠璃の例えでいうと、「今日の話いいね〜」みたいなね。本当は、黒子さんいいよって言いたいところだけども。

ジェーン　それは本当に無粋ですから。

★23　**「♪ねえ、ちょっと聞いてよ私はハゲ」**
RHYMESTERのアルバム『EGOTOPIA』に収録された『口から出まかせ』での宇多丸のフレーズ。「そこら辺のとは桁外れな事やったるぜ」と続く。EAST END×YURIの大ヒット曲『DA.YO.NE.』の「ねえ、ちょっと聞いてよ私の彼　そこら辺のとはケタはずれ」を替えて歌ったもの。

宇多丸　そこはさ、男には「黒子の存在は分かった上で言うな」なのか、それとも「そんなことおまえらは知らんでいい」なのか、どっちなの？

ジェーン　**どっちでもいいから、触れないでくれ！**っていう。

宇多丸　フハハハハハハハハ!!　確かにさ、必死に黒子をやってる人にとっては、いや、ちょっと話しかけないでくれる？　というね。

ジェーン　そうですそうです。

宇多丸　ああ～。そうなんだ。

ジェーン　**中途半端にからんでくるのが、やっぱいちばんイラッとくる。**

宇多丸　なるほどね。でも、これはちょっとね、男子のためのコスメ特集で大事なポイント。合コンなどで間違いを犯してる、つまりしたり顔で「化粧を褒める俺って、野暮天じゃないでしょ？」って思ってる野暮天がいるでしょうから、これはいい感じかもしれませんね。

ジェーン　そうですね。さっき言ったように、化粧って最初は男の人とか社会ってところに向けてしてたものだったと思うんですけど、グルグルと自家中毒になっていって、自分のためにやっているんだからほっといてくれっていう要素がどんどん出てくるので。**そういうところに甘噛みしていくっていうのは、かなり危険な行為**になりますので……。

宇多丸　甘噛みしていく。はあ～、はいはいはいはいはい。

ジェーン　そこは入んないほうがいいと思うよ、っていう。

宇多丸　例えば、ギャルメイクみたいな極端なメイクがあるじゃないですか。あれもさ、あんなのして男に逆にモテなくなるだろうに、というか、モテるモテないはどうなんですか？

ジェーン　これがまた難しい問題で。誰しもがモテたいですよ、でも、ちょっと話がずれちゃうんですけど、例えば女っていうのは、子供の頃から『白雪姫』や『かぐや姫』、『シンデレラ』という物語を聞かされてきているわけですよ。で、結局、この3人の女に共通してるのって、パッと見、激マブっていうことじゃないですか。

宇多丸　ま、そうだね。

ジェーン　で、パッと見、激マブをテコに、男に無理難題言ったりとか、食あたり起こして気絶したりとか。

宇多丸　ハハハ！　まぁ玉の輿にね、乗っていく。

ジェーン　そうそうそう。靴置いてまで逃げたりとかっていう……。

宇多丸　置いたんですか、あいつは！

ジェーン　ええ。靴脱いでまで逃げちゃったりとかっていうぐらいの……。

宇多丸　慌ててたんじゃないんですか？　あれは、意図的なんですか！

ジェーン　若干、どうですかねえ？　あれ。

宇多丸　ハハハ！　そんなことまで言いますか？

ジェーン　そうそう。で、そういうものをインプリンティングされてきているわけですよ。つまり美貌があれば、テコで男を仕掛けさせて、自分は受け身っていうところで幸せに行けるというスタンスでずっと来てるので。

宇多丸　刷り込みがあるわけですね。

ジェーン　ところが、やっぱり自分の顔っていうのは、親と一緒で選べないわけですね。で、そういうインプリンティングがある中で、じゃあ**自分の素材っていうのを生かしてどこまで行ける**

かっていう、孤独な闘いなわけですよ。

宇多丸 孤独ですか、それは。

ジェーン かなり。まぁ女同士で話したりもしますけど。戦《いくさ》に近いものがあると思うんです。

宇多丸 お互いの、ルックスというある意味ものすごいセンシティブな話になるから。私、こういうところがなんとかだから〜ってコンプレックスの話をするにしても、ちょっとこうね、どこまで晒しながら話していいか分かんないっていうのもあるだろうし。

ジェーン だからやっぱり、さっき言ったみたいなギャルメイクとかをしている子は、仲間意識というところの一体感だったりとか。まぁ部族みたいなもんですよね。

宇多丸 はいはい。

ジェーン 同じメイクしてるから同族っていうことだったりとか。あと、モテというところでいうと、さっき出たすっぴん風メイク。ナチュラルメイクとすっぴんの違いは全然違うよって話で。まぁ２０００年ぐらい前から、女は自分でPhotoshop〈★24〉を持ってるわけですよ。

宇多丸 ２０００年ぐらい前から女はPhotoshop！　要するに人工的に良く見せる方法ね。はいはいはい。

ジェーン 人工的に良く見せるっていう修正方法を知ってるわけで。で、そういうところでいうと、Photoshop前後っていうのは、もうまったく違うものなので。基本的にナチュラルメイクっていうのは、**すっぴんに近い状態に見せるガッツリしたメイク**です。

宇多丸 はいはい。だからそれはすごく自然な演技と見せる作り、フィクションみたいな。そういうことですね。

ジェーン ガッツリしてるメイクっていうのが宝塚〈★25〉だとしたら、なんかこう、ふんわりしたナチュ

★24 **Photoshop**
アドビシステムズが販売する画像編集ソフト。肌のシミやシワを取るだけでなく、肌の色を明るく、滑らかにするなど、画像の加工・修整に用いられる。

ラルな……。

宇多丸 だからものすごい自然な、これ全部アドリブなんじゃないの？ って思うけど、実はものすっごいリハーサルしてるんですよ。

ジェーン **あなたが見てるのはドキュメンタリーじゃないよ、**っていう話ですよ、本当のところ。

宇多丸 はいはいはいはい。

ジェーン ナチュラルメイクに関して言えば。

宇多丸 なるほど、ドキュメンタリー風ではあるけれども。

ジェーン そうですそうです。

宇多丸 モキュメンタリー〈★26〉だ。

ジェーン ハハハ！

宇多丸 **ナチュラルメイクはモキュメンタリー！** あと、自意識にフィードバックするものだと考えると、僕ずっと謎だった件があって。プリクラとか写真でさ、すごく綺麗な状態の角度とメイクと照明で、マックスに可愛い写真を撮るみたいなテクというか遊びというかさ、そういうのあるじゃない。で、それをみんなに見せたりして。でもそれを見せてる本人は、当然そこまで良くないわけじゃん。

ジェーン うん、そうですね。

宇多丸 それがマックスだから。要はさ、そんなことしたら現実との落差がつくばかりで、可愛いプリクラマジック的なことは自分に不利に働くじゃないかって僕は思ったんですよ。でもそれは、そういうマックスだったらここまでいけるんだっていう、自意識を満足させるために

★25 **宝塚**
宝塚歌劇団。2014年で創立100周年を迎えた。タカラジェンヌと呼ばれる女性団員のみで構成されており、花組・月組・雪組・星組・宙組の5組と、別に専科がある。入団するためには競争率が約20倍という難関を突破し、宝塚音楽学校に入学しなければならない。劇場で映える豪華な衣装同様、〝ヅカメイク〟ともいわれるゴージャスなメイクもステージを盛り上げる。

★26 **モキュメンタリー**
フィクションをあたかもドキュメンタリーのように演出・撮影する表現方法。1999年に低予算ながらも大ヒットを記録した映画『ブレア・ウィッチ・プロジェクト』をきっかけに話題となり、広く定着した。

やってるということ？

ジェーン　そうです。打点を上げていくというか、**1人で世界陸上みたいな感じ。**どんどん記録を伸ばしていく。どこまで私、可愛くなれるかと。

宇多丸　毎回毎回そのオリンピックは、例えば最高記録出した時みたいに急に跳べるわけではないよと。

ジェーン　ないけれども。

宇多丸　しかもちょっと今、競技用のコンディションじゃないけども。

ジェーン　けれども、ここまで行けますよっていう。結局、さっき朝起きた時の顔がマグショットっていう話をしましたけども、**女っていうのは「あたし可愛い！」と「誰だこのブス！」っていうのの間をいつもウロウロしてるんですよ。**

宇多丸　フフフ。その女の子の自分に対する気持ちね。

ジェーン　そうですそうです。だからよくガリガリガリクソン〈★27〉さんのネタで「夢で見たのと違うー」というのがあるじゃないですか？

宇多丸　はいはいはいはいはい。

ジェーン　あれも女で言うと、**「家で見たのと違うー」**っていう。家では完璧にして外に出て、ウインドウショッピングした時に見た顔が……ガウーンと。

宇多丸　それはもう全然分かります。僕がよく言う、「あれ？　うちの鏡ではバッチリだったのに」。コンビニの身もふたもない蛍光灯の下って……。

ジェーン　ンフフフ！　そうですそうです。

宇多丸　でっかい鏡があるじゃないですか。俺、**コンビニのあの鏡に映ってもまだいい男は本当にい**

★27 **ガリガリガリクソン**
ピン芸人。ゾンビ映画や特撮など自他ともに認めるオタクであり、独自の世界観を貫く。お決まりの挨拶は「オッス！　おらニート！」。

い男だと思うって言ってて。だいたいパッと見ると、「あれ？　なんか思いの外、顔が赤ら顔だ」とかさ。なんか残念な結果が出るけど、やっぱりそういうことなんですね。

ジェーン　そうですね。

宇多丸　で、あくまで自分の中のあれを満足させるために。

ジェーン　そうですそうです。やっぱり**自意識を満足させるためにやってることなので、そこにはあまり立ち入らないほうがいい**かなっていう。

宇多丸　ハハハ、なるほどね。あなたはすごく危険なところにタッチしようとしていますよ、ということだ。

ジェーン　そうですよ。**ハゲ問題ですよ！**

宇多丸　ま、そうだね。**男性の薄毛とハゲ問題に触れるぐらいセンシティブなことだという風に覚悟したほうがいい**ということですね。

ジェーン　はい。

結論「もう全部分かった上で、ほっといてくれ！」

宇多丸　今まではコスメとは何ぞやと、コスメに男はどう接するべきか、まぁ最終的にどう振る舞うべきかっていうところで話してきましたが、（台本を見ながら）なんかこの、気になるワードがありますけど……。

ジェーン　距離感のところですね。

宇多丸　距離感の問題。はい。

ジェーン　よく男の人で、女の子にデパートの1階とかのコスメコーナーに連れていかれたり……。

宇多丸　例のほら、匂い嗅がされる場面ですよ！　どう振る舞えばいいんですか？

ジェーン　あれは、**距離感的には公安程度**というか。

宇多丸　公安っていうのは？　**公安警察〈★28〉ですか？**

ジェーン　そうですね。**町の警察ではないよと。**町の警察っていうのは視界に入ることによって、動きを制御してくるわけじゃないですか。

宇多丸　まぁ、制服とかもありますし、あれが警察官だなっていうのが分かりますしね。

ジェーン　というよりは、ちょっと後ろで雰囲気だけ漂わす感じで、声をかけられたら寄ってくかなあ、ぐらい。何かあった時には出てきますよっていうぐらいの。

宇多丸　一応踏まえてはいるぞという。昔よく、あそこら辺の国鉄の団地の前になんかずっと車が止まっているけど、あれは……みたいなそういう話ですか。

ジェーン　そうです。なので、あんまり近寄らず。こっちのほうがいいよ、とか余計なことも言わずに……。

宇多丸　かといって、まったく関係ないよじゃなくて、公安程度には目を光らせてるよっていう。何か事が起こったら、すぐにパッと行きますよっていう。

ジェーン　距離感は詰めない、広げない、みたいな感じの。

宇多丸　詰めるとね、その組織を一網打尽《いちもうだじん》にできなくなったりしますからね。

ジェーン　そうですそうです。

宇多丸　はい、男子のみなさん、いいですか。**デパートの化粧品売り場に連れていかれた時は、公安**

★28 **公安警察**
治安維持を目的とする警察の俗称。正式には整備警察の一部門で、主に国家の体制を脅かす事案に対応する。旧共産主義国の政府、国際テロリズム、スパイ活動、右翼団体などを対象に捜査・情報収集を行い、法令違反があれば事件化して違反者を逮捕することもある。いわば思想犯を取り締まる特殊な任務を担う。

警察程度の距離感を保ってください。ためになりますね。はい、ということで、あとはコスメの技術という部分の話を。

ジェーン　そうですね、これは女の人の話になるんですけど、最近メイクする年齢もどんどん若くなってきてるじゃないですか。で、あれってやっぱりさっきの自意識の話に戻ると、社会の中での自分というものを客観的に見る年齢が下がってきているともいえると思うんですよ。

宇多丸　まぁ単純に大人びてきてるっていうことですかね。

ジェーン　そうですね。自分をどう見せるか、どう見られたいかということに対する意識が働いてる。

宇多丸　意識も技術も高まってるということだよね。

ジェーン　そうです。で、そういう中で、それぐらい若い時からメイクをしているので。メイクに関しては練習しかないですから。

宇多丸　だってこれ、ここに置いてあるものって**基本的に画材だよね。**

ジェーン　画材です。

宇多丸　絵のうまい下手の世界ですよね。

ジェーン　そうですね。眉毛1本描くのも下手な人もいるし、練習してうまくなる人もいるし。だから毎月メイク雑誌にファンデーションの塗り方とか眉毛の描き方とかアイジャドーの入れ方ってのが繰り返し出るわけですよ。

宇多丸　でもさ、絵の下手さって直んないじゃないですか。やっぱり、どうにも下手な人とかいるんでしょうね。

ジェーン　いると思いますけどね。でも最近のメイクアイテムって、どういう状態でもうまくなるような技術がどんどん進化してきてるので。

宇多丸　うまく描けますよ、と。なるほどね。

ジェーン　フリクションボール〈★29〉みたいな感じですぐ消せる、みたいな。

宇多丸　あ〜消せるのもあるんだ！

ジェーン　はい。そういうのもあるので、まぁ10年前に比べたらよっぽどメイクはしやすくなったと思います。

宇多丸　単純に科学的な進歩とかもあるんですか。化学的《ばけがく》な進歩というか。

ジェーン　はい。技術力を女の人が上げたのもあるし。科学の進歩と手と手を取り合って。

宇多丸　これは**人類のK.U.F.U.**〈★30〉なわけですね。

ジェーン　そうですそうです。

宇多丸　実際ね、それこそ男の無神経な発言かもしれないけど、「最近の女の子ってみんな可愛くね？」。で、そのあとに「化粧がうまくなったんだよ」と続くわけですよ。この会話はよく男性ではあるんですけど、これはどうですか？

ジェーン　**だとしても言うな！**　っていう話ですよね。

宇多丸　野郎同士の間でもこれはアウトですか。そういう分かったようなことを……。

ジェーン　いや、男の人同士だったら別にいいと思うんですよ。**こっちに投げかけないでくれ**っていう。

宇多丸　ああ、まぁね。そうか。あとラジオネーム・ジャーゲジョージさんなんですけど、「ナチュラルメイクは、普通に化粧をするよりも難易度が高いのですか？」という質問。

ジェーン　そうですね、さっきの画材トークになりますと、メイクを男の人にいちばん分かりやすく表現すると、ないものを乗せる。例えば目の上を青くするとか、口を赤くするっていうのがい

★29 **フリクションボール**
パイロットが開発した温度変化によりインクを無色にするボールペン。書いた文字を専用ラバーで擦ることで、摩擦熱が生じて消すことができる。2007年の日本国内発売以来、6年間で累計4億本以上を売り上げる大ヒットに。

★30 **K.U.F.U.**

2010年にリリースされた、RHYMESTER 7枚目のアルバム『マニフェスト』収録曲。作詞は宇多丸・Mummy-D、作曲はDJ JIN。読み方は「ケイ・ユウ・エフ・ユウ」。RHYMESTERや『タマフル』関係者が「工夫」という意味で使用する。

かにも化粧してるっていう顔になると思うんですけど、そうさせないっていうことは、やっぱりグラデーションテクニックだったりとか、ナチュラルに見せるためのかなりのスキルと……。

宇多丸　もともとある素材を使いながら、よりゴージャスに見せるんですもんね。**てめえのその汚ねえ部屋を撮りながら、なんかシャレオツな感じに見せる**みたいな。それは確かに難しい感じしますね。

ジェーン　かなり。だから、それも正解がないので、1人1人自分で模索して見つけていくしかないですよね。

宇多丸　そっか。いくら雑誌を読んだとかいっても、やっぱり顔は人それぞれ違うから自分で研究していくしかないと。

ジェーン　違いますからね〜。

宇多丸　でもね、さっきの服とか化粧を見ればその人の社会への接し方、もっと言えばその人がどう生きてきたかが分かっちゃうって話だけど。だから僕、やっぱり基本的に男も女も見た目にそれなりに気を遣ってる人に知性を感じるんですよ。だってどうすればいいかがよく分かっているっていうことだから。特に女性とかは手段が多いだけにね。男はちょっと選択肢が少ないんですよね。

ジェーン　ああ、確かにそうかもしれないですね。

宇多丸　あとはもう銃をぶら下げるしかない、みたいな。

ジェーン　フハハハハハハハ！

宇多丸 銃を持っているからな、あいつはっていうね。まぁその持っている銃の種類とかもね、いろいろ言いたいところはありますけど、まぁそれはいいや。はいはいはい。もう1発いきますか。メールいただいてですね、楽園パラダイス、25歳、男性。「行ったらイケる女性のメイクは、どうやって見極めるのですか」。つまり女性が「今日は私ちょっとホーニー〈★31〉な気分になってるわよ」みたいな、そういう……。

ジェーン それは難しいですね〜。化粧であまりそこは出さないと思うんですよね。

宇多丸 そこが大きな錯誤ですね。男を釣るために化粧しているんだろうっていう発想だから多分こういう話になってくるんだけど、今日伺ってきた話だと、そういうゲスイところはむしろ甲冑でガードしちゃう。

ジェーン そう。ていうかバレないようにやりますよね。今日イケるって私も感じてることを感じさせないように、どう見せるかっていう。

宇多丸 じゃあ例えば何ていうんですかね、唇がこうヌメッと光っているような時とかは、むしろ逆に？

ジェーン 分かんないですよ。全然すっぴんっぽいメイクで来るかもしれないし、男はどうせ落差に弱いんでしょ？　ギャップでしょ？　みたいな形で……。

宇多丸 どこで勝負かけてきてるかは……。

ジェーン 分かんないですよ。

宇多丸 文脈もありますもんね。バシッと決めてる人がそういう感じなのか、普段ナチュラルな感じからこう来るのか。

ジェーン そうなんですよ。だから**化粧ごときで相手の手札を読める気になるな**っていう。

★31 **ホーニー**
英語「Horney」で欲情している、セクシーな気分を指す。

宇多丸　あ〜。そっかそっか。じゃあもうやっぱりね、おまえごときが……。

ジェーン　何を言っている、と。

宇多丸　そういうことになるんですね。少なくとも文脈をきっちり読み切れんのか、おまえは！　ということになるんですかね。

ジェーン　結局さっき宇多丸さんがおっしゃってた、化粧って自意識と生き様みたいなのが分かるっていうことで、やっぱりなかなかこれ、ここから先を言うと女の人には反感買うと思うんですけど……。

宇多丸　いやいや、でもちょっとお願いしますよ。

ジェーン　化粧ポーチの中が汚い女は部屋も汚いよとか、あと使ってる化粧品のブランドとかで、その人の自意識っていうのもやっぱり出てくるんですよ。

宇多丸　それって高いものを使ってるからこの人しっかりしている、とかそういう単純な話でもなくて？

ジェーン　ではなくて、やはり自分をどう見せたいかというところに関わってくるので、全部シャネルで揃えてという人には、やっぱりそれなりの接し方があるし。

宇多丸　なるほどね。つまり何だろね、見えっ張りって言っちゃアレだけど、なんかそういう感じ？

ジェーン　自分をちゃんと高く見せようっていう努力をしているってことですね。

宇多丸　そっかそっか。じゃあその人には、自分を高く見せるという自意識が大事なのだから、そこをやっぱりいたずらに……。

ジェーン　「お前本当は夜は泣いてるんだろ？」みたいなことは、ホントやめてほしいですよね！

宇多丸　そういうぶしつけなことは、まずこの人には言っちゃ駄目なことだなぁとか。

ジェーン　そうですね。あと、やはり国産のブランドのもので手堅く固めて悪目立ちしないようにしてる人は、基本的に良妻賢母系になるんじゃないかな。でも、ちょっと放っておくと足引っかけられてだまされちゃうよ、みたいにいろいろあると思うんですけど。

宇多丸　化粧プロファイリングができる？

ジェーン　そうですね。化粧っていうのを知れば知るほど、**女自体もまだ自分と化粧の立ち位置関係っていうのを理解してない人のほうがほとんど**だと思うので。

宇多丸　あ、そうなんですか？

ジェーン　なんとなく、体感としては分かってると思いますよ。

宇多丸　今日言ったようなことを言葉として、その理屈として意識している人は少ないかもしれないということ？

ジェーン　そうですね。あんまりいないかもしれないですね。

宇多丸　はーなるほど……といった辺りでね、あっという間にこんな時間になっちゃったんですけどね。ということで今夜の特集の結論というのをひとついただきたいんですけど。

ジェーン　はい。いろいろ長々とお話ししましたけれども、**結論としては「もう全部分かった上で、ほっといてくれ！」っていう。**

宇多丸　これは「男たちよ！」っていうニュアンスで。

ジェーン　はい。**「あなたたちの立ち入るところではないよ」**っていうことですね。

宇多丸　でもそういうセンシティブな場所なんだよっていうのをね、知れただけでも今日、**我々にとっては大収穫**ですよね。

ジェーン　そうであるとありがたいんですけど。

宇多丸　だってそれこそ、やっぱり男を釣るためにモテたくてやってるんでしょ？　というところから進みましたからね。

ジェーン　そうですね。

宇多丸　ハゲ問題っていうのはすごく分かりやすかったですし、甲冑であるっていうワードもいただきました。そしてその上で公安程度の距離感。

ジェーン　よろしくお願いします。

宇多丸　公安はやっぱり、そうそうは出てこないですもんね。「おまえアカ[★32]だろ！」みたいなことを直接言ったりはしない。

ジェーン　言わないです。

宇多丸　そんなことをね、ハハハ！

ジェーン　はみ出さないように見守っているっていう。

宇多丸　そうですね、一定の緊張関係がね。

ジェーン　そうですそうです。

宇多丸　敵対関係と言ってもいい緊張関係がありますもんね。ということで、キリンジの『メスとコスメ』[★33]を聴きながら（♪BGM『メスとコスメ』流れる）、**ありがたい結論「ほっといてくれ！」「余計なお世話だバカヤロウ」**と。

ジェーン　そうでございます。

宇多丸　という結論をいただきました。ということで、ひとまずこの特集「宇多丸よ、男たちよ、お

★32 **アカ**
共産主義ないし共産主義者を指す隠語。由来はロシア革命で共産主義者であるレーニンが率いた赤軍が、皇帝派の白軍に勝利したことによる。フランス革命以降、社会主義や共産主義を象徴する旗は「赤旗」と呼ばれている。

★33 **キリンジの『メスとコスメ』**

堀込高樹と堀込泰行によるバンド・キリンジ3枚目のアルバム『3』収録曲。作詞：堀込高樹、作曲：堀込高樹。

前たちは何ひとつ化粧のことを分かっていない！　いや、分かっていないということさえ分かっていない‼　男子のための初めてのコスメ入門」をお送りいたしました。ジェーン・スーさん、ありがとうございました！

ジェーン　ありがとうございました〜。

ON AIR を振り返る

宇多丸

今となっては女性コラムニスト、パーソナリティとしてラジオや雑誌に引っ張りだこのジェーン・スーですが、僕とは大学時代からの知り合いで、コンスタントに付き合いがある人ではありました。と同時に、実はそれとはまったく別のルートで構成作家の古川さんとも友達になっていて、そういう繋がりがまずはなんだかすごいなと。

そもそもはTBSラジオで『高橋芳朗 HAPPY SAD』（2011年4月〜2012年9月）という番組の立ち上げの時、高橋芳朗くんと、こちらでもスタッフだった古川さんのあいだで「彼女をゲストに呼ぼう」と名前が挙がったそうなんですね。で、いざ出してみたら早速驚異的なパフォーマンスを発揮しまして、それならすぐに『タマフル』にも呼ぼう、という経緯があっての出演でした。

当時すでにジェーン・スーは作詞とかもしていましたが、表舞台に出てくることはあまりなかったので、これもまた数奇な運命の繋がりと言いましょうか。でも話は、もともとんでもなく面白い人でしたからね。ブレイクするのは時間の問題だったといえるかもしれません。

この番組には、「宇多丸よ！ シリーズ」という、要は僕がゲストの方から理不尽なまでに高圧的に講釈を叩き込まれる、というパターンの回があるんですが、このコスメ特集はどちらかと言えばその方向と言えるでしょうね。でも「化粧は自意識の問題だ」みたいな話は、女性同士だと逆に話題にしづらいかもしれないし、僕という門外漢相手だったからこそ本質的な話になっていった、というのはあるかもしれません。

しかし、こうして改めて読んでみても、今に繋がるジェーン・スーの安定感と言いますか、抜群の話術ですよね。彼女も〝持論〟の塊の人。著書の『私たちがプロポーズされないのには、101の理由があってだな』（ポプラ社）だって要は101個の持論なわけで、やはり極めて『タマフル』向きな人物ではあるんですよ。

それにしてもこの番組は、僕の知り合いが次々と出てはブレイクしていくので、まだ身の回りに出し忘れている人がいるのでは？ とつい思ってしまいます。だってジェーン・スーが出たのは番組が始まって4年後ですからね。思いついた瞬間、「絶対いいよ！」と自信を持って言える人が、4年経ってもまだ身の回りにいたというのは、なんだか誇らしい気がします。

大林《おおばやし》 宣彦《のぶひこ》

１９３８年生まれ。個人映画作家。草創期のテレビＣＭに関わり、20年間で２０００本を超えるコマーシャルを制作。１９７７年『ＨＯＵＳＥ／ハウス』で劇場用映画にも進出。１９８２年の『転校生』をはじめとする尾道三部作、新尾道三部作が知られている。科学文明が生んだ映画の細部にさらに発明を重ね、映画を使って「風化せぬジャナーリズム」を画している。

サタデーナイト・ラボ

2012.8.18 ON AIR

大林宣彦監督降臨 この際だから、巨匠とざっくばらんに映画駄話特集

大林宣彦《ゲスト》

「ザ・シネマハスラー」で大林宣彦監督の衝撃作『この空の花――長岡花火物語』を語った宇多丸。その放送ののち、大林監督から直筆による御礼の手紙が届いた。そこで、ここぞとばかりに無理を承知で大林宣彦監督に番組出演をオファーしたところ、まさかの快諾が！　かねてから大林監督の『時をかける少女』を過剰なまでに熱愛している宇多丸にとって、夢のような対談が実現しました。

宇多丸　ＴＢＳラジオ『ライムスター宇多丸のウィークエンド・シャッフル』。ここからは1時間の特集コーナー「サタデーナイト・ラボ」の時間です。今夜の特集はこちら！ **最新作『この空の花――長岡花火物語』**〈★1〉**が超スゴかった記念、「大林宣彦監督降臨！ この際だから、巨匠とざっくばらんに映画駄話特集」！** 今年の6月、この番組の「ザ・シネマハスラー」のコーナーで大林宣彦監督の最新作『この空の花――長岡花火物語』を扱わせていただきましたが、それをお聴きになった監督自ら、私宛てに非常にご丁寧なお手紙をくださいました。お返事を書くよりも駄目を承知で出演オファーをしてみたところ、なんとご快諾いただきまして今夜の登場となりました。ご紹介いたしましょう、**大林宣彦さんです！** よろしくお願いします!!

大林宣彦（以下、大林）　「この雨！」

宇多丸　「痛いな！」〈★2〉

大林　よし来た!!

宇多丸　まさかのコール・アンド・レスポンス、ありがとうございます！

大林　宇多丸さんの素敵な番組に招いていただいて、ありがとうございます。

宇多丸　「ザ・シネマハスラー」〈★3〉はポッドキャストでお聴きいただいたんですか？

大林　はい。『その日のまえに』〈★4〉も聴かせていただきましたよ。

宇多丸　中で若干ぶしつけな表現等もあったと思うんですけれども……。

大林　僕なんかここにはいらないんじゃないかというほど、僕よりも僕のことがよく分かっていらしてね。

宇多丸　いやあ何ていうんですか、妄想をかき立てるタイプの作風であられると思うんですけどね。

★1 **『この空の花―長岡花火物語』**

2011年・日／監督・脚本：大林宣彦／出演：松雪泰子、高嶋政宏、原田夏希らによる、空襲や地震から何度も復興を遂げた町・長岡市を舞台にしたセミドキュメンタリー風随想映画。大林宣彦監督作品初の全編デジタル撮影となった。

★2 **「この雨！」「痛いな！」** 『この空の花―長岡花火物語』の劇中で、高嶋政宏演じる片山の台詞。予告編でも使われており、謎めいたテンションの高さから、番組内でも一時期流行した。

★3 **「ザ・シネマハスラー」** 2013年3月30日まで番組内で放送されていた映画評論コーナー。（その後「ムービー・ウォッチメン」にリニューアル）。2012年6月9日の放送にて『この空の花―

大林 そうですか? 私、非常に冷静ですがね。明晰《めいせき》で、ハッハッハッ。

宇多丸 まずはですね、僕は映画の話とかをベラベラ話してますけれど、本業はラップミュージックというものをやっておりまして。RHYMESTER〈★5〉というグループなんですが、僕の作品をお納めいただければと(と、CDを渡す)。

大林 いいですね。音楽というのはね。

宇多丸 僕のはちょっと壊れているタイプの音楽なんですけれども、よろしくお願いします。

大林 **僕の映画のこと言ってるの!?**

宇多丸 いやいや。壊れてると言っていいか、でも破格という点では間違いなく、特に『この空の花』は本当に圧倒的というか、いろいろご本人に伺ってみるしかないだろうということが山ほどありまして。

大林 はい、どうぞ。

宇多丸 僕はやはり、さまざまな大林作品の中でも**『時をかける少女』〈★6〉世代**というんでしょうか、**もう数十年来、何回見返したか分からないというほど**でして。それで僕の中で勝手にいろんな論ができ上がっていて、質問したいことも山ほどあります。今日一晩かけてでも、そのすべてをお訊きしたいなという。

大林 映画の話っていうのはホント、一晩や二晩すぐたっちゃうんですよね。

宇多丸 本当ですね。ということで夜もちょっと遅いんですけど、よろしくお願いしたいと思います。

大林 もう次の早い朝だと思えば何ともない。

宇多丸 ……ということで完全に監督のペースに翻弄《ほんろう》されている状態ですが、早速『この空の花』に

長岡花火物語』を取り上げ、宇多丸は「こんな映画は観たことない!」と興奮気味に評論した。

★4 **『その日のまえに』**

2008年・日/監督:大林宣彦/出演:南原清隆、永作博美、筧利夫、今井雅之。重松清の大ヒット小説を大林宣彦監督が映画化。宇多丸は2008年12月6日放送の「ザ・シネマハスラー」にて本作を絶賛。

★5 **RHYMESTER**
日本のヒップホップグループ。メンバーは本番組パーソナリティである宇多丸と、Mummy-D、DJ JIN。1989年の結成時は、まさにヒップホップの黎明期。そんな時代から現在に至るまで、長きに渡ってシーンの第一線で活動している。

関してお話を伺っていきたいんですけれども。これまでインタビューでお答えになっていることと、ちょっとかぶってしまう点もあるかもしれません。今回お会いするまでに、改めて過去作を何度も見直したんですが、例えば8ミリ時代〈★7〉のものをさかのぼって拝見すると、**やっぱり今回は集大成**ですよね。過去にあったいろんな要素が全部入っている作品で。

大林 つまり変わってないってことですよね。

宇多丸 一貫ぶりに、僕は改めてびっくりしました。

大林 『この空の花』を観てみんなびっくりして、とんでもないことをやったと言うんだけれども、僕の初期の8ミリや16ミリね、つまり今から半世紀以上前の僕が20代の頭の頃にこしらえた映画と、今度の映画はまるで同じなんですよね。

宇多丸 そうですよね。改めて見返すと、すべての作品が本当に1本一貫しているし。例えば実験的な手法とかも、この段階でもうやってたじゃないか、みたいなのが。

大林 あのね、**宇多ちゃん**……宇多ちゃんって言ってるけど。

宇多丸 宇多ちゃんでお願いします！

大林 ふいに旧友になっちゃった（笑）。音楽もそうだけど、さっき壊れてるっておっしゃったでしょう。今日は芸術家同士だから話が合うと思うんだけど、アーティストの仕事っていうのは、まず壊すということでしょ。つまり、**いかなるものにも似ないものを作ることが自分である**ってことでしょ。でも映画というのはどこか商業主義でね、アーティストじゃないところで作られてきたんですよ。

宇多丸 どうしてもお金は掛かりますしね。

大林 僕は商業映画の監督をやったことがない人間なのでね。

★6 **『時をかける少女』**
1983年・日／監督：大林宣彦／出演：原田知世、高柳良一、尾美としのり。筒井康隆のSF小説が原作。その後何度も映画化、テレビドラマ化、アニメ化がされた。『転校生』に続く尾道三部作の第二作。

★7 **8ミリ時代**
映画用フィルムは通常35ミリだが、非商業用映画では低価格な8ミリや16ミリがよく使用された。大林宣彦監督は高校生の頃から8ミリの自主映画を製作しており、『転校生』は8ミリで撮影された映像で幕を開ける。

宇多丸　ご自分の意識として。

大林　つまり8ミリ16ミリの、当時でいうアマチュアから始まって、ずっとそれでやってますからね。自分じゃアーティストだと思っているんですよ。そうするとね、**どの映画にも似ないものを作るのが僕の仕事**でね。壊れてるようで訳が分からないように思われるのは当たり前のことで、僕にとってはごく自然のことをやってきたというだけ。その辺がこの音楽における宇多ちゃんとまったく同じだわ、というね。

宇多丸　そういう意味では、僕なんかまだ全然保守的なところがありますよね。

大林　あのね、保守的であるからこそ新しいことができるの。

宇多丸　なるほど。つまり型とか限界が分かっているからということですか？

大林　そうそう。古いものを知らないと新しいことはできないですからね。

宇多丸　**「型を知ってるから型破り、形を知らなければただの〝形無し〟」**なんて言い方がありますけど。

大林　いやあ、そのとおりです。

宇多丸　集大成でもあるし、一貫もしてるともちろん思うんですけど。例えば中学の時に観て、何かよく分からないけど変わっている映画だなと思っていたけど、細かい手法的なことまでは意識していなくて、あとから気づくことがあったりするんですけど。

大林　宇多丸さんのおっしゃる集大成ということで自分でも納得しているのは、僕、今74歳でね。74年生きてきた中で、**あの3月11日〈★8〉に出会ったことだよね。**僕の人生の歴史、僕が体験した歴史をもういっぺんここで体験し戻すことになったわけですよ。今まで何となく無自覚に、あるいは自覚をしながらもよりどころがなく、やや曖昧にやってきたことがね、この

★8　**3月11日／3・11**
2011年3月11日に発生した東日本大震災。東北地方太平洋沖地震とそれに伴い発生した津波により、死者は1万5千人を超え、戦後最大の災害となった。また、この地震によって福島第一原子力発電所事故が起こった。

3・11を受けてそこに筋道がビシッと見えたという。試行錯誤しながら今までしてきたことをごく自然にやれたというのが今度の映画ですよね。そういう意味では集大成かもしれない。

宇多丸　なるほど。でも同時に、今回が特にぶっ飛んだ、僕も含めて改めてみんなが驚いたのは、密度とかスピードが過去作と比べて数倍というか。

大林　そりゃね、3・11でぶっ飛んだでしょ。

宇多丸　現実がぶっ飛んでるんだから。

大林　だからそこでぶっ飛ばない映画を作っているほうが変だよね。

宇多丸　現実に作ったものが負けちゃうってよくありますけどね。いくらスペクタクルなシーンを作っても、あの恐ろしい光景を見てしまった者としては、みたいな。

大林　それでね、アーティストってことはジャーナリストなんですよ。つまり時代と歴史との中で生きてるからアートができるわけでね。そういう意味で言うと、やっぱり今度の映画は、僕のジャーナリスティックな感覚がいちばん3・11でボンッときちゃったってことがあって。これまでは、どこか映画的でなきゃ観客が納得しないだろうなという、平穏無事な惰性の中で作っていたところがあるけれども。

宇多丸　いやいや。映画的っていうのは、みんなが映画っぽいとか、これは映画だなと思うような何となくの型ということですかね。

大林　これが怪しいものでね。今度の映画でも「ドキュメンタリーなのか、劇映画なのか」なんていうことも言われるけれども。

宇多丸　その辺は本当に分からない……。

大林　逆に言うと、映画にドキュメンタリーと劇映画しかないってこんな不自由なことってある？

僕はね、**お師匠さんがエジソン〈★9〉なんですよ。**

宇多丸　エジソン！　映画という装置自体を作った人が！

大林　エジソンが映画を発明してくれたから、僕はそれをやっているわけで。僕にとって表現は全部発明なのね。何でも発明しなけりゃならないわけで。ただ商業映画という枠の中で劇映画という、あるいはドキュメンタリーというものができただけで、これはアートの枠じゃなくて商業映画の枠なのね。そんなものに囚われていたんじゃ映画が可哀想でしょ。

宇多丸　本当はもっといろんなことができるのに。

大林　そうそう。

宇多丸　生まれてから結構時間がたって、映画はいろんな表現が出尽くしたみたいな見方もあるじゃないですか。そういう意味ではまだ全然若いと。

大林　まだまだ、何事も実現できてない。エジソンが映画を発明した時だったら、1秒の映画があってもいいし、100時間の映画があってもそれが自然でしょ。

宇多丸　どんな形もあり得たわけですからね。

大林　文章ならば、メモもあれば日記、手紙、小説も詩もあるけれど、随想も遺書もある。だから僕は、今度は映画で論文を書いてやろうと。なのでこの映画は、**論文だと思って観てもらえばよく分かるでしょ。**

宇多丸　おお、なるほど。

大林　論文だから、1、2回読んだだけじゃ分かるわけないだろう。10回は読んでよということになるわけで。20回は観てほしいなと。好きな音楽なら何百回って聴くでしょう？　**なぜ映画だ**

★9 エジソン
トーマス・エジソン。1847～1931年。白熱電球や蓄音機など、生涯を通して多くの発明を行った。のぞき眼鏡式映写機・キネトスコープやスクリーン投影方式の映写機・ヴァイタスコープを発明したことから「映画の父」ともいわれる。

けが1回なの?!

宇多丸　あの情報量というのは、そういうことっていう。

大林　一度観てよく分かるっていうのは、これは商業主義の便法であってね。さらに2時間っていうのは、1日5回上映すれば商売になるということで決められた長さであって、ちっとも創作の根源に関わる規制じゃないわけですよ。

宇多丸　中身が決めているわけじゃないと。

大林　しかも映画の文法なんていうものは、あれは便法であってね。

宇多丸　このほうが分かりやすいから、こうしたらっていう程度のことだったのが……。

大林　観客が悩まなくて済むからということがね。

宇多丸　いつの間にか制度になっちゃった。

大林　**悩まなきゃ、アートは面白くない**（笑）。

宇多丸　今回はもう160分間悩みっぱなしですけどね。

大林　ただね、そこで大事なのは、やはり人間は分からないことにはそっぽを向くんですよ、鑑賞品だからね。芸術も、そっぽ向かれちゃおしまいです。しかし自分がその中に巻き込まれると、他人事じゃないから分からないことをおのずと考えようってことになるわけね。これがジャーナリズムなんですよ。そういう意味でこの映画は、その中にみんな巻き込まれてくれたから、分からないことが面白い、分からないから考えようっていうことになってきたわけで。それが3・11というものの姿でしょう？

宇多丸　僕らが3・11の中でどうしたらいいか、何が起こっているか分からないカオスを感じた、まさにその中に放り込むというか、そんな感じなんですかね。

大林　芸術的に言えばいいチャンスなんですよね。

宇多丸　言い方はあれになりますけど、分かります。

大林　つまり自分たちがこれまで考えていた、正しいと信じていたことが全部覆《くつがえ》されたわけでしょ。こういう時に人間は、考え方や生きる規範を変えなきゃいけない。**その時にいちばん役に立つのは芸術なんですよ。**どうしても政治や経済は今までの規範を何とか元に戻そう、修復しようということになって、せっかくの3・11という人類がより賢く美しくなるチャンスを生かせないのね。それを生かすチャンスはアートが作らなきゃいけない。

宇多丸　なるほど。

大林　商業主義の映画でも作れない。それはアートが作らなきゃいけない、ということでいきなり僕はアーティストになったわけ（笑）。

宇多丸　間違いなくアート映画だけど、でも何ていうか圧倒的な密度とスピードで最初は何だ？　となるけど、それがすごい面白く、ちゃんとエンタテインメントでもあるじゃないですか。

大林　アートって不思議だから面白いの。

宇多丸　アートはそれ自体が面白いってことなんですかね。

大林　面白くなきゃアートじゃない。

宇多丸　何か不思議な、例えば今まで見たことがないタイプの映画というそれ自体がエンタテインメントたり得るってことですかね。

大林　そうです。それと大事なことは、**エンタテインメントのジャーナリズムはね、3・11を風化させないんですよ。**戦争だって震災だって、やっぱり風化してきたでしょ。

宇多丸 そうですね。やっぱり語り口が、ある種固定されちゃうってこともあるんですかね。

大林 なぜ風化するかっていうとね。やはり目を背けたい、思い出したくない、忘れたいという悲惨なことだからですよ。だから普通のジャーナリズムでは風化していくのね。

宇多丸 例えばそれをリアリズムというか、リアリズム的な手法で描くというやり方もひとつあるとしますよね。

大林 目を背けちゃうね、やっぱり。

宇多丸 それはやはり、生々しすぎたりとか……。

大林 例えばピカソの「ゲルニカ」[★10]ね。あれはある戦争で廃虚となった里の記憶でしょ。普通のジャーナリズムだとそれを記録で描きますね。

宇多丸 例えば写真だったりとか。

大林 記録というのはリアリズムで写実的。ピカソも本来はそういう技術を持っているけれども、彼はそれをアートで描いた。アートというのは不思議で面白くもあり、さらに美しい。だからどんなに重たい、暗い、目を背けたい、忘れたいことでも忘れないのね。小さな子供にすら、このおばあちゃんどうしてこんな顔してるのかな、面白い顔してるなぁ、不思議だなぁ、美しくもあるなぁ、あ、戦争で殺されたんだ。そうか、戦争っていけないね——ということをね、風化させないで考えさせてくれるのがアートのジャーナリズムなんですよ。だから僕はこの映画を作る時は、「よし、ゲルニカでいこう」と。**すなわち、「シネマゲルニカ」!**

宇多丸 確かにゲルニカ的ではありますね。

大林 だからゲルニカ的に、よく分からないけど、不思議だけど、ハチャメチャだけど、何だか面白くて惹きつけられて、一所懸命自分が飛び込んで、その中でもがいてみようと観る人が

★10 **「ゲルニカ」**
画家パブロ・ピカソ(1881〜1973年)の代表作の1つ。1937年、スペインの小都市・ゲルニカがナチスに史上初の都市型無差別空爆を受けたことを知り、衝撃を受けたピカソはパリ万国博覧会のスペイン館用の壁画として「ゲルニカ」を制作。のちに反戦のシンボルとなる。

思ってくれるね。そういうところはゲルニカもまた、古典であってね。

宇多丸　普遍的に置き換えられますもんね。3・11のことじゃなくても。何十年か何百年か経って、何かが起こった時に、この映画が言っていることは今の状況と同じだなみたいな。

大林　やっぱりそこはね、優れた芸術家は素晴らしい遺産を遺《のこ》してくれているわけでね。だから若い人はどう思うかな、こういう言い方。勉強しなきゃいかんのですよ。勉強ってね、今ダサイ言葉、ウザッタイ言葉かもしれないけどね、僕の先輩の例えば黒澤明《くろさわあきら》〈★11〉さんなんかと話していると、10分に1回は「うん、そこは勉強しなきゃなぁ」って。例えば、淀川長治《よどがわながはる》〈★12〉さんなんかうまいことおっしゃったよ。「僕は学校の勉強が大嫌いで本当に不良だったけど、映画の勉強だけは誰よりも好きだから、一所懸命やったから、僕はちゃんとしたジジイとして生きられたよ」と。だから勉強というのはそういうことであってね。

宇多丸　学びたいからというか、知りたいと思う気持ちから生まれてくるってことですからね。

大林　僕らの子供の頃はね、家の中で初めて部屋をもらった時は勉強部屋と呼んだよ。

宇多丸　そういえば、そうですね。そういう呼び方がありました。今はあまり……。

大林　それがいつの間にか子供部屋になったところから、世の中おかしくなったと。ジジイだから、ちょっとそういうことをね。

宇多丸　いや、それは大事なこと。ぜひ言っていただきたいです。

大林　大事なことでしょ。やっぱり僕たち、勉強部屋に入って映画を作らにゃいかん。勉強不足ではアートにもならないし、商業映画にもならないね。

宇多丸　例えば今回の『この空の花』を観てですね、特に序盤は結構、混乱しない人はいないと思う

★11　黒澤明
〝世界のクロサワ〟と称される日本の映画監督・脚本家。1910～1998年。代表作に、ヴェネツィア国際映画祭金獅子賞とアカデミー賞名誉賞を受賞した『羅生門』、ベルリン国際映画祭上院特別賞に輝いた『生きる』、ヴェネツィア国際映画祭銀獅子賞を受賞した『七人の侍』などがあり、スティーブン・スピルバーグやジョージ・ルーカスをはじめ多くの映画監督に影響を与えている。

★12　淀川長治
映画評論家・映画解説者。1909～1998年。アメリカの映画配給会社・ユナイテッド・アーティスツや東映の宣伝部で映画人との人脈を構築し、1947年に雑誌『映画之友』編集部に入る。編集長を経て映画評論家として活躍。『日曜洋画劇場』（テレビ朝日系）にて約32年間解説を務めた。

んですよ。それは完全に意図的な作りってことですか？

大林 混乱してもらわなきゃ、3・11のごとく。模擬追体験が想像力をかき立てる。

宇多丸 それこそ「『この雨、痛いな』って、何⁉」「『戦争なんて関係ない』。いや関係ない、確かに」と、これはこれで反応としていいわけですね？

大林 いいわけです。みんな自分なんか関係ないと思っているのが今の時代だから。そう言っているうちに全部関係があるんだぞってことで、だんだんザワザワと胸が騒いできて、最後には訳分かんないけど、わぁ、みんな関係があった、繋がってたってとこで、ダーッと涙が出る。

宇多丸 そうなんですよね。

大林 だから、**人は関係を結んだ時に感動する**んだってことが、ピタッとこの涙でシンプルに分かるでしょ。

宇多丸 映画的にもそれこそ筋道が「あ、繋がった」って時にスーッとしますし、最後に大団円でボンとそこに集約されてくというのもありますものね。

大林 断絶すれば戦争になるけど、繋がればね。たぶん多くの人がね、この映画は俺には関係ねえやって始まるんですよ。それが最後には、この映画、俺に関係あったぜ、というところで泣いちゃう。これがね、この映画のシナリオなんですよ。

宇多丸 大林映画はこういう構成が多い気がするんですよ。最初にあったいろんな謎の断片1個1個ではおかしなことをするなって思っていたパーツが、大団円的なものにスッと筋が通った瞬間に、**あれ？ なんか知らんが猛烈に感動している……!!** みたいなことが。

大林 映画って写実主義のリアリズムという風に客観的に見るとみなさん思ってらっしゃるんだけど、僕はね、主観的な筋道で追っていくんですよ。だからこれは純文学〈★13〉の手法ですね。

★13 **純文学**
娯楽性を重視する大衆文学に対して、純粋な芸術性を追求した日本の近代文学。純文学を代表する作家に森鴎外、夏目漱石、永井荷風、谷崎潤一郎、芥川龍之介などがいる。

実験的な手法による私小説みたいなね。

宇多丸 それは作り手の主観ですか？ それともキャラクターを通して感情移入したキャラクターの主観ですか？

大林 いや、私の主観ですね、論文ですから（笑）。私の意識の流れを、いろんな俳優さんや風景を借りて描いていくと。意識の流れ〈★14〉という文学的表現で観ると、この映画は非常に分かりやすいと思う。つまり客観的事実じゃなくて、ある人間の、つまり作り手の意識の流れですべてが進行していくという。意識は過去にも飛ぶし、未来にも飛ぶし、事実も見るし、空想にも行くしね。そういうことを全部意識の流れで観ていくと、これは非常に平明で分かりやすい映画になるんですよ。

宇多丸 意識の中では、過去も未来も、過去も現在も同時にあるし。

大林 死んでしまった人もいるしね。

宇多丸 ですよね。昔から大林さんの作品で死者がその辺をうろうろしてることは、結構普通にあるなという。

大林 これはやはり、僕なんかは戦争でいっぺん死んだ人間なんですよ、8歳でしたけどね。みなさん終戦って言うでしょう？ あれがまず欺瞞《ぎまん》であって。戦争というのはね、勝つか負けるかしかないんですよ。敗戦を体験すれば、国が無くなって僕たちは殺されると思うのであって、それがそうじゃない敗戦を自覚しないまま生きてきたというのが、この日本の摩訶不思議な、ちょっとはしゃぎすぎた平和であったわけだね。僕は敗戦後の日本人は〝平和難民〟だったと思っているんだけど、そこでいろんな間違いを犯してきた。その中にはきっといろ

★14 **意識の流れ**
常に変化する意識を、動的な流れとして描写する20世紀の小説手法。この手法を用いた作品にジェイムズ・ジョイス『ユリシーズ』などがある。

いろあると思いますが、3・11でいっぺんに間違っていたぞということに気がついて、それでみんな胸の中も頭の中も真っ白になっちゃったわけでしょ。だから僕はそれをチャンスと言うんですよ。この時に、俺って何？　私って何？　何が本当に正気なの？　っていう。今日は難しい話をするつもりはないけれども、僕たち戦争中の子供はね、正義ってものを信じてないんです。なぜならば日本の正義とアメリカの正義がぶつかったから戦争になったわけで、それで「勝ったほうの正義が正しい」となる。そうなると平和運動でも正義が各論になり、己々が自分の正義を主張すると必ず敵を作り、戦いとなるんです。

宇多丸　それはね、今のいろんな問題、例えば領土問題とか。

大林　ごちゃごちゃしているでしょ、解決に向かわない。

宇多丸　お互い正しいと思ってるわけですからね。

大林　それで**僕は何を信じるかっていうと、正気なんですよ**。正気は総論で考える。正気の私であれば、ここはどう生きるかっていうと、たぶん戦争よりは平和のほうが良いと思うのが正気であってね。正義を各論で考えるとね、戦争も必要だってことにもすぐなっちゃうの。

宇多丸　こういったお話ししながら正気とおっしゃって、僕も今こう正気って言って、するとやはり『この空の花』モードというか、これら1個1個の単語に字幕を入れたくなるっていう。

大林　そして**アートとは正気を問うこと**なのよね。だから宇多ちゃんもアーティストだし。

宇多丸　いや〜、それこそ勉強をしないといけないことを改めて思う感じですね。

大林　もう、柔らかい話にしようか（笑）。

宇多丸　いやまだ伺いたいです。

自然界の本能がこの映画を作らせてくれた

宇多丸　例えば3・11のことで、ジャーナリズムとおっしゃいましたけど、直接的に決して3・11のことは描かれてないですよね。相馬市《そうまし》から避難してきた少年っていうのは出てきたりはしますけど。例えば『北京的西瓜《べきんのすいか》』〈★15〉で天安門事件《てんあんもんじけん》〈★16〉があったことを非常にトリッキーなと言わせていただくけれども、そういう手法で描かれていたように、直接表現しないというのは、監督の矜持《きょうじ》だったりするんでしょうか？

大林　これはね、直接描くと本当のジャーナリズムになるんです。**僕のはアートのジャーナリズムだから、想像力で描く。**

宇多丸　報道とは違うと。

大林　そうなんですね。あの3・11はとてもショックで、僕はあの瞬間は九州にいたんですけど、「監督ついてたね、九州にいて。東京も危ないからね、もう九州にずっといたらいいよ」って言われた時に、「冗談じゃない、俺は福島に行く」と、「最前線に行く」と。その辺りは軍国少年の気質が体内に残っているんだろうなぁ。

宇多丸　気持ちとしては、ガッと行きたいと。

大林　その時に僕73歳でしょ。73のジジイが行ったたって何の役にも立たないしね。

宇多丸　現地で大変な混乱の中で。

大林　ドキュメンタリストでもカメラを持ってあそこに入るのは勇気が必要だったと思うけど、少

★15 **『北京的西瓜』**

1989年・日／監督：大林宣彦／出演：ベンガル、もたいまさこ、峰岸徹。実話をもとに、ある八百屋夫婦と中国人留学生たちとの交流を描いた作品。

★16 **天安門事件**
別名：六四天安門事件。1989年、中国共産党中央委員会総書記であった胡耀邦（こうようほう）の死をきっかけに、民主化を求めて一般市民のデモ隊が北京市の天安門広場に集結。これを中国人民解放軍が武力弾圧し、多数の死傷者を出した。

なくとも僕のようなアーティストがカメラを持ってあそこに行っちゃいかんのですよ。なぜならば僕たちはカメラを持つとね、**良い素材を探す人間になる**んですよ。

宇多丸 何か面白いことが、と。

大林 あそこでそれをやるのは、これはもう非常識でしょ。アーティストである前に人間として。乏しい食糧に手を出すわけにはいかないし、トイレだって使えないし野糞もできない。

宇多丸 それこそ正気を問われるところですね。

大林 まさにそう、おっしゃるとおり。僕は正気の邪魔になるだけの人間として、今は行かないと。**その代わり自分の全身、全能力、全感性の想像力で、東日本の人たちと一体化してみようと。**そしてこの映画を作ろうと。それが今の自分にできることだ。そこで新潟県中越沖地震〈★17〉という、東日本大震災の前に起きた震災からようやく立ち直ろうとして、さらにその時のご恩返しで東日本の人たちを桁違いに受け入れて支援をしていた、この映画の舞台だよね。

宇多丸 長岡市。

大林 長岡市に行ってシナリオを書こうと。そうやって自分の立ち位置を決めたわけです。

宇多丸 現実の含み方みたいなところは、いろんな立場のいろんな視点というものに通じているというか。全然狭まってない感じがしますよね。

大林 逆に想像力のほうが広がるんですよ。現実にものを見るとそのショックが大きいですから、どうしてもそこに視点がまとわりついちゃうんだね。

宇多丸 それこそ景色のショッキングさみたいなものに、恐らく物語が勝てなくなってきちゃいますよね。

大林 そうなんです。人間の脳の自由さというもの、そして想像力のほうがきっと強いものが見つ

★17 **新潟県中越沖地震**
新潟県中越沖地方で2007年7月16日に発生した地震。マグニチュードは6・8。最大震度6強を観測し、人的被害は死者15名、重軽傷者は2345人にのぼる。

かるだろうという風に自分を信じてね。

宇多丸 最終的には、想像力の勝利を高らかに謳っているように思いましたけど。

大林 そうすると、奇跡がいっぱい起きてきてね。例えば僕は、この映画が終わったあとで福島の南相馬《みなみそうま》に行くわけですよ。なぜ南相馬に行ったかというと、あの震災が起きた直後に、南相馬のある高校生がね「僕はこれまで、頑張るとか一所懸命とかという言葉は、ダサくてウザくて恥ずかしいから口にしたことがない」と言ってたんです。この高校生の気持ちはよく分かりますよ。高校生が一所懸命頑張って未来のことを考えても、日本はそうなりはしない。そういう風に思わせちゃったのは僕たち大人が作った今の社会が、若者に希望を持たせていないからだと、よく分かりました。ところがその少年がね、あの震災後に周りの大人たちを見ていたら、「僕も一所懸命頑張って、このふるさとを復興させようと思います」と美しい顔で言っているんですよ。これもやっぱり3・11が奇跡を生んだと。

つまりね、あれは災害ではあるけれども、自然災害っていうのは奇跡を生むわけで。それは人間があまりにもちっぽけで、自然があまりにも大きいから災害になるわけであって、自然界にとってこれは当たり前のことです。その中から人間が、小さな人間であるという自分の分を知って、大自然の中でおごらずに生きていくということを学ぶという意味で奇跡になるんですよね。この少年もそうだったと。それでこの映画の中に南相馬の被災者の少年という役を作って、虚構だけれども僕の私的ドキュメンタリーで、この映画の中で生かして。そして映画が終わったところで、「よし、この少年のふるさとを実際に訪ねよう」と思って、それで僕、映画が終わったあとですぐ南相馬に行ったんですよ。あの飯舘村《いいたてむら》を通ってね。美しい村ですよ、もう人が住めないけど。そしてね、その南相馬の少年の高等学校も、もう子供はいませんでした。放射線がいっぱいで、運動場でも遊べない。その学校の先生が福島のすぐ近くに引っ越してらっしゃったので、そこを訪ねましたらね、校舎のがれきを自分で集めて手で洗って、それに子供たちが花を描くという**「花がれき」**という授業をやっているんですよ。ところが大人から言うとがれきだけれども、子供にとっては愛おしい校舎の一部であってね。美しいレンガや壁画の模様なんかがあるその欠片に、男の子までこれまで描いたことのない花の絵を描いている。これがまさにね、単にがれきを片づければ復興っていうわけはなくて、がれきとなってしまった愛おしい校舎の痛みや悲しみをしっかりと記憶して、そこに自分たちが花の絵を描いて、自分も校舎もふるさとも一緒になって、癒やし合い、勇気付けながら未来を復興していこうという。これは素晴らしいな、この映画の精神と同じだな、と思ってね。

宇多丸 まさに爆弾が花火になるという劇中の瞬間を、ちょっと思わせますね。

大林 **「世界中の爆弾を花火に替えて打ち上げたら、世界から戦争が無くなるのになぁ～」**って、**『長岡の花火』が代表作の山下清〈★18〉のフィロソフィー！** この映画のテーマの1つですね。だから、花がれきと、この映画を全国でパックで上映しようと決めまして、今現実にそうしているんですが。それでその学校の生徒たちに手紙を書こうと思って、先生からいただいた名刺を見たら、住所の最後が「字元木《あざもとき》」〈★19〉となっているんですよ。これは映画を観た方なら、えっ!? とお思いになるけれど、元木というのはこの映画の主人公で、太平洋戦争の末期に長岡の戦災で殺された少女。18歳でよみがえってくるという人物ですが、猪股南《いのまたみなみ》くんが演じてね。この役名が元木花《もときはな》でしょ。そしてその学校の住所・字元木の花がれきなんですよ。

★18 **山下清**
画家。1922～1971年。貼り絵作品が高く評価された。気ままに国内各地を放浪し、絵の制作を続けた。〝裸の大将〟の愛称で知られ、山下をモデルにした映画やテレビドラマも作られた。『この空の花―長岡花火物語』も山下の絵「長岡の花火」が大きなモチーフとなっている。

宇多丸　これは意図されていたわけじゃない？

大林　意図してないですよ、偶然ですよ。

宇多丸　偶然！　シンクロニシティ！

大林　だけどこれは偶然というよりは、何か空の上のほうにいる、つまり大震災を起こしたと同じ自然界の命に、**「人間よ、大林よ、こういう物語を作れよ」**と言われて、僕はこのシナリオを書いたのかなと、そう思わざるを得なかったですね。

宇多丸　この映画に関しては、その程度の時空のねじれは起きてもおかしくないなと、一観客としても思いますね。

大林　そうそう。僕は**「映画はつじつまが合った夢」**と言うんですが。いつも夢のような偶然ばかりを一所懸命かき集めて映画を作ると、最後にスーッとつじつまが合っちゃうんですよ。

宇多丸　あらかじめこういうつじつまを合わせようと作っていくんじゃなくて、一種本能のままにやっていく、ということですか？

大林　本能。そう宇多丸さん、**本能とは、今いい言葉です。**知性を僕たちは信じてますね。でも知性って、しょせん人間レベルなんですよ。原子力をこう生かせば原発ができるなんていうのは知性の産物ですよ。本能っていうのは人間は馬鹿にするけど、すべての命が持っている自然界が与えた知恵でしょ。自然界が与えた知恵のほうが、人間の知性よりうんと深いはずですよ。だからやっぱりこういう時、**僕は知性より本能を信じる。**

宇多丸　自分の中にも、自分より大きいものがきちんと備わっているんだと。

大林　知性は正義しか言えないけど、本能は正気が答えると。正気は本能の中に潜んでますからね。

★19　「字元木」
福島県伊達市保原町字元木。

僕はあの時、まさに本能で生きたから、きっとこの大林宣彦じゃなくて、自然界の何かが僕の上に降臨してくれたんですね。それがこの映画を作らせた。この映画をいくら褒められても僕がうれしいのは、自分が褒められたと思うと「いやあそんなことはねぇなぁ」と照れてもみせなきゃなんないけど、これは僕という人間が知性で作った映画じゃないから。**何か自然界の本能がこの映画を作らせてくれたんだろうな**と、僕はそう思っているんですよ。

宇多丸 正しく本能に従えたなという結果だってことですかね。

大林 またそれは僕は運がいいことに、この映画をやる寸前に心臓の病でぶっ倒れてね。

宇多丸 運がいいと言っていいのか……。

大林 運がいいんですよ。やっぱりいっぺん死んでいたんです。寿命が自覚できたんですね。生き延びてるっていうのは、これはもう僕の意思じゃないですよ。自然界の何かがここにいさせてくれたんで、それもきっとこの映画を作るために、もういっぺん連れ戻されたんじゃないかなと、これも素直に信じられますよね。

宇多丸 その本能におもむくまま作るにあたって、いきなりミクロな話になってしまいますけど、今までの映画に比べると、デジタル撮影でなおかつデジタル編集という、大林作品史上かつてないというか……。

大林 デジタルで劇映画をやったのは初めてです。ドキュメンタリーではデジタルで随分やっていたんですが。子供の頃からフィルムの世代ですから、僕としてはフィルムというのは物語装置でデジタルは情報装置だと自分の中ではっきり区分してるんですよ。だから映画という想像力の物語を作る時はフィルムと決めて、しかもフィルムで撮影してフィルムで編集するというところまで僕は徹底してたんですが、今度初めてこの情報装置でやろうとしたのが、まさに今度の3・11はもう物語にはならんぞと。もしくは自分が体験し、想像したことも含めてすべて情報というレベルでギュッと凝縮して、みんなの前にぶちまけるしかないと。それで論文になる。だからフィルムの場合は、想像力の物語のメディアだから字幕スーパーを入れたりするのは大嫌いなんですけど、ところが**情報メディアはスーパーという文字も絵も同じ情報**なんですよ。だから、どんどん入れてやろうと(★20)。ということで、**テレビの情報番組をマネして学んでね**(笑)。

宇多丸 でもテレビの情報番組でもあんなに入れないと思うんですけど、っていうぐらい。

大林 そこがまた映画の面白さで。ジジイが作った映画ですから、若い人にどう受け入れられるかってことがあって、例えば若い人がこの映画の中でも登場人物として出てきますね。今の若い人は本当に雑学がありますよ。その若い主人公が**「俺たちの雑学にも筋道が必要だね」**って。

宇多丸 出ますね、意味深長だなと。

大林 「その筋道って何?」と訊いたら、**「祈りと希望だ」**みたいなことを答えますね。これも高校生がダサイ、ウザイって言うのと同じで、そんなことならジジイが何を言っているんだって若い人はついてこないでしょう。

宇多丸 普通に字面だけ取ったら、はい。

大林 ところがね、それまでをスーパーに入れるとね、えー、**何でもスーパーになっちゃうぞ、「ジャガ芋畑」もスーパーになっちゃうぞ。**「俺たちの雑学にも筋道が必要だぞ」、これもスーパーかい? と。「ジャガ芋」に字幕が入っているのと同じレベルで、フッと笑うけれ

★20 **どんどん入れてやろうと** 『この空の花―長岡花火物語』では特に前半、過剰なまでの字幕スーパーが入る。

ども、笑うことで心が自由になって、すとんと入っちゃうんですね。だからTwitterを見ていると、この映画で印象に残った言葉っていう中に、随分若い人から、「〝**俺たちの雑学にも筋道が必要だ**〟**っていう言葉に感動した**」っていうのがあるんですよ。これは、僕はスーパー字幕のお陰だと思っているんです。

宇多丸　なるほど。すべてを情報としてバーッとある種過剰に並列させてるからこそ、普通だったら拒絶してしまいそうなメッセージも等価に入ってきてしまう。

大林　情報は感情を伴わないから。

宇多丸　は～、なるほど。

大林　この辺はやっぱりしたたかな演出でしょ？

宇多丸　あ～、最初のほうで、ジャガ芋とかそういうのにまで字幕が入っているあたりで、何だよこれ、やりすぎじゃないのか？　と思うのも、まんまと監督の術中にはまっているってことなんですね。

大林　そうそう。術中にはめるっていうのは、やっぱりアーティストなのね。だって伝えたいからこそ、虚実の皮膜で嘘をつく。アーティストとは一面で詐欺師であるというのはそういうことであってね。悪い詐欺を働けば、本当にアーティストは詐欺師だけど、正気の詐欺を働いたところでようやく許されると。つまりアーティストって、高みにあることではないのであって、どこまで許されるかということを追求する仕事ですからね。

宇多丸　例えば通常で考えれば不自然なディテールとかで、大林映画の特徴としてあると思うんですけど、それでちょっと思わず笑ってしまう。ここ笑っちゃっていいのかな？　って。でも、これは大丈夫なんですね？

▲「ザ・シネマハスラー」で『この空の花 ―長岡花火物語』を扱ったことがきっかけで実現した、宇多丸的には夢の対談。

▼「あのね、宇多ちゃん……宇多ちゃんって言ってるけど」「宇多ちゃんでお願いします！」。この直後、2人はガッチリ握手。

大林 大丈夫なんです。つまりね、自然なことだとスーッと通り過ぎちゃうんです。見終わっても忘れちゃうんですよ。不自然だからこそ、残るの。

宇多丸 「この雨、痛いな!」って、このテンションでやられると、「何で?」って思っちゃうところですけども。あ、そういうことかと。

大林 残ったあとで解決を与えないとそのままで終わっちゃうけど、最後につじつまが合うと、そういうことだったのかと。この日本に、いま振る雨は!? ってね。不自然だと思っただけにね、心にスッと入った時に、自分の自然な感動に納得しちゃうんですよ。

宇多丸 なるほど。

大林 それはねぇ、映画的装置のしたたかな技ですよ。先人たちの工夫から学ぶところが実に多い。

宇多丸 これはなんか膝を打つというか、やられたというか。

大林 それで僕は、ジジイがすげえことをガツンとやったというTwitterの感想に、**「そうだろー!!」**って。

宇多丸 そこは老獪《ろうかい》なところだったんですね。

大林 **ご油断、召さるな**(笑)。

映画はちゃんと繋がらないほうがリアリズム

宇多丸 ということで、ぜひ監督にお伺いしたいのですが、また技術的なお話になってしまうんですけど、僕が「ザ・シネマハスラー」で扱わせていただいた時にも言及した、独特のカットバック〈★21〉の手法というか発明がありますよね。要は普通の、それこそ映画的な文法で言う

★21 **カットバック**
映画の表現技法の1つ。2つ以上の異なる視点から描かれる場面を交互に繋ぎ、並行して起きている出来事や対立関係にあることを表すほか、緊張感や臨場感を生むこともできる。

ならばちょっとおかしいぞというような、語り合って歩いている人物同士と同じ方向に景色が流れているという、非常に変わったカットバックがあるわけですけど。僕は『その日のまえに』評のなかでうっかり、最近になって顕著《けんちょ》になってきた手法であるかのように言ってしまったんですけど。いただいたお手紙の中では、「結構前からカットバックの実験はしているよ」とのことですが……。

大林 これは別に僕が始めたわけじゃなくてね。カットバックの便法というのは、つまり2人の人間、AさんとBさんが向かい合っているのをカットを分けて撮る時に、Aさんはカメラの右を見て、Bさんはカメラの左を見る。それを繋ぎ合わすと向き合って見えるというのは便法なんですよ。それを文法とも呼んでいるわけ。でもそんなことは、例えば小津安二郎〈★22〉さんは平気で壊して、視線が繋がらないという映画を撮っちゃった。これは便法を逆利用した技であってね。あの方は松竹の方で、松竹というのは家庭劇を作るという映画会社で、家族がみんなで目と目を合わせて仲良く暮らしているという映画を伝統的に撮る。そういう会社の中で、同じように娘が嫁に行くという家族劇を作りながら、視線を逸らすことで、この家族誰もお互いを見合ってないぞと、何か心がバラバラなんじゃないのという一家の離散を描いていく。これは便法を逆に生かして、小津さんが文法を作っちゃったということなんですよ。

宇多丸 観ている人が無意識的にちょっと違和感を感じるようなものの積み重ねが、物語的にも利いているという。

大林 そうです。だって違和感があるほうが普通でしょう。Aの人が「君ね」と言ってBの人が

★22 小津安二郎
日本の映画監督・脚本家。1903〜1963年。代表作に『東京物語』や『秋刀魚の味』などがある。カメラを低い位置に置いて撮影したり、反復の多いセリフや、同じ俳優・女優で同じテーマを繰り返し描くなどの手法で、独自の映像世界を作り上げた。

「はい」って言う間に、昼飯を食べてるかも分かんないよ。

宇多丸 そうですね、映画は本当はそこが嘘なんですもんね。

大林 ならば、ちゃんと繋がらないほうがリアリズムなんですよ。

宇多丸 **映画は嘘っぽいほうがリアリズム……。**

大林 そういうことなんですよ。つまりリアリティですね。そういう意味で、今、宇多丸さんがおっしゃった、僕の映画の中でもよくある、2人の人間が同じ方向に歩いているけれども、それを普通に映画の便法で撮れば、Aという人の背景はBという人と逆に流れるでしょう。だけどね、普通僕たちが道を歩いてる時に、いちいち前行ったり後ろ行ったりしますか？

宇多丸 感覚として、同じ方向に歩いているという感覚がありますからね。

大林 だから同じ方向に歩いていく。つまり背景はいつも同じ方向に流れながら、人と人とが見合っているってことを、今度は逆に目線だけをきっちり合わせてやれば見合っているという便法があるんだから、それを利用して背景は同じ方向に流しますよというのが僕のやり方で、それは不自然じゃなくて、そっちのほうが本来は自然なのよね。

宇多丸 気持ちの流れとしては自然なはずだと。確かに背景が違う方向に流れていると、こういう2人の人物が、逆に内面的には噛み合ってない2人に見えてきたりもするかもしれない。

大林 だから便法ではそういう撮り方をしてはいけませんと。つまり必ず少しカメラが人物の前から撮って、背景が逆に流れることに違和感がないようにしましょうと。真横から撮っちゃいけませんという、非常に不自由な便法になっているんですよ。でもそれを真横から撮ればいいじゃない、僕のようにやれば真横から撮れるんだからということであって。どうせ便法なら、それくらいやれば面白くもなる。

宇多丸 これをやったっていいじゃないかと。あるいは『野ゆき山ゆき海べゆき』〈★23〉だと、会話をしてる人が違うところ、違う場所、違う日で撮ってる。

大林 そう、これもあえてね。

宇多丸 それは、会話している人の心が、もう完全に噛み合っていない状態というのを示している。

大林 普通はAとBとは同じところで撮ってるからというので2つの画面の状況は繋がっているし、別の日に撮ってもわざわざ天気を繋いだりするんだけど、僕の場合、別の日に撮れば天気が繋がらないほうが普通だろという風に撮るわけ。

宇多丸 映画上ではそのほうが自然に見えたりもすると。

大林 不自然だから、これが映画だと納得もする。そこで虚構の物語が利いてくる。でも大事なことは、小津さんの目線がずれてることには、普通の観客は気づかないんですよ。

宇多丸 そんなこと考えて観てないですもんね。

大林 僕の映画も普通の観客は気がつかないんですよ。1つの語り口に身を委ねてる。そのほうが自然なんですよ。不勉強ながら、多少映画を知っているぞという人が文句を言うんですよ。

宇多丸 「イマジナリーライン〈★24〉が……」みたいなことを言いだすということですよね。

大林 そうそう。その辺がね、専門家の物知らずと僕は言うんだけれど、中途半端な専門家はかえってそういうことにこだわって大筋を見逃してしまうのね。

宇多丸 それこそお手紙にもありましたが、トリュフォー〈★25〉は最初はね、「小津安二郎は映画の文法を分かってない」って言っていたんですけど。

大林 馬鹿にして、日本映画は駄目だってね。そこでトリュフォーは何をやったかっていうと、A

★23『野ゆき山ゆき海べゆき』
1986年・日／監督：大林宣彦／出演：鷲尾いさ子、林泰文、片桐順一郎、正力愛子。戦争の足音が忍び寄る瀬戸内海の町を舞台に、子供たちの戦争ごっこを描く。原作は佐藤春夫の『わんぱく時代』。モノクロ版とカラー版の2種類のプリントで公開された。

★24 イマジナリーライン
映画やマンガなど、ストーリー性のある作品を製作する際に用いられる専門用語。対話する2人の間を結ぶ仮想の線、もしくは人物や車両の進行方向に延ばした仮想の線を指す。

とBをカットバックで分けないで、AからBにカメラを振って、BからAにカメラを戻すという、これを往復パンというんですが、これは便法では絶対にやっちゃいけないことだったわけ。でもそれを撮るほうは、このほうが自然じゃない、せっかく同じところにいるんだったら、AからBに振れば良いという実験を自分でやった上で、**「そうか！　小津はそういうことだったか」**と、小津のカット割りの理由を理解して、実は小津さんが大変な人だったんだってことに、5年ぐらいかけてようやく気がつくわけね。

宇多丸　あとから発見したということなんですね。そういうことはやっぱりありますね。それこそ中途半端に不勉強な時期に、「これおかしいんじゃないか？」とか特に気になりだしたりっていうのもあって。

大林　でも、それも勉強ですからね。

宇多丸　それこそ大林映画に対して、思春期にすごくワーッとなって、失礼ながら大学生ぐらいになってある種ちょっと気恥ずかしくなる年頃があるんですよ。たぶんその年頃がそういう時期に当たるのかなっていう気がして。で、大人になってずっと繰り返し観てですね、観ているにつれて、だってこうじゃないとこの感じは出ない、こうじゃないと駄目なんじゃないかって分かってくるんですよ。

大林　何が恥ずかしくなるかというと、実はあまりに描かれていることが正直だってことに気がつくのね。それで、こんなにストレートにむき出しに無防備に表現されて、それを観ている自分はどう対応すればいいのというとこで気恥ずかしくなるんですよ。

宇多丸　そうなのかぁ。僕の『時をかける少女』初鑑賞時、前の席にいた2人の大学生もきっとそうだったと思うんですけどね。うるさくてしょうがなかったんですよ。

★25 トリュフォー
フランスの映画監督、フランソワ・ロラン・トリュフォー（1932〜1984年）のこと。1950年代に起こったフランスの映画運動・ヌーヴェルヴァーグを代表する監督の1人。代表作に『大人は判ってくれない』『華氏451』『突然炎のごとく』などがある。

大林 なんか言ってみたくなるのね。実は自分が問われてるんだ。

宇多丸 でもその2人も、最後のカーテンコールでは、しっかり拍手しちゃってますから。観てるうちにハマっていった。

大林 それも作り手の観客との対話なんですよ。そのために、いろいろ仕掛ける。

『時をかける少女』制作秘話

宇多丸 『時をかける少女』は、僕のお訊きしたいことにも近づいてくるんですけど、最初は見過ごしていたメッセージみたいなものに気づくにつれ、これは可愛らしい少女が出てくる美しい純愛の話ということになっているけれども、**実は恐ろしい話じゃないのか？** というのがだんだんと分かってきてですね。

大林 でしょ。

宇多丸 例えば要所要所にある、不穏なとしか言いようがない断片が、「えっ、あそこを繋げるとひょっとして……」って。それで、このことはご本人にぶつけてしまいますけど、僕が**〝深町一夫《ふかまちかずお》昏倒レイプ犯説〟**というのを立てたぐらいで。途中、原田知世《はらだともよ》〈★26〉さん演じる芳山和子《よしやまかずこ》が、夜の道を深町くんと別れて歩いていくと、背後に人の気配を感じて不安だから何度も振り返り、そして角まで来たところで、後ろから来た謎の男に口を押さえられて意識を失う。その瞬間「深町くん……」って言う。で、パッと目覚めて。しかも嗅ぐラベンダーの香りは、男性的な香りとしては象徴的だなんてことを言う。これは芳山くんは気を失って

★26 **原田知世**
日本の女優、歌手。1983年『時をかける少女』にて映画デビュー。薬師丸ひろ子、渡辺典子と並び、角川映画の看板女優として人気を集めた。以降も映画、テレビドラマ、CM、ナレーションなどで活躍している。

いる間に、何か強烈な性的体験をしてしまったということ……？

大林 **そのとおり！**

宇多丸 そのとおりですか！

大林 1つの、そのとおり（笑）。**この映画は、観るほうがそこまで勝手に読んで面白くなるの。**

宇多丸 ですかね。ずっといつも「これを言うと怒る人がいるかもしれませんが」みたいなことを前置きしながら、**「深町はとんでもないやつかもしれませんよ」**って言ってて。

大林 つまりね、映画というのは「意識の流れ」。作り手の主観だと僕は言いましたでしょ。この映画は角川春樹〈★27〉プロデューサーと監督の僕との2人の合作の映画なんですよ。これ角川映画じゃないんです。正しく言うと**角川春樹映画という私映画**なの。

宇多丸 あ、そうですね。

大林 角川春樹さんが原田知世を……本当ならば自分の嫁にしたいけれども、歳が違いすぎるから、**せめて息子の嫁にしたい**と。そして1本だけ彼女にプレゼントして、**映画界からは辞めさせようという恋の断念の映画**だったんです、これは。

宇多丸 そこまで……。

大林 かりそめであればこそ、より純粋にね。それで「大林さん、尾道《おのみち》で撮ってください」と。映画で実らぬ恋文を書くと。そりゃ私も乗りますわな（笑）。つまり彼女を中学校の卒業式にちゃんと出して、高等学校の入学式にちゃんと出すという間の28日で撮り上げたと。なぜなら彼女は女優になるんじゃない、普通の女学生として生きていく子だからということで、入学式と卒業式に出してやろうというプレゼントだったんです。しかもそういう映画ですからね、これは今の若い人からすると随分古めかしい作品だなぁと、あの時代だからなぁと思わ

★27 **角川春樹**
日本の実業家、映画監督、映画プロデューサー。1942年生まれ。横溝正史ブームの仕掛け人でもあり、1970年代後半から80年代にかけて、映画と書籍を同時に売り出す手法の角川映画が一世を風靡した。

★28 **ショーケン**
日本の俳優・歌手である萩原健一のこと。ザ・テンプタズのボーカルとしてデビュー。『太陽にほえろ！』のマカロニ役や『傷だらけの天使』『前略おふくろ様』（いずれも日本テレビ系）での主演など伝説的なテレビドラマへの出演で人気を集める。

★29 **薬師丸ひろ子**
日本の女優、歌手。角川映画『野性の証明』のオーディションで高倉健の娘役に選ばれ、13歳にしてデビュー。1981年の映画『セーラー服と機関銃』で主演を果たし、同名主題歌により歌手としても大ヒットを記録した。以降も活動の場を広げながら活躍している。

れるかもしれないけど、あの時代だってもう相当古かった。

宇多丸 いや、83年にはあんな高校生もういないですよ。

大林 でしょ。あの時代はね、男はショーケン〈★28〉、女は薬師丸ひろ子〈★29〉という、言ってみればちょっと猫背タイプの鬱屈《うっくつ》した、ね。

宇多丸 歩き方なんかも、ちょっとヨロヨロしているような。

大林 ところが知世はあえて、すらっと背筋が伸びて、相手の目をはっきり見て「ありがとうございます」「ごめんなさい」ってことがきちんと言える少女。これはね、あの時代だと大正ロマンチシズムなんですよ。一時代も二時代も前の映画を作っちゃったの。なぜならば、おじさんともいえる角川春樹と大林宣彦が2人のあしながおじさんとなって、いたいけな少女へのプレゼント映画を作る。**おじさんが少女を愛しちゃったっていう映画**ですからね。

宇多丸 しかもその少女が、ある種思い出というか、ある空間の中に閉じ込められてしまうような話じゃないですか。

大林 そう、籠の鳥ですよ。ヒッチコック〈★30〉映画と同じだわ。**精神的殉愛レイプ映画**（笑）。

宇多丸 これはまさにヒッチコック。僕はヒッチコックの話を今日最後にしたかったんですよ。

大林 そうでしょ。**ああ、いいねえ、宇多ちゃんは！**

宇多丸 年を経るに従って、いちばん近いのはやはりヒッチコック、特に『めまい』〈★31〉じゃないのかと。例えば『大林宣彦の映画談議大全「転校生」読本』〈★32〉という分厚い本の中でも、ヒッチコックの話は出てくるんですけどね。例えば『マーニー』〈★33〉とかの撮り方は『はるか、ノスタルジィ』〈★34〉でやっている、とか。でも『はるか、ノスタルジィ』も含めて最

★30 **ヒッチコック**
イギリスの映画監督、アルフレッド・ヒッチコック（1899〜1980年）のこと。"サスペンス映画の神様"、"ヌーヴェルヴァーグの神様"とも称され、多くの映画監督たちに支持された。代表作に『サイコ』『鳥』『北北西に進路を取れ』『めまい』などがある。

★31 **『めまい』**

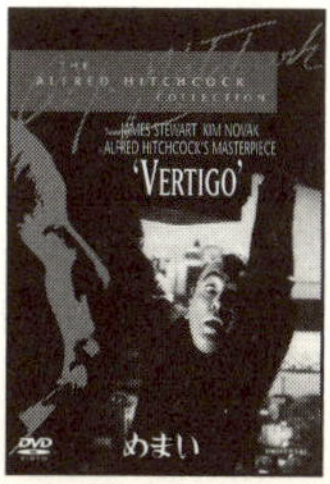

1958年・米／監督：アルフレッド・ヒッチコック／出演：ジェームズ・ステュアート、キム・ノヴァク。フランスのミステリー作家、ボワロー＝ナルスジャックの小説『死者の中から』を映画化。ヒッチコックの代表作の1つ。

も近いのは『めまい』じゃないのかと。

大林 『めまい』、そうですね。あれは奇蹟の殉愛映画です。

宇多丸 『めまい』のことがズバリ出てくる文章がないので、その辺りをご本人にぶつけてみたかったんですけど。

大林 これは『時をかける少女』がよく分かるための話でもあるんだけれども、ヒッチコック映画というのが、まさに「意識の流れ」の主観の映画でね。あの人が最後まで撮りたかったのが『メアリー・ローズ』という作品でね。これはどういう映画かというと、恋のさなかの美男美女がある島に行くんです。そこで突然少女がいなくなっちゃうの。男は1人で帰って、だんだん年を取って、ハゲでデブになって死ぬ前にもういっぺんその島に戻ると、昔のままの少女がそのまま出てきて、そこで2人は抱き合い、たとえあなたがハゲでデブになっても、私はあなたを一生愛しますとなってハッピーエンドで終わるという、これがヒッチコックがいちばん撮りたかった映画なの。つまりあの人はそういう人でしょ。生涯殉愛を求めて果たせない。フィルムで描いたシラノ・ド・ベルジュラック〈★35〉なんですよ。

宇多丸 ずっと主演女優に片思いをしてる人ですもんね。

大林 そうそう。だからいつも金髪のブロンドに片想いをする、その想いを痛切に映画にしたわけで。まさに『めまい』なども同じで、ミステリーとしては途中でタネが割れて、自分が恋した少女がこうであったっていうことを描いた恋愛映画でしょ。『時をかける少女』もまさにそう。

宇多丸 『時をかける少女』は、本人の正体を知らずに終わる『めまい』って気がするんですよね。

大林 なるほど!? ……うん、そうそう。

★32『大林宣彦の映画談議大全「転校生」読本』

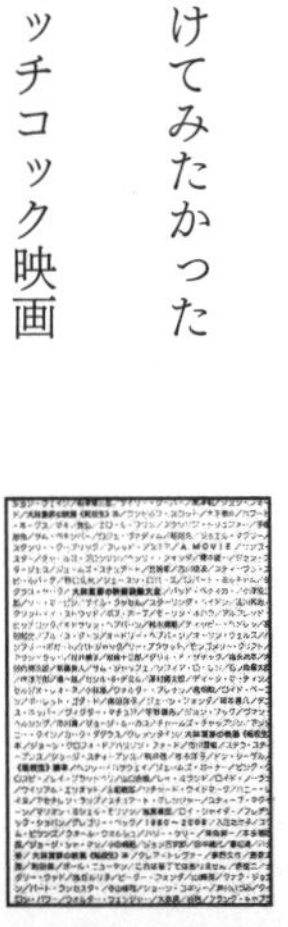

大林宣彦・著による書籍。発行は角川学芸出版。大林監督自身が、『転校生』とリメイク版『転校生 さよならあなた』を中心に映画という芸術について語った、約800ページに及ぶ大著。

★33『マーニー』

1964年・米／監督：アルフレッド・ヒッチコック／出演：ティッピ・ヘドレン、ショーン・コネリー。赤色を恐れる女性マーニーと、彼女を救おうとする夫の姿を描いたサスペンス。

宇多丸 だからこそむしろ救いがないっていうか、存在しないかもしれない理想の相手に閉じ込められる話じゃないですか。

大林 そうですそうです。痛いね、これも！

宇多丸 だから最後のカーテンコールがつかないと、救いがないよこの話、という風に。

大林 ヒッチコックのヒロインたちが、みんなヒッチコックから逃げ出していったでしょ。

宇多丸 あまりに妄念が強すぎて。

大林 グレース・ケリーのように、モナコの公妃になって。知世もね、この『時をかける少女』が終わった時に「私、この映画、なんか**ポキポキしたお人形さんみたいで変じゃないですかー？**」と言っていたんですよ。

宇多丸 やっぱり生身の少女としては。

大林 生身の少女としては、おじさんたちに勝手に作られたお人形さんを自分はやらされちゃったという、理不尽な思いがとてもあったと。まさに愛の籠に閉じ込められた小鳥。そのとおりで、彼女もこの映画から逃げ出したくて、『時をかける少女』〈★36〉も随分歌わないまま来て。

宇多丸 呪縛がやはり強いんですね。

大林 ようやく40歳過ぎて、つまり当時のおじさんであった僕たちの歳になって、その創作の秘密というものが分かってね。

宇多丸 そういう話だったかという気持ちが分かる。

大林 彼女なりに、そうかこれはそういうひとつの、私に構わず身勝手に私を愛してくれたおじさんたちの、しかも本気のアートのやり方だったんだなってことを理解して、ようやく今度は

★34 **『はるか、ノスタルジィ』**

1993年・日／監督：大林宣彦／出演：勝野洋、石田ひかり、松田洋治、尾美としのり。『転校生』『さびしんぼう』の原作者である山中恒（やまなかひさし）の郷里・小樽を舞台に製作された。

★35 **シラノ・ド・ベルジュラック**

フランスの剣豪・作家・哲学者。1619〜1655年。1897年に上演された戯曲『シラノ・ド・ベルジュラック』でその名を知られることになった。戯曲の中では、容姿に悩みながらも1人の女性を慕い続けて生涯を終える彼の姿が描かれた。

自身でギター1本で『時をかける少女』を見事に歌っているという、こういう大人になってね。知世が今歌っている『時をかける少女』は、アンサーソングです。恋に犯された女の凄みがありますな。

宇多丸 解放されている。でも、そこまで時間がかかったというのはやっぱり、それだけこだわりが強かったのかなっていう風に窺えますもんね。

大林 あれはそういう映画なんですよ。だから当時の何にも知らない、いたいけな14~15歳の男の子たちまでが、ブルブルッときちゃった。

宇多丸 いや~、だからね、そうなんですよね。不思議なね。

大林 これが魔術、芸術の魔術なんですよ。**子供たちは大人の不思議を嗅ぎ取っている。**

宇多丸 ちなみに最後のカーテンコールは、場面場面で最後にカーテンコールに落とし込むぞと考えて、撮っていないとできないですよね。最後にあそこに着地させるのは計算があったということ?

大林 そりゃ、最初からね。

宇多丸 あれがないと救いがないってことですか?

大林 **つまり、花も実もある絵空事にしようと。**根も葉もある嘘八百でもよい。重たいつらい嘘が強い映画だから、最後にカーテンコールでふっと自然に根や葉のほうに解放してやろうと。**あそこだけがポキポキしない15歳の少女なんですよ。**

宇多丸 ポキポキしていない生身の少女の姿で終わるというのもあるし、同時に深町くんと芳山くんが最初に出会う瞬間のちょっと違うバージョンというか、星空の下で2人にっこり笑う画面が、最後に原田知世が観客側に向かって微笑むアップの手前に来るじゃないですか。要は僕

★36『時をかける少女』

1983年にリリースされた原田知世の3枚目のシングル。映画『時をかける少女』の主題歌であり、大ヒットを記録した。作詞・作曲:松任谷由実、編曲:松任谷正隆。なおこの曲は2007年にリリースされた原田のデビュー25周年記念アルバム『music & me』にて、ボサノヴァアレンジでセルフカバーがされた。

には、もう1回転して、こういうまた別のお話もあり得たのかもしれない、この2人は別の物語世界では幸せに暮らしているのかもって思える、あそこがすごく救いになって、この病んだ話の救済になっているように感じられて。いやあ、そこまで含めて見事だなあと思って。

大林　そうですよ、映画は観客が創る。その想像力でね。しかも深町くんがね、箱の上に乗って立っていますからね、もっと身長を高くするために。想像力を喚起《かんき》するための仕掛けですよ。

宇多丸　最初に、お腹あたりにぶつかりますもんね。

大林　キープ・ユア・チンナップ！　ハリウッド用語でね、女は常にあごを上げ、男を見上げている。憧れの、夢なんですね。そこからすでに、虚実の中で観客は迷子になっている。

宇多丸　確かにジャイアント馬場じゃないんだから、そんなにデカイわけないですよね、僕、今言われるまで気にしたことなかったです。

大林　極めて微妙に不自然さを仕組んであるんですよ。

宇多丸　何百回観てるかなんですけど、今言われて気づいたみたいなこともあるという。

大林　迷子になってさまよって、**やがて出口の光の中で自分を見つける**。それが映画の仕掛けです。あれが不自然でなかったらね、普通のアイドルを好きなようにしかならないんですよ。そうすると飽きちゃうんですよ。風化しちゃう。ところがあの映画で少年たちが知世ちゃんに惚れ込んだのは、やっぱりそういう身近なアイドルじゃなくて、**どこかで神秘的なこの世のものではない不自然さがあるから**。その神秘に惚れて、惚れた自分を発見して、それがあの当時の日本映画の興行収入という意味でも大変な記録を作っちゃったという、これも技なんですよ。

宇多丸　例えば尾道三部作の中でも、『時をかける少女』だけちょっと人工的な空間として描かれていますよね。例えば街並みが見えるところも、マットペインティングでわざわざ見えないようにしていたりとか。

大林　そうです。すべてが不自然に。

宇多丸　やっぱり抽象度を高めようという意図ですか？

大林　おじさんから少女への恋文ですからねえ。不自然という言い方をするのは逆に、純度を高めるということなんですよ。つまり文学でいえば、純文学にしちゃおうということですね。

宇多丸　不純物がないんですもんね。

大林　そうそう。

宇多丸　止まった消防車は出てきますけど、動く車は出てこないし、『転校生』〈★37〉でも『さびしんぼう』〈★38〉でも登場する普通の商店街みたいな場所も出てこないし。必要最小限の人間しかいない空間。

大林　そしてそれでいてね、時をかける特撮ね。あれは実は2人だけのロケーションなんですよ。僕とスチールカメラマンの2人だけでね。「天下の角川映画で、2人だけでロケだね。クランクインだね」って笑ったんですよ。1コマずつカチャッ、カチャッとスチールカメラで撮っていって。

宇多丸　それこそ8ミリ時代からの実験的な手法をそのまま。

大林　『この空の花』でも大合成をパソコン1台でやっちゃおうという風にね。そこにパーソナルな手のぬくもりを入れるから、愛おしくなるんですよ。直筆の恋文だ（笑）。

宇多丸　今回の『この空の花』でデジタルを導入されて、本能のままにとおっしゃっていましたけど。

★37 『転校生』

1982年・日／監督：大林宣彦／出演：尾美としのり、小林聡美。山中恒のジュブナイル小説『おれがあいつであいつがおれで』の映画化。広島県尾道市を舞台とする尾道三部作の第一作。

★38 『さびしんぼう』

1985年・日／監督：大林宣彦／出演：富田靖子、尾美としのり、藤田弓子。少年と、少女時代のその母親「さびしんぼう」との交流を描いたノスタルジックファンタジー。尾道三部作の第三作。

むしろデジタルならではのフットワークの良さというか、わりとすぐに考えたことが形にできる、それが本能のままにつくれる作りであったり、あるいは密度とか作品のスピード感にも繋がってるのかなとも思ったんですけど。

大林 映画ってね、汗かかなきゃいかんのですよ。手のぬくもりがないと。映画って科学技術と共に発達した芸術ですから、放っておくとどんどん科学技術寄りになるんです。ということは冷たくなるんです。ＣＧ映画は、完璧な科学技術に近づくからどこか冷たいでしょう。ところがパソコン１台でやるとね、あるいは『時をかける少女』でいうと、スチールカメラ１つでカチャッカチャッてやるとか、フィルムが無くなった時には、当時の簡単に映せるボール紙のあのカメラね。あれで映画を作ったというのも、世界で初めてじゃない？　あれでパチャパチャと撮ったりね。

宇多丸 本当にスチールの状態で。

大林 そうそう。そういうことで作ったから、愛おしい手のぬくもりが出ると。

宇多丸 そうですよね。何か『この空の花』の合成とかは、高度であるかどうかじゃない気もするんですよね。ある意味、お金がかかってるかかかってないかでは、かかってないのは明らかかなんだけど、スペクタクルですもんね。

大林 作り手が人間で観る人が人間のアナログ同士なんだから、間にデジタルが介在するだけであって、手段のデジタルが優先しちゃいけないんですよ。

宇多丸 むしろデジタルは、例えば当時の8ミリ少年みたいな人は今たぶんパソコン少年になって、パソコンで自由自在にいろんなことをやっていると思うんです。それに通じる、決してテクノロジーそのものが悪というよりは、別に道具なんだから……。

大林　道具だから上手に使えばいい。それで醸し出す味わいは超アナログ感で。

宇多丸　というのも、今回の『この空の花』にすごい希望を感じたところなんですよね。映画という一種終わったメディア、終わったテクノロジー、終わった文化なのか？　と思いきや、いやいや別にデジタルならデジタルのスピード感や密度とか、さっきおっしゃられた字幕を入れる等いろんな手法があるんだなっていうのが、むしろ希望に感じられたというか。

大林　若い人への年寄りからのプレゼントとしては、こんなに表現って自由なんだよと、**もっともっと君が君であるために自由におなり**ってことと、**映画はすでに果たしたことよりも、まだまだ実現してないことが無限にあるのだと、自由に想像力を働かしてほしい。**フィルムでできることは決してデジタルではできないけれど、その逆にデジタルでできることは決してフィルムではできない新しいことだと考えれば、未来は面白くなるし、フィルムも故に決してなくしてはならない別のものだと分かる。その1つのヒントになってくれれば、背中を押す一助になってくれればこの映画も、ジジイがガツンとやったと言われる良さもあるかなと。

宇多丸　ガツンとやりましたね。

大林　ジジイと言いたければ、僕はベテランの少年であって（笑）。

宇多丸　ベテランの新人監督とおっしゃっていますけれど。

大林　実は僕がいちばん若いのだと。ついこの間までは新藤兼人〈★39〉さんがいちばん若かった。『一枚のハガキ』〈★40〉ほど若々しい映画はないです。その次に『この空の花』が若いだろうなと思っていますよ。

宇多丸　ある種の作家は、年を取れば取るほどやんちゃになってくという傾向は確かにありますよね。

★39　**新藤兼人**
日本の映画監督、脚本家。1912〜2012年。日本のインディペンデント映画の先駆者であり、代表作に『裸の島』『原爆の子』『生きたい』などがある。

黒澤さんなんかもそうですけど。

大林 子供に戻っていくんです。その技が積み重なってくるんです。ジジイになって、ようやくね。

宇多丸 好き放題やっているな、みたいな。

大林 そう。それが芸術だもん。

宇多丸 勝手だなーっていう。アハハ！

大林 ただそこで正気が保てるかどうかが、ベテランの少年であるかどうかのね。

宇多丸 先ほどから伺ってると、逆にめちゃくちゃだとこっちが思ってたところほど、**実は老獪な技にはまっていたのだ**っていう。

大林 そうですね。人間としてはもう芸術家は、つまり何ていうか突拍子もない常識家であってね。つまりチャーミングな常識家であると。この〝チャーミング〟なというところが大事ですね。

宇多丸 大林さんの手法は、今のタランティーノ〈★41〉以降の露骨なサンプリング映画ではないから、あまりそういう評価の仕方をされる機会は少ない気がしますけど、限りなくこんなに映画的なアーカイブがある人なんだということは、意外と知られてない気もするんですよね。露骨に出ていないからというか。

大林 **気品は抑止力から生まれる**（笑）。発明された時からの映画を僕は勉強してますからね。つまりみなさん、品性をどう保つかを追求されていた。

宇多丸 僕は実はほかのヒッチコック作品でも、「ここはあれのオマージュですよね」というレベルの軽い談議もすごくしたかったんですけど。

大林 早いね、時をかけて、あっという間だ。もう次の夜が始まる（笑）！

★40 **『一枚のハガキ』**
2011年・日／監督：新藤兼人／出演：豊川悦司、大竹しのぶ。日本最高齢監督（撮影当時98歳）の新藤兼人が自身の戦争体験をもとに撮影した遺作。

★41 **タランティーノ**
映画監督、クエンティン・タランティーノのこと。1963年生まれ。デビュー作『レザボア・ドッグス』がカンヌ国際映画祭に出品され注目を浴びる。2作目となる『パルプ・フィクション』ではカンヌ国際映画祭最優秀作品賞、米アカデミー賞脚本賞を受賞。日本映画やサブカルチャーにも造詣が深いことで知られる。

宇多丸 時空のゆがみがね。ちょっとタイムリープしてしまった。

大林 本当にね。あっという間に。なんか下品な話で終わってない!?

宇多丸 『時をかける少女』の尾美《おみ》としのり[★42]さんの、吾朗ちゃんのとこの話とかもすごくしたかったんですけど。

大林 せつないですよね、尾美くんは。**あれは僕だから。**

宇多丸 あれはヒッチコックの『めまい』における、女の人ですけどミッジ[★43]役だっていう。

大林 **深い深い、そのとおり!** バーバラ・ベル・ゲデス!

宇多丸 ですよね!

大林 そうですそうです。悲しき恋の脇役です! もう、映画作ってるしかない(笑)。

宇多丸 ですよね……って僕もう勝手にリスナー置いてきぼり。みなさん『時をかける少女』と『めまい』を2本立てでぜひ観ていただくと分かりやすいんじゃないかと。

大林 それは良い、非常に教養のある2本立てですね(笑)。

宇多丸 僕はいずれ気の利いた2本立て、3本立てばっかりやる映画館を作りたいなっていうのが夢ですけどね。

大林 昔は映画館も教養があったと。でも今もあるね、『この空の花』をちゃんとやってくれている映画館が。

宇多丸 はい、というわけで大林監督、今夜は本当にありがとうございました!

大林 ありがとうございました。至りませんで。また呼んでください。では、最後にもう1回。**「この雨!」**

宇多丸 **「痛いな!!」**

★42 **尾美としのり**
日本の俳優。1982年公開の大林宣彦監督作品『転校生』で、17歳にして主役に抜擢される。以後も1990年代前半までの大林作品に出演の常連となる。『時をかける少女』では堀川吾朗を演じている。

★43 **ミッジ**
アルフレッド・ヒッチコック監督の映画『めまい』の登場人物。主人公元刑事のジョン・ファーガソンの女友達で、かつての婚約者の役。バーバラ・ベル・ゲデスが演じている。

ON AIR を振り返る

宇多丸

大林監督とは、この場で初めてお会いしました。三池崇史さん（2011年10月8日）、井筒和幸さん（2011年2月26日～）、ヤン・イクチュンさん（2011年2月12日）、坂本浩一さん（2013年9月14日）、想田和弘さん（2009年6月27日～）など、たまに初対面の映画監督に登場していただくことがあるんですが、毎回とっても緊張します。わけても大林さんは、それこそ映画を好きになりたての十代そこそこの頃からずーっと作品を観続けてきた方なので、お会いできて本当に感激でした。

特に『時をかける少女』に関しては、僕が30年間分溜めに溜め込んだ思いと〝持論〟がありましたからね！前に「ザ・シネマハスラー出張拡大版」（2010年3月20日）という特集のなかで2010年の実写版『時をかける少女』の評論をやったことがあるんですが、その時にもちょっとその話はしたんですよ。大林版の『時をかける少女』は名作だけど、実は恐ろしい話なんだと。で、そこで披露した〝（ヒロインが恋心を寄せる高校生）深町一夫＝昏倒レイプ犯説〟という暴論を、怒られる覚悟で思いきってご本人にぶつけてみたら、まさかの即答で「そのとおり！」と！続けて、ヒッチコックの『めまい』（1958年）と重ね合わせた話にもガンガン乗ってきていただいて……本当に、30年来の『時かけ』ファン冥利に尽きる瞬間でした。

あと、これは実際の放送を聴いていただかないと分からない部分かもしれませんが、監督のあの独特の優しい声と、語り口だけでもう、その空間全体が一気に〝大林ワールド〟になってしまうんですよね。まるで大林映画のなかに自分が入り込んでしまったような感じ。今こうして改めて文章で読み返してみても、あれは本当に現実の出来事だったのだろうか……という気がしてくるくらい、夢見心地の時間でした！

今でも、いろんな人から「目上の人へのインタビューはもっとやってほしい」と言われています。大林監督に関しては、僕の引き出しにそれなりのデータ蓄積があったからうまくできたのかもしれないですけど。怖いけど、やっぱりたまにはやったほうがいいのかな……。

それとこれは余談ですが、「サタデーナイト・ラボ」とはすなわち「土曜日の実験室」ということで、元ネタはもちろん、大林版の『時をかける少女』です。

竹《たけ》中《なか》夏《なつ》海《み》

1984年生まれ。振付師、女優。PASSPO☆やアップアップガールズ（仮）などのアイドルをはじめ、miwaやいきものがかりのPVでも振り付けを担当。著書に『IDOL DANCE!!! 歌って踊るカワイイ女の子がいる限り、世界は楽しい』『アイドル=ヒロイン：歌って踊る戦う女の子がいる限り、世界は美しい』（共にポット出版）がある。

サタデーナイト・ラボ

2013.2.9 ON AIR

アイドルとしての大江戸線の駅特集

竹中夏海《ゲスト》

アイドル振付師として活躍する竹中夏海先生にとっては都営地下鉄大江戸線の駅もまた、アイドルだった！ そこで38ある大江戸線の駅（OED38）の中から、ずば抜けてアイドル的魅力に溢れている7駅を選出し、神セブン、すなわち駅セブンを独自に選出！ なぜ大江戸線がこれほどまでに〝アイドル〟なのか？ これらの駅のどこが魅力的なのか？ 実在のアイドルに例えながら、分かりやすく語ります。

宇多丸　TBSラジオ『ライムスター宇多丸のウィークエンド・シャッフル』。今夜お送りする企画はこちらです！　**「アイドルとしての大江戸線〈★1〉の駅特集」by竹中夏海！**

竹中夏海（以下、竹中）　ハハハハハ！

宇多丸　単語の間に「**え？**」っていうのが1個1個入る、本来は繋がるはずのない要素が並んでいますけれども。先月19日の「アイドルダンス特集」〈★2〉にて一躍リスナーの大人気者になりました、**どうかしている**アイドル振りが素晴らしい**超一流アイドル振付師**ことこの方が、わずか3週間のインターバルで再登場です。ということで竹中夏海先生、よろしくお願いします！

竹中　はい、おじゃまします。竹中でーす。

宇多丸　今日はもう、ある意味アイドルの日ですよ。

竹中　ですね。

宇多丸　アイドリング!!!〈★3〉のお二方も来てくれましたし、AKB48〈★4〉の曲も流しましたし。そしてこのアイドル特集ですよね。出ましたー！　っていう。竹中先生は前回の「アイドルダンス特集」が初登場だったんですけど、すごい大評判で。

竹中　ありがとうございます。

宇多丸　反響ありました？　どうですか？

竹中　はい、聴きましたということで。**でも〝タレご飯〟**〈★5〉**の反響のほうが若干多めかな。**

宇多丸　タレのほうが勝ってる？

竹中　はい。

宇多丸　そうですか。タレご飯とか都営地下鉄大江戸線の駅特集もやりましょうってその時に予告し

★1　**大江戸線**
都営地下鉄大江戸線のこと。東京都交通局が運営する鉄道路線。車体や路線図のラインカラーは「マゼンタ」。1991年に光が丘駅〜練馬駅間が開業し、2000年12月に全線が開通。現在の路線形態となった。

★2　**「アイドルダンス特集」**
2013年1月19日に放送された「アイドル振付師・竹中夏海さんに聞く、奥深き肉体言語〝アイドル・ダンス〟の世界！特集」のこと。本業の振付師という立場で、奥深いアイドルの振付についてたっぷりと語るも、放送時に話題となった「大江戸線の駅萌え」が3週間後にまさかのこの特集へと発展した。

★3　**アイドリング!!!**
フジテレビCS放送チャンネルの番組『アイドリング!!!』から誕生したアイドルグループ。2013年結成。グループ名には〝現在進行形で成長するアイドル〟の意味が込められている。

ましたけど、ちょっとね、早めにやっちゃおうかなって。

竹中 ありがとうございます。

宇多丸 ここから初めて聴かれた方に改めてご説明しますと、竹中先生は、振付師としてさまざまなアイドルの振り付けなどをされています。そして『IDOL DANCE!!! 歌って踊るカワイイ女の子がいる限り、世界は楽しい』[★6]という素敵なご本も上梓《じょうし》されまして、先日の特集は本職で出ていただいたんですよね。素晴らしい、本当に分かりやすいお話で。

竹中 ありがとうございます。

宇多丸 なんですけど、どうもほかのアイドルにも詳しいらしいよね？　ということで、それが何かというと、**大江戸線の駅**っていうね。

竹中 アハハハハ！　大江戸線の駅は私がアイドルにハマる前からすごく好きだったんです。

宇多丸 なるほどなるほど。

竹中 2005年くらいにはもうすでに好きだったんじゃないかな？

宇多丸 今にして思えば、それはアイドル的な魅力であったと。

竹中 いや、先週の予告で「アイドルとしての大江戸線の駅特集」っていうのを聴いて「なんだソレ？」と思いました。アハハ！　今日も「オンエアにあたって、アイドルとしての大江戸線の駅特集で何かありましたらお願いします」という感じで。

宇多丸 無茶振りだったんですね。

竹中 はい、でも**まとめてみたら全然できた**っていう。すぐできた!!　アハハ！

宇多丸 だって以前放送が終わったあとに1時間近く話した時、すでにそういうノリでしたよ。完全

ちなみにこの特集の日のDJコーナー「ディスコ954」では、14号の酒井瞳と20号の大川藍が、シングル『さくらサンキュー』の告知でスタジオにやって来た。

★4 **AKB48**
"会いにいけるアイドル"をテーマに秋元康がプロデュースするアイドルグループ。東京・秋葉原に専用劇場を持ち、毎日公演を行う。なおこの特集の日の「ザ・シネマハスラー」で扱った映画は『DOCUMENTARY of AKB48 NO FLOWER WITHOUT RAIN 少女たちは涙の後に何を見る?』。評論しただけでなく、曲もかけられた。

★5 **"タレご飯"**
大江戸線特集同様、アイドルダンス特集内で言及された特集企画。「三度の飯より米を食え！　渾身の白メシ特集!!」という内容で、2014年1月11日に無事放送された。

に擬人化してましたからね。

竹中　アハハハハ！　そうでしたね。

宇多丸　駅をあの子たちって……。みなさんいいですか？　**駅ですからね？**　車両とかじゃないですからね？　駅ですからね！　ということで、東京の地下鉄・大江戸線の各駅が、ほかの地下鉄の駅と比べて突出してるって意味ですよね？

竹中　**ずば抜けてます。**

宇多丸　ずば抜けてアイドル的魅力に溢れている、ということを実際のアイドルに例えて語っていただきつつ、**大江戸線の全38駅の中から駅の中の〝神7《かみセブン》〟**〈★7〉**すなわち〝駅7《えきセブン》〟**、これを発表していただくというスリリングな特集でございます。竹中先生、先ほど２００５年頃とおっしゃいましたけど、きっかけみたいなものはあるんですか？

竹中　いや、きっかけはちゃんと覚えてなくて、何で２００５年かっていうと、２００６年くらいに当時付き合い始めた彼氏が大江戸線沿いに住んでいて、その時にはもうすでに「この人マジか！　**大江戸線沿線に住んでんのか！**」って思ったんですよ。

宇多丸　この人のイケてる要素が、それが大江戸線沿線に住んでいることだと。

竹中　って思ったのが２００６年の春の時点なので、さかのぼればたぶん２００５年より前には好きだったはずなので。

宇多丸　自分史と重ね合わせるとそういう計算になると。じゃあ最初は思い出せないくらい？

竹中　思い出せないんですよね。**気づいたら恋が始まっていた。**

宇多丸　はいはいはい。竹中先生のいきなり赤裸々な個人史も混ざったわけですけど。

竹中　アハハハハ！　はい。

★6　『IDOL DANCE!!!　歌って踊るカワイイ女の子がいる限り、世界は楽しい』

竹中夏海・著の書籍。ダンスの切り口からアイドルを解説した本。ポッド出版より発売。

★7　神7
AKB48のファン用語。AKB48選抜総選挙で、上位7位入賞を果たしたメンバーは〝神7〟と呼ばれる。

宇多丸　まずは都営地下鉄大江戸線の説明をさせていただこうと思います。新宿駅から東京都練馬区の光《ひかり》が丘《おか》駅へと抜ける放射部と、新宿駅から都庁前駅へと戻ってくる環状部からなる「6の字」型線路〈★8〉を持つ。完全な環状線じゃないので、ちょっと変わってますよね。

竹中　円《まる》ではないんですよね。

宇多丸　だから方向を間違えると、すぐ隣の駅に行くのに大変な時間がかかってしまうという。

竹中　そうなんです。

宇多丸　駅数、つまり**メンバー数は38駅**。日本の地下鉄線では最も駅数が多い。主な駅は新宿駅、飯田橋駅、本郷三丁目駅。僕、地元が本郷三丁目なんです。

竹中　そうなんですか！

宇多丸　上野御徒町《おかちまち》駅、両国駅、築地市場《つきじしじょう》駅、汐留《しおどめ》駅、六本木駅、青山一丁目駅などということでございます。生まれは1991年。都営12号線として一部区間で開業し、その後2000年に大江戸線と改名し、同年12月に全線開通。今年で13歳ということです。

竹中　あー、いい歳ですね。

宇多丸　これちなみに大江戸線って名称がつく前に「**ゆめもぐら**」なんて愛称がつきかけてて……。

竹中　アハハ！　らしいですね。

宇多丸　それを当時、東京都知事の石原慎太郎〈★9〉が一声でやめさせたと。慎太郎のキャリアの中でも、僕の中では数少ない圧倒的に支持できる政策、というね。

竹中　そうですよね。「海ほたる」〈★10〉にかけたんですよね？

宇多丸　「ゆりかもめ」〈★11〉ですね。

★8 **「6の字」型線路**
円形に1周する環状運転とは異なり、一部区間で折り返して運行する路線のこと。路線図が数字の「6」を描くため、こう呼ばれる。

★9 **石原慎太郎**
政治家、作家。1999年、東京都知事に就任。以降、2012年に辞任するまで3期にわたり活動した。

★10 **海ほたるパーキングエリア**
1997年に開通した東京湾アクアラインのパーキングエリア。名称は一般公募され、〝海上に浮かぶ光〟を表す「海ほたる」が選出された。

★11 **ゆりかもめ**
新橋駅から豊洲駅までを結ぶ新交通システム。正式名称は東京臨海新交通臨海線。運営会社の社名（株式会社ゆりかもめ）から「ゆりかもめ」と呼ばれる。

竹中　あ、そっか。

宇多丸　ゆりかもめにかけてね。ゆりかもめは実在するじゃないですか、でも**ゆめもぐらって何だ？**っていうことで大江戸線になったという。一部を除く26駅については、公募により建設会社とは別の設計事務所が内装をデザインしている。

竹中　そう、**だから駅によって全部デザイナーが違うんです。**

宇多丸　それぞれ違う。**実はこれ、今日のテーマに密接に関わっているんですよね。**

竹中　そうです。

宇多丸　大江戸線も含む都営地下鉄全駅の中で、最も深い場所にある六本木駅の地下42・3メートルをはじめ、新宿駅、中井駅、東中野駅、中野坂上駅など、東京の地下鉄の中でもベスト10に入る深くディープな世界にあるという。これは要するに用地の買収や物理的なスペース確保のため、新しい駅は地下深くに造らざるを得ないという、そういう事情でございます。とにかく、駅なんですよね？　つまり建築デザイン的な部分ということですかね。

竹中　そうです、だから、**美術館として見ています。**

宇多丸　あ、〝館《かん》もの〟みたいなね。

竹中　はいそうです。〝館もの〟も好きなんですけど。

宇多丸　これなら僕ちょっととっかかりがある。僕、〝館〟が大好きなんで。

竹中　この前ちょっとお話しさせていただいて。

宇多丸　そうなんですよね。では〝館〟として見るということでね。いわゆる〝鉄《テツ》〟〈★12〉的なこととはちょっと違う……。**ちょっと違う変態ってことですよね？**

竹中　ちょっと違う種類の変態ですね、はい。

★12　〝鉄〟
鉄道マニアのこと。

宇多丸　ということで、大江戸線について事実関係を申し上げましたけど、竹中先生としては大江戸線38駅全部にそれぞれ、いろいろあるんですよね？

竹中　はい、そうですね。基本的には**みんないい！**　みんないい子なんですけど、今回の求めているゾーンはユニットですから、だから7つに選ばれなかったとしても、入ってなくても**落ち込まないでほしいです。**フォーメーションや組み合わせやすい数だったりとか、ユニットのバランスをすごく考えての選考なので。

宇多丸　そうですよね。例えば僕は地元が本郷〈★13〉だって言いましたけど、これだって順位は「下だ」なんて言われたら、ちょっとね……。

竹中　下とかじゃないです。条件に当てはまるかどうかです。

宇多丸　分かりました。では今回の求めているユニット〝駅7〟を通じて、大江戸線の駅のアイドルとしての魅力を語っていただこうかなと思っております。

大江戸線の駅の神7、すなわち〝ユニット駅7〟の発表！

宇多丸　それでは、それぞれキャラクターごとにご紹介いただく感じで、よろしいでしょうか。ではさっそく〝駅7〟1人目、発表しましょう！

竹中　はい。ではまず最初は〝**みんなの妹**〟というポジションで。

宇多丸　みんなの妹キャラ！　いきなりハードル高いところが来たなって感じがありますけど。

竹中　そんな伝わりやすい、分かりやすい、可愛らしい、絶対必要な〝みんなの妹〟は……〝赤羽《あかばね》

★13　**本郷**
宇多丸の出身地である東京都文京区にある地名。なお、大江戸線の駅としては「本郷三丁目駅」がある。

橋《ばし》駅〟〈★14〉!!

宇多丸　赤羽橋駅！　そうですか！　立地はちょっとイケてる場所というよりかは……ね。

竹中　そうですね、場所は関係ないです。

宇多丸　場所は関係ない！　でもそれぞれの内装っていうのは土地柄にちなんではいるんでしょ？

竹中　ちなんではいるんですけど、赤羽橋の駅のデザインテーマは〝**ガラス**〟です。

宇多丸　ほう。

竹中　大江戸線の良いところは、地下鉄なので真っ暗なところから、トンネル抜けて駅に着いた時にバンッって、毎回降りるたびに何が来る？　っていうドキドキ感があるところなんです。

宇多丸　テーマが毎回全然違う、入って来た途端に全然違うゾーンに入って行くという。

竹中　そうです。なので、赤羽橋の場合は何が来る？　って思ったら一面ガラスなんですね。モザイクというか。

宇多丸　はいはい……（写真を見ながら）……四角いブロックというか、タイル状になったガラスが隙間なく埋められている。

竹中　ベンチも全駅全部が違う種類ではないんですが、6〜7種類はあって、駅のデザインに合ったベンチが使われているんですけど、赤羽橋はベンチもガラスです。

宇多丸　そうですか。これはどこのエリア？　廊下みたいですが？

竹中　これは「ゆとりの空間」〈★15〉です。

宇多丸　「ゆとりの空間」もガラスで出来ているんですね。これは月とか星なのかな？

竹中　光なんです。「ゆとりの空間」といって、大江戸線は必ず改札の手前のところに、壁画だったり、その駅の要素がギュッ！と詰まったスペースがあるんですよ。

★14 **赤羽橋駅**

東京都港区東麻布にある大江戸線の駅。〝駅7〟みんなの妹担当は赤羽橋駅。ガラスのキラキラ、ウルウル感！

★15 **「ゆとりの空間」**

都営大江戸線は各駅に「ゆとりの空間」というパブリックアートスペースがある。この場所に設置された作品の約半数は、コンペにより選出されたものばかり。また半数は寄贈方式による協賛作品だが、こちらも審査を経て決定されている。これらのスペースは駅の個性や魅力を高めている存在となっている。

宇多丸　テーマ空間というか、うちはこういうコンセプトだよ！　っていうのが。

竹中　そうです。というのが、そこを見るといちばん分かるんですけど。

宇多丸　赤羽橋の場合は、何かちょっと……。

竹中　そう、ガラスの中にプラス光の何か。

宇多丸　これは裏から光ってますか？

竹中　はい、何かいろいろ変わるんですよね。

宇多丸　変化していく。カタツムリみたいなものがいたりとか。

竹中　そう、そうなんですよ！

宇多丸　こんなの知らなかったなー。へえ～。

竹中　で、赤羽橋は何で〝みんなの妹〟かっていうと、ウルウルしてるんですよ。**そのウルウル感、透明感が尋常じゃない。**

宇多丸　アハハ！　**まぁ、ガラスですからね。**　しかもこれ、周りに貼ってあるガラスも透明なんですね。

竹中　全部そうなんです。なので、**守ってあげたい**みたいな。

宇多丸　でもこれ、確かにちょっと危うい感じがしますね。

竹中　そうそう、危うさ!!　ほっとけないんですよ！

宇多丸　大丈夫？　こんなの壁にして大丈夫？　みたいな。

竹中　ウルウルしていて、いっつも危うげで。

宇多丸　**横を荒々しい電車がビュンビュン通っちゃって大丈夫？**　というね。

竹中　そう。これはもう**みんなで守らないと**っていう風になる、そういう意味での妹ポジション。でも妹ポジションは必ずしも最年少じゃなくてもいいんです。ももいろクローバーZ〈★16〉のみんなの妹・玉井詩織《たまいしおり》ちゃん、しおりんも最年少ではなかったりとかしますよね。

宇多丸　赤羽橋の駅を人間のアイドルに例えるならば？

竹中　はい、うちのPASSPO《ぱすぽ》☆〈★17〉の奥仲《おくなか》麻琴ちゃん、まこっちゃんだったりとか、あと元アイドリング!!!のすぅちゃんこと森田涼花《すずか》ちゃんだったりとか。必ずしも最年少とは限らないんです。本当の最年少の子って、結構しっかりしてる子が多かったりとかして。

宇多丸　なるほど、確かにね。いろんなグループでも思い当たりますよね。

竹中　で、その中でどっちかっていうと半分よりは下ぐらいなんだと思うんですけど、危うげで、本当の最年少よりも「ちょっと、しっかりしなよー」って言われる。

宇多丸　これ、ガラスであるが故ですね。赤羽橋は建築構造としては間違いなくしっかりしてるとは思うんですけど、あくまでもイメージとしてね。

竹中　そう。キラキラウルウル。

宇多丸　最年少じゃないっていうのは、出来た順番とかそういうことですか？

竹中　いや、別に**私の勝手なイメージです**。

宇多丸　イメージですか。赤羽橋はちょっとね、街そのものもイメージとしてはそんなに青い感じはしないですよね。しっかりした街って感じですもんね。

竹中　そう。だからあくまで駅デザインとしてですね。ガラスだから反射とかで、ウルウルキラキラ。

宇多丸　これ昼と夜で違うのかな？　これは向こう側が見えるんですかね？

★16 **ももいろクローバーZ**
2008年に「ももいろクローバー」を結成。2011年、サブリーダーの早見あかりが脱退し、「ももいろクローバーZ」として活動をスタートさせる。路上ライブからスタートし、翌年念願の『第63回NHK紅白歌合戦』初出場。2014年には女性グループ単独としては史上初の国立競技場ライブを開催。メンバーは百田夏菜子、玉井詩織、佐々木彩夏、有安杏果、高城れに。

★17 **PASSPO☆**
空と旅をテーマにしたガールズロックユニット。2009年結成。メンバーを〝グルー〟、ライブを〝フライト〟と呼びキャビンアテンダントを思わせる衣装が特徴。メンバーは根岸愛、藤本有紀美、岩村捺未、増井みお、森詩織、槙田紗子、安斉奈緒美、玉井杏奈2015年、奥仲麻琴は卒業。ちなみに竹中夏海はPASSPO☆の振付を担当している。

竹中 いや見えないです。たぶんいろんな蛍光灯とかの光で反射してるんだと思うんですけど。

宇多丸 でもちょっとこれ、駅の造りとしては見たことない感じですもんね。

竹中 いや、びっくりしますね。こういうタイプは、頼りないとかみんなに思わせといて、**意外とソロ活動を最初に始めるメンバーですね。**

宇多丸 **駅のソロ活動ってどういうことなんだ、**という感じはありますけれども。

竹中 まぁアイドルのみんなの妹ポジションの子って、「危うげ」だとか「守ってあげなきゃ」って思ってたら、案外たくましく、最初に切り込み役としてソロでグラビアを始めたりだとか。

宇多丸 きっとそうなるんだろうなっていうのを、赤羽橋駅の〝館〟として**全身で浴びながら感じる。**

竹中 だからある意味そのとっかかりというか、説明しやすいんですよね。

宇多丸 最初に「大江戸線の駅はどんなのがあるの？」って訊かれた時にね。確かに変わってますもんね。

竹中 そう、説明しやすいしキャッチーだから。「ガラスで出来てんの？」ってなるから、結果**ソロの仕事が舞い込んでくる。**

宇多丸 ま、そのくだりは分かりづらい気もしなくもないけど、なんか分からないでもないぞ、という感じですかね。ちなみに赤羽橋のガラスは何かにちなんだというか、例えばガラスの有名なところがあるんですかね？

竹中 **その辺はちょっと分からないです。**

宇多丸 はい。では由来は置いておいて。ということで、駅7最初のメンバーは〝赤羽橋駅〟でございます！

竹中　**おめでとうございます！**

宇多丸　みんなの妹キャラ、おめでとうございます。メンバー入りしました。さぁ続いて2人目のメンバーは……。

竹中　ポジション的に言うと〝おっとり優等生〟です。〝おっとり優等生〟は……〝春日駅《かすが》〟〈★18〉**です!!**

宇多丸　春日！　これは僕も実家が近い辺りですよ。どんな感じなんですか？

竹中　大江戸線の駅は全部にテーマカラーがあって色が全然違うんですけど、春日の場合は紅白なんです。赤と白。

宇多丸　へぇ！　おめでたい感じで派手ですね。

竹中　そう、だからなんかちゃんとしてるんですよね～。

宇多丸　「ちゃんとしてる」……ほかがちゃんとしてないのか？って話ですけど。

竹中　いろいろな駅が個性を全面に出す中で、春日は赤と白でキチッとまとめてきてる感じが、**ちゃんとしてんな～って。**

宇多丸　廊下の床と壁が真っ白で天井が真っ赤みたいな。これ結構インパクトありますね。

竹中　インパクトはありますよね。色がいろいろ交ざってるというよりは、天井が赤、壁が白、みたいな。

宇多丸　シンプルなんですね。

竹中　そうなんです。

宇多丸　その、ちゃんとしてる感が優等生感に繋がるわけですね。

竹中　しかもこの駅は複数の路線が集まっているので、分かりやすさを第一に考えて全体を構成し

★18　春日駅

東京都文京区春日にある大江戸線の駅。〝駅7〟のおっとり優等生、春日駅。赤白ちゃんとしてる感じが優等生！

ているんです。親切。

宇多丸　都営三田《みた》線〈★19〉とかも通ってたりして、で、都営三田線は青ですもんね。それに対して大江戸線は赤だから、「あたし赤よ！」っていうのをパキッと出してあげて。「こっち！　こっちですよ〜！」って。

竹中　そうですそうです。優等生だなー。だからまぁ、リーダー候補ではありますよね。

宇多丸　なるほどなるほど。

竹中　でも紅白でキチンとしながらも、ただキチッとしてるんではなくて、天井が波打ってたりするじゃないですか。

宇多丸　そうですね、写真を見ると、何ていうのかなあ、ウニウニウニウニウニ〜っていう天井になってたり。ちょっとデザインされていて、実はオシャレです。

竹中　そう、緩やかに波打った感じから躍動感に繋がっていって、たぶん**優等生ながらもスポーツ万能**なんですね。

宇多丸　振り付けなんかも相当うまくこなすタイプ。

竹中　そう、そつなく。

宇多丸　なんか色気がありますもんね？　**優等生だけど実は巨乳**とか。隠れ巨乳みたいな。

竹中　そうそうそうそう!!　**体育を見ておきたいタイプ。**

宇多丸　確かに、エスカレーターのところなんかウニ〜って感じがセクシーではあるし。

竹中　そうなんです。女性的だったりとかもして、優等生とスポーティーな感じのギャップみたいなところもいいなと思ってるんですけど。

★19　**都営三田線**
目黒駅〜西高島平駅を結ぶ東京都交通局が運営する鉄道路線。

宇多丸 大江戸線ってね、さっきの色のイメージでいえばですよ、全駅がお江戸な感じで分かりやすく、この紅白のイメージで統一したっていいわけじゃないですか。でもあえて全駅変えてきているっていう。

竹中 しかも大江戸線のすごいところは、これだけデザインが全駅違って凝っていて、でもほかの駅より**ちょっと低予算**で出来ているらしいんです！

宇多丸 そうなんですか！　へえ！

竹中 効率がいい。手がかからない。

宇多丸 じゃあ全部このスタイルで、大江戸線から新しい駅のアイドルとしての**駅新時代**が始まるかと思いきや、そんなこともなかったという。

竹中 結局、独走状態ということで。

宇多丸 じゃあ春日駅、おっとり優等生を実在人間のアイドルに例えるならば？

竹中 ℃-ute《キュート》[★20]の矢島舞美《まいみ》ちゃん！　実際にリーダーですね。舞美ちゃんも優等生で、さらにスポーティー。

宇多丸 美人だしなぁ。そしてもう大人ですから、色気なんかもあったりしてね。

竹中 ちょっと女将《おかみ》っぽいですよね。旅館の美人女将。

宇多丸 確かに、その辺もういけるみたいな。また春日っていう土地柄とも合ってるのかも。

竹中 春日って響きもそうですね。

宇多丸 春日……まぁ今はね「トゥース！」[★21]みたいな感じもなくはないけども。

竹中 春の日ですからね〜。

宇多丸 文京区のお年寄りがいっぱい住んでいるような辺りですから。

★20 **℃-ute**
つんく♂がプロデュースを手がけるハロー！プロジェクト所属のアイドルグループ。2005年結成。結成当初のCDはすべてインディーズよりリリースされ、2007年に待望のメジャーデビューを果たした。メンバーは、矢島舞美、中島早貴、鈴木愛理、岡井千聖、萩原舞。

★21 **「トゥース！」**
お笑いコンビ・オードリーの春日俊彰の決めゼリフのこと。

竹中　そういうところへの親切さもあって。

宇多丸　年配に好かれるようなね。

竹中　そうです！　**彼氏とか旦那さんの家族にも好かれる感じ。**礼儀正しい感じ。**どこに出しても恥ずかしくない。**

宇多丸　でもその感じは確かにって、**私もうっかり話に乗っかってますけどね。大丈夫なのかなぁ。**

竹中　ハマってきてますね〜。

宇多丸　ハマってきてますね。おっとり優等生、春日！　はい、ということでメンバーはあと5枠しか残ってないけど大丈夫かなこれ。

竹中　駅のみなさん、選ばれなくてもガッカリしないでください。あくまで今回は、ということなので。

宇多丸　じゃあドンドンいきますか。**続いて3人目のメンバーは！**

竹中　**〝バラエティー担当〟です。**必ず必要になってきます。

宇多丸　面白い感じのことを言えたりとかね。

竹中　これはですね、ちょっと変化球で2人組で……**〝蔵前《くらまえ》駅〟〈★22〉と〝両国《りょうごく》駅〟〈★23〉です!!**

宇多丸　なるほど、蔵前と両国。まぁいわゆるお相撲さん的なね。どっちも相撲のイメージ〈★24〉があるようなところですよね。

竹中　バラエティー担当は悩んだんですけど、**2人でわちゃわちゃしてるっていうイメージで。**

宇多丸　蔵前と両国は似てたりするんですか？

竹中　ちょっと似てるんです。隣同士なんですよ。

★22　蔵前駅

東京都台東区寿にある大江戸線の駅。〝駅7〟のバラエティー担当2人組の1人、蔵前駅。「ザ・蔵」という分かりやすさがバラエティー担当には必須！

宇多丸　まずこれは両国のホームですか？　すごいですね！　何だろう？　障子？

竹中　障子っぽいんです。両国はもう本当に〝**ザ・和風**〟で。

宇多丸　こんな駅ってある？

竹中　ホントそうなんですよ！

宇多丸　ワー！って入って行ったらいきなり障子みたいのがあるという。

竹中　**鶴の恩返し**みたいなんですよ。

宇多丸　ねえ。何？　ちょっと怖いんだけど！っていうぐらいの。

竹中　いや本当にそうなんですよ。駅の照明も提灯ぽくなってたり、壁や天井の主要部は格子《こうし》のパターンをモチーフに、大小の格子を組み合わせて明るく軽快に構成しているということで、まさにバラエティー担当みたいなところがあるなっていう。

宇多丸　お茶目な感じで。

竹中　そうそう！　お茶目！　まぁ分かりやすさがバラエティー担当には必要かなって。

宇多丸　照明器具も灯籠《とうろう》というのかな、和風の感じになってたりとか。まぁ場所がやっぱりね、江戸東京博物館〈★25〉があったりするところですから……。

竹中　私のマイフェイバリット館！

宇多丸　〝館もの〟の中でもかなりお好みだとおっしゃってましたね。

竹中　**君臨！**　トップに君臨している。

宇多丸　ということは、両国の駅に着いた時から〝館〟としてはアガるし。

竹中　私は改札の手前までしか興味がないので、**改札を越えての大江戸線はそんなに興味がないんですけど……。**

★23 **両国駅**

東京都墨田区横網にある大江戸線の駅。〝駅7〟バラエティー担当のもう1人、両国駅。「ザ・和風」。蔵前駅とは隣同士で、見た目も立地もまさにコンビ！

★24 **相撲のイメージ**

両国駅には大相撲の興行のための施設・両国国技館がある。

★25 **江戸東京博物館**

国技館の隣に位置する、東京の歴史と文化に関連する資料を収蔵・展示する博物館。東京都墨田区横網にある。江戸時代の日本橋や中村座の実物大再現模型などが展示されている。正式名称は東京都江戸東京博物館。

宇多丸　アハハハハ！

竹中　両国は別格！

宇多丸　要は**プライベートは興味ない**というか。

竹中　そう、表に出ているところしか興味ないんで。だけど両国は別格です。

宇多丸　**お姉さんも美人**、みたいなね。

竹中　そうですね！　そうそう!!

宇多丸　お姉さんも結構アイドル級よ、みたいな。

竹中　**時々ブログに登場する。**

宇多丸　アハハ！　そんなイメージがあるんですかね。でもサービス精神がすごい、ちょっと過剰ですよね？　ホームに入って来た時の障子の感じが、そこまでやらなくても……だって駅でしょ？　みたいな。

竹中　がんばりすぎている！

宇多丸　アイドルなんだから、そこまでやらなくていいっていう感じがあるかもしれないですね。そして、相方の蔵前ですが。

竹中　蔵前ももう分かりやすくて、**〝ザ・蔵〟**！　なんですね。

宇多丸　この屋根状の、何ていうんですかね、蔵の形なんですかね？　蔵が並んでいるような形のホームになっているという。

竹中　ホームだけじゃなくて、「ゆとりの空間」の辺りも屋根風になっていたりとかして、まさに蔵！

宇多丸　壁が全部、屋根っぽい三角状になっていたりしますよね。

竹中　ゆとりの空間は、ガラスで出来た蔵の形になってる。モチーフがハッキリしてるので分かりやすい。で、駅のデザインは直接的に蔵のイメージを表現ということで……。

宇多丸　ベタというかね。

竹中　そう、**ベタなんです！**　バラエティー担当はベタぐらいがいいんです。子供からお年寄りまで誰にでもなじみやすく親しみのある駅デザインとなっているということで、バラエティー担当にいちばん大事な部分です。

宇多丸　蔵前はやはり相撲関係で来た年配の方が連れた孫と、「あ、蔵の形だよ～おじいちゃん、キャッキャッ」ということができますもんね。

竹中　なぜ今回バラエティー担当を2人1組にしたかというと、さっきの妹担当だったり、おっとり優等生みたいな子たちがバラエティー出演時に可愛がられたりキレイキレイって声かけられる中で、**MCの人に「おまえらうるせえな～」みたいに言われつつも愛されてる、みたいなイメージ**ですね。

宇多丸　確かにさっきのガラスの赤羽橋はキレイって感じがあるし、春日なんてちょっと文句がつけづらい。でも両国に行ったら俺、駅入った瞬間に**ツッコんでますもん！**「おいおい、障子はねえだろ障子は！」って。で、蔵前入ったら**「おまえベタすぎだろ！」**っていうね。

竹中　安心してみんなからツッコまれて愛される。で、やっぱりコンビ萌えって大事なので。

宇多丸　確かに蔵前の〝家〟感と両国の〝襖《ふすま》〟感みたいなのが、こうやってみると姉妹的なね。なんなら、おまえら一緒にやってけばいいんじゃない？

竹中　そうです、その感じ、2人1組でお互いがより良く見えるみたいなのは、グループアイドルのいいところ。

宇多丸 位置的にも隣ですもんね。

竹中 隣同士ですね、仲良し。

宇多丸 はいはいはい。「も〜、相変わらず仲良く、息合ってんだから〜」みたいな。

竹中 「またあいつら、わちゃわちゃやってるよ〜」って。

宇多丸 蔵前から来ると、すぐ両国が来るから。

竹中 そう、「うるせえなあ〜」。

宇多丸 「参ったなあ〜」みたいなことを。

竹中 「赤羽橋はあんなに可愛いのに、おまえらはさあ、ホントにアイドルかよ〜！」みたいな。

宇多丸 みたいなのを竹中先生がブツブツ言っている様子が、現地で見られる可能性があるということなんですかね。

竹中 アハハハ！　楽しい！

宇多丸 でもなんかちょっと悔しいかな、少しずつのみ込めてきちゃいましたけどね。ちなみにこのコンビのわちゃわちゃしてる感じ、これを人間アイドルに例えるならば？

竹中 はい。元AKB48の〝なちのん〟と呼ばれている、AKB48からSDN48〈★26〉になって、M1〈★27〉にも出ている野呂佳代ちゃんと佐藤夏希ちゃんの2人組です。

宇多丸 ああ、そういう方もいらっしゃいましたね。

竹中 あとは急に女の子から男の子になっちゃうんですけど、関《かん》ジャニ∞《エイト》〈★28〉でいうと〝ヨコヒナ〟と呼ばれる横山裕《ゆう》くんと村上信五《しんご》くん。または、安田章大《しょうた》くん丸山隆平《りゅうへい》くんのコンビかな？

★26 **SDN48**
秋元康がプロデュースするAKB48のお姉さん的グループ。2009年結成。20歳以上のメンバーで構成され、恋愛も公認。2012年、メンバーが全員卒業して活動を終了。

宇多丸　関ジャニは全体がね。でも古くは、例えば〝辻加護《つじかご》ちゃん〟なんかってのはさ、あれはセットでわちゃわちゃしていた感じが。

竹中　そうそう！　あそこはバラエティー＋《プラス》妹も兼任していて、すごかったですね。

宇多丸　なんかそういう感じを思い出しました。でもやっぱり大所帯アイドルには、今やこういうのは欠かせないですもんね。

竹中　そうですね。

宇多丸　やっぱ綺麗どころだけ揃ってると、何かちょっとね。

竹中　やっぱり少し、何かとっかかりが欲しくなるという。

宇多丸　でもちゃんとアミューズメント感がありますよ、これがいちばん分かりやすいな。

竹中　そう、バラエティー担当なんで分かりやすさは絶対に必要ですよね。

宇多丸　ここから江戸東京博物館に行ったらいいんでしょうねぇ。

竹中　いやー、いいですよね。

宇多丸　姉妹を味わうのもいいんでしょうね。

竹中　そうですよね、美人のお姉ちゃん。

宇多丸　といったあたりで、メンバーはバラエティー担当がコンビで埋まっちゃったってことですかね。ということで4人まで決まりましたけど。

竹中　半分以上決まってしまいました。

宇多丸　残りの3つの席！　これはどうなっていくのか？　センターなんかも決まるわけですからね。

★27　**M-1グランプリ**
2001年から2010年まで毎年12月に開催されていた漫才コンテスト。結成10年目までのコンビやグループにエントリー資格があり、アマチュアも予選に参加できた。元SDN48の野呂佳代と佐藤夏希は〝なちのん〟を結成し、2007年、2008年の予選に出場。ともに2回戦で敗退となった。

★28　**関ジャニ∞**
ジャニーズ事務所に所属する男性アイドルグループ。2002年結成。メンバーの横山裕、渋谷すばる、村上信五、丸山隆平、安田章大、錦戸亮、大倉忠義は全員関西出身である。

ついに〝ユニット駅7〟、エースを含む残り3人が決定！

宇多丸　いやー、うっかり僕は相づちを打ちまくっちゃってますけどね、これでいいのかっていうね。

竹中　いいんですよ。

宇多丸　リスナーのみなさんも大江戸線の駅を使ってらっしゃる方も多いでしょうしね。「あ、そうだったんだ」ってね、**「俺が毎日会ってたあの可愛い駅は、アイドルだったんだ！」**ということですよね。

竹中　そうですよ、アイドルだったんです。

宇多丸　あ、メールが来ているみたいですよ。ラジオネーム・54秒フラットさん、34歳の男性です。「大江戸線の特集？　しかもアイドルとして？　と聞いて胸が高鳴りました。実は自分が大江戸線の設営工事に関わったことがあるからです」

竹中　**なんですって!?**

宇多丸　アハハハハハ！　「学生の頃、開通前の大江戸線の線路部分にコンクリを打つ作業を手伝ったことがあります」。駅部分じゃないですね。「まだ開通する前の大江戸線は汚れがついておらず、白いキレイな壁が続いていていました」

竹中　**わわわ、素人時代！**

宇多丸　「参加した時は、こんな深い場所、誰が使うんだよと思いましたが、今は大江戸線を使って出勤しているのだから、世の中どうなるのか分からないものですね」。今、ご自分が使っているんですね。「今の自分にとって大江戸線は、**〝かつて一度だけ会ったことのある姪っ子〟**、みたいな感覚……」

竹中　ああ〜……それが、アイドルになった！

宇多丸　「そんな子がいつの間にか大きくなって、アイドルになってるなんて！」

竹中　なっちゃった!!

宇多丸　「竹中先生あの子をどう語るのかワクワクです。ラジオの前で正座して聴かせていただきます」。

竹中　アハハハハ！

宇多丸　竹中先生、**素人時代って言葉が出ましたね！**

竹中　エヘヘヘヘ！　そうです、まっさらな頃ね。

宇多丸　まっさらな状態。でもまぁ最初はそうなんですもんね。いろんな意匠が入る前の段階ってのがあるわけですから。ですから赤羽橋がまだ裸な状態、鏡を張られてない状態ってのがあったりするわけですもんね。そういうのに思いを馳せるのもまたいいですね。いずれはお色直しなんてのもあるんですかね？

竹中　そうですね。この前久しぶりに大江戸線駅を回ったんですけど、ちょっと老朽化が進んでて悲しくなった。

宇多丸　13年目だから、多少はくたびれてきてるのかもしれませんね。

竹中　だからみんなこの特集をきっかけに、大事に使ってほしい。

宇多丸　大事に使って、時々はちょっとお色直しをしてあげたりとか。

竹中　そういうの出来るんだったら、**私がいくらでもやるんですけど。**

宇多丸　やるって何をやるんですか？

竹中　塗り直したりとか。

宇多丸　漆喰《しっくい》をこうやって？

竹中　**やっていいんだったら。**

宇多丸　はいはいはい。さあ、ということでここからが大事ですよ！　大江戸線駅の中でも特にアイドル性の高い駅で構成されるユニット〝駅7〟。これまで4人のメンバーが発表されました。今、ほかの子たちが手を組んで祈りながら待ってるところじゃないですか？

竹中　でも選ばれるのはあと3人……。

宇多丸　いちばん残酷なとこですよ。

竹中　そうですね、**心が痛いです。**

宇多丸　ということで、次はやっぱり狙ってる、ここに行きたいって人は当然多いところなんじゃないでしょうか……エース、いわゆる〝センター〟というヤツですか？

竹中　**エースです！**

宇多丸　いちばん目立つところ。やっぱり顔ですか？

竹中　**顔です！**

宇多丸　大江戸線駅の顔！

竹中　**みんななりたい！**

宇多丸　これはちょっと、みなさん一瞬考える間が欲しいんじゃないですか？

竹中　これはドキドキしますよね。

宇多丸　駅それぞれが大きさなんかも結構違ったりするんですよね？　乗り入れの関係とか。

竹中　そうですね。あとホントに改札くぐったところだけの駅もあれば、大江戸線に続く通路までも……。

宇多丸　構内全体がデザインされてるところもあるし。

竹中　というのもあるので、範囲はちょっと違ったりもしますけど。

宇多丸　必ずしも規模が反映されるわけでもないし、人がよく使う駅だからというわけでもない？

竹中　というわけでもない。メジャーな地名だからとかでもなく。

宇多丸　あくまで、**駅としてのスター性**。

竹中　**アイドル性**。

宇多丸　でもやっぱりセンターに行くって、やむを得ないものはありますもんね。「そりゃあ、あっちゃん〈★29〉だろう」みたいなやつがあるんじゃないですかね～。さあ、ということでそんな**アンチも多い**……。

竹中　アンチも多い。でも真ん中に立つ宿命を背負っている……。

宇多丸　これ誰なんだろう？　エース担当、じゃあ発表をお願いしますよ！　竹中先生！

竹中　発表します！　〃エース〃は……**〃飯田橋《いいだばし》駅〃〈★30〉です!!**

宇多丸　おおー!!　飯田橋。あ、そうですか！　僕ちょっと予想してる駅が1個あったんですけど、あーそっち来ましたか！　実は前回いらしていただいた時に1時間余り雑談した際、先生はやっぱり飯田橋駅を非常に高く評価されてました。

竹中　はい。

宇多丸　飯田橋駅のどの辺りがエースなんでしょうか？

竹中　これはね、もう**この結果に文句を言う人は誰もいないんじゃないかな？**っていう。

★29 **あっちゃん**
前田敦子（愛称・あっちゃん）のこと。アイドルグループ・AKB48の元メンバー。ほとんどのPVや音楽番組でセンターの位置にいたことから、「絶対的エース」「不動のセンター」と呼ばれた。2012年卒業以降も女優などで活躍中。

★30 **飯田橋駅**

東京都文京区後楽にある大江戸線の駅。〃駅7〃のセンター、飯田橋駅。誰もが認める〃絶対的〃エース！

▲竹中先生が手にしているのは、都営大江戸線のバイブル『駅デザインとパブリックアート』！

▼都営地下鉄 大江戸線の路線図。駅7 の説明付きバージョンです。

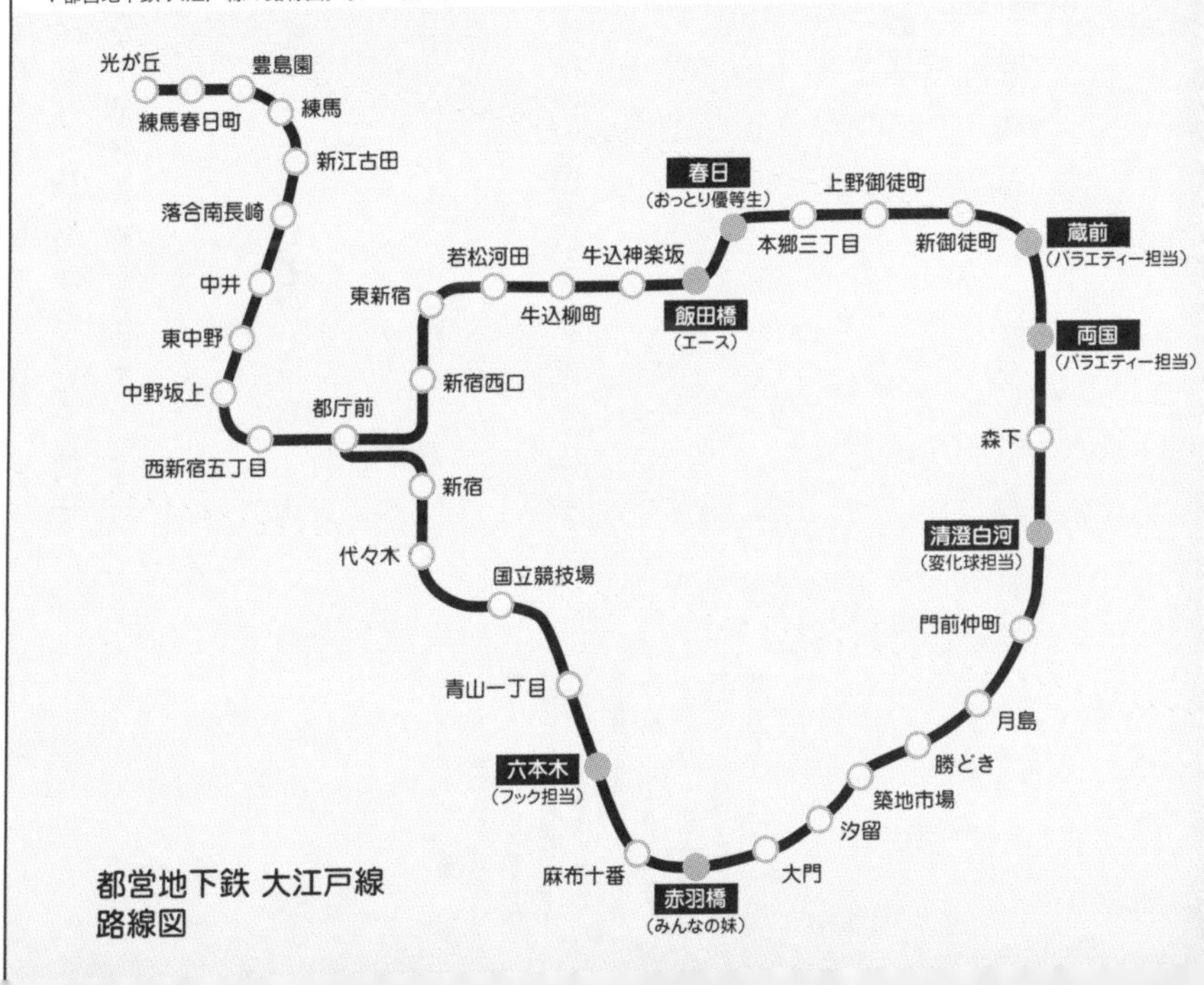

宇多丸　いやいや僕も含めてビギナーも多いんで、ちょっと説明をお願いしたいんですけど。

竹中　誰もが認めるエースにしてセンターです。大江戸線の駅ってそれぞれ特徴があるじゃないですか。その中でもデザイン的に最も注目されている。こんなイヤらしい言い方もアレですけど、賞もすごい受賞している。

宇多丸　そうなんですか、へえ～。

竹中　大江戸線は2001年に**選抜駅**っていう、これ別にあのアイドルに寄せたわけではなく、本当に選抜駅っていうのがあって……。

宇多丸　え、選抜駅!?

竹中　グッドデザイン賞〈★31〉を受賞してるらしいんですよ。

宇多丸　そうなんですか!

竹中　飯田橋、新宿西口、牛込神楽坂《うしごめかぐらざか》、森下《もりした》、清澄白河《きよすみしらかわ》、国立競技場は、選抜駅としてグッドデザイン賞を受賞している。

宇多丸　もう選抜されてるんだ!　シングル選抜されてんだ!

竹中　AKBよりずいぶん先に。

宇多丸　しかも〝選抜〟って言葉使ってるんだ!

竹中　そうです。2001年に。

宇多丸　グッドデザイン、あれ通産省でしたっけ?　**馬鹿じゃないの!?**

竹中　アハハハハ!

宇多丸　いやでもすごいですね。建物が、とかなら分かるんだけど、地下鉄の駅って外観が見えるわけじゃないから。でもすごいですね、選抜駅。

★31　**グッドデザイン賞**
1957年に設立された、日本唯一の総合的なデザイン推奨制度。その対象はデザインのあらゆる領域にわたり、受賞数は毎年約1000件、55年間で約4万件に及ぶ。受賞したデザインには「Gマーク」を付けることが認められる。

竹中　飯田橋はさらに日本建築学会賞〈★32〉というものも受賞していて。

宇多丸　じゃあ、プロが認めるスキルもあるぞと。

竹中　そうです、実力もある。賞で判断してるわけでは決してないんですけど、でもやっぱり評価されるところってどこからでも認められるんだなっていう。

宇多丸　ほうほう。ちなみに飯田橋の駅の、誰から見てもはっきりしてる特徴というのは何ですか？

竹中　ええとね、**東西線**〈★33〉**との境目がヤバくて。**

宇多丸　え？　ちょっと待ってください。さっきと言ってることが、だいぶ違うじゃないですか！　中だ中だって言ってたのに**外の話**じゃないですかこれ。

竹中　飯田橋駅はホントにすごいんですよ！

宇多丸　僕、飯田橋のここ行ったことなかったんで、今写真を見てるんですけど。東西線との切り替えポイントですよね……僕、**今、息をのみました。**え!?　何これ!?　**どうかしてんだけど!!**

竹中　どうかしてるんですよ、ホントに。ここです、境目は。

宇多丸　ちょっと説明させてください。普通に白っぽい感じの、ベースはコンクリート打ちっぱなしの割と素っ気ない壁なんですけど、その天井に**緑色のパイプ**が走っていて、ところどころ蛍光灯が光ったりしてる。でも何ていうんですかね、虫とか……。

竹中　エヴァンゲリオン〈★34〉とか。ナウシカ〈★35〉とか。

宇多丸　そうそう、生物の気持ち悪い断片とか血管みたいな。その緑色の血管がグニッて張り巡らされてて、ハッキリ言って**かなりキモい……**。

竹中　こびりついてるみたいな。

★32 **日本建築学会賞**
一般社団法人日本建築学会が設けている賞。日本における建築分野で功績をあげた個人・団体を称え授与される日本で最も権威のある建築の賞として知られている。

★33 **東西線**
中野駅～西船橋駅を結ぶ東京地下鉄株式会社が運営する鉄道路線。

★34 **『新世紀エヴァンゲリオン』**

庵野秀明監督によるSFアニメ作品。1995年にテレビ東京系で放送され、斬新なストーリーで熱狂的なファンを獲得する。2006年には、新たな設定とストーリーで再構築された『ヱヴァンゲリヲン新劇場版』シリーズ全4作の製作が発表された。

宇多丸　そう、**なんか有機的というか生き物っぽい感じ。**で、これがガッて出てて、それがホントに何か生えちゃったような……。これ何考えてんの!?

竹中　ゾクゾクしますね。

宇多丸　ええ〜、僕知らなかったっす、これ。

竹中　いや、ホントに。損ですよ、今まで知らなかったの。

宇多丸　僕、「怖っ！」というか、「何これ!?」とか、日常では経験できない空間みたいなものにゾクッと来るんで、今「うわっ！」ってなったんですけど、これ何なんすか？

竹中　分かりません。ただ、とにかく東西線との境目がヤバくて。大江戸線の改札をくぐる一歩手前の東西線とは蛍光灯の並びが全然違うんですよ。

宇多丸　東西線のところは普通ですもんね。

竹中　そう、整然と蛍光灯がきちっと並んでるんですけど、一歩大江戸線に足を踏み入れると、そのエヴァンゲリオンみたいな黄緑色のパイプが壁とか天井にへばりついてる。

宇多丸　へばりついてて、そこからランダムに蛍光灯が光ってるっていう。

竹中　そう、エスカレーターを下《くだ》りながら緑のパイプが一緒についてくるみたいな感覚で。

宇多丸　で、エスカレーターが終わってさらにちょっと降りてからの地点ぐらいまで延びてる。これ、何考えてるんですか？　**何なの、これ？**

竹中　すごいんです。しかもその大江戸線の飯田橋駅はホームに行き着くまでが結構長くて、パイプのゾーンからさらにコンクリート打ちっぱなしのトンネルみたいなのが延々と続く通路をたどってホームに着く。

宇多丸　ホームそのもののデザインはちょっとSF的な。

★35『風の谷のナウシカ』
1984年・日／監督・脚本：宮崎駿／声の出演：島本須美、松田洋治、榊原良子。同タイトルのマンガを原作に製作された、宮崎駿監督の長編アニメーション映画2作目。産業文明が崩壊し、猛毒の森で生きる人間の姿を描いた。

竹中　そう、ＳＦっぽいです。

宇多丸　黄緑も蛍光的な黄緑っていうか、ホームの柱がね。で、なんか半透明のコーティングみたいな質感もちょっとＳＦっぽいですね。

竹中　サイバーな感じ。

宇多丸　でもサイバーな生き物っぽいこの緑の蛍光灯と、エスカレーターのところの感じもちょっと通じるっていうか、全体が本当にズバリ、エヴァっぽいですよね。

竹中　東京女子流の『鼓動の秘密』のＰＶ〈★36〉が好きだったら絶対好き。

宇多丸　そのイメージですか。二重三重に例えてくるから一瞬固まってしまいましたが。

竹中　迷子になっちゃいました？

宇多丸　まぁ、カッコいいですよね。

竹中　カッコいいですよ。これは男のコ好きだな〜。

宇多丸　はいはい、僕今アガってますね、これね。

竹中　ほら、**これだけ話せちゃうんです、飯田橋は。**

宇多丸　そうだし、ぶっ飛んでますね。

竹中　ぶっ飛んでるんです。

宇多丸　これ何考えてんの？　飯田橋の何と関係してるんですかねこれ？　一応何かテーマがあるんでしょ？

竹中　あるんだと思うんですけど……。

宇多丸　もしくは造った人が「なんかカッコよくないっスか？」みたいな、そういう**バカっぽい理由**

★36 **東京女子流の『鼓動の秘密』のＰＶ**
東京女子流のオリジナル・ファーストアルバム『鼓動の秘密』のType-B（ＣＤ＋ＤＶＤ）に収録されている、ミュージックビデオのこと。

の可能性も？

竹中　飯田橋駅に関しては地上部もすごいんですよ！　外見も結構ぶっ飛んでいて、こういう何なんですかね？　これも銀の……。

宇多丸　なんかグニグニ、なんだろうなあ～、銀のリング状の……。

竹中　セミみたい、巨大なセミの羽みたいなのがくっついてるみたいな。

宇多丸　なんか東京モード学園〈★37〉的なというか。

竹中　ああそうですね。

宇多丸　なんかグニ～ッとしたものが。でもやっぱSFな感覚はありますね。で、ちょっと生物感もあって、メカ虫の羽みたいな雰囲気がありますよね。

竹中　そうですね。SDN48の『MIN・MIN・MIN』〈★38〉の衣装みたいな感じ。

宇多丸　はいはい。このメタリックな虫が巣を作っちゃって、地下に巣の何かが広がっちゃってて、っていうイメージかもしれないですね。それって**飯田橋、いいのか!?**っていうね。

竹中　アハハハ！

宇多丸　その怪獣映画みたいなイメージでいいのかって思うけど、これは今、竹中先生が開いてる本『駅デザインとパブリックアート』〈★39〉っていう……。

竹中　これは大江戸線の写真集です。

宇多丸　これいいですねぇ。グッと来ますね。これ見てても確かに飯田橋駅は突出してます。

竹中　うん、ちょっとずば抜けてるんですよね。語るところが多すぎる。

宇多丸　これに理由とかは書いてないんですか？　何を目指しました、みたいな。

竹中　**「自由に成長しながらも、環境と調和している自然の生態系から学んだ設計」らしいです。**

★37 **東京モード学園**
東京・新宿にある「モード学園コクーンタワー」のこと。コクーン（繭）のような外観が特徴的。

★38 **SDN48の『MIN・MIN・MIN』**
『MIN・MIN・MIN』は、2011年に発売されたSDN48のメジャー3作目シングル。タイトルはセミの鳴き声をイメージしたもので、衣装も背中に羽をつけ、セミをモチーフにしたものであった。

★39 **『駅デザインとパブリックアート』**

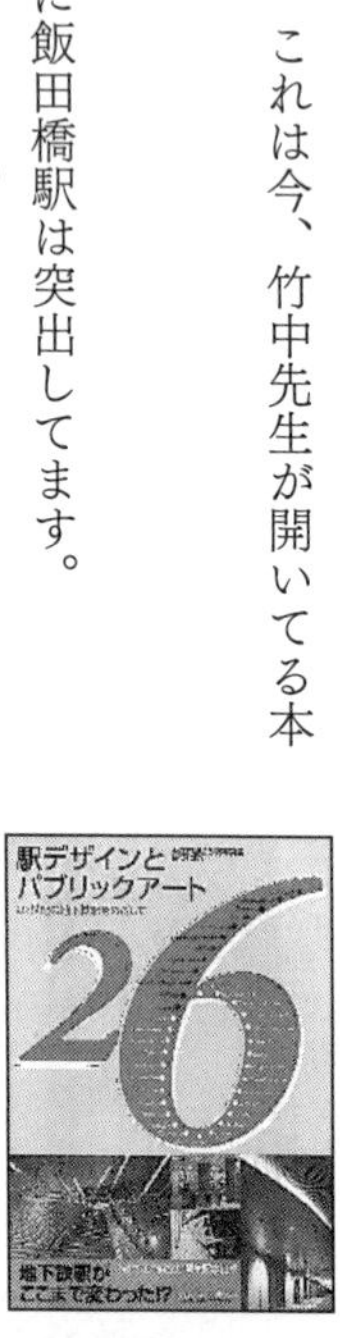

2000年、都営大江戸線全線開通を記念して東京都地下鉄建設より発売。26駅の美しい写真とともに、各駅パブリックアートのコンセプトを解説。

宇多丸 はー、なるほどなるほど。「天井の高さを生かし空間にリズムを」って造った方のインタビューなんかも出てますね。

竹中 「地下に伸びる植物のような、都市のインフラとしての地下鉄」。

宇多丸 「自然の植物が育つ仕組みに似ている」。あ、コンピュータプログラムを利用して、何とかかんとか……街そのものが有機的なものであるというような発想。だからやっぱりサイバーなんですよ！　そうかあ……。俺、飯田橋って前の実家に近めだったので、高校時代にもしこんなの出来てたら、**一日中ここにたたずんでます。**

竹中 ずっといられますよね！

宇多丸 あっ、この「ゆとりの空間」には何か象形文字みたいな……。

竹中 これアメリカの農場にできるやつ、突然。

宇多丸 ミステリーサークル〈★40〉。

竹中 ミステリーサークル！

宇多丸 浅葉克己《あさばかつみ》〈★41〉さんが作・監修だそうですよ。だからこれもやっぱりちょっとSFっていうかスケールでかい感？　何か知らんがスケールでかいぞ、という。

竹中 なんか脅威を感じる……。

宇多丸 んー、すごいなあ。点字アートみたいなのもあるんですね。

竹中 これも「ゆとりの空間」の。

宇多丸 すべて飯田橋なんですね。ちょっと待ってください、飯田橋駅を使ってる人って毎日こんなサイバー空間を歩いてんの？

★40 **ミステリーサークル**
穀物が円形や複雑な図形に倒される現象。イギリスを中心にほぼ世界中に見られ、不思議現象の1つともいわれている。

★41 **浅葉克己**
アートディレクター。東レやキューピーマヨネーズなどの広告を手がけ、注目を集める。1987年、東京タイプディレクターズクラブを設立。地球文字探検家として世界を巡り、タイポグラフィの第一人者として知られる。

竹中　楽しい～。いいなぁ～。

宇多丸　というか、ちょっとそういう人は、もう気分も若干サイバーになってんじゃない？　これは知らなかったわ～。圧巻ですね！

竹中　いや！　飯田橋はね、圧巻なんです！

宇多丸　カッコいい！　**今すぐ行きたい！**

竹中　そうなんです！　本当に。〝館もの〟好きはホントに絶対好きですよね。

宇多丸　僕、何で知らなかったんだろう。今絶句しました、ホントに。あまりの衝撃に。

竹中　まだ間に合う。

宇多丸　間に合うでしょうね、そりゃね。**駅は逃げないですからね、行けば会えるアイドルですから。**

竹中　そう！

宇多丸　納得です、エース。これはほかの駅も**さすがにしょうがないな**って思ってるんじゃないですか？

竹中　「まぁ飯田橋ならね」っていう。

宇多丸　「あっちゃんだししょうがないな」って。あ、人間のアイドルに例えるなら？

竹中　はい。元モーニング娘。の高橋愛ちゃん。今のモーニング娘。でいうと、鞘《さや》師《し》里《り》保《ほ》ちゃん。ももいろクローバーZでいうと、赤の百《もも》田《た》夏《か》菜《な》子《こ》ちゃん。もうなんか高橋愛ちゃんと夏菜子ちゃんに関しては、リーダーでありセンターみたいな。何もかも抱え込んで、この子大丈夫かなと思うけど大丈夫なんですよね。

宇多丸　それくらい圧倒的だと。確かにスキルもあってっていうあたりとか。

竹中　大人がやきもきしてるものを、軽く飛び越えてしまう何かを持ってる。

宇多丸　別に**駅に関してはやきもきはしてない**ですけど。

竹中　アハハハハ！　するかもしれない。

宇多丸　するかもしれない。「飯田橋大丈夫か？　飯田橋くんだりで大丈夫か？」って。

竹中　**何か全部抱えちゃって。**飯田橋はすべて担当しちゃって。

宇多丸　飯田橋ってしかも駅のクロスぶりが半端ない〈★42〉じゃないですか。ＪＲもあるし、地下鉄も東西線もあれば有楽町線〈★43〉、南北線〈★44〉も通ってる。尋常じゃないクロスを見せる。**そんなに背負って大丈夫？**

竹中　飯田橋が全部抱え込んでる。賞も取ってるし、その**賞の重圧**みたいなのも大丈夫か？　みたいな。

宇多丸　センターの重圧がやっぱある。

竹中　そう、やきもきすると思うんですけど。でも、それをも飛び越えてくるものを持ってる。

宇多丸　いやでも納得ですね。これはやっぱりほかの駅にはないものだし、大江戸線駅シリーズの中でもいちばんぶっ飛んだところを見せてくれると。

竹中　飯田橋はちょっと文句のつけようがない。

宇多丸　なるほど、納得でした。

竹中　これ、みんなも立って拍手してますね。

宇多丸　これはしょうがないと思います。

竹中　パチパチパチパチ（２人で拍手）。

宇多丸　はい、見事なものでした。エース担当は飯田橋駅ということに決定いたしました！　おめで

★42 **駅のクロスぶりが半端ない**
飯田橋駅に乗り入れているのは、ＪＲ東日本（中央線、総武線）、東京メトロ（東西線、有楽町線、南北線）、都営地下鉄（大江戸線）がある。

★43 **有楽町線**
和光市駅～新木場駅を結ぶ東京地下鉄株式会社が運営する鉄道路線。

★44 **南北線**
目黒駅～赤羽岩淵駅を結ぶ東京地下鉄株式会社が運営する鉄道路線。

とうございます！　さあ、続いて残るは2枠ですよ。ちょっと大変じゃないんですか？

竹中　まぁ**「飯田橋は分かるけど」**、みたいな。エースだと思ってたけどねってたぶんみんな思ってるんですけど。

宇多丸　「残りの私の枠、何？」っていうのもありますからね。出番はあるのか、私の出番は、っていう。やきもきしている駅もある中で、じゃあ続いての担当、何でしょうか。

竹中　フックになり得《う》る、〝**フック担当**〟。

宇多丸　これちょっと説明が必要だと思うんですが……。

竹中　そうですね。ある意味裏のエース的な。

宇多丸　青レンジャー的な？

竹中　**青レンジャーです！**　そうです！　飯田橋が赤レンジャーなので、青レンジャーとなり得る。

宇多丸　ちょっと斜に構えた感じなのかな。一歩裏には隠れるけど、でも実は本当にいちばん頼りになるという。

竹中　なんなら、たぶんエースよりも先に顔を覚えられるタイプ。きっとね、ちょっと**ハーフっぽい顔立ち**なんです。

宇多丸　アハハハハ！　なるほど。あーそうですか、駅が。

竹中　ちょっと濃い目の顔立ちだから、よく見るとエースは確かにエースなんですけど、エースよりも先にパッと見ではその子を覚えるっていう。

宇多丸　あの子がいるグループだよね、と。はいはいはいはいはい。そんなフック担当はどのメンバーなんでしょうか！

竹中　発表します！

宇多丸 ちょっとドキドキしますね～。

竹中 〝フック担当〟は……〝六本木駅〟〈★45〉です!!

宇多丸 あー、これだ！　僕は正直、エース担当はこっちかなと思ってたんですよね。

竹中 まぁ、そうなんです。裏のエース、飯田橋駅に次いで実質2番手となる、ホントに青レンジャーってなるところだと思うんですけど。

宇多丸 まず単純に大江戸線の駅の中で、僕がいちばん現実に使ってる率が高いのが六本木駅なんですよ。そういうこともあって、思い入れが多少やっぱりありますね。

竹中 あ～、**推しになりかけてる？**

宇多丸 今回の特集があるんで、僕この前も大江戸線の六本木駅を使ったんですよ。

竹中 ありがとうございます。

宇多丸 ただですね、ちょっとすみません。怒られちゃうかもしれませんけど、六本木駅はやっぱ六本木でスゴイんですよ、みたいなことを先生おっしゃったじゃないですか。でも見方がまだ分かってなかったのか、**どこが凄いんだろうな？**っていう……。問題ですよね、ちょっとね。

竹中 え!?　六本木駅使って、それはアレだな～**違うな～**。

宇多丸 違うって、キツイなそれ。じゃあ六本木駅はどういうところがポイントなんですか？

竹中 まぁ、やっぱりこれも大江戸線の駅の何がすごいの？　と訊かれた時に、真っ先に説明しやすいというところがフックっていう意味なんですけど。

宇多丸 どういう感じなんですか？

竹中 黒と金で統一されてるんですよ。

★45 六本木駅

東京都港区六本木にある大江戸線の駅。〝駅7〟のフック担当、六本木駅。実質2番手となる裏のエース、つまり青レンジャー的存在！

宇多丸　言われると確かにそうなんですよね。

竹中　**言われるととかじゃなくて！**

宇多丸　いやいや、ちゃんと見てなかったんですけど。なんか要は黒もすごいピカピカした黒で。

竹中　もうピッカピッカしてる。

宇多丸　ピカピカした黒に全体の壁にはちょっとした金の装飾もついてて、全体がマハラジャ〈★46〉っぽいっていうんですかね。

竹中　なんかこう……バブリー！

宇多丸　ディスコですよね。クラブじゃないですよね、ディスコ！

竹中　ディスコ！

宇多丸　**この駅、洋服チェックあるんじゃないかな？**っていう。

竹中　アハハハハ！「ゆとりの空間」もね、ディスコですね。

宇多丸　壁画も現にいろいろ音楽っぽいものが流れてる絵ですもんね。で、何か踊ってるみたいな。

竹中　そうそう。

宇多丸　もうすでに調子こいてる感じが出てますもんね。

竹中　調子こいてる！　そう。でもまぁこれは六本木をちゃんと一生懸命体現しているというか。

宇多丸　あ、結構デカい絵ですね。

竹中　デカいんです。しかも六本木駅って、大江戸線とか関係なく街のイメージがめちゃくちゃハッキリしているじゃないですか。

宇多丸　そうですね、確かに。ほかの街に比べてもそうですね。

竹中　そう。で、ハッキリしてる中で、写真とか見せなくても、六本木で「大江戸線の駅ってすご

★46　マハラジャ
1980年代～90年代の高級ディスコチェーン店。バブル期の象徴ともいわれる。

いんだよ！」「何がすごいの？」」「**黒と金で統一されてんの！**」って言ったら、とても分かりやすいじゃないですか。伝わりやすい。

宇多丸 はいはいはいはい。

竹中 という意味で、分かりやすいというスタンスでのフック。

宇多丸 なおかつ、スタイリッシュなのは間違いないですよね。

竹中 そうそう、そこが青レンジャーとなり得るところ。

宇多丸 確かにこの壁画とか見るともうすでに六本木！ 夜中心の街っていうそのノリノリ感、ゴージャス感。オレたちが自慢されたい六本木〈★47〉っていう感じですかね。今の六本木って実は小汚かったりするんですけど、イメージとして「こうあってほしい六本木感」みたいな。

竹中 地方の人も想像する六本木のイメージというか。

宇多丸 だからアレですよ、僕は現実の汚ねえギロッポンを見すぎてて、都会に染まりすぎて、たぶん実際のアイドルとしてのところがちょっと分かってなかったのかも。目が行かなくなっちゃってた、目が腐ってたんだと思いますね。

竹中 **目が腐ってたんでしょうね。**

宇多丸 アハハハ！ はい、でもまぁ確かにね、こうやって見るとゴージャスだなあ。

竹中 そう、ということで分かりやすい。実在アイドルの例はBerryz《ベリーズ》工房《こうぼう》〈★48〉の夏焼雅《なつやきみやび》ちゃん。

宇多丸 ああ、やっぱり派手めな感じですね。

竹中 あと元もとクロの青担当の早見あかり〈★49〉ちゃん。2人とも顔立ち的にも覚えやすい。

宇多丸 ちょっとバタくさいというか。

★47 **オレたちが自慢されたい六本木**
元はコンバットRECの発言で、2008年の中国・北京オリンピックの開会式に、中国武術やジャッキー・チェンなど「オレたちが見たかった中国が見られなかった」との主張から派生した言い回し。「オレたちの自慢されたい○○」といった形で番組内に頻出する。

★48 **Berryz工房**
つんく♂がプロデュースを手がけるハロー！プロジェクト所属のアイドルグループ。2004年結成。メンバーは小学生限定のオーディション・ハロー！プロジェクト・キッズオーディション合格者から選抜。メンバーは清水佐紀、嗣永桃子、徳永千奈美、須藤茉麻、夏焼雅、熊井友理奈、菅谷梨沙子。2015年春に無期限活動停止となることを発表。

竹中　そうですね、私、Berryz 工房も雅ちゃんをまず真っ先に覚えました。

宇多丸　分かります。確かにね、いちばん最初に目が行きますもんね。

竹中　ちっちゃい子供だった頃でも。ももクロもやっぱり百田夏菜子ちゃんがどセンターの子なんですけど、でも最初はあかりちゃんを覚えましたね。ベッピンさんがいるなーと思って。

宇多丸　あれだけ美人だと逆にメインではない、くらいの。そういう感じはありますもんね。

竹中　そうですね、アイドルでは。

宇多丸　はい、でも分かりますよ。それがやっぱり飯田橋のエースに対して、ちょっと裏番というか、しかもちょっと裏番だから意外と怒らせると怖いぞ、みたいな。陰でシメてたりするぞと。

竹中　でもね、たぶん**そうは言っても女の子だから……**ん？「女の子だから？」ハハハハハ！　私も分からなくなってきちゃった！

宇多丸　**いや女の子ですよ！**

竹中　そう、アイドルの女の子。顔立ちはハッキリクッキリしてるけど、脆《もろ》いところがあったり、**人一倍傷つきやすかったり**とかするんで。

宇多丸　あくまでイメージですけどね。六本木はたぶんガッチリした造りになってると思いますけど。でもやっぱりセンスも良くてオシャレですもんね。

竹中　だからあんまり「六本木は深いからなぁ〜」〈★50〉とか言いすぎないでほしい。

宇多丸　取っつきづらさはあるけども、そういう面もあって、見た目はクールそうだけど実は知り合うと温かいとこあるよ、みたいな。

竹中　そう、絶対いい子。

宇多丸　**六本木駅は絶対いい子**、ということでございます。さぁそして最後の1枠となってしまいま

★49 **早見あかり**
アイドルグループ・ももいろクローバー（現・ももいろクローバーZ）に所属していたが、ブレイク直前の2011年にグループを脱退。現在は女優として数多くの映画やテレビドラマなどに出演している。

★50 **「六本木は深いからなぁ〜」**
後発で建設される地下鉄路線は、既存の路線より深部を走るため、駅のホームが深いところに設置されることが多い。そのため大江戸線は、六本木駅に限らず全般的にかなり深い場所に駅のホームがある。

した！

竹中　そうなんです。

宇多丸　はい、ということで、神7ならぬ〝駅7〟、最後の1枠！

竹中　エースも発表しちゃったし、フックも発表しちゃったし。

宇多丸　ほかに何の担当があるんだ？　っていうね。今、大江戸線沿線の人達が「うちか？　うちか？」ってね。「今年は入れるのか？」みたいに思ってますよ〜。

竹中　そうですね。

宇多丸　さあ2013年度〝駅7〟、最後の枠は!?

竹中　**〝変化球担当〟です。**

宇多丸　〝変化球担当〟。これはどういうことですか？

竹中　これはですね、グループの振り幅を広げる存在というか、まあエースがいて、青レンジャーもいて、バラエティー担当もいて、リーダーもいて、みんなの妹もいてっていう中で、あと1人どんなタイプが必要かといったら、**「え？　何？　このグループ、こんなタイプの子もいるの？」**っていう。

宇多丸　のちほど具体的に挙がると思いますけど、ちょっとこう、アイドルらしさからは外れてたりするとか？

竹中　そうですね。変化球なので、「え!?　何？　こんな子もいるんだ」みたいな。

宇多丸　なんかそういう子ほど、それこそフックというか覚えられたりもしますよね。

竹中　そう。だから意外とアイドルに興味ない人が、この子がいるんだったらっていうところからハマり始めたりとか。

宇多丸　いい意味で、らしくないと。

竹中　うん、らしくない。でものびのびやってくれたらいいんだ。

宇多丸　今の時代やっぱそういうね、昔だったらナシだったかもしれない子がいることで、風通しの良さが確保されたりとか、ということですかね。

竹中　そうですね。

宇多丸　さぁ、じゃあその変化球担当は、どのメンバーなんでしょうか！

竹中　最後の1枠、発表させていただきます。〝変化球担当〟は……〝清澄白河《きよすみしらかわ》駅〟〈★51〉です!!

宇多丸　おおお〜！　はい、清澄白河ね。駅としては半蔵門線〈★52〉も通ってたりとかですよね。まずちょっと、これはホームの写真ですか？　なんかアバンギャルドな……これ何ていうのかな、メタリックなグニグニした……。

竹中　鉄板みたいな。

宇多丸　しかもそれにちょっと不規則な感じのオブジェが……。

竹中　そうなんですけど、でも意味がないわけじゃなく、自転車みたいなものがあったりだとか。要は、廃材アートなんです。

宇多丸　廃材！　あ〜そうなんだ！

竹中　あと分度器のような、角度みたいな円《まる》とか半円みたいなものもあったりして。

宇多丸　でもそれが全体でハートを描いていたりするっていう。

竹中　そう。「え？　何？　何？」ってなる。だからバラエティー担当みたいな分かりやすさじゃなく。

★51　**清澄白河駅**

東京都江東区白河にある大江戸線の駅。〝駅7〟の変化球担当、清澄白河駅。「このグループ、こんな子もいるの？」という、ファン層を広げるまさに変化球！

★52　**半蔵門線**
渋谷駅〜押上駅を結ぶ東京地下鉄株式会社が運営する鉄道路線。

宇多丸 インテリジェンスすらありますよね。

竹中 情報量がすごく多いんですよ。

宇多丸 確かにこれ、隅から隅まで見てるだけで、結構……。

竹中 ずっと見てられる。で、しかもホームが二重というか2つあるんですよね。なので奥行きがすごく深くて。大江戸線ってほとんどホームが1つなんですけど、清澄白河はホームが2つあるので。

宇多丸 じゃあこれが、結構なスケールで展開されてるっていう感じですよね。

竹中 スケールがあるんです。

宇多丸 意味が分かりづらい、なんかアバンギャルドなものがドーン！ とあるって、これ〝館もの〟好き的には結構ぐっときますよね。なんじゃこりゃ!? っていう。

竹中 そう、けど見ちゃう。

宇多丸 ちょっと怖い感じが入るというか。

竹中 そうですね、ゾクッとする印象もありつつ、でも繰り返しじゃなく。廃材アートは全部違うものが続くので。

宇多丸 これは凝ってるなあ。

竹中 全部1個ずつ鑑賞するとなると、相当時間もかかるし奥が深いし。

宇多丸 これアート的に、端から端まで見ちゃいたくなりますよね。

竹中 見ちゃいますね。で、見てるうちにハマっていくって感じですね。

宇多丸 ちょっとキモい雰囲気っていうか、こんなのアリなんだ！ っていうのが、面白さのツボかもしれないですね。あと駅のほかの箇所にもランダムに蛍光灯がついていたり、ちょっと変わってますね。

竹中　そう、蛍光灯もぐっちゃぐちゃなのと、あと「ゆとりの空間」はまた変わって、柔らか～い光みたいなのがいっぱい。ホント美術館です。

宇多丸　何かアートみたいなのが置いてありますね。完全に展示用でしょ、これ。

竹中　アートみたいなのが真ん中に置いてあって、ガラスの筒の中に柔らかい光みたいなのを放ったオブジェが並んでて。ほかの「ゆとりの空間」って結構壁画なんですけど、ここは完全にみんなで見るためのスペースがあります。

宇多丸　ていうか普通に美術館ぽいですよね。

竹中　美術館です。ホントに。

宇多丸　で、駅もやっぱり広いですね。

竹中　あ、そうそう、大きいですね。

宇多丸　場所が使えるからなんですかね、清澄白河になるとね。確かにカッコいいです。アート感が。

竹中　私のイチオシです。

宇多丸　じゃあ、ちょっとクセのある子なんだね、やっぱね。

竹中　そう、クセがある。こういう子は大体、**紫担当**ですね。

宇多丸　あ～、なるほどなるほど。

竹中　担当カラーがあるとしたら紫。

宇多丸　では人間のアイドルに例えるならば。

竹中　うちのPASSPO☆の玉井杏奈《たまいあんな》っていう最年少の子だったりとか、でんぱ組.inc《インク》〈★53〉の最上《もがみ》も

★53　でんぱ組.inc
古川未鈴、相沢梨紗、夢眠ねむ、成瀬瑛美、最上もが、

がちゃんっていう子。この2人、ホントに偶然ですけど紫担当なんですよ。

宇多丸 なるほどなるほど。

竹中 ミステリアスなムードがあるというか、奥が深い。そんな簡単に心は開かないぞっていう感じ。

宇多丸 でもアイドルとしては、掘りがいがあると。

竹中 そう。そして今のBerryz工房の菅谷梨沙子《すがやりさこ》、りしゃこ。最初の頃の梨沙子は最年少でそれこそみんなの妹的だったりエースだったりしたと思うんですけど、今の梨沙子は清澄白河。

宇多丸 髪がド金髪ですよね。

竹中 今は赤になったかな？

宇多丸 また変わったんだ。この間番組ご一緒した時は金髪で、今はこんな感じなんだ〜って思いましたけどね。

竹中 今までの梨沙子を見て来た人は、どうした!?ってなるかもしれないんですけど。

宇多丸 いや、素敵でしたよ。

竹中 でもホントに、アイドルに興味がない人が引っかかる子になったりとかしているので。

宇多丸 もとがすごくイイですからね。素敵でした。清澄白河をさっそく鑑賞しにいきたいな〜。

竹中 清澄白河はね、たぶん最年少だといいんですよ。

宇多丸 え？　最年少だといい？

竹中 はい。最年少だと伸びしろがあるので。たぶんこういうタイプが最年少、みんなの妹の子よりもこういうタイプが最年少。

藤咲彩音によるアイドルユニット。秋葉原にあるライブ&バー「秋葉原ディアステージ」を拠点に活動。1人1人が発信力を持つそのスタイルで、ファンの4割を占めるという女の子たちからも熱い視線が注がれている。

宇多丸　末っ子だからこそ好き勝手ができる。

竹中　そう、自由にのびのびやって、で、面白い成長の仕方をして。

宇多丸　**清澄白河だから好き勝手できる！**

竹中　うん、そう。

宇多丸　アハハハハ！　ということで竹中先生、もう1時間たっちゃいました。**〝タレご飯〟やってる時間ないっす。**

竹中　アハハハハ！　タレご飯やりたかったんですけどね〜。

宇多丸　タレご飯はまた次回お願いします。

竹中　分かりました。

宇多丸　ということで竹中先生、じゃあ今度はタレご飯特集でお呼びしたいと思います。ありがとうございました！

竹中　ありがとうございました。

宇多丸　以上、**「アイドルとしての大江戸線の駅特集」**でした！

ON AIR を振り返る

宇多丸

竹中先生はもともと、ライターで放送作家のDJエドボルさん（2012年1月14日「地方アイドル観戦のススメ特集」などに出演）から、「美しすぎる振付師がいる」と推薦されまして。それでまず竹中さんの出された本（『IDOL DANCE!!! 歌って踊るカワイイ女の子がいる限り、世界は楽しい』（ポット出版））を読んでみたら、なるほどすごく面白かったし、何より〝振付け〟に関するちゃんとした知識って、何度もアイドルの特集やってるわりに僕らには完全に欠けてる部分でもあったので、一も二もなく飛びつきました。ということで「アイドルダンス特集」（2013年1月19日）にお呼びして話していただいたら、振付けの話は当然素晴らしかった。素晴らしかったんですけど、最後に「ほかに何か話してみたいテーマとかありますか?」と尋ねたところ、速攻で「大江戸線」とか「タレご飯」といったキテるワードが、しかもなぜか若干逆ギレ気味に打ち返され……ここにもまた、狂気方向の逸材がいた！と。だから間髪入れずにまた出てもらったんです。

でも、もともとあるものを切り口1つで面白がること、持論すぎる部分、過剰な熱量と、改めて考えてみてもすごく『タマフル』に合う資質をお持ちの方なんですよね。「アイドルとしての大江戸線の駅特集」なんて、題名だけ聴くと完全にどうかしてるとしか思えないんですけど……。

それでいて、竹中さんの特集の多くは、〝アイドルを理解する〟という裏テーマが常に根底にあるんですよ。「アイドルというものはこうやって見るんだよ」というレクチャーなんですね。「女性だけど女性アイドルが好き」というワンクッションがある人だから、より外部に向けて説明するのが上手なのかもしれませんね。

というわけでこのページを片手に、ぜひみなさんも大江戸線の駅を見に行ってほしいと思います。特に飯田橋駅はビックリしますよ！

藤井《ふじい》 隆《たかし》

1972年生まれ。お笑いタレント・俳優・歌手。1992年、吉本新喜劇オーディションを経て吉本興業入り。「HOT!HOT!」のギャグでブレイクを果たす。2000年『ナンダカンダ』で歌手デビューし、同曲で『NHK紅白歌合戦』（NHK）に出場。芸人だけでなく、司会や俳優などとしても幅広く活躍中。2014年9月には自身主宰による音楽レーベル「SLENDERIE RECORD」を設立した。

サタデーナイト・ラボ

2013.6.15 ON AIR

国産シティポップス最良の遺伝子を受け継ぐ男、

歌手

藤井隆

スペシャルインタビュー

藤井隆《ゲスト》

芸人ではなく、歌手・藤井隆という側面に昔から注目し、高く評価していた宇多丸。そして一方的なラブコールとなる「国産シティポップス最良の遺伝子を受け継ぐ男、歌手・藤井隆の世界」という特集を「サタデーナイト・ラボ」で放送してから6年後。ついにご本人との対談が実現した。そしてこの日以降、藤井隆の音楽活動に『タマフル』が間接的に影響を与えていくことにもなる……そんなきっかけにもなったロングインタビュー！

宇多丸　ＴＢＳラジオ『ライムスター宇多丸のウィークエンド・シャッフル』。ここからは特集コーナー「サタデーナイト・ラボ」の時間です。スペシャルウィークの今夜、ついにお届けする企画はこちらです！

「国産シティポップス最良の遺伝子を受け継ぐ男、歌手・藤井隆スペシャルインタビュー」！

はい、というわけで早速お招きいたしましょう。**国産シティポップス界の至宝！　宝!!　歌手・藤井隆さん**です。よろしくお願いします！

藤井隆（以下、藤井）　どうも、こんばんは〜。藤井〝漫画ゴラク〟〈★1〉隆です。よろしくお願いしま〜す。

宇多丸　スポンサーに気を遣っていただいてね、ありがとうございます。ということで、みなさんご存じの藤井隆さんなんですけれども、芸人さんとしての藤井隆さんももちろんみんな大好きなんですが、でも今日のこの1時間だけはですね、**歌手として、僕らがいちばん好きな歌手として、お迎えしたい**と思っております。

藤井　もうホントにこんな光栄なことはないです。ありがとうございます。

宇多丸　いきさつを改めて説明しておきますと、およそ6年前の２００７年11月、この番組始まってすぐに「国産シティポップス最良の遺伝子を受け継ぐ男」〈★2〉というタイトルで、歌手としての藤井隆さんの特集をさせていただきました。で、この特集を実は藤井さんが、あとからお聴きいただいたという。

藤井　そうなんです。友達に「こういう風にね、宇多丸さんが言ってくださってるよ」っていうのを聞きまして、「ホントですか？」と。ちょうど僕はその頃、なんかこう仕事で弱ってる時で、なんとなくベストを尽くしにくい時期だったんですよね。それで録音を聴かせていただいて、**ホントに半泣きでした。**こんな風に評価してくださってる方がいるんだと知って、ホ

★1　漫画ゴラク

１９６４年から発行されている日本文芸社発行の男性向け週刊マンガ雑誌。キャッチコピーは「本物の漢たちに贈るエンターテイメント！」。連載は高橋よしひろ『銀牙伝説 赤目』や作画・郷力也、原作・天王寺大『ミナミの帝王』など。当時「サタデーナイト・ラボ」をスポンサードしていて、CMでジングルが流れていた。

★2　「国産シティポップス最良の遺伝子を受け継ぐ男」

２００７年11月3日に放送された「国産シティポップス最良の遺伝子を受け継ぐ男、歌手・藤井隆の世界」のこと。芸人ではなく歌手という一面にフォーカスを当て、センスが良くてスタイリッシュ、上品で都会的な藤井隆の素晴らしさを宇多丸が一方的に熱弁した特集。

ントにうれしかったです。

宇多丸　いやいや、ちょっとでもお役に立てたならそれは……。

藤井　しかも、うちの娘が生まれた記念で、という形にしてくださって……。

宇多丸　あ、そうなんです！　そうでしたそうでした。

藤井　いつの日か娘にも聴かせてあげたいと思います。ホントに。

宇多丸　そうですよね、その日ですもんね。それで聴いていただいた件などを、今回出演が決まって以降、お手紙にわざわざしたためていただいて。ありがとうございます。

藤井　いえいえいえいえ、送りつける形で申し訳なかったんですけど。

宇多丸　僕らもあれですもん、**藤井さんがあずかり知らんところで勝手にやる特集**ってことですから。

藤井　いやいや全然。ホントにうれしかったです。

宇多丸　やっぱり我々にしてみればもう大ファンですし、もっともっとみなさんに藤井隆さんの歌手としての魅力が知られていいという、**大いなる使命感**を持ってやっているところがございますので。

藤井　うわ～、ホントに心強いです。今回ね、久しぶりにまたCDを出させていただいたんですけど……。

宇多丸　のちほどね、そのお話もしていきます。

藤井　そうですね。**それもこの番組と宇多丸さんが、絶対に大きなきっかけになってますんで。**

宇多丸　先日発売されたばかりの新曲『She is my new town／I just want to hold you』〈★3〉、こちらのシングルについてもあとで伺いますが、まずは僕らが何でこんなにワーワー騒いで

★3『She is my new town／I just want to hold you』

2013年6月にリリースされた藤井隆の8枚目シングル。作詞・作曲・プロデュースは松田聖子。さらに2曲ともコーラスでも参加している。

るのかということですよね。

藤井 アハハハハ！

宇多丸 もちろん『ナンダカンダ』〈★4〉は素晴らしいんですが、**我々が度肝を抜かれたのはさらにその先だったんですよね。**2002年の2月14日発売の**ファーストアルバム『ロミオ道行《みちゆき》』**〈★5〉っていう作品を買ってきて、さぁ、とスタートボタンを押した1曲目で、「ええっ！」っていう。もう何か期待してた次元を遥かに超える曲が鳴りだしたという。ちょっとこの驚きをみなさんに共有していただきたいので。

藤井 ああ、ぜひぜひ。

宇多丸 まずはこのファーストアルバム『ロミオ道行』の1曲目、僕から紹介させていただいてよろしいでしょうか？

藤井 お願いいたします。

宇多丸 藤井隆さんで『未確認飛行体』〈★6〉。

♪『未確認飛行体』流れる

宇多丸 **なんたる名曲か！**っていう。

藤井 ありがとうございます。

宇多丸 ということで藤井隆さんのファーストアルバム、2002年発売『ロミオ道行』から1曲目『未確認飛行体』をお聴きいただいていますが、これは作詞が松本隆〈★7〉さんで、そして作曲が**キリンジ**〈★8〉**・堀込高樹《たかき》さん。**この『ロミオ道行』は、**アルバム全体が松本隆さんのプロデュース作**ということですよね。

★4『ナンダカンダ』

2000年3月にリリースされた藤井隆のデビューシングル。大ヒットを記録し、日本有線放送大賞新人賞を受賞。同年、第51回NHK紅白歌合戦に出場を果たした。作詞：GAKU-MC、作曲・編曲：浅倉大介。

★5『ロミオ道行』

2002年2月にリリースされた藤井隆のファースト・アルバム。『ナンダカンダ』と『アイモカワラズ』はボーナストラックとして収録。このボーナストラック以外の全曲の作詞とプロデュースを松本隆が担当した。

藤井　そうです。

宇多丸　そして『ナンダカンダ』と『アイモカワラズ』[★9]は、ボーナストラック扱いということで。要は松本隆さんの作詞と、さまざまな作曲家のみなさんとのコンセプトアルバム的な作りですよね。それで、ぜひこの機会に僕は訊きたいんですけど、今の今まで11年間ずっと謎ですよ、**なぜ藤井隆さんが出すアルバムがこういうコンセプトアルバムになったのか?** と。

藤井　当時僕はアンティノスレコード[★10]というところに所属していたんですけれど、社長の坂西伊作さんという方と、うちの吉本のお偉いさんに全日空ホテルに呼び出されまして、「CDを出すぞ」という話になって。そして「こちらはお世話になるレコード会社の社長さんですよ」と紹介されたんですが、僕はすぐに**「嫌です」「できません」**って言って。

宇多丸　え⁉ 最初は歌手活動そのものを? 『ナンダカンダ』より前の話ですか?

藤井　『ナンダカンダ』の時です。

宇多丸　『ナンダカンダ』をやる時に、「嫌です」と。

藤井　「無理です」と。

宇多丸　なんで「無理です」と?

藤井　また暗い話になるんですけど、そんなニーズはないと思っていて……。

宇多丸　だってもう、当時人気絶頂の頃じゃないですか。

藤井　それが「タカシちゃん音頭」みたいなことだったらまだ分かりますけど、すごく真面目にやろうとしてくださってて。

宇多丸　もうちょっとコミックソングだったらまだ分かるけど……。

★6『未確認飛行体』

2001年2月にリリースされた藤井隆の4枚目のシングル。作詞：松本隆、作曲：堀込高樹、編曲：CHOKKAKU。アルバム『ロミオ道行』の1曲目としても収録されている。

★7 松本隆

作詞家。ロックバンド「はっぴいえんど」を細野晴臣、大瀧詠一、鈴木茂と結成し、ドラムスと作詞を担当。バンド解散後に作詞家となり、松田聖子、太田裕美をはじめ多数のヒット曲を手がけ、1981年『ルビーの指輪』で日本レコード大賞作詞賞を受賞。これまでに手がけた51曲がオリコンチャート1位を獲得し、これは日本一の記録とされている。

藤井　……かなって思ったんです。でも一方ではすごくうれしかったんですよ、もともと音楽を聴くのは好きですし。でも当時ミュージカルをやっていて毎日毎日歌って踊って、真剣に歌うことの怖さをその時は感じてたので、僕なんかが歌った歌が商品としてどう伝わっていくんだろうっていうのがまずあったので、「申し訳ないけど無理です」とお断りしました。でも「ダメだ！」ってその場で怒られて。で、「ダメだ！」「ヤダ！」のやりとりがずーっとあって。でももうリリースする日も決まってるし「出すんだ！」って言われて、その日は**「分かりません！」**と保留して帰ったんです。

宇多丸　へえ～!!

藤井　でもその伊作さんという方が本当によくしてくださって、その後またお話しした機会に、浅倉大介〈★11〉さんとGAKU-MC〈★12〉さんでこういう風に考えてるんだと言っていただいて。

宇多丸　最初の座組みも考えてくださって。

藤井　そんな感じで始まった『ナンダカンダ』だったんですけれども、その年の11月に出す2曲目の『アイモカワラズ』まで同じお2人が作ってくださることが決まっていましたが、アルバム制作まではそこからまた1年だか2年だか空いちゃうんですよ。

宇多丸　そうですよね。『ナンダカンダ』が2000年で、ファーストアルバムが2002年ですから2年は空いてるということですよね。

藤井　当時、また社長の伊作さんと話をする機会があって、「どうしますか？　また歌をやろうと思っているけど、藤井くんどんなのがいい？　**今度は自分がすごく好きなものをやってみたら？**」とまず言ってくださって。僕は「もうできないですよ」ってお答えしたんですけど、「あなたは本当に音楽が好きだから、好きなものをやってみたらどうだ」とおっしゃられて、

★8　**キリンジ**
実の兄弟である堀込泰行（ボーカル&ギター）、堀込高樹（ギター&コーラス）によるバンド。1998年、『双子座グラフィティ』でメジャーデビュー。2013年、堀込泰行が脱退し、新たな5人のメンバーを迎えて活動中。

★9　**『アイモカワラズ』**

2000年11月にリリースされた藤井隆のセカンドシングル。作詞：GAKU-MC、作曲・編曲：浅倉大介。

★10　**アンティノスレコード**
1994年、ソニー・ミュージックエンタテインメント副社長丸山茂雄により設立されたレーベル。代表取締役社長は、数々のアーティストのPV監督としても知られた坂西伊作。初期はTHE MODSやGAKU-MC、

ならもう**ダメもとで自分の中でいちばん上の希望から出しちゃおうということで「じゃあ、松本隆先生がいいな」**と。

宇多丸 もう、どうせならできないぐらいのことを言っとこうみたいな。

藤井 で、断られて終わるぐらいでいいのかなと思ったんですけど、松本隆さんが実際に動いてくださって。それで、**『絶望グッドバイ』**〈★13〉というシングルをレコーディングする運びとなったんです。

宇多丸 すごいですね！ まずはアンティノスの伊作さんの「好きなようにやっていいよ」という、その土俵があったっていうのが大きいんですかね？

藤井 ホントにそうです。だからもう、すべて伊作さんのお陰です。

宇多丸 で、『絶望グッドバイ』があって、ただそのシングル1枚ならまだ分かるんですけど、アルバムまるごとプロデュースという形ってなかなかないと思うんですよね。

藤井 そうですね。これももう昔の話なんで許していただこうと思うんですけど、『絶望グッドバイ』の作曲が**筒美京平**《つつみきょうへい》〈★14〉さんで……。

宇多丸 そうですよ、僕言い忘れてました！ 『絶望グッドバイ』は松本隆さんと筒美京平さんっていう、もう、究極の先生方がいきなり来ちゃってっていうことですね。

藤井 実際スタジオに筒美先生がいらっしゃって、松本先生もいらっしゃって、アレンジしてくださる**本間昭光**《あきみつ》〈★15〉さんがいてくださって、そこに自分が入っていって、詞をいただいたんです。そこで僕**「松本さん……これ、ここの個所がちょっと苦手なんです」**って言っちゃっ**たんですよね……**。

フラワーカンパニーズなどが所属し、1996年以降はT.M.Revolution、藤井隆、Fayray、コタニキンヤなど浅倉大介プロデュースのアーティストが在籍。2002年にエピックレコードに吸収され、2004年解散。

★11 **浅倉大介**
音楽プロデューサー。1991年、アルバム『LANDING TIMEMACHINE』でソロデビュー。貴水博之とのユニットaccessやIcemanとしても活動。プロデューサーとしてT.M.Revolution、Fayray、木村由姫など、多くのアーティストを手がける。

★12 **GAKU-MC**
ヒップホップユニット「EAST END」のメンバー。現在はソロとして活動。RHYMESTERも所属するユニット「FUNKY GRAMMAR UNIT」のメンバーでもある。

宇多丸　歌いづらいと。ああ〜、恐らくその字面的にというか……。

藤井　そうなんです。「ジャンケン」っていうワードが1個あって、その時の僕が「なんかこれ嫌です」みたいな感じで言っちゃったんですよ。そしたらもうシーンとなっちゃって。

宇多丸　んん〜……！

藤井　シーン！　キーン！　となって。で「藤井くん、僕はこの一言だけを変えたりすることは今までしたことないし、しないんだ。**変えるなら全部変えるから**」と言って、そのまま解散になっちゃって……。

宇多丸　う〜わ〜!!

藤井　しまったー！　って。で、解散になったあと筒美先生がさーっと来られて、「僕にも何か変えてほしいところがあったら言ってね〜」なんておっしゃってくださったんですけど。

宇多丸　おお〜!!　アハハハハ！

藤井　「いや、すみません、そんなことないんです！」って言って。で、すぐに家に帰って松本先生の詩集を僕もう1回読み直したんですよね。その日はずっとレコーディングのスケジュールだったから空いてたので。で、全部読み直してみたら、その詞は何ひとつ間違ってなかったんですよ。もちろんそうですよね。僕のその時のちょっとした感受性で否定してしまったことをものすごく後悔して、すぐにレコード会社の担当の人にお願いして、「やっぱりあのまま歌わせていただけませんか？」って伝えたら、「いや、もう先生動きだしちゃったんだ」って言われて。だからこの企画自体がなくなるかもしれないということだったんですけど、結局歌詞を全部変えてくださったんですよ。しかもレコーディングが終わって、気がつけばアルバムという話になってまして。僕は「アルバムが欲しいです」とはもちろん言って

★13 **『絶望グッドバイ』**

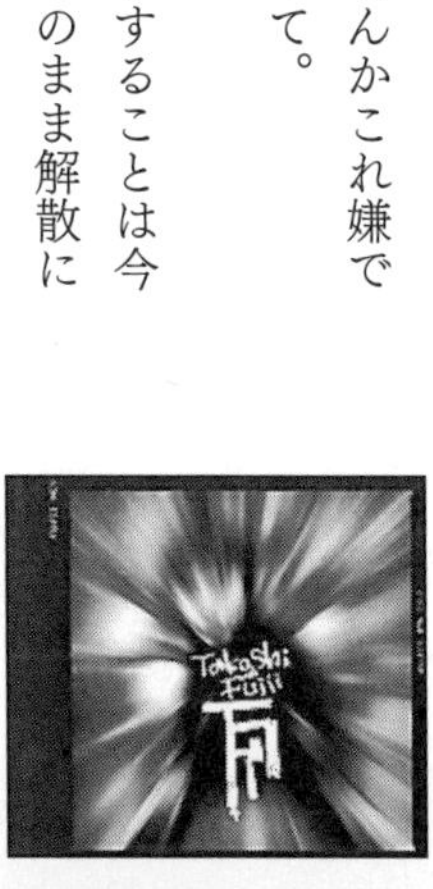

2001年12月にリリースされた藤井隆のサードシングル。作詞：松本隆、作曲：筒美京平、編曲：本間昭光。

★14 **筒美京平**
作曲家。1966年に作家活動をスタートして以来、『魅せられて』『スニーカーぶる〜す』『ブルー・ライト・ヨコハマ』『木綿のハンカチーフ』など、歌謡曲からJ-POPに至るまで数多くのヒット曲を手がけ、日本の作曲家別シングル総売上枚数でトップに君臨する。

★15 **本間昭光**
ミュージシャン、音楽プロデューサー。1989年よりキーボードアレンジャーとして活動。1999年にメジャーデビューしたポルノグラフィティの作曲・編曲・プ

ないですよ。滅相もないです……。

宇多丸　やっぱり『絶望グッドバイ』が、なかなか良い出来だということですかね？

藤井　松本先生のお言葉をお借りして今お話しさせていただくならば、曲が先に出来上がっててあとから詞を書く作業だったそうなんですけど、筒美先生の曲がすごく強かったんですって。イントロの**♪パラッパッパラッパ　♪デーン　♪ドーン**という部分がすごく強かったから、ひょっとしたら、そっちにちょっと寄ってたのかもしれないなって。だから「あの時、藤井くんがそうやって変えろって言ったのは、まぁいいんだよ」と後日言ってくださったから、ホントにありがたかったんですけど……。

宇多丸　じゃあ、ほかの曲は全部詞が先？

藤井　いえ、曲先〈★16〉だったですね。で、結局アルバムになることになって、松本先生のところで「どういうのがいいですか？」という話になって。もともとすごく好きだったんですけど、キリンジさんとか……。

宇多丸　コモリタミノル〈★17〉さんとか、田島貴男〈★18〉さんとか……。

藤井　……という方々にお願いしようと思ってるけどどう思う？　っていうお話を本当に丁寧にしてくださって、で、曲が上がってきました、先生が詞を書いてくださいました、スケジュールあります、行きましょうって。それから自分のカバンの中に先生が書いてくださった詞がどんどん増えていくんですけど、結局いちばん最初に書いてくださった、**僕が「このジャンケンっていうのが……」と言ってしまった詞がずーっとあって、**これ、どうなるのかな〜って思っていて。このままなくなったらホントどうしようって心配してたら、先生はそれも察し

ロデュースを手がけたほか、浜崎あゆみ、広瀬香美、いきものがかりなど、多くのアーティストをプロデュースする。

★16　曲先
メロディを制作したあとに、詞を書く楽曲制作スタイル。曲先ではメロディの中で詞が載るリズムも割り振られており、その割り振りに合わせて言葉をはめ込んでいく。

★17　コモリタミノル
作詞家、作曲家、音楽プロデューサー。1984年、作曲家としての活動を開始。代表曲にSMAP『Shake』『ダイナマイト』『らいおんハート』などがある。

てくださって、掘込さんのお兄さんに詞先〈★19〉で渡して作ってくださったんですよ。それが『代官山エレジー』〈★20〉。

宇多丸　あ、これがそうなんですね！

藤井　そうなんです。掘込さんのお兄さんは詞先をしたことがなかったので……。

宇多丸　キリンジはきっとね、世代的にいってもそうでしょうね。

藤井　でものちのち聞いたのは「松本先生から来てるから、そんなの断られんし」って、やってくださって。

宇多丸　あ、「ジャンケンしたの覚えてる?」って書いてある！　そうなんだ。

藤井　**だから『代官山エレジー』で『絶望グッドバイ』が歌えるんですよね。**

宇多丸　あ、なるほど。乗せるとそのまんま。

藤井　はい。その逆もしかり。

宇多丸　へえ〜!!　これは『ロミオ道行』マニアはみんなやってみようっていう。これはびっくりなエピソードですね！

藤井　だから僕『代官山エレジー』も、すっごく好きな歌です。

宇多丸　そうなんだ〜！　しかしその歌詞に対するエピソードも込みで、松本隆作品としてもアルバムまるごとプロデュースなんてことは、もう二度とないんじゃないか、くらいの……。

藤井　ないと思ってました、ホントに。ていうか、アルバムを出すなんていうこともこれで最後だろうなって思ってましたし。だからその時はベストを尽くそうと一生懸命頑張りましたし、曲が全部完成して最後のＭＩＸしてる時に、先生が「アルバムの曲順はどういうのがいい？」と付箋にタイトルを書いてくださって、「僕はこういう風がいいと思うんだ」とか助

★18 **田島貴男**
シンガーソングライター。学生時代よりアマチュアバンドで活動し、1988年PIZZICATO FIVEに加入。1990年に脱退後は自身のバンドORIGINAL LOVEに専念。渋谷系を代表するバンドとして活躍。その後ソロユニット・ORIGINAL LOVEとして活動する一方、アーティストへの楽曲提供、プロデュースも行う。

★19 **詞先**
作曲より先に作詞を行う楽曲制作スタイル。メッセージや意志を伝えやすい一方、字数やイントネーションに合わせてメロディを作る必要がある。

★20 **『代官山エレジー』**
ファーストアルバム『ロミオ道行』の8曲目に収録。作詞：松本隆、作曲：堀込高樹。編曲：CHOKKAKU。

言してくださったりとか。

宇多丸 やっぱりね、作品に対しての松本さんの愛をものすごく感じますね。

藤井 いや〜うれしかったです、ホントに。「コンサートやりなさい」って言ってくださったのも松本先生ですし、それがなかったら絶対できなかったし。

宇多丸 いや〜すごいな〜……。僕らが聴いて、これは何かものすごい**日本のポップス史上に残る名盤なんじゃないかと思ったのにはちゃんと理由があった**というか、ホントに現場としてもそういうものだったという感じなんですかね。

藤井 僕自身はさておきですけど、これに関して携わってくださったみなさんはホントに素晴らしい方々で。

宇多丸 でもね、ストレートにはそういう言い方しないかもしれないけど、やっぱり藤井さんを買ってなきゃこういうアルバムには当然ならないですよ。

藤井 いや〜、そうでしょうか。

宇多丸 ホントに素晴らしい。あの、何ていうんですかね、僕らの言い方では、ホントに品のある真っすぐなシンガーで。

藤井 ホントですか？

宇多丸 逆に自分で音楽活動続けてきた人だと、**こういうスッとした真っすぐな歌い方をしない**と思うんですよね。クセのなさというか、それが僕は**シンガーとしての藤井隆さんの魅力**だと思いますんで。

藤井 いえいえ……。

宇多丸　なるほど。『ロミオ道行』名盤秘話いただきました。ありがとうございます！

「日本の宝をなに休ませてるんだ！」って言わざるを得ない

宇多丸　で、『ロミオ道行』も素晴らしかったんですけど、立て続けにセカンドアルバムを出されるじゃないですか、2004年に『オール バイ マイセルフ』〈★21〉。で、これもまた路線としてシティポップス〈★22〉的なね、アーバンな国産シティポップスの遺伝子は受け継ぎつつ、プロデュースは本間昭光さんで。何ていうか、もうちょっとビートが現代的で硬質な感じのファンク感も増して、みたいなアルバムになっていて。とはいえ、やはりアルバム全体にコンセプト感があるというか、**芸人さんが片手間で出すアルバムではない感**というか、それが引き続きになったというのはどんな経緯なんでしょうか？

藤井　これは『硝子坂』〈★23〉とかを書かれた島武実《しまたけみ》〈★24〉さんがですね、直接お仕事はご一緒してなかったんですけど、ちょっとだけ接点があって、で、「歌やる？」みたいな感じで、島さんが真ん中にいてくださって。その横のど真ん中に本間さんもいてくださって。で、島さんと「こういうのはどう？」とか「いや、僕はこういうのがいい」とか、『ロミオ道行』の時よりももっと自分の意見を出したりしました。今もそうですけど、当時の自分が好きなものが全部詰まってるという感じで。『オール バイ マイセルフ』はタイトルも自分で決めましたし。

宇多丸　だからそれこそ『オール バイ マイセルフ』なんですね。

藤井　はい。なんか1人でやっていくんだ、みたいな感じでした。で、その島さんに**「せっかくだから詞を書きなさいよ」**って言われて、「いや、僕、詞なんて書けないですよ」って。一人

★21 **『オール バイ マイセルフ』**

2004年7月にリリースされた藤井隆のセカンドアルバム。プロデュースは本間昭光。

★22 **シティポップス**
1980年代に流行した都会的なイメージのポップスのこと。それまでの歌謡曲やフォークとは異なり、ポップ・ロック、R&Bやジャズ、フュージョンを全面に打ち出した音楽スタイル。1981年に寺尾聰の『ルビーの指輪』が大ヒットしたことを機に、急速に浸透していったといわれている。

★23 **『硝子坂』**
1977年に発表された木之内みどりのアルバム『硝子坂』のタイトル曲であり、高田みづえのデビューシングル。作詞は島武実、作曲は宇崎竜童。高田みづえ版は

称の自分の話なんて恥ずかしくてホントに嫌だったんですけど、**「じゃあもう、ペンネームでもいいから」**って言ってくださって。で、この『1/2の孤独』〈★25〉ってやつを……。

宇多丸　はい、これね！　実はお訊きしようと思っていたんですけど、これ何て読むんですか？

藤井　「四方海《しほうかい》」。

宇多丸　四方海ですか。この四方海って人は、いくら調べてもデータが出てこないんですが……。**「ひょっとしたら、これは、藤井さんの変名だったりするんですか？」**って質問をしようと**思っていたところなんです!!**

藤井　アハハハハハ!!　本当ですか！　あの、**僕この番組レギュラーにならしてもらえない？**ホントに今まで、いろんなプロモーションに行かせていただきましたし、みなさんホントによくしてくださいましたけども、**こんなに高揚感のあるプロモーションは初めてです！**　ありがとうございます。

宇多丸　いやいやいやいや、僕らこそ今、いただきましたー！　っていう。そうだったんですか！

藤井　そうです。しかも1番は島さんが書いてくださって、「1番を書くから2番をあなたが書きなさい」って。だから符割り〈★26〉がちょっと変だったりするんですけど、初めて2番を書いたんですよね。

宇多丸　そう思って聴き直すとまた……ね。

藤井　なんか調子に乗って話していいですか？

宇多丸　はい。

藤井　**ちょうど結婚したいなって決めてた時だったので、そういう思いを込めてますね、水瓶座は**

売上31万枚を記録し、『私はピアノ』に次ぐヒット曲となった。

★24 **島武実**
作詞家。ダウン・タウン・ブギ・ウギ・バンドのアートディレクターを務めながら作詞家としての活動を開始。1999年には音楽プロデューサー・佐久間正英、YUKI、ケイト・ピアソンとのユニットNiNaとしても活動。

★25 **『1/2の孤独』**
セカンドアルバム『オールバイマイセルフ』の11曲目に収録。作詞：四方海、作曲：堀込高樹、編曲：本間昭光。

★26 **符割り**
音符を組み合わせてグループ化したフレーズのこと。メロディの中で詞が載るリズムを割りふる楽曲制作の1つ。

妻〈★27〉**の星座ですし。**

宇多丸　**そんなロマンチックなストーリーが……！**

藤井　当時の自分はそんなことは恥ずかしくて言えないし、プロモーションでも絶対黙っていましたけど、今日はなぜか言ってしまいました。

宇多丸　ものすごいプライベートな話じゃないですか！　ありがとうございますー!!

藤井　たぶん今日は家に帰って、**「はー！　言っちゃった！」**って思って恥ずかしい……ここにニーズがないって思うと……。

宇多丸　いえいえいえいえ、ありますって！

藤井　まだ間に合うんだったら放送禁止用語にして……使わないようにしなくちゃ。

宇多丸　いえいえいえいえ、そこ切れば済む話になっちゃいますから。いや僕ら的には完璧なストーリーですよ。しかもあれですよ、そんなおっしゃいますけど、僕ら的には、だって乙葉さんをね？　**この夫婦最強やないかー！**っていう。**どんだけセンスがいいんやー！**っていう感じだったんで。

藤井　いやいやいやいや、滅相もないです……。

宇多丸　ほかにもTommy february6〈★28〉さんとの『OH! MY JULIET』〈★29〉とかね、今度はユーロに振ってきたか〜と。

藤井　これは僕の大好きな曲ですね。

宇多丸　素晴らしい曲がたくさんあるんですけど、もうね、時間がグイグイ来てますよ。大変ですよ。

藤井　失礼しました。ホントにすみません。

宇多丸　ただこれだけはちょっとお願いします。

★27 **妻**
2005年に藤井隆と結婚したタレント・乙葉のこと。1981年1月28日生まれ。2002年に歌手デビューし、アルバム2枚、シングル1枚をリリース。2004年以降歌手活動を休止していたが、2014年堂島孝平のアルバム『フィクション』の楽曲『誰のせいでもない』にボーカル参加し、10年ぶりに歌手活動を再開。

★28 **Tommy february6**
2001年よりスタートしたthe brilliant green のボーカリスト・川瀬智子によるソロプロジェクト。2003年からはTommy heavenly6としても活動している。

★29 **『OH! MY JULIET』**

2005年10月にリリースされた藤井隆の6枚目のシングル。作詞：Tommy february6、

藤井　全然どうぞ言ってください。

宇多丸　『OH! MY JULIET』以降、藤井隆さんの音楽活動のペースがダウンしてきたんですよね。これはどんな感じだったんですか？

藤井　もう全然、何の理由もなく。吉本興業にR&C[★30]というメーカーがあるんですけど、だからといってやりたいと言ったから出せるものでももちろんなくてね。やっぱりセールスのこととかもありますし。『ナンダカンダ』っていうのはホントにお年玉で、たくさんの方に買って喜んでいただいて、そういうのがあったことはホントにうれしいし強みだったんですけど、それ以降はいかんせんそんなにたくさんの方に聴いていただけないので。だからやっぱりレコード会社としても、ならばやめときましょうとなってくるでしょうから……。

宇多丸　あ〜……これは声を大にして言っておきたいですね。**「日本の宝をなに休ませてるんだ!」って言わざるを得ない!**

藤井　いやいやいや。ありがとうございます。

宇多丸　「何を休ませてるんだ」でいえばですよ、これちょっと藤井さんご本人の話と少しズレてしまうけど、あの〜、お知り合いのマシュー南[★31]さんという方……。

藤井　あ〜、なんか聞いたことあります。

宇多丸　テレビ朝日さんでね、活躍された。

藤井　金髪の方でしょ？

宇多丸　金髪の方で、非常に見事な司会ぶりで。

藤井　そうでした〜？　「我が強いな〜、この人」と思って観てましたけど。

作曲・編曲：MALIBU CONVERTIBLE。

★30　R&C
吉本興業のレコード会社「よしもとアール・アンド・シー」のこと。アルケミスト、ET-KING、宇都宮隆、NMB48などのアーティストのほか、所属芸人のDVDなどを多数リリース。

★31　マシュー南
2001年よりテレビ朝日系にて放送された『BEST HIT TV』『Matthew's Best Hit TV』『Matthew's Best Hit TV+』のMC。チェリストである日本人の父と、元伯爵家令嬢であるイギリス人の母を持つハーフで、フルネームはMatthew・G(弦也)・南。藤井隆と同一人物と言われているが、本人たちは否定している。

宇多丸　いやいやいやいや。僕ら的にはですね、特にやっぱり**女性アイドルを捌《さば》いた時に、その女性アイドルがもうほかのどこよりもちゃんと輝いてる、**みたいな。

藤井　そうですかぁ？

宇多丸　マシューさん、ぜひまた活動しないのかな、どうなってるのかなあって、その辺りの噂はお聞きではないですか？

藤井　なんか平野レミ〈★32〉さんの下ネタで真っ赤になってるような人ですから、やっぱりＭＣとしてはあまり良くないんじゃないですかあ？

宇多丸　アハハハ！　ＭＣとしての限界がっていう。

藤井　彼はたしかイギリスと日本のハーフの人なんですけど、本国イギリスのほうに戻って番組をコツコツやってると一応僕は聞いてますけどね。だから日本でネットしてないだけだという。

宇多丸　あ、そうですか。じゃあもうちょっと掘ってみるといいんですかね。

藤井　そういう風に聞いているだけで、実際僕は知らないんですけどね。

宇多丸　言われても困るかもしれないけど。

藤井　困るんですけど、でもそれは他人事ながら、ホントにうれしく思ってます。

宇多丸　例えばですよ、**僕ら的にはマシュー南とPerfume〈★33〉の絡みが観たい！**　というか、**マシュー南とPerfumeの絡みはたぶん24時間観ていられる！**　たぶんですけど。

藤井　アハハハハ！　そうですか〜。

宇多丸　っていう風な勝手な想像をしたりとかね。その後いろんな人たち、いろんな子たちが出てくるたびに「ここにマシューがいたら、どう捌くのかな〜」みたいなね。

藤井　そんな風に思って観てもらってたんですか。

★32　**平野レミ**
料理愛好家、タレント、シャンソン歌手。夫はイラストレーターの和田誠、長男はTRICERATOPSの和田唱。『Mathew's Best Hit TV』ではマシューのおば「レミ」として出演。料理コーナー「マシューケータリング」では、お得意の下ネタで暴走するトークが好評となった。

★33　**Perfume**
女性3人組のアイドル、テクノポップユニット。広島県出身。CAPSULEの中田ヤスタカによるサウンドプロデュースと、振付師のMIKIKOによる無機質なダンスが魅力。

宇多丸　なのでぜひ、ちょっとお話しする機会があったらお伝えいただければ。

藤井　ぜひ、伝えたいと思います。

宇多丸　さあ、このあと後半はニューシングルのお話を伺いたいんですが、まずは1曲かけたいと思います。

藤井　いいですか～？

宇多丸　2014年6月5日発売、**なんと作詞・作曲・プロデュースは松田聖子〈★34〉さんです**。これ、まだお聴きになってないみなさん、松田聖子さん作詞・作曲・プロデュースで、この感じだというところをまずはぜひ驚いていただきたいと思います。じゃ、曲紹介のほうをお願いします。

藤井　それでは聴いてください……。藤井〝漫画ゴラク〟隆で『I just want to hold you』。

♪『I just want to hold you』流れる

宇多丸　はい、藤井隆さんの『I just want to hold you』をお聴きいただきました。

『She is my new town／I just want to hold you』制作秘話

宇多丸　知りたかった話以上のいろんなエピソードが伺えて。ハッキリ言って、曲のあいだにお聞きしたこととかも合わせて全曲解説願いたいです。

藤井　いやぜひぜひ。**もう、そんなストップウォッチなんか捨ててくださいよ!!**（と、テーブルの上

★34 松田聖子
言わずもがな80年代のクイーン・オブ・アイドル。1980年に『裸足の季節』でデビュー。3枚目のシングル『風は秋色』から26枚目のシングル『旅立ちはフリージア』まで24曲連続でオリコンシングルチャート1位を獲得。トレードマークのヘアスタイル「聖子ちゃんカット」は全国女子の憧れとなった。

のストップウォッチをつかんで投げ捨てる）

宇多丸　アハハハ！　今、藤井さんが柔らかい感じで、ストップウォッチをものすごい乱暴に投げましたからね！

藤井　ゾクゾクしますよ。

宇多丸　びっくりしました。はい、じゃあホントに訊きたいことすべてぶつけさせていただきたいと思います。ではここからは藤井隆さんの最新作についてお話を伺っていきたいと思いますが、先ほどお聴きいただきました『I just want to hold you』と『She is my new town』という2曲が入っているシングルが発売されておりまして、これがなんと作詞・作曲・プロデュースが松田聖子さんという。

藤井　はい。

宇多丸　もちろん藤井さんが聖子さんファンっていうのはもうあちこちでも公言されていますし、あと、ご一緒に曲も作られてますよね。

藤井　はい、そうです。出させていただきました。

宇多丸　『真夏の夜の夢』〈★35〉。これが2007年ですかね。ただ『真夏の夜の夢』はやはり松田聖子さんと藤井さんが曲を出すならというので、まだ何ていうんですかね、想像はつくような素敵な曲だったんですけど、TBSのバレーボールの応援歌でもありまして、爽やかな感じでしたよね。だったんですけど、今回の曲は先ほど『I just want to hold you』をお聴きいただいたみなさんも共有されたと思いますけど、**これが松田聖子さんの作った曲なのか!?　と。**

藤井　そうです。作詞・作曲のみならず編曲までですよね。

★35 『真夏の夜の夢』

2007年8月にリリースされた藤井隆の7枚目のシングル。名義は松田聖子×藤井隆。「女子バレーボールワールドグランプリ2007」大会イメージソングとして使われた。作詞・作曲：松田聖子、編曲：船山基紀。

▲生放送ではなく、事前収録だったこのインタビュー。予定時間を大幅に超える、相思相愛のトークとなりました。

▼収録後のお別れ時、スタジオの廊下で始まった宇多丸と藤井隆の感謝の土下座合戦！

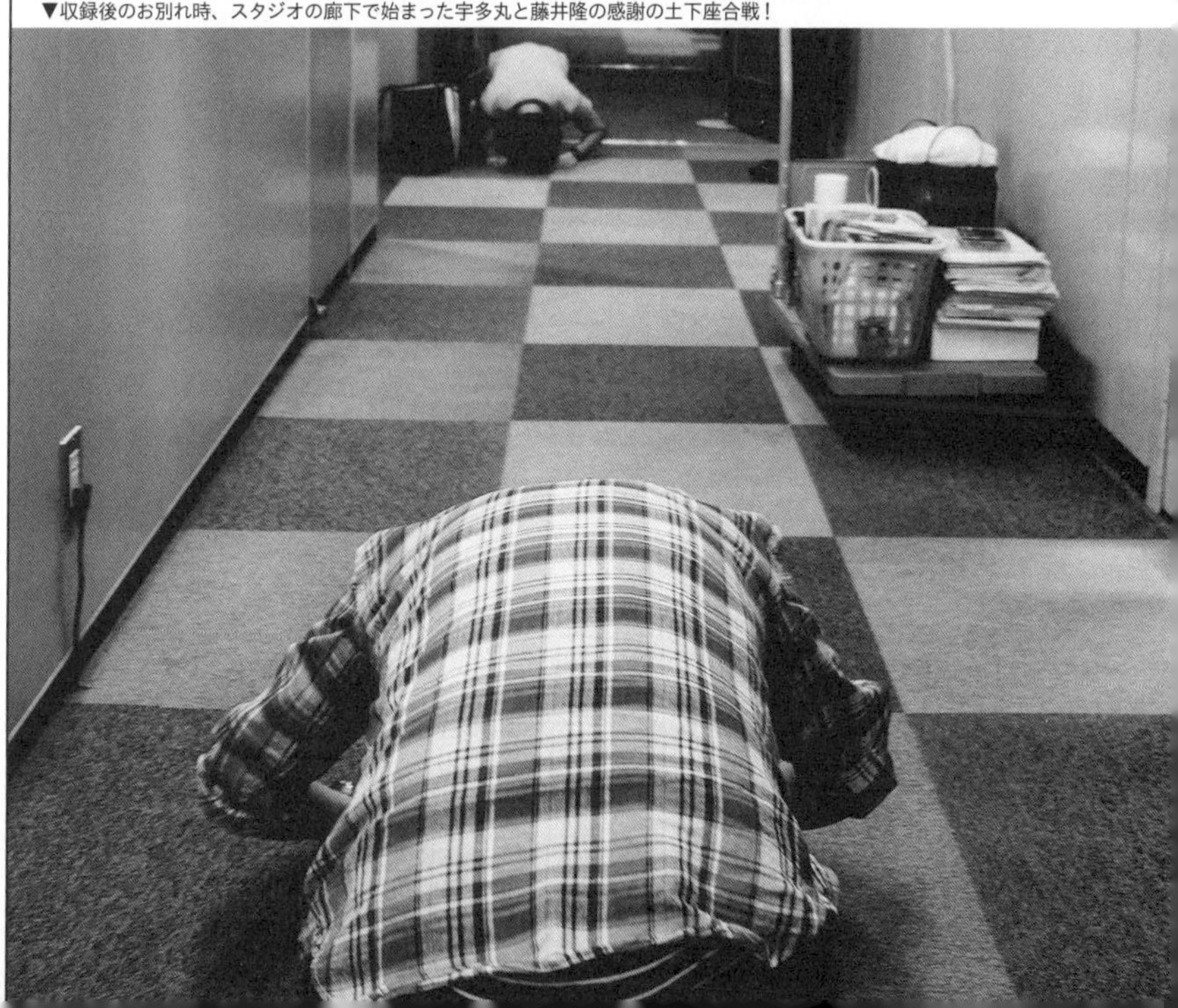

宇多丸 一言でいえば全曲もちろん全編英語詞ってのもありますけど、**端的に洋楽的、もっといえばエイティーズ洋楽ポップ**というかですね、そういうテイストなんですけど、これはなぜこのような感じの曲になったんですか？

藤井 はい。え〜椿鬼奴《つばきおにやっこ》〈★36〉さんとレイザーラモンRG〈★37〉さんと3人で、ロフトネイキッド〈★38〉さんとかロフトプラスワン〈★39〉さんで、洋楽を第一興商のカラオケのサウンドに乗せて4時間歌うっていうイベントを毎月やってまして……。

宇多丸 「Like a Record round! round! round!」〈★40〉っていうね、Dead or Alive〈★41〉にちなんだ感じのね。

藤井 そうです、そのとおりです。それを約2年ぐらいやらせていただいていて、やっぱり音楽が好きだわ〜ってことがもうホントに再確認できて。CDという形では全然歌ってなかったんですけど、やっぱり、もし機会があったら歌わせていただきたいなって思ったのと、あとファンレターとかブログにも書いてくださるんですけど、わざわざお手紙で「CD出さないんですか？」とか「初めて行ったコンサートは藤井さんなんですよ」と書いてくださる方が……。

宇多丸 やっぱり心ある方が、心ある音楽の聴き手がいるってことですね。

藤井 それがホントにありがたくて。そういうものをずっと頂戴し続けていて、これは先ほどの話にちょっと戻りますが、枚数は売れないかもしれないけど、でも、そういう風に言ってくださる方が少しでもいるならば、それで僕にそういう機会があるならば、いつかチャンスを狙ってやりたいなって思っていたのが、ちょうどパチンと当たった時期だったんですよね。

宇多丸 なるほどなるほど。

★36 **椿鬼奴**
お笑いタレント。数々のバラエティー番組に出演するピン芸人として活躍するほか、お笑いユニット・キュートン、バンド・金星ダイヤモンドのボーカルとしても活動中。

★37 **レイザーラモンRG**
お笑いタレント。1997年、レイザーラモンHGとレイザーラモン結成。コンビ以外にも、持ち前の高い歌唱力を生かして小藪千豊とのパフォーマンスユニット・ビックポルノとしても活動。

★38 **ロフトネイキッド**
トーク&ミュージックをテーマにしたイベントスペース「新宿ネイキッドロフト」のこと。新宿・職安通りに面する地上1階の空間では、トークライブを中心に、アコースティック系ライブ・お笑い・サブカル・政治 etc. さまざまなジャンルが融合し、ロフトグループの中でもとりわけ濃密なライブイベントが行われている。

★39 **ロフトプラスワン**
東京都新宿区にあるトークライブハウス。1995年に

藤井 で、なぜ洋楽かといいますと、まぁ僕が歌っている時点で洋楽ではないんですが……。

宇多丸 でも洋楽テイストですよね明らかに。

藤井 それは「round! round! round!」のイベントの影響ももちろんありますし、今までいろいろ作ってくださったみなさんが、毎回違う僕にしてくださってる。Tommyさんとかも顕著にそうで。

宇多丸 アルバムごとにというか、シングルごとにこれほどコンセプトが、しかも明確なコンセプトが変わる歌手っていうのもなかなかいないと思うんですよね。

藤井 テレビとかもそうなんですけど、僕はずっとお世話になってる方に「新番組を始めるならば何か新しいことを1個考えなさい」って言われていて。それはテレビの撮り方とか画角を変えるとか、そういうのでも何でもいいからとにかく今までと違うことを1個乗っけておきなさい、何か変わりなさいって言われて育ってきたんですけど、それがずーっとテーマで。それで、大きく変わりたかったんですよね。こんなこと言うとお恥ずかしいですけど、**冗談抜きでホントに宇多丸さんのことが頭に浮かびまして……。**

宇多丸 **んんっ! これはじゃあ僕の2007年のこの番組での特集がってことですか?**

藤井 はい。ホントにそうです。ホントに弱ってた時に、あの放送ですごく頑張れたんです。ハッキリ覚えてますもん。机に座ってもう半泣きになって、こんな風に言ってくださる方がいてくださるんだ。絶対これは何かにトライして、**絶対にこの『ウィークエンド・シャッフル』にCDを持って行こう!** って、そこまでホントに思ってたんです。

宇多丸 いやあ……。

新宿区富久町にオープンし、1998年に歌舞伎町に移転。音楽・映画・文学・マンガ・アニメ・スポーツなど、サブカルチャーの殿堂として知られている。

★40 **「Like a Record round! round! round!」**
椿鬼奴、レイザーラモンRGと2年前から始めた洋楽カヴァーイベントとプロジェクトの名前。その後2014年9月に藤井隆が、新しいレコードレーベル「SLENDERIE RECORD」を設立。音楽ユニットLike a record round! round! round!として、楽曲『ナウ・ロマンティック』『ka-ppo!』をリリースしている。

★41 **Dead or Alive**
1980年にピート・バーンズをリーダーに結成されたイギリスのバンド。1980年代中盤からユーロビートを取り入れた『You Spin Me Round』などで世界的ヒットとなる。日本ではバブル時代のディスコブームもあり、一躍人気バンドに。

藤井　吉田豪〈★42〉さんにも絶対お届けしようって。吉田豪さんは別のところで「歌、好きですよ」って言ってくださってたから、豪さんと宇多丸さんには絶対届けよう！　と思って。

宇多丸　あらら……ちょっと待ってください、この番組、**最終回の内容**じゃないですか？　大丈夫ですか？　大団円みたいな。

藤井　アハハハハ！　でも事実そうなんですよ。それは嘘でもなんでもなくて。だから僕、今日はホントに自分の夢が叶った日です。

宇多丸　**うれしいを超えて、僕は今、恐ろしいですね！　放送というものがなんだか怖くなってきましたね。**はあ、そうでしたか……。

藤井　それで、どうしてもやりたいのは洋楽だって思いまして。その時に、自分に今まで携わってくださった方々、そしてまた新しい自分になるために、どなたにお願いすればいいんだろうって真剣に考えまして。で、いちばん最初に松田聖子さんが頭に浮かんだんですけど、でも違うかなとも思って。だってそういうことをやられない方だし。でもそのあともああでもないこうでもないといろいろ考えていたんですけど、いや、やっぱりいちばん最初に思いついた聖子さんっていうのはどうだろうな、と思って。というのも松田聖子さんが海外でリリースされたアルバムとかもずっと聴いてますし、中でも『Area 62』〈★43〉っていうアルバムがあるんですけど、それがすごい好きなんですね。聖子さんはボーカルとして参加している作品なんですけど、ホントに素晴らしいんですよ。

宇多丸　初めて知りました。そうなんですか、不勉強ですみません。

藤井　いえいえ。聖子さんは海外に飛び出していって、ご自身の道を信じてファンのみなさんに新しいものをお届けするんだっていう思いで、すごく真摯《しんし》に音楽と向き合っていらっしゃる方

★42　吉田豪
本書では「町山智浩の素晴らしきトラウマ映画の世界」（P284）にも登場。宇多丸と共に、藤井隆の音楽活動を大絶賛していた人物の1人。

★43　『Area 62』

seiko名義で2002年にリリースした世界進出アルバム。クラブミュージックへの積極的なアプローチなど、意欲的なスタンスが貫かれた作品。クラブDJ向けにシングルカットした『all to you』『just for tonight』がビルボードのダンス・チャート最高15位にランクインした。

ですから。マイケル・ジャクソン〈★44〉もそうですしマドンナ〈★45〉もそうですけど、すごくいろんな洋楽を聴いてこられてる方ですから、聖子さんが感じる洋楽っていうのはどんななんだろうと、ちょっと興味があったので、作っていただけるかどうかは分からないけど1回訊いてみようと思いまして。自分の会社の人間には特にまだ言っていない段階だったんですけども、聖子さんとお会いできるタイミングがあったので、そこでご相談しました。

宇多丸 はいはい。

藤井 そしたら「なるほど。どういうものがいいんですか?」となりまして。洋楽と一言で言いましても、僕はやっぱり**UKチャートのほうが好き**なので。

宇多丸 80年代はね、やっぱりイギリスが元気でしたから。

藤井 はい。で、アメリカンロックみたいなカラッとしていない感じ、もっとこうウエットと言ったらあれですけど……。

宇多丸 クールな感じですかね。

藤井 はい。なんか寂しかったりとか、あとループする感じとか、そういう好きな要素をお伝えして、こんな説明で大丈夫かなと思ったんですけど、松田さんが「**分かりました**」と言ってくださって。

宇多丸 おお……!!

藤井 「じゃあ、**お願いします!**」って、依頼しました。

宇多丸 それで出来たのがこの2曲ですか! まさにあのワンコード感で、ずーっと地味に高揚していく感じって、日本のポップスのあり方とは完全に相反するものだし、同時に洋楽っていう

★44 **マイケル・ジャクソン**
もはや説明不要の世界的ポップスター。ジャクソン5として活動をスタートし、1971年にソロデビュー。「Billie Jean」「Thriller」「Beat It」をはじめ、大ヒット作は数知れず。2009年、ロンドンでのコンサート『THIS IS IT』のリハーサル期間中に急死。世界中に衝撃を与えた。

★45 **マドンナ**
マイケル・ジャクソンに並ぶ、クイーン・オブ・ポップ。シンガーソングライター、女優、映画監督、実業家と多彩な顔を持つ。本名はマドンナ・ルイーズ・ヴェロニカ・チッコーネ。

か、何ていうのかな……ずっと聴いてて本質が分かってる人じゃないとできない曲だなって思ったんですね。単なるそれ風じゃないっていうか。だからびっくりしましたね。**聖子さん、こういう引き出しがあるんですね。**

藤井　いやもう聖子さんがすごくお忙しいスケジュールの時にご相談に上がったので、それでも「もっと知りたいので教えてください」って「好きな曲を何曲か挙げてください、聴かせてください」っておっしゃって。で、僕、家に帰って大慌てでアレとコレとリストアップしたら40曲くらいになっちゃったんで気後れしたんですけど、お渡ししたら、マネジャーさんから「松田さん聴いてますよ」って連絡を頂戴して。移動の間とかを使ってたぶん全部聴いてくださって。**それで、この2曲が上がってきたんです。**最初は1曲の約束だったので「どちらかお好きなほうを」って言っていただいて。「いやいやいやいやいや！　そんな馬鹿な！**……え、2曲ですか!?**」となって、いやいや、もうどっちがいいか決められないので。

宇多丸　そこで2曲出してくるところもカッコいいですね。

藤井　もう本当に最高です。僕はやっぱり松田さんは、**すごい音楽家**だと思うんですよね。

宇多丸　なんかそれこそマイケル・ジャクソンがスーパースターとしてはみんな知ってても、自分で音楽をプロデュースし、コントロールする人としてはなかなか評価されてないみたいなことが、聖子さんもちょっとあるかもしれないですね。つまりアーティスト、ミュージシャンとしての側面というか、プロデューサーとしての部分が、実はほとんど知られていないのかもしれないですね。

藤井　コンサートとかを拝見してるとホントに驚きの連続っていうか、芸能生活34年目に入られて、今年（２０１４年）の夏も武道館でコンサートがありますけども。80年にデビューされて、いまだこうやって武道館でコンサートをやられて毎年夏にアルバムをリリースされて、そんな方はやっぱりいない、ホントにもういないと思うので、素晴らしい音楽家だと思うんですよね。

宇多丸 しかも僕はね、これはちょうど藤井さんの音楽活動にも、時代的に追い風が吹いてるんじゃないかと思うんですよ。

藤井 ほう。

宇多丸 まず80年代《エイティーズ》的なものがトレンド的にアリになってきて、例えばダフト・パンク〈★46〉の今出てる曲で、ファレル・ウィリアムスとナイル・ロジャースの『Get Lucky』〈★47〉という曲がありますよね。ああいう曲が最新トレンドになり得るわけだから、僕はそういう流れに今回のシングルが、世界的に見ても全然シンクロしてると思うんですよね。

藤井 ホントですか? ありがとうございます。

宇多丸 だから聖子さんが単に80年代の人だからこういう音なんじゃなくて、今このタイミングでこの音楽、というのが分かってる曲だと思ったんですよね。だからなんか、スゲエな~としか言えないです。**スゴイ曲出しましたね、本当に。**

藤井 本当にうれしいです。はい。

宇多丸 あとこれはぜひお訊きしなきゃいけないと思ったのは、ミュージックビデオがサンリオの1979年の映画『くるみ割り人形』〈★48〉を使ってるじゃないですか、ジャケとかも。これもなぜ? という感じなんですけど。

藤井 もともとA案があって、そのA案は自分で監督しようと思ったんですけど、デモをいただい

★46 **ダフト・パンク**
トーマ・バンガルテルとギ=マニュエルによるフランスのエレクトロ・デュオ。1994年、『ニュー・ウェイヴ』でデビュー。『ワン・モア・タイム』をはじめ数々のヒット曲を発表し、第56回グラミー賞授賞式では最優秀アルバム賞と最優秀レコード賞を含む5部門を受賞。

★47 **『Get Lucky』**

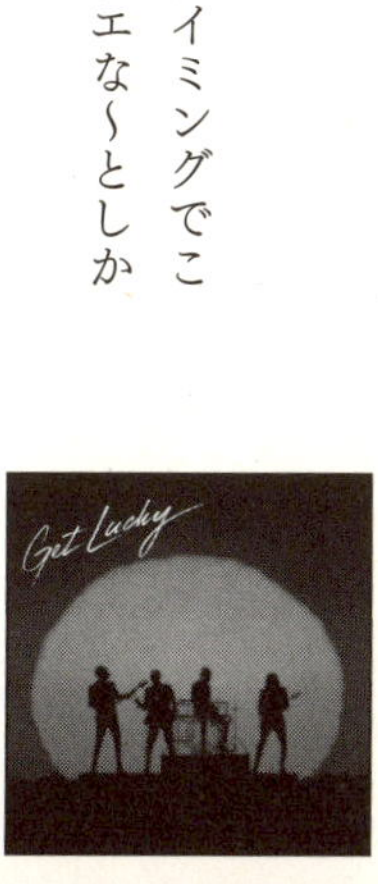

ダフト・パンクの2013年リリースのシングル。ファレル・ウィリアムスやナイル・ロジャースを起用した80年代的なサウンドで、全英シングルチャートなど世界各国のチャートで1位を獲得した。

た時にすごく若林〈★49〉みたいなところを夜に歩いてる感じが……。

宇多丸　若林って、土地の？

藤井　はい。若林から、ずっと世田谷通り〈★50〉を上がっていってる感じがしたんです。で、何か歩くのがしたくて、そういうコンセプトで進めていったんですけど、自分の歌が入って上がってきたのを聴いた時に、全然僕がいらなくなっちゃったんですよ。自分が映ってないほうがいいなと思って。じゃあこれ誰が歩いてるんだろうと思ったら、サンリオ製作の映画『くるみ割り人形』に主人公のクララが夜歩いているシーンがあるんですけど、それが出てきまして。これは実際、僕が子供の時に母の友達のおばちゃんに映画館へ連れて行ってもらって観たんです。「好きになるのは簡単なことだけど、簡単に好きになったものはいつか簡単に手放す日が来る。でも本気で好きになったものは、なかなか手放すことはできない」というのが、この映画のテーマかなって。それが子供ながらにすごく衝撃で、大きく自分の中に入ってきた映画で、大人になってからもＤＶＤで何回か見返してたんですけど、**当時の気持ちにもぴったりでした。**しかもそのサンリオの現会長〈★51〉でいらっしゃる方が社長在任中に手掛けられた作品なんですけど、制作に5年かかってるんですって。「どうしてもこの映画を5年かけてでも、お金がどんなにかかっても作るんだ！」って意気込みで。映画の途中には、キティちゃんとかキキララちゃんとかがカメオ出演するんですよね。それが、その社長のキティちゃんへの想いとか、「ありがとう」という感謝もすごく伝わってきたし、好きなものは絶対やるんだっていう信念……。

宇多丸　まさに今回の音楽活動再開にも通じることなわけですもんね。

藤井　そうなんです！　聖子さんにやっていただいたんだから、で、今度のビデオはホントに自分

★48　**『くるみ割り人形』**

1979年・日／監督：中村武雄／声の出演：杉田かおる、志垣太郎、夏川静枝。ホフマンの童話『くるみ割り人形とねずみの王様』とバレエ『くるみ割り人形』をもとにした人形アニメーション映画。2014年11月、3Dの新作（新編集版）が公開された。

★49　**若林**
東京都世田谷区の町名。南北に東京都道318号環状七号線（環七）が横切り、東西に東急世田谷線が走る。中心に東急世田谷線「若林駅」が位置する。

★50　**世田谷通り**
東京都世田谷区三軒茶屋から東京都町田市に至る主要地方道。若林は東京都道318号環状七号線（環七）と世田谷通りが交差する場所でもある。

の好きなものを自分が好きなように1コマも譲りたくなくて、「なんとかお借りできないか」ってお願いして。で、1曲分のOKをいただいたんですけど、なんかもう欲張っちゃって「2曲も無理ですか?」ってお訊きしたら、「じゃあいいよ」って許可してくださって。で、2曲ともちょっと雰囲気が違うものになってますが、主人公はクララなんです。

宇多丸　明確に藤井さんの強い意志で『くるみ割り人形』だったんですね。

藤井　はい。それ以外はもう嫌だって思いました。

宇多丸　いや〜、これね、やっぱり歌手活動そのものはね、ご本人の意思というより周りのいろいろ恵まれたセッティングだっておっしゃってましたけど、やっぱりアルバムごとにこれだけ明確なコンセプトがあって、質が高くて、ほかの誰もやらないものになっているのは、どう考えても**藤井さんのトータルコンセプト力**というか、やっぱ**アーティスト力**ですよね。

藤井　いやいやいやいやいや。

宇多丸　やっぱミュージシャンやシンガーの中で、これほど強固な世界観を持ってる人もたぶん珍しいんですよ。だから今聞いて、ますます参りました! **というか、お慕い申し上げます!**

藤井　いえいえいえいえ!

宇多丸　そんな感じになりますね〜。いや〜感服するなぁこれ……。藤井さんと直接お話しするまでは、素晴らしい作品だけど、なぜこうなる? みたいな疑問だったので、1個1個が氷解していくような感じですね。そしてやはりそれは、藤井さんのアーティスト性としか言いようがないですよね。

藤井　いえいいえいいえ、でもビデオの話もできてうれしかったです。今回はホントにもう譲らな

★51 **現会長**
株式会社サンリオの創業者であり、代表取締役社長・辻信太郎のこと。『くるみ割り人形』の企画・脚本、『シリウスの伝説』の原作・企画・製作など、サンリオ作品の原作・脚本を執筆するなどの創作活動も手掛ける。ニックネームは「いちごの王さま」。

かったです。

宇多丸 やはり、せっかく音楽活動再開するなら。

藤井 そうなんです。もうホントに最後の気持ちでやりましたし、ビデオに関してもそうです。近々サンリオさんで『くるみ割り人形』がリメイクされて発売になるんですけど……。

宇多丸 僕はむしろ、そのタイミングがありきなのかと思いました。

藤井 いや、偶然なんですけど。で、それのプロモーションキャンペーンソングに使っていただきました。

宇多丸 いや〜幸福な流れですね〜。

藤井 幸福です。全国のサンリオショップのモニターがあるところでそのビデオをご覧いただけますので、ぜひという思いと。

宇多丸 あの、でも藤井さんによって、例えば今日の特集を聴いた人がサンリオの『くるみ割り人形』にも興味持つでしょうし。だからやっぱり、お持ちのアンテナというかセンスというか、何ていうんですかね、僕ら好みっていうとなんだか偉そうな感じですけど、もうなんか……最高です‼

藤井 ホントですか？　僕プロモーション中も、「最後のつもりで好きなこと全部やらせていただいてるんです」ってずーっと言ってきましたが、**今、気持ちが変わりました。**あの、**これからも私、許してくださるなら聴いてくださるのならば、歌、頑張らせていただきます。**

宇多丸 ぜひお願いします。これ、今日の特集をレコード会社のみなさんもぜひ聴いていただいて。**あなたたちは日本の宝を預かっているんだぞ！**　と。

藤井 ありがとうございます。

宇多丸　うーん、あとやっぱり藤井さんは今後、外で出しきれない何か、表現しきれない何かがあったらぜひこの番組に来てくださいよ。無条件でこのコーナーの1時間空けて待ってますんで、お待ちしてますよ。もう、好きにしていただいていいんですよ、この1時間。

藤井　ホントですか？

宇多丸　**あ、DJとかはどうですか？**

藤井　DJ？　これもね、最近興味が急に出たんです。実はこの10日間くらいで3回アプローチがあって、今日で4回目です。

宇多丸　やっぱり何ていうか、音楽のセンスとか、それこそさっきの聖子さんに聴かせた40曲が気になるなぁとか、そこが絶対間違いない人だろうという藤井さんへの信頼感も僕らにはあるので、やっぱり向いてると思います。そして絶対楽しくなっちゃうと思う。うちの番組はDJコーナーもありますし、1時間の藤井さんのプレゼンする何か、何でもいいです、藤井さんがほかでは出せない何か。あと僕……もうストップウォッチも飛んじゃったから好きに言いたいこと全部言いますけど、今後歌手活動をさらに続けていただけるという確約を得ましたので、僕はこの組み合わせを聴きたいな〜っていうか、**この2人は何で今までやってこなかったんだよ**というのがあって。**西寺郷太〈★52〉という男がおりまして……。**

藤井　NONA REEVES〈★53〉さんでしょ、大好きです。

宇多丸　あ、そうですか！　これね、テイスト的にも絶対に合わないわけがないし、マジックがやっぱ必ず起こる組み合わせだと思うんで、西寺郷太あたりを……。

藤井　もちろん大好きです。

★52 **西寺郷太**
本書では「マイケル・ジャクソン、小沢一郎 ほぼ同一人物説」（P20）にも登場。ちなみにこの特集ののち、西寺郷太と堂島孝平によるユニット「Small Boys」に藤井隆がシンガーとしてフィーチャリングされるなど、2人の組み合わせが実現。さらに藤井隆のニューアルバム『Coffee Bar Cowboy』への参加に繋がっていく。

★53 **NONA REEVES**
1995年に結成されたロックバンド。当初は西寺郷太のソロプロジェクトだったが、1997年に西寺郷太、奥田健介、小松シゲルの3人編成となる。同年に『ゴルフEP』でメジャーデビュー。

宇多丸　聴きたいなぁ〜っていう。

藤井　アハハハハ！　**ていうか、そんなことまで考えてくださってるんですか！**

宇多丸　いや、こっちの押しつけがましい妄想に尽きますけどね。

藤井　いや〜ありがたいです。ホントにこれからも力を貸してください。

宇多丸　いえいえ、あの、もっと聴かせてください！

藤井　はい。ぜひ。いやあ、うれしかったなあ……。ありがとうございます。

宇多丸　ということで、まだもう1曲、超ド級の曲をまだかけてませんから、この曲を聴いてお別れしたいと思います。あとお知らせごとはシングル以外でありますか？

藤井　はい。シングル以外では、東野幸治さんに「もういいかげんにやれ！」って言われて始めた「Twitter があります。それで、なんかイベントごと、クラブイベントとか。

宇多丸　それこそ「Like a Record round! round! round!」とか。

藤井　ホントにお陰さまでそういうイベントとかに出させていただくことになって、なんか自分の中ではホントに変わってきてます。だから今、歌うのもすごく楽しいですし、こうやってお会いできて本当にうれしかったです。

宇多丸　あともっと余計なこと言えばね、**俳優・藤井隆も僕は好きなんですよね。**

藤井　ああ、ありがとうございます！

宇多丸　『パッチギ2』〈★54〉での藤井さんがすごい好きで、これもなんかね、全部通じてるんですよね。藤井さんの**品の良さ**なんですよ。どこに出てもやっぱり品が良いっていう件なんですね〜。

藤井　そうですか？

宇多丸　さっきから「自分はいいよ」みたいな、この一歩引くスタンスって、僕が考える関西的なノ

★54 『パッチギ2』→正式タイトルは『パッチギ！ LOVE&PEACE』

2007年・日／監督：井筒和幸／出演：井坂俊哉、今井悠貴、中村ゆり、藤井隆、西島秀俊。2004年に公開された『パッチギ！』の続編的作品。藤井隆は東北弁丸出しの青年・ノーベルを演じた。

リというよりは、むしろ東京の人みたいだなこの人っていうか、なんかそういう感じもね。そして俳優としての藤井さんも見たい。今後そこも見たいなっていうね。すみませんね、言いたい放題でね。

藤井　いえ、もう全然！　なんかホントにうれしいです。ありがとうございます。

宇多丸　よろしくお願いします。という感じで、じゃあ最後に曲を……お別れですか？

藤井　お別れするのはホントに忍びないです。

宇多丸　みなさんが聴いてるのはたぶん45分ほどに縮められたバージョンですけど、もうたっぷりね。ストップウォッチを投げ捨てて録ってますからね。

藤井　アハハハハ！

宇多丸　ぜひまたいらしてください。

藤井　ぜひお願いします。最後になってこんなこと言うのもアレですけど、**宇多丸さんがいてくださったから今回ホントにこういうことになりました。改めてお礼申し上げます。本当にありがとうございました！**

宇多丸　こちらこそありがとうございます。**もう泣きそうです！　ありがとうございます!!**

藤井　ホントにもしよろしければ、今後の僕の音楽活動をご指南、ご指導してください。

宇多丸　いえいえ、とんでもないです。

藤井　よろしくお願いします。

宇多丸　こちらこそです。ということで、最後に藤井隆さんおよそ6年ぶりのニューシングル、作詞・作曲・プロデュースは、先ほどもこの人はすごいってお話をしました松田聖子さん。この曲を最後に聴いてお別れしたいと思います。以上、「国産シティポップス最良の遺伝子を受け継ぐ男」……いや、もはや「国産シティポップス最良の遺伝子を受け継ぎ、発展させる男」だな。「歌手としての藤井隆スペシャルインタビュー」をお送りいたしました。藤井隆さん、本当にありがとうございました！

藤井 ありがとうございました。**収録中ずっとキンタマ触ってました！**

宇多丸 アハハハハ！　最後にお聴きください、藤井隆さんで『She is my new town』。

♪『She is my new town』流れる

宇多丸 （収録音声からスタジオに戻って）はい、ということで藤井隆さんスペシャルインタビューいかがだったでしょうか？　放送した部分以外にも結構いろいろな話をしていて、例えば『私の青い空』〈★55〉のミュージックビデオ、その中の独特な振り付けの話であるとか、シングルの中のスリーブ写真は、ご自分でいろいろ照明を買ってきて、みたいなそんなエピソードであるとか、奥様の乙葉さんの音楽活動も良かった〜、なんて話も盛り上がって。あとは松田聖子さんに渡した40曲はどんな風にエッセンスが入っているのか？　僕はヒューマン・リーグ〈★56〉のなんとかじゃない？　とか言って、それもあるんだけど、それら40曲全部が入ったのがこの2曲ということなのだろう、見事ですね、なんていう話もしていました。いかがだったでしょうか？　ほかでは聴けない話だったと思います。ちなみに四方海さんのペンネームの件、古川耕さんが発見した事実でございます。その辺もよかったと思います。みなさんに楽しんでいただけましたら幸いでございます。藤井隆さんインタビューでした！

★55 **『私の青い空』** 2004年、2年半ぶりにリリースされた藤井隆のシングル。作詞・作曲をキリンジが手がけ、テクノサウンドが印象的な1曲。

★56 **ヒューマン・リーグ** 1977年にフィル・オーキーを中心に結成されたイギリスのバンド。1981年に『Don't You Want Me（愛の残り火）』が全英チャート1位を記録し、その後も『Mirror Man』『(Keep Feeling) Fascination』が全英チャート2位を記録するなど、テクノポップを代表するグループとして知られる。

ON AIR を振り返る

宇多丸

藤井さんのこのインタビューは、僕がもともと持っていた引き出しから毎週の特集を作っていた番組初年度の、「国産シティポップス最良の遺伝子を受け継ぐ男、歌手・藤井隆の世界」（2007年11月3日）が発火点となり、ぐるっと一周して時空のねじれが起こり、気がつくと本人が目の前にいた——という回です。

喜ばしいことに、藤井さんはこの放送のあと、自身のレコードレーベルも設立されて、前以上に活発に音楽活動をされるようになりました。しかも、特集の最後で「この先、アルバムを作るなら西寺郷太くんとぜひ！」とか言ってたら、本当にその顔合わせでの制作が始まってしまいましたから。加えて、藤井さんには僕のやってるDJイベント（「80's!!!!!!!!!」@三宿web）にレギュラー参加して頂いたりもして……もともとは、ただこちらが一方的に電波に乗せてラブレターを送っていただけだったのに！　番組を通じて、僕の夢というか希望が、怖いくらいにどんどん実現してしまった……そんな感じです。

高橋《たかはし》ヨシキ

1969年生まれ。アートディレクター・ライター・デザイナー。1999年より『映画秘宝』（洋泉社）のアートディレクター兼ライターを務めるほか、数多くのDVDジャケットのデザインを手掛ける。映画『冷たい熱帯魚』では、園子温監督と共同で脚本を手掛けた。主な著書に『暗黒映画入門 悪魔が憐れむ歌』（洋泉社）、『異界ドキュメント 白昼の囚』（竹書房）などがある。

サタデーナイト・ラボ

2013.8.3 ON AIR

映画駄話
シリーズ

牙を抜かれた映画界に送る
「映画が残酷・野蛮で何が悪い」
特集

ゲスト
高橋ヨシキ

高橋ヨシキ著『暗黒映画入門 悪魔が憐れむ歌』の出版を記念し、映画の残酷表現や野蛮な描写について真面目に考察する放送回。かつて日本に当たり前にあった映像表現が、現代では完全に排除の方向へと向かっている。そんな風潮に警鐘を鳴らす企画。ヤコペッティやイウォーク、セデック族の話も交えて、映画という表現、人間の野蛮さ、日常に潜むショックについて熱く語る。

宇多丸　ＴＢＳラジオ『ライムスター宇多丸のウィークエンド・シャッフル』。ここからは特集コーナー「サタデーナイト・ラボ」の時間です。今夜お送りするのはこちら！　**映画駄話シリーズ、『暗黒映画入門　悪魔が憐れむ歌』**〈★1〉出版記念。**牙を抜かれた映画界に送る「映画が残酷・野蛮で何が悪い特集」by高橋ヨシキさん！**　いらっしゃいませ〜。

高橋ヨシキ（以下、高橋）　どうもこんばんは、高橋です。お願いします。

（♪ＢＧＭ『スター・ウォーズ／帝国のマーチ（ダース・ベイダーのテーマ）』流れる）

宇多丸　今回から出囃子は『帝国のマーチ』にしました。

高橋　あ〜いいですね、素晴らしい。気分が上がりますね。

宇多丸　ヨシキさんが主催されている東雲会《しののめかい》〈★2〉というイベントではいつも出囃子がコレだから、やっぱりね。

高橋　出囃子はもう10年以上コレです。

宇多丸　ヨシキさん最近メディアに出る時は、なんか紳士的に振る舞ってるじゃないですか。でも本当は……。

高橋　**本当に紳士だからですよ！**

宇多丸　アハハ、紳士ですけども、でも、なんだか怖いぞという感じを音楽で出そうと思って。『帝国のマーチ』、いいんじゃないでしょうか。

高橋　いいですよね。素晴らしいです。

宇多丸　ということで、今夜は雑誌『映画秘宝』〈★3〉でもおなじみ、そして新刊**『暗黒映画入門　悪魔が憐れむ歌』**を刊行したばかりのヨシキさんをお招きして、映画の残酷表現や野蛮な描写についで改めて考える特集をお送りしようということになっております。まずは、出版おめで

★1　『暗黒映画入門　悪魔が憐れむ歌』

高橋ヨシキ著の書籍。映画に描かれた人類の野蛮な愚行を綴った初の単独映画評論集。第1章「この野蛮なる世界」、第2章「ポップ・アンド・バイオレンス」、第3章「不健康な精神」という構成で46本の評論を掲載。発売は洋泉社。好評により、第2弾『暗黒映画評論　続悪魔が憐れむ歌』（洋泉社）も刊行された。

★2　**東雲会**
高橋ヨシキ主催のイベント。新宿ロフトプラスワンにて不定期で開催されている。

とうございます。

高橋　ありがとうございます。

宇多丸　先ほど単著としては初めてと聞きましたが。

高橋　映画評の単著では初めてです。

宇多丸　でも意外な感じがしますけどね、これだけ長くいろいろ活動されているので。

高橋　そうなんですよね〜。こうしてまとまった形にできたのは本当にうれしいです。

宇多丸　しかもヨシキさん、5月11日に放送した「俺たちの好きな映画のエンディング特集」〈★4〉が前回お招きした回なんですよ。なので非常に短いスパンであると。その5月に出ていただいた時は、もう絶交したんじゃないのか？　みたいなほどに、長くご出演がなかったじゃないですか。

高橋　なんか、すごい長いこと放っておかれたんで。

宇多丸　だから逆に、いや、絶交なんかしてないよっていう、そういうアピールもあって。

高橋　ありがとうございます。アハハハ！　うれしいなあ〜。

宇多丸　アハハハ！　それでちょっと近況を。最近はどうですか？　『スタートレック』〈★5〉を観まくっていると聞いてますが。

高橋　そうなんですよ。なんでかっていうと、そもそもはサム・ライミ製作総指揮の『スパルタカス』〈★6〉っていうテレビシリーズがあるじゃないですか。あれが超面白かったんですね。

宇多丸　超面白いらしいですね。

高橋　ずっと観てたんですよ。もう最高なんです。マッチョが首チョンパしまくるみたいなことし

★3『映画秘宝』

洋泉社が発行する映画雑誌。町山智浩と田野辺尚人による創刊は1995年。2002年より月刊化された。本誌のアートディレクションは高橋ヨシキが行っている。

★4「俺たちの好きな映画のエンディング特集」

2013年5月11日に放送された、高橋ヨシキ出演の「サタデーナイト・ラボ」での特集、「終わりよければ、すべてよし。映画の終わり方について、ネタバレも辞さずに考える特集！」のこと。

かないドラマで。

宇多丸　マッチョが首チョンパな話だからね。しょうがない、それは。

高橋　**マッチョが首チョンパするのと、ローマ人の爛《ただ》れたセックスしか出てこないっていう、夢のようなシリーズで。**

宇多丸　そういうものを描くための舞台設定だからね。

高橋　ところが日本版がシーズン3で止まってて、最終シーズンは洋版で買っちゃったんですけども、それを観ていたらローマ人なまりの英語を聞き取るのが面倒くさくなっちゃって。

宇多丸　やっぱりそういう演出をちゃんとやってるんですね。

高橋　ちょっとわざとらしく、そういう風にやってるんですよね。

宇多丸　ローマ人なまりの英語という時点で嘘だけどね。

高橋　嘘なんですけど、ローマ史劇なんかは伝統的にそういう喋り方をすることになっているんですね。それでちょっと疲れちゃったところに『スタートレック』の『ネクストジェネレーション』★7（TNG）がブルーレイの高画質版で出始めたんです。今、シーズン3まで発売されていて、この間4が向こうで出たのかな？　ちなみに洋版で買っても、日本語の字幕も吹き替えも入ってます。それで観てて、あ～『スタートレック』やっぱりいいな～って思ったんですよ。『スタートレック』って、映画版だとストーリーがやはり飛び飛びですよね。だけどテレビのエピソード全部観るのって、超大変じゃないですか。

宇多丸　いや、だってボリュームがどれだけあるんですかっていう。

高橋　だから僕は一応、オリジナルシリーズ（TOS）と『ネクストジェネレーション』までという枠を自分の中で決めて、それ以上は観ねえぞって（※高橋注：その禁はもう破ってしまい、今は

★5 **『スタートレック』**
1966年より放映されたアメリカのSFテレビドラマシリーズ。銀河系の4分の1にまで進出した地球人が、さまざまな異星人と交流しながら残りのフロンティアを探索する姿を描く。これまでに12本の劇場版とアニメ作品が制作されており、「トレッキー」「トレッカー」と呼ばれる熱心なファンも多い。

★6 **『スパルタカス』**
2010年よりアメリカで放送された歴史スペクタクルドラマシリーズ。第1話は400万人が視聴したとされ、大ヒットを記録した。激しいバイオレンスとエロティシズムの描写も話題となった。

★7 **『ネクストジェネレーション』**
1987年から1994年にかけて放送された『新スタートレック』（Star Trek: The Next Generation）のこと。『スタートレック』のTVシリーズ第2弾で、全7シーズンある。

『ディープ・スペース・ナイン』と『ヴォイジャー』も観ています）。

宇多丸　アハハハ！　でも、すごい観てる人でさえ、やっぱりそのような枠を設けないとちょっと厳しいですよね。

高橋　いやいや、本当に観てる人、いわゆるトレッキー、トレッカーのみなさんは全部観てますよ！　でも『ネクストジェネレーション』は7シーズンもあるんですよ、膨大な量で178話あります。ところで僕は『スタートレック』というのは、**アメリカの良心みたいなものだ**と思ってるところがあってですね。

宇多丸　なるほど。

高橋　人類の未来に対して、極めて明るい展望を提示してるんですね〈★8〉。人間というのはより良くなれるはずだ、という理想が根底にある。

宇多丸　全然違う星の星人であったりとか、全然違う文化であっても。

高橋　そうであっても最終的には対話が成り立つはずだ、ということをやっている。面白いのは、前のシリーズで敵だったやつが、次のシリーズだと同盟になってたりするんです。

宇多丸　クリンゴン〈★9〉とかね。

高橋　クリンゴンとかもそうだし、あと対話も不可能だと思われていた究極の敵ボーグですら、やがてコミュニケーションが可能になったり（『TNG』）、別シリーズで、とある個体が仲間になったりする（『ヴォイジャー』）という展開がある。そういうことも含めて楽観主義というか。『スタートレック』は最初の頃からものすごく人種差別に敏感だったシリーズで、黒人女性がメインのクルーにいるなんて番組は、画期的だったんです。それまではメイドとか運転手

★8 **人類の未来に対して、極めて明るい展望を提示してるんですね**
2015年2月7日放送の高橋ヨシキ出演の「サタデーナイト・ラボ」、「今だからこそ、『スター・トレック』の偉大さについて語ろうじゃないか！特集」で、より詳しく展開されることになった。

★9 **クリンゴン**
『スタートレック』に登場するベータ宇宙域の惑星クロノスを母星とするヒューマノイド。

とか、そういう使用人みたいな役ばかりだった。

宇多丸　東洋人がメインでいる〈★10〉とかね。

高橋　そうです、先の大戦で敵だった日本人がメインのクルーにいる。また『宇宙大作戦』が始まった時は冷戦のさなかですが、第2シーズンからはロシア人のチェコフがクルーに加わる。そういうところも含めて、これがあるうちは、アメリカ人は馬鹿で頭がおかしいとか言われても、まぁ大体大丈夫だろうなということをちょっと考えてます。

宇多丸　そんな『スタートレック』を観る忙しい日々の中、新刊も出してという。

高橋　そうですね。

宇多丸　ご自分で説明するのもアレでしょうけど、どんな感じの本でしょうか？

高橋　『映画秘宝』に今まで書いてきたものの中から一部を抜粋していて、構成は編集の田野辺尚《たのべなお》人《と》〈★11〉さんも考えてくださってます。3章立てで、最初は〝野蛮〟がテーマになってます。これはヤコペッティ〈★12〉から始まって『アポカリプト』〈★13〉とか『ランボー』〈★14〉とか、まあ宇多さんの好きな世界でもありますね。

宇多丸　そうですね。

高橋　それから第2章が〝**ポップ・アンド・バイオレンス**〟。ちょっとポップな感じということで、ロブ・ゾンビ〈★15〉とかジョエル・シュマッカー〈★16〉とかが出てきますけれども。最後の第3章が〝**不健康な精神**〟となっていますけど、これはちょっと宗教寄りで『エクソシスト』〈★17〉や『パッション』の話とか、そんなのが載ってたりします。こんな感じでざっくりまとめてあります。

宇多丸　この『エクソシスト』に関しては、すごい大事な話ですよね。

★10 **東洋人がメインでいる**　ジョージ・タケイが演じる宇宙艦隊士官、ヒカル・スールーのこと。

★11 **田野辺尚人**　1995年、洋泉社より町山智浩とともに『映画秘宝』を創刊。2代目編集長を務めたのち、「別冊映画秘宝」などの編集をしている。

★12 **ヤコペッティ**　グァルティエロ・ヤコペッティ。イタリアの映画監督。雑誌社の記者として働いたのち、性風俗を紹介するドキュメンタリー映画に参加。これらの映画は世界中の奇妙で野蛮な風習を描き、〝モンド映画〟と呼ばれる猟奇系ドキュメンタリー・モキュメンタリー映画の礎となった。

★13 **『アポカリプト』**

2006年・米／監督・製作・脚本：メル・ギブソン

高橋　そうなんですよ。『エクソシスト』が実話だったっていうのは非常に長いこと信じられてきた伝説なんですが、それを本当にそうなのか調査しているジャーナリストがアメリカにいてですね、その人がいろいろ検証していったらとんでもない作り事だった、という話なんですけど。

宇多丸　なのに、あの映画があまりにもよくできすぎていたせいで。

高橋　すっかり事実として流《る》布《ふ》してる。世界中でそうですもんね。

宇多丸　本当に人死にが世界中で出ている話があったりとかね。僕、この本は『映画秘宝』シリーズじゃないけど、洋泉社から出る映画本の中では結構久しぶりな作りだな～と思ったんです。映画の話もあるし実録の話もあるし、トータルで作者の考えを伝えるような形で、中原昌也さんの『ソドムの映画市』〈★18〉とか、ああいう構成に近いなと思って。めちゃくちゃ面白かったですけど。

高橋　ありがとうございます。

暴力描写、残酷描写の自主規制の日本における現状

宇多丸　それでは具体的な内容については当然、この先いろいろ伺っていきたいんですが、今夜の問題提起として、そんな堅い話じゃないかもしれないけど、残酷描写や野蛮描写の自主規制が今、日本では結構厳しくなっていると。

高橋　まぁ厳しいですね。厳しいというか、勝手に厳しくしてるんですよ。

／出演：ルディ・ヤングブラッド、ダリア・エルナンデス。マヤ文明後期の中央アメリカのジャングルを舞台にしたアクション・アドベンチャー。

★14『ランボー』

1982年・米／監督：テッド・コッチェフ／出演：シルヴェスター・スタローン、リチャード・クレンナ、ブライアン・デネヒー。以降はシリーズとなり『ランボー／怒りの脱出』『ランボー3／怒りのアフガン』『ランボー／最後の戦場』が制作された。

宇多丸　で、そういう風潮がどうなっていくのか、それはどういうことなのか？　逆に残酷描写や野蛮描写というのはなぜ必要なのか？　という切り口もあるでしょうし。といったあたりを時に真面目に、時にどうでもいい感じで話していければという風に思っております。

高橋　はい。

宇多丸　ということで、前半。今、本当に暴力描写、残酷描写というのがなくなってきている？

高橋　いや、あるところにはありますよ、それはもちろんね。言っちゃえば、そういうのが治外法権になっているところがあって。例えば三池崇史〈★19〉さんの映画とか。

宇多丸　三池さんの映画というのはもう、どメジャーじゃないですか？

高橋　ですけど、一種の治外法権になってるんじゃないかと思います。

宇多丸　今や三池崇史が治外法権という。

高橋　園子温〈★20〉監督も治外法権っぽい感じに、今はなってますよね。あと、それを言ったら例えばジブリ〈★21〉も同じですね。

宇多丸　あ～、結構エグい描写が全然ありますからね。

高橋　そういうのをいくらでもやっていい人、あるいは容認される監督なり環境というものがあって、一方で許されないのが残り大半じゃないですか。やっちゃいけないということにされているというか。

宇多丸　別に法律があるわけじゃないんですけどね。

高橋　当たり前ですよ。ただ、これからそういう法律ができそうで、もうイライラしてますけど。

宇多丸　ヨシキさんから見て、大体どのくらいから顕著になってきたと思います？　だって昔は日本のエンターテインメントって、むしろそういうのがやりたい放題だったから。

★15　**ロブ・ゾンビ**
アメリカのミュージシャン、映画監督。1985年にバンドのホワイト・ゾンビを結成し、ホラー趣味を全開にしたヘヴィ・ロックが話題となるが、その後活動を休止。2003年に映画『マーダー・ライド・ショー』で監督としてデビュー。以降はホラー映画の監督、脚本家、プロデューサーとして主に活躍している。

★16　**ジョエル・シュマッカー**
アメリカの映画監督、脚本家、プロデューサー。やがて脚本を書くようになり、1981年に『縮みゆく女』で劇場映画監督デビュー。『セント・エルモス・ファイアー』『バットマン・フォーエヴァー』などのヒット作がある。

★17　**『エクソシスト』**

1973年・米／監督：ウィ

高橋　やりたい放題ですよ！　70年代の映画なんかもそうじゃないですか。

宇多丸　世界的にというか、むしろ先駆けて……。

高橋　人気があった。

宇多丸　そうそう。その話、前もしましたけどね。

高橋　とにかく**エロとグロばっかりだった時代**がありました。その時だって、そりゃあエロだグロだとブーブー言われてはいたんです。でもすごくそれが普通にあった。例えば寅さん映画がある一方で、みんなが『トラック野郎』〈★22〉を観に行くみたいな時代があったわけじゃないですか。それが80年代からこういう流れになってきたんですけど、結局この時代に何が変わったかというと、オシャレになっちゃったんですよ。文化というものが、生活のためにというよりは、オシャレというか、カッコつけるためにお金を使ったりするようになって。スパゲティもナポリタンじゃなくてパスタと言え、みたいな雰囲気になってきました。着るものや住むところとか、そういう**〝カッコよさ〟に金を使うようになった風潮と、エログロの衰退は実は並行してるんじゃないか**と僕はちょっと思っているんですけど。

宇多丸　まぁ豊かになったというか。用語が正しいか分かりませんけど〝ポストモダン〟〈★23〉みたいな、そういうような時代に入ってきたという。

高橋　そうそう。その頃に、例えば僕の大嫌いな一連の映画があったじゃないですか。私をどっかに連れていけ〈★24〉とかそういうヤツですよ。あの辺が最悪の始まりだと思ってるんですけど。

宇多丸　アハハハ！　まぁね、連れていくことも必要ですからね。

リアム・フリードキン／出演：エレン・バースティン、マックス・フォン・シドー、リー・J・コッブ。ウィリアム・ピーター・ブラッティの同名小説を映画化。一大オカルト・ブームを巻き起こし、ホラー大作として知られる。

★18『ソドムの映画市』

三島由紀夫賞受賞作家である中原昌也の著書。正式タイトルは『ソドムの映画市―あるいは、グレートハンティング的（反）批評闘争』（洋泉社）。

高橋　勝手に行っちまえ！　とか思ってましたけど。

宇多丸　ヨシキさんだって連れていったりしてたじゃないですか！

高橋　スキーに？　行ってないですよ！

宇多丸　スキーか分かりませんけど、どこぞに連れていって。

高橋　ないですよ、そんなの。

宇多丸　『ブルーベルベット』〈★25〉に彼女を連れていって、置いていったりしてたじゃないですか。

高橋　『ブルーベルベット』には連れていったりしましたね。そして置いていった。まぁ、それはいいじゃないですか！　えっとだから、80年代のその辺からぼちぼち始まってきて。

宇多丸　要はホイチョイ的なというか、いろいろありますけど。

高橋　ああいうのは結局何かっていうと、やっぱり**マーケティング志向**みたいなことがあってですね、もともとちょっとイヤラシイんですよ。なぜマーケティングがイヤラシイのかというと、結局忖度《そんたく》をするからなんですよね。上から目線で**「今の観客はこういうものを求めているはずですから、これが当たりますよ」**ってプレゼンをやるわけです。で、それってどうなの？　と思っているんですけど。つまり今の観客っていうのは、そいつの想像力の範疇《はんちゅう》にしかないっていう前提でしょ？　なんでお前、そんな知ってんの？ってことになるじゃないですか。有名な話ですけど、昔アメリカで『E.T.』〈★26〉について公開前にリサーチかけたマーケティング会社が「こんなの超、当たらねえ！」って言ったんですね。

宇多丸　宇宙人がキモイし。

高橋　良くて幼児とその親ぐらいしか入んないと言われたら、フタを開けたら世界一じゃないですか。

★19　**三池崇史**
映画監督。1991年、Vシネマ『突風！ミニパト隊』で監督デビュー。以降、『殺し屋1』『ゼブラーマン』『妖怪大戦争』『クローズZERO』『悪の教典』など、コメディからホラーまであらゆるジャンルの映画を製作。ちなみに2011年10月8日「三池崇史監督スペシャルインタビュー」として「サタデーナイト・ラボ」に登場している。

★20　**園子温**
映画監督、脚本家、詩人、パフォーマー。1987年、『男の花道』で『ぴあフィルムフェスティバル』グランプリを受賞。代表作に『愛のむきだし』『冷たい熱帯魚』『TOKYO TRIBE』などがあり、これらは番組の「ザ・シネマハスラー」と「ムービーウォッチメン」で宇多丸が評論した。なお、『冷たい熱帯魚』は園子温と高橋ヨシキによる共同脚本作品でもある。

★21　**ジブリ**
スタジオジブリの長編アニメーション映画『もののけ

宇多丸　そうなんですよね。

高橋　だから僕はマーケティング屋の言うことは1個も信用しませんよ。

宇多丸　なるほど。それで儲かるんだったら、別にみんな苦労しねぇやっていう話だもんね。

高橋　本当ですよ。

宇多丸　ただ、そういう圧力が強くなってきたと。

高橋　大きいのは、90年代後半だと僕は思うんですけど。例えば携帯小説が悪いとは言いませんが、携帯小説の映画化とか……宇多さんもだいぶ痛い目に遭ったものがいくつも出てきたじゃないですか。

宇多丸　ええ、ええ。

高橋　そういう動きと並行するような形で、テロップが入るテレビ画面が非常に目立つようになってきてですね。それまでの80年代とかも、テレビって**視聴者のことをだいぶ幼児扱いしている**んですけれども、それがさらに加速したのが90年代ぐらいなのかなと。それでなぜこれが今話してることと関係あるのかというと、つまり残酷なものとかショックとかエロとかっていうのは子供向けじゃないから**「おまえらには刺激が強すぎるだろ」**と言われているんですよ。**だから俺たちは馬鹿にされてるの！**

宇多丸　本来大人向けの棲み分けができてれば問題ないことなんですかね？

高橋　いや、棲み分けできてなくたっていいぐらいですよ。

宇多丸　要はその大人向け表現みたいなものの居場所がなくなったと。

高橋　そうですね。全員お子ちゃま扱いされちゃうような世界になっちゃったということは思って

姫』では、一部暴力的な表現が見られる。

★22 **『トラック野郎』**

1975年～1979年に製作された映画シリーズ。トラック「一番星号」に乗る主人公〝トラック野郎〟こと星桃次郎を菅原文太が演じ、大ヒット。「一番星号」を模したデコトラが増加し、子供たちにはプラモデルが人気になるなどの社会現象を巻き起こした作品。

★23 **ポストモダン**
現代を近代が終わった〝後〟の時代として位置付ける言葉。人々が大きな価値観を失い、それぞれの趣味を生きる状況を指す。フランスの哲学者・リオタールが著書で述べ、知られるようになった。

いますか。例えば、学校の読書感想文で先生が喜ぶフォーマットってあるじゃないですか。そういうことを観客に求めてるんですよ。「感動しました」って言えっていうのは、そういうことじゃないですか。

宇多丸　ふんふんふん。**観客にも求めてるし、作り手がある程度内面化しちゃった**ということですかね。

高橋　その〝内面化〟っていうのは大問題ですね！

宇多丸　なるほど。

高橋　そうやって、手取り足取りやって人を幼児扱いしてると何が起きるかというと、幼児扱いされている人って、**早い話が馬鹿になっちゃうんですよね**。馬鹿になっちゃって、判断力も低下していきますから。そうするとそれがだんだん視野を狭《せば》める結果になって、**「見たいものしか見たくない」**とか、そういう子供じみた欲望を平気で口にしてはばかることのない感じというのが……**なんか俺、真面目な話してるな〜今日。**

宇多丸　いやいや、いいと思いますよ。まさにこの本の冒頭に、「本来なら見たくないものに一瞬でも目を向けさせるためにショッキングな残酷表現とか野蛮表現みたいなものがあって、それらを通じて現実の本当のあり方みたいなものに刹那《せつな》的でも覚醒できるんだ」と、書かれているじゃないですか。前もこの話はしたかもしれないけど、僕らがホラー映画だとかそういうのが好きなのは**「マジ怖え！」と思っているから**でさ。ショックを受けてるんだよと。

高橋　そうです。受けてますよ。

宇多丸　全然そういうのが平気で、血を見るのが好きだとかそんなのの真逆だっていう話を、昔したと思うんですけど。それでそういう恐ろしかったり不快なことが世の中にはあるし、そうい

★24 **私をどっかに連れてけ**　1987年公開のホイチョイ・プロダクションズ製作、映画『私をスキーに連れてって』を指しているかどうかは定かではない。

★25 **『ブルーベルベット』**

1986年・米／監督：デヴィッド・リンチ／出演：カイル・マクラクラン、イザベラ・ロッセリーニ、デニス・ホッパー。切り落とされた人間の耳を発見した主人公が、やがてアブノーマルな世界へと足を踏み入れてゆく不条理サスペンス。

★26 **『E.T.』**

1982年・米／監督・製

うものなんだって分かっているのと、はなから〝無い〟ものとして扱うのと……。

高橋　そうなんですよね。だから、バーチャルワールドになっちゃうんですよ。要は幼稚園児の世界みたいなもので。幼稚園児っていうのは幼稚園と家とを往復していて、ある程度の普通の家だったら、お母さんや家がその世界を守ってくれてる。とんでもないところは別ですよ、すごい地区とかもあるって聞いてますけど。そうじゃない大半のところの子というのは、大体はお父さんお母さんが守ってくれていて、幼稚園に行けば先生がいて友達がいて、それだけで世界が閉じてるじゃないですか。横の道路でヤー公が誰かブッ刺してたとかには関係ない世界なんですね。そういう恐ろしいことは現実としてあるけど、幼稚園児の目には入らないように固くプロテクトされているわけです。

ところが俺たちは大人なのにもかかわらず、そういうヤバいものが目に触れないようにって気遣いを勝手にしてくれる、幼稚園の先公みたいな誰かがどこかにいるんですよ。何なのそれ？って思いますね。俺たちは大人なんだから、ヤクザが何かやってたら野次馬的に見たいじゃないですか。どうなの？って。それをなんで自由にさせてくれないのかなっていう話ですよね。

宇多丸　でもこれが不思議なのは、例えばテレビや映画もバジェットの問題か分かりませんけど、要はマンガだと普通に大ヒット作が、結構それこそヤクザがブッ刺してるような描写をしているわけで。例えば『闇金ウシジマくん』〈★27〉なんてヒットしていて、みんな普通に読むじゃないですか。マンガだと割とポップな表現として、そういうことがまだ全然成り立ってるのに……。

作：スティーヴン・スピルバーグ／出演：ディー・ウォーレス、ヘンリー・トーマス、ロバート・マクノートン。地球に取り残された異星人と少年との交流を描いたSFファンタジー。公開と同時に映画史上最大の興行収入を記録し、第40回ゴールデングローブ賞ドラマ部門作品賞受賞。

★27『闇金ウシジマくん』

真鍋昌平による闇金融をテーマに社会の闇を描いたマンガ作品。コミックは大ヒットし、2010年にはテレビドラマ、2012年には映画も製作された。

高橋　ありますよね。『シグルイ』[★28]とかね。

宇多丸　なんでこの差があると思いますか?

高橋　これは、なんなんですかね?　僕もそれはすごい謎で。

宇多丸　マンガは許される。

高橋　小説だってやったっていいわけでしょ?

宇多丸　マンガ、小説はたぶん読む人が比較的その時点で選ばれるっていう線引きがあるのかもしれないけど。

高橋　テレビでしょうね。映画もテレビ局がお金をすごく出すようになっているので。

宇多丸　**テレビ基準になってきてる。**

高橋　テレビ基準になっている上に、テレビも地上波しかないんですよ。ほかにもCSとかいっぱいあるけど、人数とか影響力でいったらね。

宇多丸　まぁそうですね。いくらテレビを観なくなったと言ったってねぇ。

高橋　いや、そう言ってみんなテレビばっかり超観てるじゃないですか。そうじゃなかったら宮崎アニメの変な呪文でTwitterが落ちるとか……落ちたんだか知りませんが。

宇多丸　バルス[★29]ですか?

高橋　そうそう。何かそういうのがあるんでしょ?　お祭りみたいなものが。それってみんな超テレビ観てるっていうことじゃないですか。

宇多丸　俺、RHYMESTERがこれだけいろいろ活動してきてるのに言われるのが、『笑っていいとも!』[★30]出演のことだけっていう……。

高橋　そういうことですよね。恐ろしいことだなと思いますけどね。ネットが好きなというか、

★28 『シグルイ』

原作：南條範夫／作画：山口貴由による、江戸時代初頭に駿河城内で行われた真剣御前試合の顛末を描いた時代マンガ。2007年にはアニメ化され、WOWOWにて放送された。

★29 バルス

『天空の城ラピュタ』がテレビ放映される際、主人公たちがクライマックスに滅びの呪文「バルス」を発する瞬間に合わせて視聴者が一斉にツイート。2013年8月2日放送の『金曜ロードショー』では、その数は1秒間で14万3119ツイートにも達し、話題となった。

★30 『笑っていいとも!』

1982年～2014年3月31日まで、フジテレビ系にてオンエアされたバラエティ番組。月～金まで毎日生放送。2014年3月31

ネットにどっぷりっていう人って、すごいテレビの悪口を言うけど、実は超観てますよね。

高橋　いや、そう思います。そう言ってる人がいちばんテレビしか観てない気がします。

宇多丸　そうそう、観て怒ってんの。

高橋　という感じはあるなぁ。ちなみにこれ、例えば表現とかでゾーニング〈★31〉ってあるじゃないですか。さっき言った、大人向けだったら大人向けの線引きみたいなものが。それがちゃんとできてればいいという考え方なのか、それともそんなもんはいらないということなのか。

宇多丸　ゾーニングはやっぱりある程度は必要です。いくらなんでも、僕だってそれはあったほうがいいと思いますよ。

高橋　昔はある意味、野放しでしたよね。

宇多丸　かなり野放しでしたね。

高橋　それは日本が、それこそ本当に野蛮な状態にあったからかもしれないけど。

宇多丸　うん、まだ野蛮だったんだと思います。

高橋　ある種ちょっとポリティカリー・コレクト〈★32〉的なアレが浸透してきて、それが過剰になっているのが今の状態で、もっと成熟してきたら、じゃあ線引きしてやりましょうということになったり、ならなかったりとか……。

宇多丸　なってもいいと思うし。ゾーニングならいいんですよ。例えばとんでもないスカトロポルノとかを子供の目につくところに置いとけとか、そんなこと俺は言いませんよ。当たり前じゃないですか。だけどゾーニングにしたって、じゃあゾーニングした場合、こっち側の**「子供が観ていいもの」っていうのが、全部ふ菓子でも構わないのか？**　というのは思います。

日をもって番組を終了した。ちなみにRHYMESTERは2001年12月7日と2011年8月4日の2回、「テレフォンショッキング」に出演したことがある。

★31 **ゾーニング**
「年齢により購入や閲覧が不可となる商品やサービスを定める」という意味。ポルノや暴力シーンなどの内容を含む書籍・コミック・ゲーム・Webサイトなどが対象となる。

★32 **ポリティカリー・コレクト**
職業・性別・文化・人種・民族などに基づく差別や偏見を防ぐ目的の言葉や表現。例えば、スチュワーデスをキャビンアテンダント、看護婦を看護師、肌色をペールオレンジと表現するなど。

宇多丸 完全に無害なものである、というのは行きすぎだし。

高橋 完全に無害なものなんて絶対ないし。

宇多丸 もちろんそうですよね。これは突き詰めていくとその話になるんですよね。『エクソシスト』を観て人死にが出ました。だから『エクソシスト』は上映禁止になるのか、とかね。

高橋 本当にそうです。

宇多丸 あとさ、我々も大人になる手前の部分で「これはヤバいよね、これはやっちゃいけないもんだよね」を内面化しちゃってると。せっかくゾーニングがあっても、でも結局はヤバいよね、になっちゃって。例えばゲームであったじゃないですか。完全に成人指定されているのに、なぜか表現がオリジナルからソフトにされ……。

高橋 そうそう『ゴッド・オブ・ウォー』〈★33〉とかね。だってギリシャ神話の女神がオッパイ丸出しで出てくるっていうから楽しみにしてたのに、日本版だけ布が付いてたりするんですよ。

宇多丸 マジですか!! そんな実写版『デビルマン』〈★34〉のシレーヌみたいなことに!

高橋 その女神とセックスできるんですよ、ゲーム内で。横では侍女がレズるんですけど、そっちも胸に布が張りついてて……**俺がどれだけガッカリしたかという。**

宇多丸 アハハ! でもそれはZ指定〈★35〉で大人向けのゲームになってたんですよね?

高橋 そうなんです。それに今は映画にだってレーティングがあるじゃないですか。だったら、レーティングがしてあるのであれば、そこから先は大人の裁量なんだから、ボカシも何もかもなくしてハードコアでもなんでも全部オッケーだというなら、俺はそういうディールというか、契約は乗りますよ。だけどそうじゃないんだもん。**大人がチンチンを見ちゃいけないとか、意味が分かんないですよね。**

★33 『ゴッド・オブ・ウォー』

2005年にアメリカで発売されたPlayStation 2用3Dアクションアドベンチャーゲーム。ギリシャ神話をベースにした過激な暴力描写が話題となった。

★34 実写版『デビルマン』

2004年・日/監督:那須博之/出演:伊崎央登、伊崎右典、酒井彩名。70年代にテレビアニメ化され大ヒットした永井豪原作のマンガ『デビルマン』。制作費10億円をかけ、VFXを用いて実写映画化した作品。

宇多丸　チンチン見たことあるよ！　よく見てるよ、これ！　っていう問題意識を踏まえて、具体的にいろんな映画の例も見ていきましょう。こんなに立派な作品があったんだよと。

高橋　それで言うと、最近話題になっているのが『ワールド・ウォーZ』〈★36〉の宣伝ですけども。

宇多丸　はいはい、当然まだ観てないですけど。

高橋　うろ覚えなので正確じゃなかったら申し訳ないんですが、雑誌の広告かなんかで「Z、それはアルファベットの最後の文字」みたいなことが書いてあって、つまり人類の終焉《しゅうえん》と引っかけて「Z」とかいうことが書いてあったんですよ。

宇多丸　いやいやいやいやいや。

高橋　そうじゃないでしょ、あれは**ゾンビの「Z」**ですよ！　何言ってんの？　っていう。

宇多丸　予告もワーッ！　ってくるからゾンビかな？　と思うけど。

高橋　でも「疫病が蔓延《まんえん》して……」とか言ってぼかしてるんですね。

宇多丸　まあゾンビは一応、疫病か分かりませんけど。分かるようにはなってたけど、あんまりそこをアピールしてないパターンで。でもジャンル映画っぽいところは隠して宣伝するというのは、コマーシャルの手法や流れとして、結構あるんじゃない？

高橋　まあね。そういうもののいちばん最悪な例が、よく言ってるけど「これは〝ただのホラー映画〟ではない」とかいうやつね。

宇多丸　**〝ただのホラー映画〟で何が悪いんだ！**　っていう。

高橋　〝ただのホラー映画〟が観たくて来てるのに、何それっていう話になりますよね。

宇多丸　ゾンビ映画と言ったら客層が狭められちゃうから。

★35　**Z指定**
ゲームソフトの表現内容により表示された年齢区分マーク。Z指定は最もレーティングが高い区分となり、18才以上を対象とし、18才未満に販売することは禁じられている。

★36　**『ワールド・ウォーZ』**

2013年・米／監督：マーク・フォースター／出演：ブラッド・ピット、ミレイユ・イーノス。人類を滅亡へと導く謎のウイルス拡大を阻止すべく奔走する主人公の姿を描いた本格的ゾンビ映画。

高橋 だから『ワールド・ウォーZ』は「これはブラッド・ピットが出てるゾンビ映画だ」って言えばいいじゃないですか。

宇多丸 そりゃそうだ。それが実際、売りだもんね。ゾンビ映画にブラピが出てる、このバジェットで、何てエライとこにまでゾンビ映画はきたんだ！ という。

高橋 **「これは金のかかった、ブラピの出てるゾンビ映画です！」**って言えば、ヤベエ！ っていう話になるじゃないですか。

宇多丸 1個も間違ってないんだけどね。何でもいいからソフトにしておけ！ みたいな感じがあるということなのかな。

高橋 ソフトにして、角を取って丸くして……。あと最近はなんでも「不謹慎」とか言うんですよ。この話はあとでしますけど。で、僕は表現ということに関していえば、映画でもそうですけど、尖ったところをなくしちゃったら、それはもう**表現としての価値が消え失せること**だと思ってます。当たり前ですよね。暴力シーンを削った『時計じかけのオレンジ』〈★37〉に意味や価値があるのかって言ったら、ゼロだと思います。

宇多丸 そしてその『時計じかけのオレンジ』もまさに、さっきの『エクソシスト』じゃないけど、存在することで世の中にネガティブなエフェクトを確実に起こしてしまった〈★38〉作品じゃないですか。

高橋 本当ですよ。

宇多丸 つまりそれはその映画に危険なまでの……。

高橋 力があるっていうことですよ。

宇多丸 だから芸術って、やっぱりそういうことがありますよね。

★37『時計じかけのオレンジ』

1971年・英／監督・製作・脚本：スタンリー・キューブリック／出演：マルコム・マクダウェル、パトリック・マギー、エイドリアン・コリ。『2001年宇宙の旅』と並び、鬼才スタンリー・キューブリックの代表作ともいえる傑作SF。

高橋　芸術というか表現っていうのは、必ずそうですね。つまり人に影響を与えないんだったら、それは表現じゃないんですよ。表現っていうのは、例えば人と話すということも表現でしょ？　自分の考えを伝えるということじゃないですか。考えを伝えるというのは、影響を与えることにほかならないのではないかと。それがないコミュニケーションとはいったい何なんだ？　って思いますよね。全然意味が分かんないですよ。

宇多丸　そうなんだけど、刺激的なモチーフがやっぱり危険視されるような傾向がある。

高橋　これこれには悪い影響がある、とか言われちゃうんですけど、いい影響とか悪い影響って誰が決めるの？　みたいな話にもなります。

宇多丸　それもやっぱり子供扱いの範囲なのかな？　最初からネガティブなものとアレが線引きされているというか。

高橋　そう。お子ちゃま扱いされているんです。

宇多丸　世の中からグレーゾーン的なところを排除していくような空気感に通じるのかな、という危惧《きぐ》はありますよね。

高橋　白黒つけたいみたいなね。それも幼児的ですよ。

宇多丸　悪い場所ってあるわけだし、必要っていうかさ。なのにそこを排除するというか、少なくとも自分の目には触れないところに隠してしまうと。でもそれって実は**もっと危ないことになりかねない**っていうことでもあるし。例えばクラブ問題〈★39〉とかなんでもいいですけど、ちょっとそれとも通じる話かなと。

高橋　白黒つけられないものは多いし、そっちが当たり前ですけど、白黒つけたい人、つまり自分

★38 **世の中にネガティブなエフェクトを確実に起こしてしまった**
1971年の公開後、『時計じかけのオレンジ』に影響を受けたと見られるレイプ事件や浮浪者殺害事件が起こり、キューブリック監督のもとに多数の脅迫状が寄せられたことから、監督自らの要請でイギリスでは1999年まで上映が禁止されていた。

★39 **クラブ問題**
ここでは「風営法」の問題を指している。この当時、踊りや音楽、飲食を客に提供するクラブを風俗営業に指定し、原則午前0時までの営業時間や設備などを厳しく規制していた。当番組でも2013年11月30日に「風営法問題を考える特集」が組まれたことがある。

が白い側に立ってると思ってる人は、いくらでも残酷になれますから。

宇多丸 自分にその残酷で野蛮なところ、汚いところがないと最初から思い込んでるような人は。

高橋 いちばん凶悪ですね。そういう人は誰でも殺しちゃうもん。

宇多丸 悪いと思ってないですからね。

高橋 正義だと思ってますよ。

宇多丸 やっぱり「俺たちには、こういう野蛮なところがあるよね！」「残酷なところがあるよね！」「あぁ怖い！」という。

高橋 そうですよ。そこをちゃんと考えないことについては……なんか僕、今日は真面目ですね、アハハ。

宇多丸 じゃあ、時々「オッパイ！」とか言ってくださいよ！

高橋 **「オッパイ」とか言いましょう！** オッパイの話は大事です。本当は最初に話そうと思ったんですけど、はっきり言って映画なんて、人がバンバン死んでオッパイが出るから観に行くんじゃないですか。

宇多丸 **それ以外の映画もアンタは観てんだろう！** って突っ込みはいつもしてますけど。毎回その話はしてますね。

高橋 アハハ！ 毎回言ってますね。でも今言った話でいえば、例えばこの間も麻生〈★40〉とかいう人がナチがどうたらとか、不勉強な発言をして大問題になりましたが。ナチスのことでいうと、『シンドラーのリスト』〈★41〉のアウシュビッツとかそういう収容所で働いてる下っ端の兵隊が、いや、将校とかもそうですけど、もう全然普通に人をバンバン殺しちゃう日常なわけですよね。あれも最初は結構みんな神経をやられるんですけど、次第に慣れちゃうんです

★40 **麻生**
当時、自民党の副総理兼財務大臣をしていた麻生太郎のこと。7月29日に東京都内で行われたシンポジウムに出席した際、憲法改正問題に関連し、ナチス政権を例示としてあげたことがニュースとなっていた。

よ。いっぱい殺すうちに平気になっちゃって、拷問もできるようになるし、相手が人間じゃないんだと思って残虐行為に手を染める、ということに誰もがすぐに慣れてしまう。

宇多丸 ある種、精神を守るためにやる側もそうなっていく、というのはあるかもしれない。

高橋 そうなっちゃいますね。このことについては前から考えているんですが、自分がその場にいたら超そういう人間になっちゃうなと思ったわけです。超やっちゃうと思う。

宇多丸 あ〜、でもその感じ分かります。**そういう時代になったら、俺、超順応しちゃうだろうな**みたいな。

高橋 超やっちゃう。だから監獄実験みたいなやつで、映画でもあったじゃないですか、看守と囚人に分けてやる……。

宇多丸 ミルグラムの服従実験〈★42〉とかね。

高橋 そうそう、服従実験。わりとみんなああなっちゃうかもしれないのに、それでも**「俺は平気じゃねえか?」と根拠なく確信してる人がいちばん危険**だと思うんです。これは、だまされないと思ってる人が詐欺にかかるとかいう話とはちょっとまた別の問題です。なんでかというと、だますだまされない以前に、人間には本質的に絶対そういう残酷なところがあるんだから、やっちゃうと思うんだけど、そこでそう認識してない人が俺は怖いな〜っていう話なんですね。

宇多丸 うんうん。だからヨシキさんはナチスの話をよくするけど、それは怖いな〜っていうことを言っているわけですもんね。

高橋 めっちゃ怖いですよ。

★41『シンドラーのリスト』

1993年・米/監督・製作:スティーヴン・スピルバーグ/出演:リーアム・ニーソン、ベン・キングズレー、レイフ・ファインズ。ユダヤ人を安全な私設収容所で迫害から守ったドイツ人実業家をモデルにしたT・キリーニーの原作を映画化。

★42 **ミルグラムの服従実験** 閉鎖的な環境での、権威者の指示に従う人間の心理状況を実験したもの。「アイヒマン実験(アイヒマンテスト)」とも呼ばれる。

宇多丸　そういうのをめっちゃ怖いと思わずにヘラヘラ口に出すから、世界的に非常識と叩かれてしまうという。

高橋　それは本当にそうです。だってね、例えば弱い者いじめしたり村八分にしたりするのもそうですが、誰かにオフィシャルな許可を与えられた形で暴力を振るったり、暴動をしたり、モノ壊したりするのって、楽しいに決まってるじゃないですか。

宇多丸　現にそれに近い、例えば犯罪扱いはされなくてもそういうことをみんな全然やってんじゃん！　というね。

高橋　そういうことは楽しいし、やってる時の一種のアゲ感みたいなのがあって、アドレナリンも出るでしょう……だから、**自分だって分からない、ということを絶対いつも意識しておかないと危ないな**、みたいなことですね。

宇多丸　だからやっぱり、それこそ教育的に、子供は時々脅かさないと駄目だよね。

高橋　そうそうそうそう。フェイントがあったほうがいいですよね。

宇多丸　例えば学校の図書館にいきなり『はだしのゲン』〈★43〉があって、小学校3年ぐらいになれば何げなく手に取って「ギギギ」っていう断末魔を……**「ギギギ」を知らないやつはやっぱり駄目じゃないですか？**

高橋　そうなんですよ。だから昔はテレビの『日曜洋画劇場』で、それこそ『13日の金曜日』〈★44〉とかをやっていたような時代ですから、間違ってうっかり観ちゃうことってあるんですよね。ゲゲッ！　っていう。

宇多丸　僕は「今日、テレビで『エクソシスト』をやるから、絶対6チャンネルは回すな！」って家族に厳命とかしてました。

★43『はだしのゲン』

中沢啓治が原爆の被爆体験をもとに描いた自伝的マンガ作品。累計発行部数は650万部を超え、1976年に山田典吾監督・製作・脚本で映画化されたほか、1983年には中沢啓治脚本・製作のアニメ作品も公開された。

★44『13日の金曜日』

1980年・米／監督：ショーン・S・カニンガム／出演：ベッツィ・パルマー、エイドリアン・キング、アリ・レーマン。殺人鬼ジェイソンを生み出した、人気のホラー映画。大ヒットしシリーズ化がされ、2002年まで

高橋　アハハハ！　怖いから。

宇多丸　絶対に観てはいけないものだという認識がありましたからね。じゃあ、具体的にこんなに恐ろしい世界を覗かせてくれる作品の数々というものを……。

高橋　今回本でも大きく取り上げてますが、宇多さんが話したいのは『アポカリプト』でしょう？

宇多丸　いやいや！　ほかにも全然、ヤコペッティの話とかもしたいですし、ボブ・グッチョーネ〈★45〉の話だってしたいよ、それは。

高橋　『鮮血の美学』〈★46〉とかも載ってますけど、これもいい映画ですよ。

宇多丸　いい映画の話ばかり載っている『悪魔が憐れむ歌』について、具体的に伺っていきたいと思います。

ヤコペッティ映画の魅力

（♪BGM『イウォークのテーマ』流れる）

宇多丸　はい、これどうですか？　この出囃子。

高橋　**イウォーク〈★47〉じゃないですか！**　イェイイイェイ！　超カッコいい！

宇多丸　前半は『帝国のマーチ』で、このあいだ東雲会でちょっと提案したじゃないですか。ヨシキさん、途中の出囃子は『イウォークのテーマ』にしたらどうですか？　って。イウォークが好きなんだから。

高橋　最高ですね。

に計10作品が作られた。

★45 **ボブ・グッチョーネ**　アメリカの男性向け月刊雑誌『ペントハウス』のオーナー。1980年に豪華なキャスト、スタッフを起用し巨費を投じたハード・コア・ポルノ映画『カリギュラ』の製作者としても知られる。

★46 **『鮮血の美学』**

1972年・米／監督・脚本：ウェス・クレイヴン／出演：デヴィッド・ヘス、ルーシー・グランサム。監督のウェス・クレイヴンはのちに『エルム街の悪夢』を、製作のショーン・S・カニンガムは『13日の金曜日』を監督する。

宇多丸　イウォーク好きっていうと、あ、こんな可愛いイウォークちゃんが好きなんて、ヨシキさんってば、と思いますけど。

高橋　**イウォークは食人族ですからね。**

宇多丸　そうですよね！

高橋　みなさん忘れてますけど、イウォークはハン・ソロ〈★48〉を焼いて食おうとしてたんですよ！

宇多丸　あれ、もうちょっと遅かったら普通に大惨事。普通にモンド映画ですよね。

高橋　C-3POやレイア姫に食わせようと思って、ハン・ソロやルークを焼くところだったんですから。

宇多丸　あと、よく見るとガイコツみたいなのをかぶってたり。

高橋　ガイコツかぶってます。で、すぐに狩ろうとするし。エンディングでチャカポコお祭りやってる時に、**ストーム・トルーパーの首を並べて叩いてるでしょう？**　あれは首狩り族で食人族なんです。

宇多丸　要はいちばん近いところを想像していくと『セデック・バレ』〈★49〉ですよね。

高橋　『セデック・バレ』です。セデック族です。

宇多丸　だから、見た目が可愛いクマちゃんだからって「可愛い！」とか言うのは、はっきり言って**地球人のエゴ**ですよね。

高橋　**おごりです。**

宇多丸　おごりですよね、違う文化に対しての。

高橋　イウォーク、ナメんなって話ですよ、ホントに。

宇多丸　本当に勇敢な戦士ウォーリアーとしての『イウォークのテーマ』。

★47 **イウォーク**
映画『スター・ウォーズ』シリーズに登場する架空の生物。森林豊かな衛星エンドアに住み、クマのような風貌が特徴。

★48 **ハン・ソロ**
ハン・ソロ、C-3PO、レイア姫、ルーク、ストーム・トルーパー、チューバッカはすべて、映画『スター・ウォーズ』シリーズの登場人物およびキャラクター。

★49 **『セデック・バレ』**

2011年・台湾／監督・脚本：ウェイ・ダーション／出演：リン・チンタイ、マー・ジーシアン、安藤政信、ビビアン・スー。日本統治下の台湾で起きた原住民族・セデック族による抗日暴動を描いた歴史大作。

▲『タマフル』の「映画駄話シリーズ」といえば、高橋ヨシキ氏がもはやおなじみ。

▼初の単独映画評論集となった著書『暗黒映画入門 悪魔が憐れむ歌』。独自の視点による鋭い評論が冴えまくります。

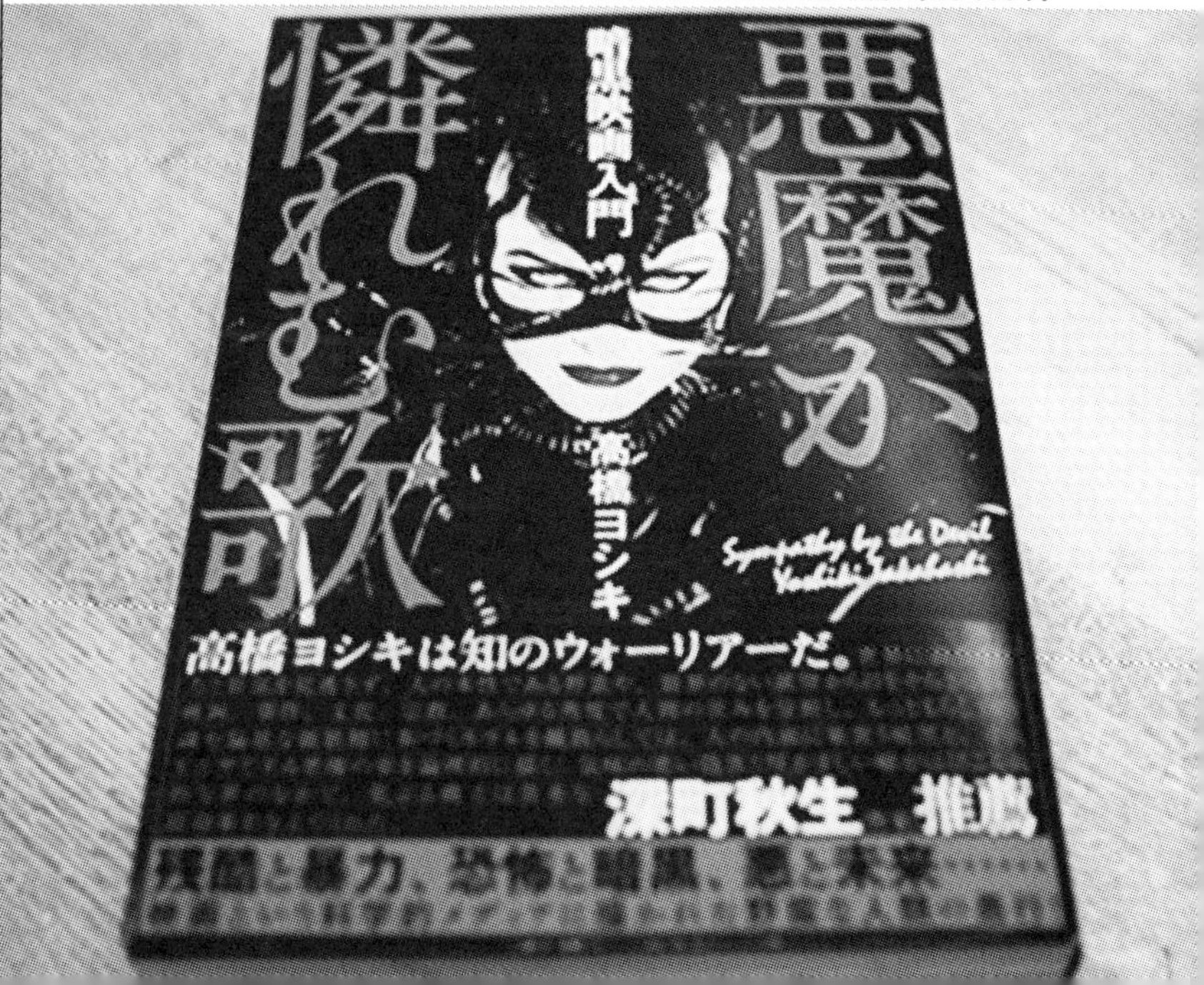

高橋　だってルークとハン・ソロとチューバッカがいてですよ、全員あの馬鹿な罠に引っかかった上に丸焼きにされかけたっていうのを考えるだに、イウォークがどれだけ強い種族なのかっていう。

宇多丸　しかも帝国軍、精鋭と戦って勝っているんですから。当時はそんな精鋭たちがこんなクマちゃんに負けるなんて！って言ってたけど、そうじゃなくて、**イウォークが強いんだと！**

高橋　強いんですよ、セデック族だから。間違いないです。

宇多丸　アハハハ！　でも、このコミカルな音楽が流れてるじゃねーかっていう。

高橋　その辺が油断させるための罠なんですよ。

宇多丸　なるほど、なるほど。

高橋　**〝異化効果〟というやつです。**

宇多丸　**アハハハ、絶対違う！**　はい、ということで、こんな感じの映画駄話をはさみながらヨシキさんにお話を伺っておりまーす。そういえば、この本にイウォークの話は載ってなかったですね。

高橋　そうですね。だから第二弾とかで出そうと思ってるんです。

宇多丸　ちょっと高度すぎるかな？

高橋　いずれイウォークについては長文を書かなくてはならないと思ってるので。

宇多丸　イウォークについて長文、ハハハハ！

高橋　書けますよ！

宇多丸　アハハハハ！　それもぜひ読みたいけどね。はい、といったあたりで後半からは、要は現在の映画界が見習うべきというか、そんな偉そうな話というよりは、単純にこれを聴いてる人

★50『300〈スリーハンドレット〉』

はその手の映画に詳しい人ばかりじゃないでしょうから、観てごらんなさいというものも含めて……。

高橋　でも、みんな観てるんじゃないですか？

宇多丸　そんなことないんだなー。

高橋　『300〈スリーハンドレット〉』[★50]とか。

宇多丸　『300』は、まぁ比較的ね。この本で出てくる中ではやっぱり『アポカリプト』と『300』あたりは比較的新しいですね。

高橋　『マッドマックス2』[★51]とかね。

宇多丸　あと、僕アレですよ、とりわけ『バットマン リターンズ』[★52]の評というか分析が、やっぱりグッときましたね。

高橋　ありがとうございます。

宇多丸　すごい良かったです。で、合間合間に時々オッパイの話を入れようかっていうノリで、合間合間にちょいちょいクリストファー・ノーラン[★53]の悪口を入れてくるあたりが。

高橋　アハハハ！

宇多丸　しかも名前を挙げてるところと、「シカゴの街をゴッサムでございと出してくるような輩《やから》とは……」とかをちょいちょいはさむのが楽しかったですけどね。

高橋　だって今度、スーパーマンとバットマンの共演をノーラン・プロデュースでやるとか言ってて。どうせきっと**2人とも別のところで悩んで終わりですよ！**　そんなことでどうするんだっていう。

2007年・米／監督・脚本：ザック・スナイダー／出演：ジェラルド・バトラー、レナ・ヘディ。紀元前480年を舞台に、ペルシア戦争のテルモピュライの戦いを描いた作品。原作はフランク・ミラーの同名小説。R15＋指定。

★51『マッドマックス2』

1981年・欧／監督：ジョージ・ミラー／出演：メル・ギブソン、ブルース・スペンス、ヴァーノン・ウェルズ。荒廃した近未来を舞台に暴走族と警察官の復讐劇を描いた『マッドマックス』の続編。前作がヒットしたことにより、およそ10倍の費用をかけて制作された。

宇多丸　アハハハ！　ずーっとウジウジして終わるという。

高橋　まぁ、ノーランの愚痴は今度にしましょう。

宇多丸　置いといて。

高橋　今回の本の中ではヤコペッティを大きく扱ってます。

宇多丸　ヤコペッティの話しましょうよ。

高橋　そうしましょうか。ヤコペッティの映画というのは、みなさんご覧になってる人は分かると思いますけども、要はモンド映画といって、世界中を取材し撮ってきた珍奇な映像をダダーッと観せるんですよ。それに嫌味なナレーションがついていて、その上にリズ・オルトラーニ〈★54〉の流麗な音楽がかかるという。

宇多丸　ものすごい綺麗な曲が流れるんだけどね。

高橋　そういう夢のような映画群ですけれども。だから今あるテレビの手法というか、いわゆる「衝撃映像100連発」とか「警察24時」みたいなものというのは、**全部ヤコペッティが起源**だと言ってもいいと思いますね。

宇多丸　なるほど。

高橋　ヤコペッティ以前には〝夜もの〟と言ってですね、都市のナイトライフというゲスい興味の向くところ、要は『11PM』〈★55〉みたいなコンテンツがありました。そういうものがもともと映画であったんですが、ヤコペッティは取り上げる対象の枠をさらに土人とかにまで拡げたんですね。ヤコペッティの偉かったのは、土人と文明人を並べて見せて、**「どっちも残酷で馬鹿だね、人間って」**という話にしちゃうところなんです。「人間は等しく愚かで残酷だ」と言われて反論できる人はいませんから。だから**いつ観ても感動する**んですよね。ああ、本

★52 **『バットマン リターンズ』**

1992年・米／監督：ティム・バートン／出演：マイケル・キートン、ダニー・デヴィート、ミシェル・ファイファー。1989年公開の『バットマン』の続編。ゴッサム・シティに現れた謎の怪人ペンギン。さらにはキャット・ウーマンという新たな敵もバットマンの前に現れる。

★53 **クリストファー・ノーラン**
イギリス出身の映画監督・映画プロデューサー。『バットマン』の新シリーズとなる『バットマン・ビギンズ』の監督に抜擢され、続編の『ダークナイト』も大ヒット。以降ヒットメーカーの仲間入りを果たした。

★54 **リズ・オルトラーニ**
イタリアの作曲家。作曲したヤコペッティの映画『世界残酷物語』のテーマ曲『モ

当だ！　と思って。ヤコペッティの映画はまあ、それしか言ってないんだけど。

宇多丸　ヤコペッティは、ヤラセとか、あるいは人種差別的な視点が何とかでと言われて、それこそヨシキさんが騒ぎだす前までは、結構過去の存在として片付けられがちだったじゃないですか。なので、そういうイメージで捉えてる人も多いと思うんですけど、それに関してね、改めてヨシキさんがこの本で文字にしていて、読んでいてすごくいいなと思ったんですけどね。

高橋　そんな、ありがとうございます。はい。

宇多丸　ヤラセって言うけど、1個1個こうでこうでと、すごく検証してるから。ぜひ読んでいただきたいですね。

高橋　なんとか無理にでも擁護したいんですよね。だって面白いんだもん。

宇多丸　この面白さは否定できん！　というね。あとは、その時代を考えてる、ということですね。

高橋　時代を考えれば分かるということもありますよね。例えばヤコペッティの『世界残酷物語』[★56]と『さらばアフリカ』[★57]がものすごく影響を与えた映画は『地獄の黙示録』[★58]ですね。『地獄の黙示録』に出てくる、ヘリコプターから動物を吊るしてる画というのは、ヤコペッティの『さらばアフリカ』の有名なカットそのまんまです。

宇多丸　当時は僕、子供だったから、そんなこと分かってなかったですけど。

高橋　丸パクですよ。

宇多丸　あれ、当時の大人が観たら「ヤコペッティじゃん！」って。それこそ土人チックなのも出てくるし。

高橋　どこまで『地獄の黙示録』公開当時の観客がそう感じたかは分かりませんけどね。

ア』が世界的なヒットとなり、アカデミー賞にもノミネートされた。

★55『11PM』
1965年〜1990年にわたり、日本テレビ・読売テレビ系で放送されていた日本初の深夜ワイドショー。当時アメリカで放送されていた情報番組を参考に製作され、お色気から硬派な社会問題まで幅広く取り上げた。

★56『世界残酷物語』

1962年・伊／監督・脚本：グァルティエロ・ヤコペッティ。世界の野蛮で残酷な風俗を描いたドキュメンタリー映画でヤコペッティ監督の名を世界中に知らしめた。リズ・オルトラーニによる美しい主題曲『モア』がアカデミー賞にノミネートされこちらも話題となった。

宇多丸　むしろそれこそジャンル差別的な視線が、それを邪魔していたというか。

高橋　その可能性はありますね。あと、切断された手が山と積まれている描写もヤコペッティの映画から来ています。それと『地獄の黙示録』のクライマックスって、牛の首切り祭りじゃないですか。あれは『世界残酷物語』の有名なトピックですからね。グルカ族の牛の首チョンパ祭りという。

宇多丸　本当ですよね。**そこをちゃんとさ、コッポラに切り込んだ人はいないんですかね？**　完全にパクリやないか！って。

高橋　町山智浩〈★59〉さんも訊いてないのかな？　分かんないけど。でもそうなんですよね。しかもコッポラは『地獄の黙示録』の中に登場するじゃないですか。「カメラを見ないで、そのまま先に進んで！」とかやってるドキュメンタリー作家の役で。あれは言っちゃえば、ヤコペッティの役ですよね。

宇多丸　あー、なるほどなるほど。

高橋　そもそも『地獄の黙示録』は企画の段階では、現地に行って映画を撮りたいっていうことだったたんですよ。ベトナムに実際に行って戦場で撮るという話がありました。

宇多丸　本物の現場に行きたいという。

高橋　それもヤコペッティ・イズムです。だから『地獄の黙示録』はあらゆる意味でヤコペッティからすごい影響を受けていたと思いますね。

宇多丸　なるほどなるほど。そこを繋げてみるという視点もあるし。あと、ヤコペッティはやっぱり『残酷大陸』〈★60〉じゃないですか。

高橋　『残酷大陸』はすごいです。

★57『さらばアフリカ』

1966年・伊／監督・脚本：グァルティエロ・ヤコペッティ、フランコ・プロスペリ。アフリカ大陸を舞台に白人の支配から脱却していく黒人たちの姿を描く。3年の歳月をかけて作られたドキュメンタリー作品。

★58『地獄の黙示録』

1979年・米／監督：フランシス・フォード・コッポラ／出演：マーロン・ブランド、マーティン・シーン、デニス・ホッパー。ベトナム戦争を題材に描いた戦争映画。監督のコッポラが私財をなげうってまで完成させた、戦争の狂気を描いた超大作。

宇多丸　何がすごいって、やっぱりモンド映画〈★61〉があってからの、さらにその先の手法にいっちゃうというのがさ。

高橋　『残酷大陸』は黒人奴隷制を描ききった凄まじい映画です。

宇多丸　そうそうそう。これとかすごいいいじゃないですか。

高橋　本当にね、『残酷大陸』を観てから『ジャンゴ』〈★62〉を観ると怒りが違いますよ。

宇多丸　ああ、まあね。でも結論とか、すごい物騒ですもんね。これはぜひ観ていただきたいですけど。「え？　これが終わりなの!?」っていう。ボールをグーッていうやつですからね〈★63〉。

高橋　**ボールを両手で押さえてグーッてやってね。**これ聴いてる人、全然分かんないと思いますけどね～。

宇多丸　本当？　まあ、ぜひ観てくださいよっていう。

高橋　さっき出たナチ絡みの話でいくと、そういうイヤミも『残酷大陸』にはちゃんと入ってます。『残酷大陸』は、19世紀のアメリカに取材陣が行って現地の人にインタビューして、黒人奴隷がひどい目に遭ってるところをドキュメンタリーで撮りましたという体《てい》の、ちょっとひねった劇映画なんですけど。

宇多丸　当たり前のように始まるから、最初すごいびっくりしましたよね。絶対にそんな時代じゃないはずなのに、ヘリコプターで降りてきて。

高橋　で、劇中に昔の優生学〈★64〉の博士というのが出てきて「黒人というのは人間ではない。これだけ脳みそがちっちゃくて、どっちかというと動物です」みたいなことをとうとうと述べているところに、現代人がインタビューするわけですね。ヤコペッティ自身は映らないんです

★59 **町山智浩**
雑誌『映画秘宝』を創刊した初代編集長。本書では「町山智浩の素晴らしきトラウマ映画の世界」（P284）に登場している。

★60 **『ヤコペッティの残酷大陸』**

1971年・伊／監督・脚本：グァルティエロ・ヤコペッティ、フランコ・プロスペリによるアメリカの奴隷制度をドキュメンタリータッチで描いた作品。グァルティエロ・ヤコペッティ初の劇映画でもある。

けどインタビューをしていて、そういう体で撮っていて、それでそういう優生学の講義がひと通り終わったところで、「なるほど、そうですか。じゃあ黒人は人間じゃないというんですね。ところで博士はどちら系の方でしょう?」と訊くと、**「私はユダヤ人だ」**と返ってくる。

宇多丸　**ものすっ――ごい、ブラックな……。**

高橋　そういう部分をきっちり突っ込んできてますね。めっちゃ面白いです。

宇多丸　うわ~恐ろしいね、やっぱり。

高橋　侮れないと思います。

『1984年』を超えた世界

宇多丸　いや~、すごいなヤコペッティ。このヤコペッティのインタビューも含めて、ヤコペッティ・モンド映画ページがすごくあるというね。その流れで『アポカリプト』があったりもしますが。

高橋　僕が表現とか映画に求めてることのだいぶ大きい範囲を占めているのは、野蛮というか、**おためごかしじゃないものを見せてくれないかな、**ということなんです。それを常に思っている。例えば普通に生きていく上で、やっぱりみんな摩擦も避けたいし、あまり本当のことを言ったら絶対ケンカになるし、実際にケンカになったら面倒くせーなと思ってます。でも一方では、映画の中で本音の人間がとんでもないことを言ったりやったりしてるところを見ると、スカッとするんですよね。

★61 **モンド映画**
映画のジャンルの1つ。見世物的好奇心に訴える猟奇系ドキュメンタリー、モキュメンタリー映画を指す。語源は1962年に世界的大ヒットとなったグァルティエロ・ヤコペッティ監督作品『世界残酷物語（原題はMondo Cane)』。

★62 **『ジャンゴ　繋がれざる者』**

2013年・米／監督：クエンティン・タランティーノ／出演：ジェイミー・フォックス、クリストフ・ヴァルツ、レオナルド・ディカプリオ。南北戦争直前の黒人奴隷制度をテーマに、マカロニ・ウエスタンへの愛にも溢れたバイオレンス・アクション映画。

★63 **ボールをグーッていうやつですからね**
映画『ヤコペッティの残酷大

宇多丸　僕、この間言いませんでしたっけ？　**映画っていうのは、現実では絶対に遭いたくない目を見たいものだっていう。**

高橋　そりゃそうですよ。だって「『タイタニック』〈★65〉超好き！」とか言ってる人だって、乗っている船が沈没したくはないんだから。

宇多丸　本当ですよ！『インディ・ジョーンズ』〈★66〉とかでもいいですけど、あれも絶対嫌でしょ⁉　あんなドッタンバッタンやったりするの。

高橋　『007』〈★67〉だって嫌でしょ？

宇多丸　『007』も嫌です。ルークだって嫌ですよ！

高橋　ルークも嫌なんだ？

宇多丸　あんなプレッシャーの中で、嫌ですよ！　デス・スターを1人でやんなきゃいけないなんて、超嫌ですよ！

高橋　でも俺、イウォークになって、槍持って帝国軍に立ち向かったりしたいですね。

宇多丸　あれは死ぬ人もいますからね。

高橋　アハハハ！

宇多丸　結構、**イウォークの日々の暮らしは大変**だと思うよ。

高橋　**いや、楽しいと思うなぁ！**

一同　アハハハハ！

高橋　セデック族だって楽しそうだったじゃないですか。

宇多丸　最初はね。でもその時代の流れには……いいよ、そんな話は！

陸』の終盤。ドキュメント部分が終わり、舞台は現代に移ってからのビーチボールの鮮烈なシーンのこと。

★64 **優生学**
フランシス・ゴルトンが定義した造語。生物の遺伝構造を改良することで、人類の進歩を促そうとする応用生物科学のこと。

★65 **『タイタニック』**

1997年・米／監督：ジェームズ・キャメロン／出演：レオナルド・ディカプリオ、ケイト・ウィンスレット、ビリー・ゼイン。2009年の同監督の映画『アバター』に抜かれるまで、映画史上最高の世界興行収入を記録。セリーヌ・ディオンによる主題歌『マイ・ハート・ウィル・ゴー・オン』も大ヒットを記録した。

高橋　だけど、例えば映画はもちろん嘘ですよ。嘘だけど、人間というのは殴ったら血も出るし、切ったら切れちゃうし、破裂して死んだらその辺にバーッ！　って飛び散っちゃうし、撃たれたら痛いとか、そういうことがあるのは本当ですよね。なのに、それを映画においても見せないほうがいいとか言うんですよ。年取った監督はあんまりそういうこと言わない気がしますけど。

宇多丸　間接描写のほうがいいと。

高橋　想像力に任せたほうがいい、とか。

宇多丸　実際にそれで効果を上げてるシーンもあるとは思うけど。

高橋　そうですけど、そういうのでうまくやってる映画監督というのは、それまでさんざん〝見せる〟映画を作ってきて、大体あんばいが分かっているからなんですよ。

宇多丸　あ〜。あるいはその手前のところで、もうちょっとソフトだけどはっきり見せるものとかをやって……。

高橋　それで今度は、もっとひどいんだろうっていう時に見せないとかね。

宇多丸　そうそう。そうするとこっちは、観終わったあとはそういうシーンも観た気になっちゃってるというのはありますよね。

高橋　でもなるべくは全部見せたほうがいいと思いますけどね。

宇多丸　『スカーフェイス』〈★68〉のチェーンソーのシーンとかって、実は見せてないっていうのがあるじゃないですか。あれはやっぱり演出がうまいっていうことですよね？

高橋　まぁそうですね。だってあそこは、外で待ってるやつがチェーンソーのアレに気づけるのか、間に合うのかっていうサスペンスがあって、あそこで残虐場面を出しちゃうとそっちに気が

★66『インディ・ジョーンズ』

映画『レイダース／失われたアーク《聖櫃》』に続く、考古学者インディアナ・ジョーンズの冒険を描いた『インディ・ジョーンズ』シリーズのこと。1981年・米／監督：スティーヴン・スピルバーグ／出演：ハリソン・フォード、カレン・アレン、ウォルフ・カーラー。

★67『007』

映画『007／ドクター・ノオ』に続く、英国情報部員、ジェームズ・ボンドの活躍を描く『007』シリーズのこと。原作はイアン・フレミングのスパイ小説。1962年・英／監督：テ

行っちゃうからっていう計算もあると思いますけどね。

宇多丸　なるほどなるほど。とにかく見せないのが偉いとかあるけど、ヨシキさんの考えはそういうんじゃない、と。

高橋　うん。**だって映画館には何かを観に行くんだもん。**

宇多丸　ま、そりゃそうだけど。

高橋　そうですよね。なんかね、禅問答みたいになりますけどね。ジョン・ケージ〈★69〉的な話になりそうですけどね。

宇多丸　アハハハ！　何を観に行っているのかっていうね。というので、そういうものが見たいぞと。

高橋　見たいぞ、というか、そういうものをきちんと出すことでしか表現できないことというのは絶対あるんですよ。当たり前ですけど。

宇多丸　あとさ、例えば結構安っぽい残酷表現とかもあるじゃないですか。ああいうものの意味みたいな話も、ちょっと聞きたいなと思うんですが。

高橋　安っぽいのは安っぽいので楽しいですよね。

宇多丸　見るからにチープというか、むしろそういうほうが全体の量としては多いじゃないですか。要は現実に対するショックというよりは、みたいな。

高橋　そうそう。あとああいう作品は**「あ、工夫してる！」**というのが、なんかうれしいっていうこともありますね。

宇多丸　それはもうアレかな、映画を観るもうちょっと手前の喜びかな？　こんな作り物を作って、そこから血を噴き出させたりして、なんか頑張っていて楽しいな！　みたいな。

レンス・ヤング／出演：ショーン・コネリー、ウルスラ・アンドレス、ジョセフ・ワイズマン。

★68『スカーフェイス』

1983年・米／監督：ブライアン・デ・パルマ／出演：アル・パチーノ、スティーヴン・バウアー、ミシェル・ファイファー。1932年公開の『暗黒街の顔役』を現代風にリメイクしたギャング映画。

★69 ジョン・ケージ

アメリカの作曲家、詩人、キノコ研究家。実験音楽家として、前衛芸術全体に影響を与えている人物。無音の音楽『4分33秒』の作曲家としても知られる。

高橋　フィギュアというか、プラモのジオラマを見るとかそういうものに近い。

宇多丸　昔の直接やっていた頃の特殊メイクが楽しいのは、それがちょっとあるかもしれないですね。ここからニョキニョキ何かが出る仕掛けが楽しいというか。

高橋　そういうのは、単純に見ていて楽しいし面白いですからね。だから残酷だったり残虐だったりする場面を見せる見せないということに、**なんでそんなにこだわるのか**と思いますよね。表現方法が問題になる場合、必ずそれによって「傷ついた」とか苦情を言ったりする人がいます。**要は自主規制っていうのは大概〝苦情を先取りするところ〟から始まるわけですよね。**苦情を言ってるやつというのは、早い話がファミレスですごいデカイ面してるみたいな〝神様になったお客さま〟なんです。だからお客さまの意見は絶対だと思ってる。しかし映画とか表現というのは、ファミレスで食う飯とはちょっと違うものです。**他人の勝手な考えや主張を聞かされるのが、表現を受け取るってこと**なんですよ。ところがそういうものでさえ〝商品〟として〝消費〟したいんですよ。だから自分たちの意見が通って当たり前だろう、と思っている観客を育ててしまったという状況にも問題があると思います。

宇多丸　どっちが卵でどっちがニワトリか分かんないけど。想定外なものは見たくないし、ショックも受けたくないという。まさに正反対のことが、需要として成立しちゃっているような感じということですかね。

高橋　そうですよ、きっとね。そういう人たちは家の鏡とかを割っちゃってる人ですよ。

宇多丸　え？　顔？

高橋　想定外なものは見たくない。

宇多丸　アハハハ！　いや、でも家の鏡はね、感覚が補正しちゃうんですよね。家の鏡で見る自分の顔がベストに見えるように脳が勝手に補正していっちゃう、っていう俺の仮説ですね。

高橋 なるほど〜。

宇多丸 だから、表に出て違う光線で見ると「あれっ!?」っていう。

高橋 ハハハ! くだらねえ〜。

宇多丸 いや、くだらなくないよこれ、マジだよ! 大事な話だよ、これ! っていうのはあるかな。

高橋 予定調和が〝良きこと〟になっちゃってる、ということはあるかもしれないですね。だから「思ってたのと違った」とか言うんですよ。いいじゃん、**想像してたのと違ったら得したじゃん、**と俺は思いますよ。思っていたよりもずっと悪いのがいいと言ってるんじゃないですよ? 当たり前ですけどね。だけど例えばストーリー上に物凄いツイストがあったりとかしたら嬉しいと思いませんか? 映画でも、ジャンルって観る前になんとなく分かるじゃないですか。でも、こんな映画かなと思って観に行ったら全然違ったりしたら、俺はもうめっちゃ嬉しいですよ! あ、こんなこともあるのかと思って。

宇多丸 うんうん。

高橋 『ジェイコブス・ラダー』〈★70〉って映画が昔あったじゃないですか。あれを観に行った時に、広告もちゃんと観ていなかったからか、なんかベトナム帰還兵が悩むような物語かな? と思ってたら、とんでもない地獄絵図みたいな映画で超面白かった、とかね。そういうビックリさせられて面白い、ということはありますよね。

宇多丸 この間の「エンディング特集」も結局それですもんね。最後にもう、えぇーっ!?っていうことが起こると本当に得した気持ちになって。

★70 『ジェイコブス・ラダー』

1990年・米/監督:エイドリアン・ライン/出演:ティム・ロビンス、エリザベス・ペーニャ、ダニー・アイエロ。旧約聖書のヤコブの梯子にインスピレーションを受け、ベトナム戦争中のベトナムを舞台に描かれるサイコスリラー映画。

高橋　『マザーズデー』〈★71〉のエンディングみたいに、**変なのがジャンプしてきてガンガンガン！**ですよ。

宇多丸　アハハ！　俺も今、その場面しか思い出してない。ガンガンガン！って。

高橋　ワーッ！って言って驚いちゃうっていうね。

宇多丸　詳しくは「エンディング特集」を聴いていただいて。

高橋　でも、そういうビックリによって角が立つと思っている人がいる。つまり今さっき、実生活だったらなるべく角立てないようにしたいし、それからケンカも避けたいけど、映画では観たいと言ったじゃないですか。

宇多丸　ええ。

高橋　ところがそういう**実生活の理屈をね、映画の中に持ち込もうとしている人たちがいるんじゃないか**っていう話。

宇多丸　あ〜、映画に限らず、表現全体にっていうことかな？

高橋　そういうことが時代を超えてポリティカリー・コレクトネスの概念を押しつける、みたいなことにも繋がってくるんですけど。例えば、この間『ローン・レンジャー』〈★72〉の試写に行かせていただいたんですよ。この映画は19世紀の話ですけど、トントっていうインディアンが出てきますよね。

宇多丸　アメリカ先住民。

高橋　いや、インディアン。当時はインディアンって呼んでいたわけです。映画でも「おまえらインディアンは」みたいなセリフは、もちろん英語では言ってるんですよ。だって、その時代はインディアンって呼んでたんだから当たり前です。そうしたら「あなたたち先住民は」み

★71『マザーズデー』

1980年・加／監督：チャールズ・カウフマン／出演：ケヴィン・ロウ、カール・サンディス、エド・バトル。全編、目を覆いたくなるようなバイオレンス・ホラー作品。2010年『SAW／ソウ』シリーズのダーレン・リン・バウズマン監督によってリメイクされた。

★72『ローン・レンジャー』

2013年・米／監督：ゴア・ヴァービンスキー／出演：アーミー・ハマー、ジョニー・デップ、トム・ウィルキンソンによるアクション西部劇。原作はジョージ・W・

たいな字幕が出てきたんで、もうすっかり萎え萎えですよ。

宇多丸　なるほどね。

高橋　それっておかしいでしょ？　だって、黒人とか土人とかいう呼称しかなかった時代に「アフリカ系のみなさんは」とか絶対言わなかったじゃん！　っていうことですよ。

宇多丸　「アフリカ系アメリカ人が」とかね、はいはい。

高橋　あと例えば昔の日本、戦後だって70年代だって「女子供風情が」みたいな罵倒《ばとう》はいくらでもあったわけだけども、それを「女性のみなさまが」と当時言ってたか？　違うだろ！　っていう話です。こういうことについて、時代背景も文化状況も現代とは異なるところを描いている映画の中のセリフにさえ、ケチつける馬鹿がいるっていうのは何なんですかね？

宇多丸　全体に満遍《まんべん》なく、カッコ付きですけど〝正しさ〟みたいなものを求めてしまう危うさなのかな。佐々木中〈★73〉くんという物書きの人に以前番組に出てもらった時に、「フィクションと評論では、どういう書き方の違いがありますか？　もしくはないのか？」って訊いたら「違う」と。**「フィクションは、間違った結論でしか訴えられないことを訴えられる」**と言っていて。

高橋　そういうことですよ！　まさにそのとおりだと思います。

宇多丸　すっげー分かりやすいなと思って。でも、わきまえてない人が多いのかな。

高橋　そうなんですよ。映画の中の人に、僕は品行方正さなんて一切求めてないですからね。それが当たり前だと思ってますが。ところが、そういうことを要求する声が一定数あるんですね。だから今、昔の映画からCGでタバコを消したい、消すべきだ、とか言う人たちがいたりし

トレンドル、フラン・ストライカーによるラジオドラマ。1933年に放送以降、コミックス、テレビドラマも製作されており、本作が映画化4作目となる。

★73 **佐々木中**
思想家・作家。『定本 夜戦と永遠』（河出文庫）、『切りとれ、あの祈る手を』、『九夏前夜』（共に河出書房新社）など多数の著作がある。『タマフル』では春秋恒例の「推薦図書特集」で、2011年3月19日と2013年3月23日に出演している。

ます。

宇多丸　まぁそういう動きに作り手が応じたりしてるからね。スピルバーグとかもやっちゃってるし。

高橋　スピルバーグは反省して撤回してますけどね。似た例でいえば、ハン・ソロが先に撃つのはよくない〈★74〉とかさ。

宇多丸　著書に出てきてますよね。

高橋　そうそう、その話書いてますよね。

宇多丸　でもこれはキャラクターとして台無しになっているっていう問題もあるし。

高橋　台無しですよ！　ハン・ソロはカッコいいアウトローだったのに、相手が撃つまで礼儀正しく待ってるような馬鹿にされてしまったんですよ？　何を待つことがあるのか！

宇多丸　でも、それが求められてると思ったのかな？

高橋　そこは本当に分かんないです。

宇多丸　そんなポリティカリー・コレクトをするんだったらさ、エピソード4で、最後にチューバッカにちゃんとメダル掛けてやれよ！〈★75〉っていうさ。一応あれ、当時のマンガ版だと、背が高すぎるからあとで掛けてあげるっていう理屈をつけてましたよ。

高橋　…………へ～。

宇多丸・高橋　アハハハハ！

宇多丸　でもポリティカリー・コレクトっていうなら、やることあるだろっていう。

高橋　今言った言い換えの問題ですけども、言い換えってそこら中にものすごく蔓延《まんえん》してますよね。

宇多丸　先住民みたいな、さっきの例ね。

高橋　テレビとか文章もそうだし、映画の中のセリフとかもそうだし。だけどそれにはものすごく

★74 **ハン・ソロが先に撃つのはよくない**
1977年の『スター・ウォーズ』1作目（エピソード4）が1997年にデジタルリマスターされた『スター・ウォーズ 特別篇』では、悪者のグリードが先に発砲し、ハン・ソロがそれに反撃した……と、オリジナル版とは反対の展開に改変されていた。

★75 **最後にチューバッカにちゃんとメダル掛けてやれよ！**
『スター・ウォーズ エピソード4／新たなる希望』のラストシーン、レイア姫がルークやソロといった仲間たちにメダルを授与するなか、なぜか同じ仲間であるチューバッカにはメダルが与えられなかった。

息苦しさを感じます。

宇多丸 しかも『ローン・レンジャー』の場合は、本来のセリフがそうなのにっていう。オリジナルのせいにすればいいじゃん。

高橋 うん。なんかね、奥歯にものの挟まった言い方ばっかりで、それはつまり〝ダブルスピーク〟っていうことだと思ってますけど。ダブルスピークっていうのは、オーウェルの『1984年』〈★76〉に出てくる用語で、本当は〝ニュースピーク〟って言うんですけど。ダブルスピークと呼ばれることも多いんですが、つまりは言ってることとやってることが全然違う。そうやって言葉を無意味化させていく語法なんですが。要は〝愛情省〟っていう役所は、本当は〝恐怖省〟みたいなね。だけど、今の日本の役所の名前とか法律の名前とかも全部そうじゃないですか。全部ダブルスピークですよ。だから日本の現実は**完全に『1984年』の世界を超えちゃった**と思ってます。

宇多丸 要は、例えば監視され暴力で直接的に抑圧されて、それも嫌な世の中だけど、**そんなビッグ・ブラザーを自分の中ですでに……。**

高橋 **内面化しちゃってるんですね。**

宇多丸 内面化しちゃって、しかもそれがビッグ・ブラザーだとも気づいてない。これは相当進んだ状態ですよという。

高橋 ヤバいですよ。例えばうちは新宿区なんで戸塚警察ですが、たぶんほかのところもやってると思いますけど、変な歌舞伎の目みたいなのが描いてあるステッカーが町中に貼ってあるでしょう。「誰か見てるぞ」って描いてあるステッカー。これって「BIG BROTHER IS

★76『1984年』

1949年に刊行されたイギリス人作家ジョージ・オーウェルの小説。核戦争を経て、3つの超大陸によって分割統治されている世界を描き、冷戦下の英米でヒットを記録。反全体主義、反集産主義のバイブルとなった。作品世界では「BIG BROTHER IS WATCHING YOU」というポスターが町中に貼られており、「あなたの行動を政府・有力者・監視カメラなどが監視しています」という意味でも使われるようになった。

WATCHING YOU」でしょ？　なんで俺、そんな悪夢みたいな世界に生きてんの？　って思いますよ。

宇多丸　確かにそうだ！　すごいね、よく考えたらそうですね！

高橋　「誰か見てるぞ」って何それ。勝手に見てんじゃねえよ！　っていう話でしょ？

宇多丸　アハハ！　てめー何見てんだよ！　って。

高橋　いや、ホントに。何見てんだよおまえは！　って思いますよ。

宇多丸　空気に向かってこうやって怒鳴るおじさんになっちゃいますよ、これ。

高橋　アハハ、そういうおじさんにもうなってますけどね。つまりあのステッカーが何を言いたいかっていうと、おまえらは監視されている、あるいは相互監視しておけ、というメッセージでしょ？

宇多丸　でもね、僕もそのステッカー、そういえば見てたわと今思ったけど、そこでヨシキさんほど真摯に怒ってなかったわ。

高橋　だってムカつくもん。

宇多丸　ここがやっぱ〝知のウォーリアー〟ヨシキさんですよ。

高橋　やめてくださいよ！　そんな、本の帯に書いてあることを！

宇多丸　だってこの本の帯に書いてあるんだもん！　でもヨシキさんは、物事に対してすごく真摯だからね。だからいいんですよ。ぜひみなさんね、そういう人が書いているということで読んでいただければ。

高橋　アハハハ！　ありがとうございます。

宇多丸　はい、ということで高橋ヨシキさんの『暗黒映画入門 悪魔が憐れむ歌』、洋泉社より発売中でございます。

高橋 よろしくお願いします。

宇多丸 今日はもっといろんな話したかったんですけどね。

高橋 すいません、本当に。

宇多丸 例えば、そういう残酷シーンとか野蛮シーンが露骨に出てくるような映画じゃなくても、それこそ『バットマン リターンズ』の本当に伝えてることの、いろんな意味が入ってる問題ですけど。

高橋 『バットマン リターンズ』だけで、ずっとやってもいいですよ。

宇多丸 本当ですよ！ 「『バットマン リターンズ』特集」でいいじゃねぇか。

高橋 「『バットマン リターンズ』特集」やりましょう！ 「『バットマン リターンズ』&ノーランってどうなの？ 特集」という。

宇多丸 アハハハハ！ この本を読むと、ヨシキさんがなんでノーラン版に首をひねらざるを得ないかがすごく分かりますので。いかに『リターンズ』が良くできた映画か。改めて美術の話とか、すごい感心しました。

高橋 すごくいい映画だと思います、本当に。

宇多丸 素晴らしかったです。いろんな読みどころがありますので、ぜひこの本をね、お手に取っていただきたいと思います。

高橋 ありがとうございます。

宇多丸 ヨシキさん、またね。

高橋　絶交されたと感じないうちにお願いします。

宇多丸　絶交にならない範囲の短い期間、クロールの息継ぎぐらいの期間でまたお呼びしたいと思います。ということで、映画駄話シリーズ『暗黒映画入門　悪魔が憐れむ歌』出版記念特集をお送りいたしました！　ヨシキさん、ありがとうございました！

高橋　ありがとうございました。

ON AIR を振り返る

宇多丸

ヨシキさんとは完璧に同年代。出身もお互い東京で、育ってきた環境、観てきた映画など、重なる部分も多いので話はとにかく合う。でも同時に、知り合った頃はそのあまりの博覧強記ぶりに、「絶対に敵わない人に出会ってしまった……」と愕然とさせられました。議論していても、「出た、またその論法！」とか「それはちょっと意地悪すぎなんじゃない？」みたいなことくらいしか、いまだに言い返せなくて。で、悔しいからあとからその件について慌てて勉強し直したりとか。その意味では、同世代だけどちょっと先生的な存在でもあるのかもしれません。

ヨシキさんは、この言い方はちょっと語弊があるかもしれないし本人も嫌がりそうだけど、僕に言わせればとにかく「真っ当」な人なんです。この特集も、この本に載っている中でいちばんまともなことを言ってる回かもしれない。ただ、特にこの社会の中で、そういう本当の意味での「真っ当さ」を貫こうとすると、結果それはものすごーくハードコアな姿勢、ということになったりもすると。普段話していても、よく知りもしないのになんとなくのイメージでしちゃった適当な発言とか、見逃さずビシーッと突いてきますから。要は、欺瞞を許さない人なんですよね。親友なんだけど、常に背筋が伸びる相手です。

議論友達、言い合い友達として、僕にとってはコンバットRECと双璧を成す存在ですね。RECが自分の宇宙の中で完全に完結した、言わば〝暴論〟の人だとしたら、ヨシキさんは正統派の知性に裏付けられた〝正論〟の人。ただ、どちらも飲みだすと長いのは同じです！

小《こ》出《いで》祐《ゆう》介《すけ》

1984年生まれ。Base Ball Bear のボーカル・ギター担当。2006年、東芝EMI（現EMI RECORDS／ユニバーサルミュージック）よりメジャーデビュー。ハロー！プロジェクトなどのアイドル好きとしても知られ、アイドルソングコラムの雑誌連載などを持つ。

サタデーナイト・ラボ

2014.5.31 ON AIR

自分のアルバムが出るのになんですが、

改めて ナンバーガールについて語ろう特集

小出祐介《ゲスト》

世間的にはBase Ball Bearのボーカル・アンド・ギター、『タマフル』的には度を超したアイドルファンとして知られる小出祐介。「『ほんとにあった！ 呪いのビデオ』特集」や「嗣永桃子プロ特集」（ももち＝アイアンマン／トニー・スターク説）など、数々の傑作特集がある中、今回はナンバーガールが好きすぎて困ると語る、小出祐介自身による渾身の企画をチョイス。

宇多丸　TBSラジオ『ライムスター宇多丸のウィークエンド・シャッフル』。ここからは特集コーナー「サタデーナイト・ラボ」の時間です。今夜お送りするのはこちら！「『Base Ball Bear・小出祐介大いに語る』シリーズ第4弾！ **自分のアルバムが出るのになんですが、改めてナンバーガール〈★1〉について語ろう特集**」！ ということで早速、ヤツの部屋に入ってみたいと思います。コンコン。**Base Ball Bear のボーカル・アンド・ギター、俺たちの〝こいちゃん〟**こと**小出祐介**さんです！

小出祐介（以下、小出）　どうもこんばんは〜。小出です。お願いします。

宇多丸　ということで、アルバム完成おめでとうございます！

小出　ありがとうございます。

宇多丸　今はプロモのスケジュールとか、大変なんじゃないですか？

小出　そんなことないです。今日は『タマフル』の準備がいちばん大変でしたね。

宇多丸　だから、こいちゃんにうかつなタイミングで頼めないんですよ。やっぱり相当やっちゃうじゃないですか。

小出　結構頑張っちゃいますからね。

宇多丸　前の「『ほんとにあった！ 呪いのビデオ』特集」〈★2〉も、レコーディングのいちばん大事な時期にかぶってたりするわけで。

小出　**準備にひと月かけましたから。**

宇多丸　アハハ！ 今もタイトル読み手前の時報の段階で「あぁ〜、あぁ〜、緊張する〜」「『ほんとにあった！ 呪いのビデオ特集』がいい〜」って。別にそれでいいですよってことですよ。

小出　アハハハハハ！

★1　**ナンバーガール**
日本のオルタナティブ・ロックバンド。メンバーは向井秀徳（ボーカル&ギター）、田渕ひさ子（ギター）、中尾憲太郎（ベース）、アヒト・イナザワ（ドラム）。1999年、『透明少女』でメジャーデビューを果たし、2002年に惜しまれつつ解散。今も多くのロックファンに支持されるバンドの1つ。

★2　**「『ほんとにあった！ 呪いのビデオ』特集」**
2013年12月7日に放送された、小出祐介出演の「サタデーナイト・ラボ」の特集。Base Ball Bear の新曲『ファンファーレがきこえる／senkou_hanabi』のプロモーションはそっちのけで人気ホラービデオシリーズ『ほんとにあった！ 呪いのビデオ』の魅力について熱く語り尽くした。

宇多丸 別にこっちが押しつけてるわけじゃないよ、っていうことを言ったんですけど。

小出 確かにそうですね、自分で選んだテーマですもんね。

宇多丸 でもそれぐらい気合を入れて、ということですからね。

小出 そうですね。プレッシャーもありつつ。

宇多丸 小出くんのこの様子はROCK IN JAPAN FESTIVAL[★3]とかの、何万人がBase Ball Bearを待ってるよって時の楽屋のこいちゃんを見るようですね。

小出 そうです。

宇多丸 「あぁ、帰りてぇ〜。あぁ、逃げてぇ〜」って言って。

小出 完全にナーバスっていう。

宇多丸 **「もうちょっと練習ができれば〜」**って。

小出 アハハハハ！ それ、確かにずっと言ってましたよね。こないだね。

宇多丸 ライブは最高でしたけどね。そんなこいちゃんですが、改めてご紹介させていただきたいと思います。人気ロックバンド、Base Ball Bearのボーカル・アンド・ギターにして、度を超したアイドルファン。そのアイドルファンとしての属性は、**楽曲派、というか在宅派。**そして『ほんとにあった！呪いのビデオ』の大ファンということでございます。当番組では、昨年「おすすめのアイドルソング特集」[★4]、「嗣永桃子プロ特集」[★5]、そしてオリジナルホラービデオシリーズ「『ほんとにあった！呪いのビデオ』特集」と、3回出演していただきました。**このどれもがBase Ball Bearのリリースタイミングにもかかわらずでございます。**

★3 **ROCK IN JAPAN FESTIVAL** 茨城県ひたちなか市で開催される野外ロック・フェスティバル。2002年より毎年8月に行われており、日本で活躍するバンドや歌手が出演している。

★4 **「おすすめのアイドルソング特集」** 2013年2月16日に放送された「アイドルソング大豊作だった2012年を踏まえて考える。ミュージシャン目線で語る、〝良質なアイドルソングとは何か？〟特集」のこと。宇多丸、小出共に楽曲派のアイドルファンという目線でベストソングを選び、熱く解説した。

★5 **「嗣永桃子プロ特集」** 2013年6月29日に放送された「嗣永桃子は、いかにして「嗣永プロ」から「ももち」になったのか？ 特集」のこと。Berryz工房・嗣永桃子はアイドルという鎧をまとっているアイアンマン、つまりモモチ・スタークという持論を展開した。

小出　そうですね。

宇多丸　そしてこの度、約3年ぶり、5枚目のオリジナルアルバム『二十九歳』〈★6〉をリリースされます。僕は、こいちゃんがこれを作るのにどれだけ悩んでいたかも知っているので、本当におめでとうございます。

小出　ありがとうございます。

宇多丸　『二十九歳』の特集でいいじゃないかと思いますけどね。6月4日に発売されるこの大事なタイミングにもよらず、小出くんから出てきたのは、アルバムのプロモーションを後回しにして、2002年に解散したロックバンド、ナンバーガールについて語る特集がしたいという言葉なんですけど……。

小出　ということでございます。

宇多丸　これ、あくまで小出くん発ですからね。

小出　そうですね、確かに僕が言いました。

宇多丸　なんだけど、でも実は今回珍しくというか、今までの特集にない趣向として、最終的に『二十九歳』に着地していくという。

小出　そうなんですよね。最初は何の気なしに「ナンバーガール特集どうですか?」って言ったところもあったんですよ。というのも、ナンバーガールが今年デビュー15周年でして。それでリマスター盤が出たりしていて、僕もすごい好きだったし、今現在バンドマンをやってる身として応援したいな～ぐらいの気持ちだったんですけど、**考えれば考えるほど、どんどん身の上話になってくるというか。**

宇多丸　つまり、ナンバーガールが好きすぎて今まで語ることを自らに禁じていたとか、そのぐらい

★6　『二十九歳』

2014年6月にリリースされたBase Ball Bearの5枚目のアルバム。過去ではない「29才」の今を描いた、Base Ball Bear真のデビュー作と語る小出祐介渾身のアルバム。

深くこいちゃんの中にナンバガの好き要素があるってことなんですか?

小出 ということですね。

宇多丸 あまりほかで語ってない?

小出 ないですね。「好きです」ぐらいは言ってますけど、ここまでガッツリ語るってことはやったことないし。

宇多丸 自分にどう影響を与えてるかってレベルまで。

小出 そうなんですよ。言いたくなかったっていうのもあって。

宇多丸 ちょっとこれ楽しみだな〜。ではまず、そのナンバーガールがどういうグループなのかご紹介しておきましょう。ナンバーガール、通称ナンバガ。メンバーはギター&ボーカルの向井秀徳さん、ギターの田渕ひさ子さん、ベースの中尾憲太郎さん、ドラムのアヒト・イナザワさんの4人からなるロックバンドでございます。１９９７年、インディーズレーベルからファーストアルバム『SCHOOL GIRL BYE BYE』をリリース。そのアルバムがきっかけとなり、１９９９年にメジャーデビューを果たす。しかし２００２年、突然の解散を発表し、同年に行われた全国ツアーの最終日に解散。解散後もメンバーはそれぞれ音楽活動を続けていると。僕も向井さんとはフェスとかでお会いすればお話ししたりしますし、一緒に対談することも1回くらいはあったかな? でも、もうZAZEN BOYS〈★7〉時代なんですよ。

小出 じゃあ、ナンバーガール以降だったんですね。

宇多丸 はい。向井さんがその後ZAZEN BOYSというグループを作られてね。こっちはヒップホッ

★7 ZAZEN BOYS
ナンバーガールの解散後、向井秀徳がアヒト・イナザワと共に結成したロックバンド。２００４年にアヒト・イナザワが脱退。メンバーは向井秀徳（ボーカル&ギター&キーボード）、吉兼聡（ギター）、松下敦（ドラム）、吉田一郎（ベース）。

プ側の人なので、ナンバーガールはわりと遠くで見てただけですよ。だから全然分かってないかもしれないので、ぜひ今日はご教示いただきたいんですが。

小出　お願いいたします。

宇多丸　ということで、ナンバーガール特集。15周年というタイミングではあるけれども、小出くん側からのポイントとしてはどんな感じなんですか?

小出　ナンバーガールのことを語ろうと思って自分なりに頭の中で分析したら、どんどん身の上話が出てきてしまったんです。だからさっき言ったみたいに、最終的に自分のアルバムに繋がるような話になってきちゃうんですけど。

宇多丸　いいじゃない。

小出　ナンバーガールを音楽批評的な、もしくは同業者的な視点で語るっていうよりは、今日は**「僕とナンバーガール」**みたいな、**そういう作文**だと思って……。

宇多丸　いいですね～。この番組の中でも、そのアプローチは意外とないですよ。

小出　聴いていただきたいと思っております。

宇多丸　分かりました。ちなみに、Base Ball Bear のスタッフの多くがナンバーガールのスタッフだったという……。

小出　実はそうなんですよ。

宇多丸　こういうこと、ありますよね。

小出　ありますあります。

宇多丸　スタッフが重なってるんで、一緒になることがなくても近くに感じてしまうタイプのグループっていうのが。

小出　そうなんです。

宇多丸　ナンバガもそうだと。

小出　そうなんです。そのことについてもあとで触れていきたいと思いますので。

宇多丸　じゃあ、いったんＣＭにいって本格的にまとめてドスンといこうかね。

小出　分かりました。

宇多丸　**こいちゃんの目が燃えてきております。**ＣＭのあと、ナンバーガールについてたっぷり語っていただきます。

作文「僕とナンバーガール」

宇多丸　これから小出祐介さんの作文「僕とナンバーガール」が始まるということで、お願いしますよ。

小出　はい。先ほども言いましたが、今回ナンバーガールについて分析してみようと思ったんですけど、どうしても身の上話と切り離せなかった。なので今回は作文的な感じで、**ナンバーガールの歴史と、僕、小出祐介の歴史をクロスオーバーさせて、振り返っていこうかな**という風に思っております。ちなみにナンバーガールについてなんですけれども、来月、他局なんですが、向井さんご自身が今回のリマスター盤発売記念に際して、１カ月ぐらいかけてしゃべるらしいので、そちらを聴いてください。

宇多丸　詳しくはね。

小出 そちらのほうが早いということで。ではまず始まりなんですけども、1995年にナンバーガールが福岡で結成されました。メンバーは向井秀徳、田渕ひさ子、中尾憲太郎、アヒト・イナザワの4名です。ライブハウスでバイトをしながら、バンドを組みたいと思っていた向井さんがメンバーに連絡して勧誘。これ実はあとから聞くと、周りのバンドですごいうまかった人たちを集めたというか、スターバンド的なニュアンスだったらしいんですよ。

宇多丸 そうなんだ。自然発生的に友達同士で始めたグループというよりは、意図的に組んだという。

小出 そうです。向井さんがスカウトするような形でメンバーを集めたと。で、この頃、向井さんが働いてたライブハウスに椎名林檎〈★8〉さんも出入りしていて、向井さんがPAやったり、スタジオの予約を中尾さんがやっていたりとか。あと、田渕ひさ子さんは椎名さんが当時組んでいたバンドのライバルバンドのギターだったり。実はそういうシーンがあったりしたそうです。

宇多丸 シャ乱Q〈★9〉が、もともとは別のグループだったみたいな？

小出 みたいなことがあったという話ですね。

宇多丸 は〜、知らなかった。

小出 一方その頃、**95年の小出祐介は小学校5年生です。**

宇多丸 音楽は？

小出 全然やってないです。ずっとバスケットボールやってました。11歳ですね。この時の僕の最大のトピックスといえば、**夕方**。受験をしていたんですけども。

宇多丸 中学受験ね。

小出 そうです。塾に行く前にご飯を食べながら『新世紀エヴァンゲリオン』〈★10〉を観てたんです

★8 **椎名林檎**
シンガーソングライター。ヤマハのコンテスト「The 5th MUSIC QUEST JAPAN」福岡大会で『ここでキスして。』を歌い、優秀賞を獲得。1998年、東芝EMI（現EMI RECORDS）よりデビュー。2004年から2012年まで活動していたバンド・東京事変でもボーカルを担当。

★9 **シャ乱Q**
大阪府出身のロックバンド。メンバーは、つんく♂（ボーカル）、はたけ（ギター&ベース）、まこと（ドラム）、たいせい（キーボード）。1992年、BMG JAPAN（現 アリオラジャパン）よりメジャーデビュー。バンド名は、大学時代にそれぞれが所属して

よ。それが僕のエヴァンゲリオンとの出会いなんです。

宇多丸 そんな時代か〜。

小出 もともと特撮好きだったんで、「画がウルトラマンっぽいな〜」みたいなとこからたぶん好きになっていったんだと思うんですけどね。ちなみに、ナンバーガールもそうなんですが、**エヴァンゲリオンは僕の中で『三大好きすぎて語りたくない』の中の1つ**なんです。

宇多丸 ちょっと待って！　ナンバーガール、エヴァンゲリオン、あと1個は何？

小出 **乙葉です。**

宇多丸 えー!?　ちょっと待って！

小出 何？

宇多丸 **意外なとこが来た！**

小出 アハハハハ！

宇多丸 何か違うとこから来た！　乙葉さんって、藤井隆さんの奥さんの乙葉さん？

小出 そうです。

宇多丸 実は乙葉さん特集も考えてるんですけど、これヤバいじゃん！　こいちゃん呼ばないわけにはいかないなー。

小出 わ、タイムリーですね。

宇多丸 本人に来てもらおうか、みたいな話ですよ。

小出 マジ？　ヤバいな。

宇多丸 それ、ヤバい？

いたバンドの名前を寄せ集めたもの。

★10 **『新世紀エヴァンゲリオン』**

庵野秀明監督によるSFアニメ作品。1995年にテレビ東京系で放送され、斬新なストーリーで熱狂的なファンを獲得する。2006年には、新たな設定とストーリーで再構築された『ヱヴァンゲリヲン新劇場版』シリーズ全4作の製作が発表され、これまでに『序』『破』『Q』の3作が公開されている。

小出　**死ぬ！**

宇多丸　アハハハハ！　今もCMのあいだ中「うぇぇ〜」って言ってたのに、もうヤバいね。

小出　ヤバいです。

宇多丸　それはいいこと聞きました。

小出　そうなんですよ、実はね。そういう三大……。

宇多丸　エヴァ、ナンバーガールって来て、普通は『クイック・ジャパン』〈★11〉的なそういう流れがあるじゃない？　まさか乙葉さんが来ると思わなかった。

小出　僕ね、**本気で乙葉さんと結婚すると思ってたんです**。まあ、乙葉さんについてはゆくゆく語るとして。そんな3つのうちの1つのエヴァンゲリオンと、この時出会いましたよということでございました。

そして少し時間が経って、1997年、ナンバーガールがインディーズアルバム『SCHOOL GIRL BYE BYE』〈★12〉をリリースいたしました。これはインディーズ時代のアルバムでこそあるんですけど、最後までライブの必須レパートリーになるような名曲がたくさん入ってるアルバムでした。『OMOIDE IN MY HEAD』だったり、『IGGY POP FUN CLUB』だったり。この当時はまだギターポップ的な音のたたずまいですね。でもね、もう出音が完全にナンバーガールなんですよ。すでに仕上がってるという。

宇多丸　具体的に説明すると？

小出　ジャキッとしたギターの音色だったり、暴れまくるドラムだったり、女の子だけどギターを弾きまくっていたり。あと、日本一すごいダウンピッキングのベース中尾憲太郎の姿も、もうここにあったり。なんていうのが見て取れるアルバムだなと思っております。これが97年。

★11『クイック・ジャパン』
太田出版が発行するユース・カルチャー誌。いち早く『新世紀エヴァンゲリオン』や全国的にはまだ知名度の低かった北海道のローカル番組『水曜どうでしょう』を特集し注目を集める。

★12『SCHOOL GIRL BYE BYE』

1997年11月にリリースした、インディーズでの1枚目のオリジナル・アルバム。地元福岡で録音され、定番曲である『OMOIDE IN MY HEAD』や『IGGY POP FUN CLUB』が収録されている。

宇多丸　ちょっと待って。さっきの95年の時点で、小5の小出少年はまだナンバーガールを聴いてないんだよね？

小出　聴いてないですよ。まだ全然交差してないです。

宇多丸　まだ出会ってないんだね。

小出　完全に別々です。福岡と東京の話です。

宇多丸　了解。ＯＫ。で、この時は？

小出　僕は13歳、中1ですね。受験して私立中学に入りました。**これが僕にとって最大の転機**なんです。ここに入ってなかったら、僕はきっとナンバーガールと出会ってなかったと思う。

宇多丸　中学に入って出会った。それはどういう経緯だったんですか？

小出　正確にはこの時点ではまだ出会ってないんですけど、〝中学に入ったこと〟自体がきっかけなんです。先ほども軽く触れましたけど、僕はバスケをやってて、この学校はバスケを理由に選んだ学校なんですよ。

宇多丸　『SLAM DUNK』〈★13〉みたいな、「先生、バスケがしたいです」的な。

小出　まさにスラムダンク世代なんです。で、まぁ、そこそこうまかったし、入ったバスケ部もすごくいい感じだったんです。そんなバスケ部ですごく仲良かった連中というのが、たまたまクラスでもスクールカースト上位のメンバーだったんですよ。だから、彼らと仲が良いことで、結果的にクラスでもピラミッドのてっぺん付近にいたんですよね。

宇多丸　そういうのあるよね。

小出　なんですけど、夏の厳しい合宿も乗り越えて秋になった頃、いまだに何がきっかけだったの

★13『SLAM DUNK』

井上雄彦による高校バスケットボールを描いたマンガ作品。１９９０年から１９９６年に『週刊少年ジャンプ』（集英社）で連載され、１９９３年にはアニメ化もされた。連載当時、バスケットボール部に入部する男女が急増。コミックスは『週刊少年ジャンプ』史上最高部数６５３万部を達成している。

かちょっとしっくり来てないんですけど、急にそんな仲良かった連中から無視されるんですね。結果、クラスで誰も俺としゃべってくれない、みたいな。

宇多丸　マジで？

小出　完全孤立でしたね。

宇多丸　それはひでえけど、まぁあるよね、中学ぐらいの時ってね。

小出　そうなんですよ。これが中1の秋口ぐらいですから、学年末まで残りの半年間、地獄みたいでしたよ。本当に誰も口きいてくれなかったので。

宇多丸　それはつらいわ。

小出　結局一連の流れで部活も辞めちゃったんです。

宇多丸　それはそうだね。

小出　やることなくなっちゃったから、家でギターを始めたんですよ。うちの親父が、フォーク世代なんですけどバンドをやってたんで、アコースティックギターがあって。それを借りてギターを始めるという。

宇多丸　お父さんにちょっと習ったりとか？

小出　してました。

宇多丸　あ！　そのバスケ部との一件が、のちに**俺らとスタジオに一緒にいる時に、「誰を殺したいか話しよう」ってなった、アレだ！**

小出　そうそう。

宇多丸　そのリストだ！

小出　そうです。誰を殺したいかの話になって、出てくるのは大体この時の連中です。

宇多丸 本当には殺しませんからね、念のため言っておきますけど。

小出 気持ち的にね。

宇多丸 気持ちの話です。

小出 っていうことがありましたね。

宇多丸 これが97年。

小出 そういうのがきっかけで、ロックを聴くようになって。

宇多丸 友達の影響とかでもなくて、もうしょうがないから自分で雑誌を読んでというような？

小出 そうです。もう完全に1人だったんで。1人で音楽を聴いてたんで。

宇多丸 情報源は何だったんですか？

小出 やっぱり主に雑誌ですね。でも、その時聴いていたのはハードロックだったんですよ。Deep Purple〈★14〉がいちばん好きで。リッチー・ブラックモアというギタリストになりたいと思って、部屋に彼のポスターを貼ったりとか、教室でも休み時間には『Player』っていう渋めの音楽雑誌を隅から隅まで読んだりとかして、どんどん孤立していくという。

宇多丸 あんまり13歳って感じじゃないもんね？

小出 そうです。まぁ、そんな13歳でした。そして翌年の98年。この年、ナンバーガールが上京してきます。きっかけは東芝ＥＭＩの加茂啓太郎〈★15〉さんという人が、レコ屋でポップに「ズボンズ〈★16〉を食った」って書いてあったのを見て、ズボンズっていうのはバンドなんですけど、そのポップに惹かれて『SCHOOL GIRL BYE BYE』を聴いたというのが……。

宇多丸 「食った」っていうのは、イベントか何かで一緒に？

★14 **Deep Purple**
イギリスのハードロックバンド。1968年に結成し、1976年に解散したが、1984年に再結成。これまでに10期のメンバーチェンジを行いながらも活動。『Smoke on the Water』『Highway Star』などの大ヒット曲を生み、多くのミュージシャンにも影響を与えている。

★15 **加茂啓太郎**
ウルフルズ、SUPER BUTTER DOG、ナンバーガールなどを育て上げたプロデューサー。新進気鋭バンドを発掘・育成するユニバーサル・ミュージックの新人発掘育成セクション「Great Hunting」チーフ・プロデューサーでもある。

小出　それも情報があやふやらしいんですけど、ズボンズを食ったらしいよ、みたいな。

宇多丸　MCバトル〈★17〉みたいな、そんなのがあるのかなって？　でも売りとして〝あのズボンズを超えた〟というようなこと？

小出　超えた的なポップが書いてあったので、気になって試聴もせずに買ったと。で、1曲目の『OMOIDE IN MY HEAD』のド頭のイントロを聴いて、「このバンドは違うな」と思った。この辺がきっかけで、のちにディレクターになる吉田昌弘さんという方がいるんですけど、その吉田さんが福岡へ行って向井さんと飲んだりして、「東京へライブに来てよ」みたいな話になっていって、上京へと繋がっていくらしいんです。で、「当時のライブはどうだったんですか？」みたいな話を加茂さんに訊いたんですけど、お客さんはロック好きのコアファンみたいな人たちが20～30人いるぐらいだったらしいんですね。でもライブを観に来た媒体などの関係者の人たちが、軒並み絶賛だったらしくて。「このバンド、ヤバい」「これは来た！」みたいな様子を常にされてたと。「このあとライブのハシゴしなきゃいけないので何曲か見て出ます」みたいなことを言ってた人が……。

宇多丸　残っちゃう？

小出　そう。すごすぎて最後まで見ちゃいましたとか。

宇多丸　いいな～。**そんな出だしいいな～。**

小出　このステージで初めてナンバーガールを見る人や関係者がほとんどだったんだけど……。

宇多丸　俺なんか、やってる最中に出ていかれたことばっかりですよ。

小出　アハハ！　関係者の人に？

宇多丸　そう。マジかよ～、いいなあ～！

★16 **ズボンズ**
1994年に結成された日本のロックバンド。2000年、東芝EMI（現 EMI RECORDS）よりメジャーデビュー。メンバーはドン・マツオ（ボーカル&ギター）、マッタイラ（ボーカル&キーボード）、ムーストップ（ベース）、ピット（ドラム）。卓越したパフォーマンスは海外でも高く評価され、全米ツアー、北米ツアーなどで海外を駆け巡るも、2013年に活動終了。

★17 **MCバトル**
即興のフリースタイルによって、ラッパー同士が言葉をぶつけ合い、ラップのうまさを競い合う勝負。ヒップホップ文化の1つ。

★18 **Oasis**
1991年に結成され、2009年に解散したイギリスの国民的ロックバンド。

小出 そんな伝説の幕開けだったのかなと。

宇多丸 出だしからすごかったんだね。

小出 加茂さんも言ってましたけど、スターバンドだったというのもあって。

宇多丸 技術的にもすごいし。

小出 すごいうまかったし、曲もすごいし。あと、たたずまいのオーラというか、凄味があったと。

宇多丸 向井さんをご存じない向きに説明すると、年のわりには不思議な……何ていうんですかね？

小出 そうなんですよね。僕、向井さんのことをずっと40歳前後だと思ってたんですけど。

宇多丸 眼鏡をかけて落ち着いた感じもあるし、この時代のどこにこの人はいたんだろう？ じゃないけど、どっから来たんだこの人は？ っていう雰囲気がありますよね。

小出 ありますよね。そういう匂いなんですよ。

宇多丸 そんなこんなで98年。

小出 僕も14歳です。中2になって、うちのギターの湯浅将平と出会いまして、Oasis〈★18〉のコピーバンドをやることになりました。その時のメンバーの影響で邦楽ロックも聴くようになったりとかして。97〜98年って邦楽ロックが新時代に突入していった時期だったんですよ。

宇多丸 そうですね。90年代はHi-STANDARD〈★19〉とか、そういう流れもありましたね。

小出 ほかにもSUPERCAR〈★20〉だったり、くるり〈★21〉だったり、Dragon Ash〈★22〉とか……。

宇多丸 そっか、そっちもあるか。

小出 中村一義さんとかが出てきたのも、まさにこの時期だった。

宇多丸 本当だね。

『Wonderwall』『Stand By Me』などのヒット曲でブリットポップ・ムーブメントの代表格となった。CDのトータルセールスは5000万枚を超える。

★19 **Hi-STANDARD**
1991年に結成された日本のパンクロックバンド。メンバーは難波章浩（ボーカル&ベース）、横山健（ボーカル&ギター）、恒岡章（ドラム）。海外でのライブ活動に、主催フェス「AIR JAM」を開催するなど、日本のパンクロックシーンに大きな影響を与えた。2000年に活動を休止するが、2011年に東日本大震災の復興支援を目的とした「AIR JAM 2011」を開催し、11年ぶりに活動を再開。

★20 **SUPERCAR**
日本のロックバンド。1997年にデビューし、2005年解散。メンバーは中村弘二（ボーカル&ギター）、石渡淳治（ギター）、古川美季（ベース）、田沢公大（ドラム）。

小出　ということで、僕も日本のロックシーンをだんだん聴き始めた頃でした。そして、1999年。ナンバーガールがいよいよ東芝EMIよりメジャーデビューしました。ファーストシングル『**透明少女**』をリリースしたのち、メジャーファーストアルバム『SCHOOL GIRL DISTORTIONAL ADDICT』〈★23〉をリリース。メジャーデビューしてからも、やはりほかのバンドと全然違ったらしくて、当時A&R〈★24〉をやられてた加茂さんが……。

宇多丸　いろんな人を手掛けてる、その名前を並べていったら、もう笑うしかないほどの伝説のA&Rです。

小出　その加茂さんが、いろんなアーティストを担当してきたけど、こういうやり方は初めてだったなということがたくさんあったと。例えば、今でこそ珍しくないですけど、まず事務所に入らなかったんですよ。完全に自分たちでやって、あとは加茂さんがマネージャー的なことをフォローしてという感じだったと。ほかには、いわゆるメジャー的なこと……。

宇多丸　プロモーションとかで、『COUNT DOWN TV』をご覧のみなさん、こんばんは～」みたいな？

小出　というのも、基本的にお願いしてやる感じではなかったと。だから「気に入ったら使ってくださ～い」みたいなスタンスのプロモーションだったんだけど、やっぱり音がすごいからどんどん仕事が来る。

宇多丸　勝手に来ちゃうんだ。

小出　ということだったらしいんです。あとはまぁ、メジャーのアーティストだったら、いいプロデューサーをつけていいスタジオといいエンジニアで、みたいなのをやりたがるのが普通なんですけど。東芝EMIは当時、溜池に自社ビルがあって、そこの最上階に「3st」という

★21 **くるり**
1996年に結成された日本のロックバンド。メンバーは岸田繁（ボーカル&ギター）、佐藤征史（ベース）、ファンファン（トランペット&キーボード）。

★22 **Dragon Ash**
日本のミクスチャー・ロックバンド。1997年にメジャーデビュー。メンバーはKj（ボーカル&ギター）、桜井誠（ドラム）、BOTS（DJ）、HIROKI（ギター）、ATSUSHI（ダンサー）、DRI-V（ダンサー）。

★23 **『SCHOOL GIRL DISTORTIONAL ADDICT』**

1999年7月リリース。メジャーでの1枚目となるオリジナル・アルバム。アナログ8chで録音し、向井秀徳が自らミックスを担当。

伝説のスタジオがあったんですよ。ここは名スタジオで、鳴りも凄まじくいいし、卓とかもビンテージの古いもので、のちにビルを解体する時にそれを山下達郎[★25]さんが何チャンネルか買っていったっていう逸話があるぐらいなんです。『透明少女』って曲も最初はそこで録ったんですけど、音が綺麗だったのか分かんないですけど……。

宇多丸 音が「良すぎる」ってやつね。

小出 なんか気に入らなかったということで、結局これをボツにしちゃうんですよ。ボツにして、そのあと、**地元・福岡の1日3万円のスタジオで、6日間でファーストアルバムの曲を全部録っちゃった**んです。

宇多丸 なるほど。

小出 むちゃくちゃに思えたんだけど、音を聴いたら確かにそっちのほうがテイクがいいし、これでいこうっていう風になったということらしいんですけど。そのほかにも、ＰＶを向井さんが監督したり、スタイリストやヘアメークも最後までつけなかったと。衣装も全部自前だし、ひさ子さんなんか常にスッピンだったらしいんですよね。だから、「基本的にそういうの要らないです」みたいな感じで。

宇多丸 とにかく異様なビデオで、僕当時は「何だこれ」っていうすごい印象がありました。

小出 それ、向井さんが自分で監督してたんですよ。

宇多丸 ビデオ観てびっくりした。

小出 要は、自分の中から出てくるものを、最後まで自分の手で形にするというスタイルだったのかなと思うんですね。

★24 **A&R**
Artist and Repertoireの略。アーティストの発掘や契約、育成を担当するレコード会社の職務の1つ。

★25 **山下達郎**
1953年生まれ。シンガーソングライター。1975年、シュガー・ベイブの中心人物としてデビュー。バンド解散後はソロとして活動し、『RIDE ON TIME』や『クリスマス・イブ』など、日本を代表するアーティストとして数々の名曲を送り出す。

小出祐介15歳、いよいよナンバーガールと出会う

小出　で、このあと、99年末には『シブヤ ROCK TRANSFORMED 状態』〈★26〉というライブアルバムが出るんですけど、2枚目のアルバムがライブアルバムなんですよ!?

宇多丸　それも確かに、型破りだね。

小出　これもかなりおかしくて。というのも、まだインディーズ時代の曲とメジャーもファーストしかないのに、もうライブ盤を出すって。これ、やっぱりなかなかないことですけど、それくらいライブを聴かせるべきバンドだとなっていたんじゃないかなと思います。そしてその頃、僕は15歳です。**いよいよナンバーガールと出会いました。**何でかというと、うちのギターの湯浅が録ったCSの音楽番組のビデオをよく借りていたんですね。僕は当時、家でCSが見れなかったので、そのビデオを見て情報を得たりしていたんですけど、その中に「RISING SUN ROCK FESTIVAL 1999 in EZO」〈★27〉の……。

宇多丸　北海道でやってるやつね。

小出　このフェスの映像があって、そこで『透明少女』を演奏してるナンバーガールを見て、「何だこれ！」となったんです。冴え渡った青空をバックに演奏してるんですけど、それが**僕の知ってる青空じゃないというか、風景が違って見えたというか。**

宇多丸　「RISING SUN」は、爽やかな草原の中でやるからね。でも、そういうんじゃなく見えた。

小出　刺すような青空というか、尖った青空というか、コントラストが強めの青空というか。実際見るとそうじゃなかったと思うんですけど……。

宇多丸　でも、自分の中ではそういう風に見えた。

★26　『シブヤ ROCK TRANSFORMED 状態』

1999年12月にリリースされたライブ・アルバム。渋谷クアトロでの熱狂のライブをそのまま収録。

★27　RISING SUN ROCK FESTIVAL

北海道小樽市で行われる野外オールナイトロック・フェスティバル。1999年より毎年夏に行われている。

★28　『ガメラ3邪神〈イリス〉覚醒』

小出　そういう風に見えたっていうのですごい好きになって、それからすぐCDを買ったりしましたね。あと、ちょっと話逸れますけど、当時、平成ガメラシリーズの『ガメラ3邪神〈イリス〉覚醒』[★28]があったりとか。そして庵野秀明さんの『ラブ&ポップ』[★29]ですね。

宇多丸　ああ、時代感！

小出　時代感っていう意味で、すごい一致してるなと思ったんですよ。

宇多丸　なるほど！

小出　渋谷で女子高生が出てきて……みたいな映像と、ナンバーガールのファーストアルバムの曲は特に映像がリンクするなぁとか。ジャケも女子高生がマシンガンを背負ってたりするし。それはやっぱり向井さんが当時東京に出てきて、〝東京と自分〟みたいなことを曲にしていたから……。

宇多丸　〝東京と自分〟というと、例えば、それこそさっきシャ乱Qって言ったけど『シングルベッド』とか、長渕剛[★30]さんとかあるけど、何かそういうのとは違う……何だろう？　うまく言葉にできねえぞ。**でも『ラブ&ポップ』とか『ガメラ3』の時代ですって言われるとピンと来る！**

小出　アハハハハ！　そうでしょ。一致する感じがあるんですよ、ナンバーガールは。

宇多丸　何かヒリヒリしたというか、何だろうね？

小出　そのファーストを聴いてると、渋谷駅の井の頭線のところがまだビルを建ててる途中だったりとか、あの景色がちょっと見えてくるような気がしますけどね。

宇多丸　いいね。すごい景色が立ち上がってくる。

1999・日／監督：金子修介／出演：中山忍、前田愛、藤谷文子、山咲千里。平成ガメラシリーズ完結編にあたる第3作目。

★29『ラブ&ポップ』

1998・日／監督：庵野秀明／出演：三輪明日美、希良梨、工藤浩乃、仲間由紀恵。村上龍の小説を『新世紀エヴァンゲリオン』を完結した直後の庵野秀明が映画化。

★30 長渕剛

1956年生まれ。シンガーソングライター。1978年、『巡恋歌』で本格デビュー。強い信念と魂から発せられる名曲は、世代を超えて熱狂的に支持されている。上京をテーマにした曲に『東京』『東京青春朝焼物語』がある。

小出　そして2000年です。ナンバーガールはセカンドアルバム『SAPPUKEI』〈★31〉をリリースします。これが僕、いちばん聴いたスタジオ盤かなと思うんですけども、プロデュースとエンジニアにデイヴ・フリッドマンという方が参加しています。彼はThe Flaming Lips〈★32〉だったりとか、Weezer〈★33〉のセカンドアルバム『Pinkerton』も手掛けてる方なんですけど、知る人ぞ知るという存在であったデイヴ・フリッドマンをプロデューサーに迎えるっていうのもなかなかすごい話というか、向井さんの音楽好きみたいなのがそこに反映されてるのかなと思うんです。リードシングルが『URBAN GUITAR SAYONARA』という曲なんですが、この『SAPPUKEI』というアルバムは、ほかにもその後代表曲になるような、ライブアンセムとなるような作品が入ってるんです。それが『ZEGEN VS UNDERCOVER』って曲なんですけど、パッと聴いた感じすごくキャッチーだし……。

宇多丸　普通、これがシングルだろうと。

小出　って思うんですよ。加茂さんも「『ZEGEN～』じゃないの?」って言ったらしいんですけど、向井さん的には「いやいや、『URBAN～』でいきます」で、パッと聴きちょっと変なこの曲がシングルになる、みたいなこだわりを見せているんです。さらにこの頃、eastern youth〈★34〉発案の『極東最前線』というコンピレーションがあるんですけど、それに『TOKYO FREEZE』という曲で参加していまして、それがラップの曲なんですよ。

宇多丸　向井さん、ラップすごい好きなんですよね。

小出　そうなんです。ヒップホップもすごく好きなんですけど、それで今のZAZEN BOYSでもよく使われるフック「くりかえされる諸行無常、よみがえる性的衝動」って言葉がそこで出てきたりとか、のちの向井さんに繋がるような作品も、もうすでに仕上がってますよと。こうい

★31『SAPPUKEI』

2000年7月にリリースのメジャー2枚目のオリジナル・アルバム。デイヴ・フリッドマンをプロデューサーに迎え、よりソリッドで鋭角的なサウンドを展開。

★32 The Flaming Lips
アメリカのロックバンド。1983年に活動をスタートし、1992年メジャーデビュー。4枚組のCDを同時再生することで音が完成するアルバム『Zaireeka』や、幻想的なライブパフォーマンスなど、実験的なスタイルを持つ。

▲アルバム『二十九歳』のプロモーションに絶好の時期にもかかわらず、まさかのナンバーガール特集！

▼ Base Ball Bear のアルバム『二十九歳』。本特集を読んだあとに聴くと、また違った世界が広がるはず。

う曲もやる一方、徐々にヒップホップへ傾倒し始めるっていうのがこの時期でした。

宇多丸　僕、最初に向井さんのインタビューを雑誌で見たら、「最近聴いてるのはShing02〈★35〉」かなんか言ってて、「えっ!」ていう。でも、やっぱりというか、だよねっていう感じも少ししましたけど。そしてその頃……。

小出　僕なんですけど、バンドメンバーが集まらなくて開店休業状態だったんですよ。

宇多丸　まだ湯浅くんしかいなかった?

小出　ベースの関根とは会ってるんですけど、ドラムの堀之内とはまだ出会ってなくて。ドラムがずっと見つからなかったので、人を紹介してもらってはセッションを繰り返してたんですけど、どうにもならずに結局開店休業状態になっちゃって。で、バンドをやるモチベーションが下がっちゃったので、「映画監督にでもなろうかな」とか思って、この頃、毎日2~3本ビデオをレンタルして映画を観てるみたいな時期でしたね。

宇多丸　いいね~、**いい青春送ってんね!**　そのモチベーションが下がる手前のところで、関根さんと土手のところでアンプに繋がないで2人でベースとギターの練習してるんでしょ?

小出　そうそう、それやってました。

宇多丸　泣くわ!　最高だよ!!

小出　アハハハハ!　そして2001年ですね。ナンバーガールはオリジナル作品のリリースはなかったんですけど、精力的にライブやツアーを行ってまして。フジロックのメインステージに出たりもしています。あと、町田康さん原作の『けものがれ、俺らの猿と』〈★36〉っていう映画のサウンドトラックに参加して、それが『ZAZENBEATS KEMONOSTYLE』という曲で、これまたラップっぽい曲だったりして。

★33 **Weezer**
アメリカのオルタナティブ・ロックバンド。1992年にリヴァース・クオモ(ボーカル&ギター)を中心に結成。等身大の歌詞や、切ないメロディで若者たちの共感を得た。

★34 **eastern youth**
日本のロックバンド。1988年結成。メンバーは吉野寿(ボイス&ギター)、二宮友和(ベース)、田森篤哉(ドラム)。1994年より自主企画ライブ「極東最前線」を定期的に開催。向井秀徳を筆頭に多くのミュージシャンに影響を与える。

★35 **Shing02**
ヒップホップMC。ミュージシャン。「シンゴツー」と読む。タンザニア、イギリスで育ち、15歳でアメリカ・カリフォルニアに移住。97年にMCとして初来日し、日本での活動をスタート。1999年にリリースしたアルバム『緑黄色人種』がロングヒットとなる。以降も独自のスタイルで活動を続けている。

宇多丸 そうだったね。そうだった。

小出 一方、僕。**青春の絶頂期**を迎えておりました。

宇多丸 いくつ？

小出 17歳です。同じクラスに彼女ができたりとか、親友ができたりとか。さらにBase Ball Bearの原型になるバンドを組んで……。

宇多丸 もうホリくんも入ってきて？

小出 はい。ホリが入ってきて。この時は文化祭のライブをめざしてSUPERCARのコピーバンドをやってたんですけど、本番直前に僕とホリがケンカしちゃって。

宇多丸 アハハハハ！

小出 「もう、こいちゃんにはついていけない」みたいな感じでホリが「辞める！」ってなってたんですけど、ステージ終わったあとにホリからメールが来て、「今日ライブ楽しかった」と。

宇多丸 やっぱり良かったんだ、そのライブ。

小出 そうそう、自分たち的にはすごく良かったんです。「これから3人で頑張ってくんだろうけど、陰ながら応援してるから」みたいなことを言われたんですけど、でも僕はホリとなら一緒にやれると思ってたので、「いや、今後も一緒にオリジナルバンドとしてやりませんか？」ってメールしたら、彼が**「はい！」**（ニコッ）」みたいなメッセージを返してきて。

宇多丸 むちゃくちゃいい話じゃない！　いつもの4人がいて、**写真見ながら「ホリだけ隠すとバランスがいいんだよな～」**って、あの定番のおふざけはそういう感動的な歴史ありきなんだね。

小出 アハハハハ！　そういうことです。

★36『けものがれ、俺らの猿と』
2000年・日／監督：須永秀明／出演：永瀬正敏、鳥肌実、降谷建志、車だん吉。町田康の小説を映画化。Dragon AshやスガシカオらのPVを手掛けてきた須永秀明の初監督映画となった。

宇多丸 泣けるわ！

小出 っていうような感じで、バンドを結成しましたというのが2001年でした。そして2002年、ナンバーガールはサードアルバム『NUM-HEAVYMETALLIC』〈★37〉をリリースいたします。前作に続いてデイヴ・フリッドマン・プロデュースの作品なんですけども、サウンドプロダクションが本当にすごくて。今聴いても、ちょっとやりすぎなんじゃねえかっていうくらいの音になってまして。特にダブ処理がすごいことになってます。あとは、曲に〝祭感〟というか〝和物感〟とか、そういうのがだんだん増してきてますね。それから、同時期に『黄泉がえり』とか『カナリア』とか、最近だと『抱きしめたい』などの監督をされている塩田明彦監督の映画『害虫』〈★38〉の音楽を担当しました。

宇多丸 宮﨑あおいのね。

小出 そうです。『I don't know』っていう曲がテーマ曲だったんですけど、最近この映画の雰囲気にすごいそっくりな某携帯会社のCMが流れてまして。中島哲也監督で、曲も『I don't know』みたいな感じの、もうわりとそのまんまなんですけど、たぶんあの映画にすごいインスパイアされてるんじゃないかなと思います。

と、そんな中。ナンバーガールは**突然の解散**を発表します。中尾憲太郎さんが脱退するしないみたいな話から解散という流れになっていったらしいんですが、その年、**札幌PENNY LANE24でのライブを最後に解散**をしました。この時の**自分の中での終わった感、ひとつの時代が終わった感**がすごくて。翌年の2003年にはTHEE MICHELLE GUN ELEPHANT〈★39〉も解散するんですけど、その時も「終わった……」という感じがハンパなかったですね。

★37『NUM-HEAVYMETALLIC』

2002年4月リリースした、メジャー3枚目のオリジナル・アルバム。祭囃子やダブなどのリズムを取り入れ、バンドの新たな方向性を打ち出した。

★38『害虫』

2002年・日／監督：塩田明彦／出演：宮﨑あおい、田辺誠一、沢木哲、天宮良。出演した石川浩司（たま）のほか、草野マサムネ（スピッツ）や向井秀徳らがサウンドトラックに参加するなど、ミュージシャンとのコラボレートでも話題に。

宇多丸　ちなみにナンバーガールのライブは観に行ったことなかったの？

小出　で、この話が出てくるんです。この頃、僕は18歳なんですけど、**人生最大の暗黒期**でして。

宇多丸　ちょっと待って、さっき青春を謳歌《おうか》してたのに？

小出　その黄金期からの暗黒期なんです。というのも、今まで大嫌いだった例のあいつらと同じクラスになっちゃったんです。

宇多丸　あ〜そうなんだ。一貫校？

小出　一貫なんです、中高。

宇多丸　そうか。

小出　それで「うわっ、もう最悪だ」と。1年前との高低差にやられちゃって、どんどんダークサイドに落ちていってしまったんですよ。「なんで僕だけこんな目に」みたいな気持ちと、「こいつらと絶対に同じになりたくない」みたいな気持ちがない交ぜで。「死にたい」より、「**おまえらが死ね**」っていう感じだったんです。だからもう、こいつらどうやって殺してやろうかみたいなことをずっと考えてる毎日で。で、**その登下校で聴いてたのがナンバーガールだったんですね**。だからナンバーガールを聴くと、当時の登下校の景色が出てくる。

宇多丸　やっぱヒリヒリ感、ゴツゴツ感みたいなのはありますよね。

小出　ありますあります。

宇多丸　それこそ殺伐感というか、殺風景感とかさ。

小出　そうです。そんなわけで自分の気持ちが加速していったわけなんですけど、その頃に僕ら、**東芝EMIのデモテープオーディションに応募**してまして。その窓口をされていたのが、ナ

★39 **THEE MICHELLE GUN ELEPHANT**
日本のロックバンド。1991年に結成、2003年解散。メンバーはチバユウスケ（ボーカル）、アベフトシ（ギター）、ウエノコウジ（ベース）、クハラカズユキ（ドラム）。エッジーでスピード感溢れるライブが圧倒的な支持を集める。

ンバーガールのA&Rの加茂さんだったんですよ。そこから加茂さんとの付き合いが始まっていくんですが、それ以降、実は僕たちはナンバーガールと同じスタッフに育成されていくんです。エンジニアをやってた斉藤匡崇もそうですし、PVで向井さんのサポートをしてた通称・遠藤主任と一緒に映像を作ったり。ナンバーガールのインディーズからZAZEN BOYSの今に至るまで、ずっとデザインをやってる三栖一明。三栖さんは向井さんの高校の同級生なんですけど、僕らもインディーズ時代からずっとアートワークをやってもらってます。あと、うちのディレクターは、夫婦で当時ナンバーガールの宣伝周りをやっていたりとか。

宇多丸　もう本当にそっちに移行したような感じじゃん。

小出　そうなんですよ。そのままスライドしたような感じだったんですよね。「ナンバーガールと同じレーベルになれるかも」とか思ってた矢先の解散だったんですけど、そのラストツアーに僕ら全員で行ったんです。Zepp Tokyo でのセミファイナルなんですけど。僕ら学校終わりだったんで全員ブレザーで行って、モッシュに巻き込まれたりして汗だくになって。ライブが終わったあと加茂さんに「グッズのTシャツ買ってくださいよ」ってお願いして、そのTシャツに着替えて。で、気持ちも昂《たかぶ》ってるし、せっかくだからって、Zepp Tokyo のところの観覧車に4人で乗ったんです。それで、「今日のライブ最高だったよな！」とか言って……今は絶対やんないですよ？　今は絶対やんないですけど、観覧車がてっぺんに来たところで窓をちょっと開けて、網越しに外に向かって**「俺らもここでライブやるぞ～！」**って**叫んだ**んです。

宇多丸　アハハハハ（拍手）！　何？　映画？　ベボベ〈★40〉は映画？　もうヤバいんですけど！

小出　っていうようなことをやっちゃったんですよ。

★40　ベボベ
Base Ball Bear のこと。

宇多丸　イイ〜話じゃないの！　完全に青春の軌跡と一致してるわけね。

小出　一致してるんです。

宇多丸　まさにナンバーガールが終わる瞬間、そこが俺たちの夢の入り口だって、超いいじゃん！

小出　そうなんですよね。そのあとの僕らの2008年の「17才からやってますツアー」っていうツアーで初めてZepp Tokyoワンマンをやりまして。もう6年たっちゃいましたけど、夢が叶ったかなと。

宇多丸　2008年、そのZeppは感慨深かったですか？

小出　めっちゃ感慨深かったですよ！　さすがに「ここ乗ったよね！」とかMCで話しましたね。

宇多丸　モーニング娘。のなっちと飯田圭織にとっての「いっぱいだよ……横浜アリーナ」〈★41〉と同じ。

小出　まさに！

宇多丸　マジかよ、いい話じゃん！　でも、ここからベボベも普通に成功してっちゃうから。

小出　いや、でもね……この翌年の2003年、僕らはファーストミニアルバム『夕方ジェネレーション』〈★42〉、これをインディーズでリリースするんですけども、実はこのアルバムがナンバーガールに似てるというので、めっちゃ叩かれたんですよ……。

宇多丸　マジで？　誰が叩いたの？　評論家？

小出　ネットとかですね。それを僕、当時見ちゃって。今は見ないんですけど、めっちゃ気にしちゃってすごい凹んだんですよ。確かに僕らの周りもナンバーガールのスタッフだし、僕もナンバーガールがすごい好きだったし、だから追ってたっていうのはあったとは思うんです

★41「いっぱいだよ……横浜アリーナ」
2004年1月に横浜アリーナで開催されたモーニング娘。の安倍なつみの卒業公演『Hello! Project 2004 Winter 〜C'MON! ダンスワールド〜』。これはその卒業セレモニーの際に、同期である飯田圭織が安倍なつみに語った言葉。デビューする際「横浜アリーナを満杯にできるくらいのビッグなアーティストになろうね」と語った2人だが、これが実現したことをこの言葉で表現し、感動の名シーンとなった。

けど、だけど自分なりに自分の思うことをちゃんと形に出来たと自負してたから、そういう風に言われたのがすごいショックだったんですよね。これがきっかけで、以降ナンバーガールの話はあまり外でしないようにしてきたんですよ。

宇多丸 それがあったのか。なるほどな〜。

小出 10年間ぐらいは「好きです」程度には言ってたんですけど、ちょっとしたトラウマみたいになってしまっていて、大いに語ることはできなくなってしまいましたね。

宇多丸 確かにそんな経験すると、オープンにするのがちょっとはばかられちゃうかもね。

小出 そうなんですよ。ということがあったんですけど、でもやっぱり自分の目標としては、ナンバーガールが解散したぐらいの年齢には、僕も自分らしい自分になっていたいっていう風にずっと思ってたんです。で、少し話は戻るんですけど、僕らの今作『二十九歳』っていうアルバムは、これは手応えとしてやっと自分らしい自分で作れたなっていうアルバムなんです。

宇多丸 今までは何かに憧れて作ってたってこと？　違う？

小出 1作目で否定されてしまった自分というのを、やっと自分で肯定できたというか。

宇多丸 そうかそうか。

小出 実はそれも込みでの俺だよな、今の俺だよなっていう風にやっとなれたというアルバムで、そんな自己肯定のアルバムになったかなって思うんですよ。あと、狙ったわけじゃないんですけど、奇《く》しくも**ナンバーガール解散時の向井さんの年齢が29歳**なんです。

宇多丸 マジで？　そうなんだ！　あの人年齢分かんないな〜。

小出 そう。全然分かんないよなって思ってたけど。

宇多丸 でも29歳なんだ。

★42『夕方ジェネレーション』

Base Ball Bear のインディーズ・デビュー・アルバム。リリースは2003年11月26日。当時のメンバーの平均年齢は18歳。

小出　そう。だから、あの時の向井さんと今、同い年かっていう風に思うとすごい感慨深いんです。

宇多丸　ある種、リスタート地点に立てたような。

小出　だからやっと胸張って、それも込みでナンバーガールの話もできるなって気持ちになれたかなと。

宇多丸　ズバリ『二十九歳』で来たか、と思ったからさ。こいちゃんが頭いいし、いろいろ考えることや、完璧に1回ゼロに戻りましたとかも知ってるから、そこまで吹っ切れて納得できるところまでいけたんだったら、本当に良かったね。

小出　そうなんです。

宇多丸　今ちょうどニューアルバムを考えてるんですよって時に、**途中で無理やり飲みに連れ出したりして本当迷惑かけたなと思って。**

小出　あれは本当、めっちゃ楽しい夜でした。

宇多丸　あのあとがたぶん日程的に大変だったと思うけど、無事にできたということですね。

小出　そうなんですよ。あと時間的にはどうですか？

宇多丸　順調にいいよ。

小出　まだいけますか？　あ、1分か！

宇多丸　あと1分で。

小出　ナンバーガールの何がすごかったのかってのを考えた時に、例えば、たくさんフォロワーがいるってこともあるのかなとちょっと思ったんですよ。例えばASIAN KUNG-FU GENERATION〈★43〉に『N.G.S』っていう曲があるんですが、これ「NUMBER GIRL

★43 **ASIAN KUNG-FU GENERATION**
日本のロックバンド。1996年結成。メンバーは後藤正文（ボーカル&ギター）、喜多建介（ギター）、山田貴洋（ベース）、伊地知潔（ドラム）。2003年より自主企画イベント「NANO-MUGEN FES.」を開催している。

SYNDROME」の略だったりとか。あと、きのこ帝国っていう最近すごい人気のあるバンドに『Girl meets NUMBER GIRL』っていう曲があったりとか。

宇多丸　そんなこと言われるグループってないよね。

小出　ないんですよ。曲のモチーフに最近のバンドが出てくるってなかなかないなって思うんです。

宇多丸　しかも日本のだよ。

小出　そうなんですよ。まぁ、そういうのもありつつ、ナンバーガールとは何だったのかってもう1回考えてみたら、答えになるようなフレーズが今回の『SCHOOL GIRL DISTORTIONAL ADDICT』の15周年盤にあったんです。中に向井さんのインタビューが入ってるんですが、そこで「向井さんにとってナンバーガールというバンドは何だったのか?」という問いに、**「これねえ、もう、一言で言わせてもらいますけども……青春なんですよね。すいません、青春です」**と答えてるんです。そこで初めて気づいたんですけど、**向井さんにとってナンバーガールが青春だったみたいに、ナンバーガールは僕らの青春でもあったんだって、**やっと分かったというか。心と景色を繋いでいたのがナンバーガールだったなって思うし。向井さんがこう言ってくれたお陰で、僕がすごい叩かれた時のことも「でも、そうか、あの人たちにとっても青春だったんだ」って思えたし、全部肯定できたというか、そういう気持ちにもなって。ファンの人たちの青春そのもののバンドだったんだなと。だからこそ伝説になったんじゃないかなとちょっと思ったんですよ。

宇多丸　なるほど〜。

小出　これがすなわち『OMOIDE IN MY HEAD』状態だなと。

宇多丸　綺麗なところに着地して。見事じゃないですか。こいちゃんのナンバーガール特集というか、僕とナンバーガール特集、思いの外いい話も聞けたし綺麗にまとまったし、素晴らしかったです。

次は乙葉さん特集!?

宇多丸　締めの向井さんの言葉、「ナンバーガールは青春」「僕にとっても青春」って、リスナーにとっても同じで、ちょうど今言ってた1995年から2002年っていうのはロック方面でもインディーズで新しい感じのグループがいっぱい出てきたし、恥ずかしながら日本のヒップホップシーンとかも……。

小出　まさにそうですよね。

宇多丸　本当にすごい。RHYMESTERにとっても、年齢関係なく……僕、こいちゃんより一回り上だけど、**95年から2002年ってやっぱり僕にとっても青春期**ですもん。だから日本の音楽シーンの新しい波がもう1回ここで起きて、その90年代に出てきた人が2000年代頭にいったんメジャーデビューをして、このぐらいで一区切りをつけてみたいな。KICK THE CAN CREW〈★44〉の活動休止とか含めて、なんかすごいその感じ分かります。

小出　そうか！

宇多丸　年齢とかジャンルとか関係なく、95年から2002年の日本音楽シーンの青春感。私、分かるわ！　っていう感じしますよね。

小出　そうですよね。いや、本当そうなんですよ。

★44　KICK THE CAN CREW
日本のヒップホップグループ。メンバーはLITTLE、MCU、KREVA。2001年にメジャーデビュー。2004年に活動休止となり、ソロ活動を展開していたが、2014年「ROCK IN JAPAN FESTIVAL 2014」にて約10年ぶりに復活。

宇多丸　よかった。小出くん、今日、話芸として完成度高かったですよ。

小出　本当ですか、ありがとうございます。

宇多丸　あとは、ベボベがいつもホリくんの写真を隠してこうやって遊んでる、あそこの背景にある美しい物語が分かってよかったです。

小出　ありがとうございます。

宇多丸　ということでこいちゃんは今後も「こいちゃんの部屋」ということで、この番組ではまだまだ続くわけなんですけど、まだ特集をやってないネタもいっぱいありますからね。

小出　そうですよ。だから**「仮面ライダー2号特集」**も……。

宇多丸　2号っていうか、サブっていうか、あとから出てくるライダーシリーズでしょ？

小出　そうですね。「サブライダー特集」っていうのもやりたかったし。でもそれもやっぱり準備に時間がかかるからちょっとできなかったです。

宇多丸　ほどほどでやってくださいよ、手持ちのやつでね。

小出　あとは「乙葉さん特集」ね。

宇多丸　乙葉さん。これは、ついに後押し来ちゃいましたよ。

小出　ということですよね。

宇多丸　藤井隆さんにも「次は乙葉さん特集」ですねって言ってあるんで。

小出　マジか！

宇多丸　夫婦揃ってっていう可能性ありますから。

小出　僕、藤井さんに感謝を伝えないとなと思っていて。**「乙葉さんと結婚してくれて、ありがとうございます」**って。

宇多丸　アハハハハ！　おかしいって！

小出　乙葉さんのブログ読むと、本当に幸せそうなんですよ！

宇多丸　でも分かりますよ。乙葉さんが藤井さんと結婚するって聞いた時、何というか、それか！と。

小出　そうだね。

宇多丸　**この正解感は何だ！**　と。

小出　まったく同じなんです。乙葉さんが結婚するなら俺だ！　と思ってたから。

宇多丸　分かるよ。こいちゃんでもいいけど、でも、こいちゃん以上の正解感はあったよね。

小出　そうですよ。藤井さんなんですよ、まさに。

宇多丸　順番おかしいわ！

小出　藤井さんなんですよ、本当に。だから藤井さんには本当に、勝手に僕、感謝してるんです。

宇多丸　その**狂ったお礼を言う意味**でも、その時はこいちゃんも来てもらうことにしましょう。

小出　**お礼を言う係でお願いします。**

宇多丸　それじゃ、お知らせ事をよろしくお願いします。ナンバーガールのリマスター盤が続々発売されるので、今日興味を持った方々はそれをチェックしていただいて。

小出　『SAPPUKEI』と『NUM-HEAVYMETALLIC』もリマスター盤がこのあと出るということで、それも楽しみにしていただきたいですし。

宇多丸　詳しい解説が聞きたければ、向井秀徳さん本人が解説するラジオ番組がありますので、それを聴いてくださいと。

小出 そして僕らの約3年ぶり5枚目のオリジナルアルバム『二十九歳』が（２０１４年）6月4日に発売になります。

宇多丸 これはもう、最高ですよ。

小出 ありがとうございます。こちら『The Cut -feat. RHYMESTER-』ももちろん収録されていますので。

宇多丸 ありがとうございます、本当に。

小出 アルバムミックスということで音の解釈もちょっと変わってますので、それも併せて聴いていただきたいと思ってます。

宇多丸 素晴らしいアルバムでございました。

小出 ありがとうございます。

宇多丸 『二十九歳』を1曲1曲解説するみたいなのはさんざんやってるからね。そういうのはほかの番組をお聴きください。

小出 そして『二十九歳』を引っさげてのツアーがこの秋にあります。

宇多丸 何カ所ぐらい行くの？

小出 二十何カ所ぐらいですかね。

宇多丸 すごいな。

小出 あと『ハロー！プロジェクトの全曲から集めちゃいました！』[★45]。これはハロプロのコンピで、「Ｖｏｌ・3 掟ポルシェ編」と「Ｖｏｌ・4 小出祐介編」が7月9日に同時発売になります。こちらは掟さんと僕のコンセプトが全然違うので、選曲も併せてぜひ聴いていただきたいんですけど。

★45 『ハロー！プロジェクトの全曲から集めちゃいました！』

宇多丸　これでも特集1回できるぐらいですよね。

小出　できると思いますよ。僕のコンセプト、これもなかなか頭がおかしいことになっているんで。

宇多丸　こいちゃんのコンセプトは何なの？

小出　『寝る子は℃-ute』っていう℃-uteの舞台があるんですよ。その舞台で矢島舞美さんがやってる役があるんですけど、その役にちなんだ選曲になってます。アハハハ！　もう意味分かんないでしょ？

宇多丸　大丈夫？　こいちゃん。

小出　いやいや、そうなんですよ。

宇多丸　アハハハハ！

小出　僕、このコンピの中の解説ですげえ熱弁してるんですけど、**あとで文章で読んだら、自分でもこいつ頭おかしいなって。**

宇多丸　だって分かる気がしないもん、今、話聞いててもさ。

小出　そうなんですけど、まあまあ。

宇多丸　それ、舞台観てないと駄目じゃん。

小出　そうですね、僕の思い入れだけで。

宇多丸　でも、曲としてもいいという。

小出　いいです。流れで聴いても結構いいはずなので、ぜひ聴いていただきたいと思います。

宇多丸　ということで、とにかく**こいちゃんは最高！**　という件は改めてみなさんに伝わったと思います。

コアすぎる視点で掘り起こす、ハロプロ初のコンピレーションアルバム。本シリーズのVol.4を小出祐介が担当。ミュージシャンとしての独自の切り口と思い入れがたっぷりすぎる選曲は、マニアをもうならせる濃厚なコンピに仕上がった。

小出　ありがとうございます。

宇多丸　最後、そんな素晴らしいこいちゃんがいるBase Ball Bearっていうか、ベボベのメンバーが来て話す企画もやりたいんですよ。

小出　そうですか！

宇多丸　だってベボベのメンバーと俺ら、いつも永久に話してるじゃないですか。

小出　そうなんですよね。

宇多丸　永久にいけるじゃないですか。

小出　確かにそう。あの楽屋トークね。

宇多丸　あのノリで全然いけると思うんですよ。

小出　確かに。

宇多丸　殺したいやつリストを作り。あと、これは絶対に放送に乗せられないけど、**日本の音楽業界のキテるやつ……。**

小出　アハハハハハハ！　それ僕らの中でめっちゃバズりましたからね。

宇多丸　キテるやつ話もありますけど、そんないろいろな構想もあるということで、最後に『二十九歳』から1曲お願いします。

小出　Base Ball Bearで『そんなに好きじゃなかった』。

宇多丸　はい、小出くん、ありがとう。

小出　ありがとうございました～。

♪『そんなに好きじゃなかった』流れる

ON AIR を振り返る

宇多丸

小出祐介、通称「こいちゃん」と仲良くなったのは、比較的最近なんです。もちろん存在は知っていたし、前から「合うんじゃないですか?」みたいなことを周りに言われたりもしてたんですが、実際にじっくり話したのは、松任谷由実さんの40周年武道館ライブ（2013年1月3日）の打ち上げ会場が初めてかもしれない。で、話をしてみたら案の定意気投合して、その場ですぐ『タマフル』出て!」「出たいです!」「話早っ!」という感じでした。

ということでこいちゃんは、後輩というより、単に歳が若い友達という感じです。僕は常々「歳は全然違うけど普通に友達って関係、いいよね」と思っていて、まさにこいちゃんはそんな感じ。年齢は一回り以上僕が上なんだけど、普通にこいちゃんもどんどんタメ口になっていくのがなんだかうれしくて。

一緒にレコーディングした時も（Base Ball Bear『The Cut feat.RHYMESTER』2013年）、合間に延々いろんな話をしてましたね。アイドルから映画から特撮の話から、思春期の時に殺したかったやつとか。とにかく気が合う男でございます。

ともあれ、こいちゃん主導の特集では珍しく、彼が好きな対象だけを語るのではなく、ナンバーガールの話をしながら、ちゃんとBase Ball Bearのプレゼンにもなっていて、聴き終わるとBase Ball Bearに思い入れが生まれるような内容になっています。

それと、彼の説明ですごく腑に落ちたのは、ナンバーガールと『新世紀エヴァンゲリオン』（TVシリーズ・1995年）、『ラブ&ポップ』（映画・1998年）、『ガメラ3 邪神〈イリス〉覚醒』（映画・1999年）などを繋ぐ、あの時代感です。あの頃に我々が感じていた、独特のヒリヒリした空気。その後の2000年代初頭くらいまでの音楽シーン全体に通じる〝青春〟感の話含め、彼の切り取り方で改めて「あ〜、そうかも!」と思えた部分ですね。

NEWSの加藤シゲアキくん（番組リスナー。ゲスト出演は2012年1月28日等）もそうなんだけど、彼らのように、歳のわりに異常にものを知ってる若者、しかも普通にイケメン!に会うたびに、おじさんはいつも思っちゃう。「いつそこまでチェックしてるの?」。あと、「あなた、本当はいくつですか?」って。尊敬すべき人たちでございます。

サタデーナイト・ラボを振り返る

宇多丸

この番組の放送が始まった最初の1年は、番組のフォーマットがあまり固まっていなくて、本当にグニャグニャとしていました。どうやって毎回乗り切っていたんだろうと思いますし、実は記憶もあまり定かではないんですよ。ただおぼろげな記憶を振り返ってみると、今でいう「サタデーナイト・ラボ」にあたる特集コーナーは、当初30分しか時間がなくて、それまでの僕の引き出しの中に溜めてきたものをどんどん出していく感じでした。僕がそれまでバラバラの場所で展開していた評論活動やら持論やらを、改めて放送に乗せてみる、という感覚ですかね。

でも、古川さんだって、最初は放送作家の経験などありませんでしたし、初代プロデューサーの橋本さんも番組の立ち上げは初めて。しかも、そんな頼りない寄せ集めで漕ぎ出したわりに、「毎週まるっきり違うことやったりするのがカッコいいんじゃん？」なんて考えてたりして。まぁ、そんな危うさが初期の面白さでもあったとは思うんですが、でもやっぱり、船出の1年は今考えると無茶やってたなぁと思いますね。

ただ、番組開始から1年ほどたって、さすがに毎週僕の引き出しからネタを出すのもキツくなってきたんですよね。当然といえば当然の話ですが。ちなみに当時、僕はこれらの特集を、毎回手ぶらでやってたんですよ。台本はもちろん、手元にメモすらない状態。例えば鈴木亜美さんの特集も、何も見ずにしゃべってるんです。

そんなわけで、次の段階として、今度は僕の引き出しからではなく、僕の周りの面白い人を連れてきて、普段よそではできない話をしてもらうという形になっていく。この本でいえば、西寺郷太くんやコンバットREC、高橋芳朗くんの回がそうです。彼らの特集の成功で、言ってい

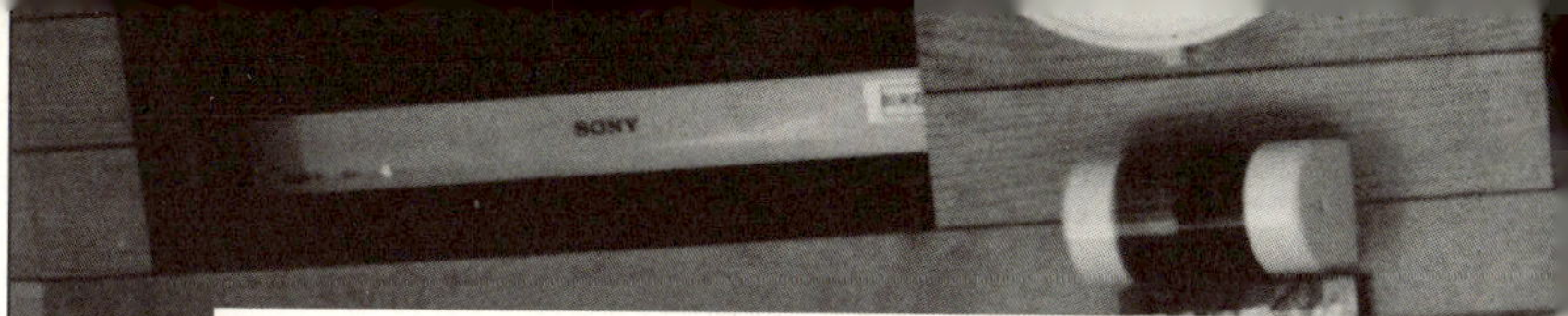

る内容に共感できるとか、きちんとした裏付けがあるとか、そういうこととは関係なく、たとえ何を言っているのかが分からなくても、最低限語り手側の〝熱〟さえあれば面白いんだ、ということが確信できるようになりました。

　こうして僕の友達を出していた時期も過ぎると、さらに守備範囲を外側へ広げようということで、三宅隆太さんや福田里香さんといった、番組を聴いてくれていた著名人や、その道のプロに来てもらうパターンができてきます。古川さんのセンスとかアンテナに引っかかったゲストや特集も増えてきて、徐々に僕は、雑誌でいう編集長のような立場になっていくんです。看板を背負って前面に立ちつつ、編集部員たちの企画を吟味したり味付けしたりするという役目ですかね。

　また、番組の外側でもいろいろと活動を広げていく中で、知り合った面白い人を番組に連れてくるパターンもできました。気がつくと、まったく知らない人相手、その場が初対面というゲストの特集もちょいちょいできるようになっていた。「おまえの人見知りもいいかげん治っただろ?」っていうね。

　つまり、こうして振り返ってみると「サタデーナイト・ラボ」とは、ラジオパーソナリティとしての僕のキャパシティを広げていく＝番組で扱う領域が拡張されていく歴史そのものとも言えるかもしれません。番組も僕もちょっとずつバージョンアップしてきたのが、改めて流れを追うと、よく分かります。

　僕がこの番組をやっていて、実はいちばん好きなのが、最後に次週の特集タイトルを言う瞬間なんです。「来週の『サタデーナイト・ラボ』の特集はこちら!」と言った時に、実況しているTwitterのタイムラインとかがザワザワ〜ッとどよめいていく様子を想像するのがたまらない。その瞬間、みなさんを驚かすためだけに企画してる特集もある、と言っても過言ではないくらいです。

　今後もみなさんがザワザワ〜ッとする特集をどんどんかましていきたいな、と思っている次第でございます。

サタデーナイト・ラボ

一覧リスト

2007

4.7 渾身の3曲解説＆OA

4.14 モーニング娘。『笑顔YESヌード』の勝手な妄想PV脳内上映

4.21 ゲスト：アニメ版『時をかける少女』細田守監督／細田守

4.28 ゲスト：しょこたんこと中川翔子さん／中川翔子

5.5 鈴木亜美joinsキリンジ〝それもきっとしあわせ〟は現代の『My Way』だ特集

5.12 緊急報道特別番組・NEWS申し訳～WEDDING...Dead or Alive～

5.19 ゲスト：Crystal Kayさん／Crystal Kay

5.26 映画3本徹底評論『アポカリプト』『ボラット』『300〈スリーハンドレッド〉』

6.2 ※ナイター中継延長のためコーナーお休み

6.9 ラッパー・いとうせいこう特集（前編・予習）

6.16 ラッパー・いとうせいこう特集（中編・対談その1）／いとうせいこう

6.23 ラッパー・いとうせいこう特集（後編・対談その2）／いとうせいこう

6.30 ゲスト：K DUB SHINE＆DJ OASIS／K DUB SHINE、DJ OASIS

7.7 安室奈美恵論

7.14 ゲスト：HALCALI／HALCALI

7.21 ゲスト：マボロシ／マボロシ

7.28 ※ナイター中継延長のためコーナーお休み

8.4 天才シンガー・三浦大知特集

8.11 ラッパー・K DUB SHINEの歌詞論／K DUB SHINE

8.18 よくできた脚本と評判の〝カタカナ四文字映画〟に宇多丸が宣戦布告

8.25 対談：CKB横山剣～作詞家としての横山剣～／横山剣

9.1 ゲスト：Perfume～アイドル志望の悩み相談室～／Perfume

9.8 タランティーノ『デス・プルーフinグラインドハウス』を宇多丸が語り下ろし

9.15 ホフディラン・小宮山さんと『ザ・シンプソンズ』声優交代劇問題を語る／小宮山雄飛

9.22 作詞家としての小西康陽特集

9.29 ゲスト：中川翔子（VS GERU-C閣下）／中川翔子、GERU-C閣下

10.6 マイケル・ジャクソン、小沢一郎 ほぼ同一人物説／西寺郷太

10.13 J-POPは映画だ！～編曲家こそ監督だ！AKIRA編～

10.20 J-POPは映画だ！～B-SIDE WINS AGAIN　なぜ2本立てなのか？～

10.27 生対談：ミスター日本のヒップホップ～ZEEBRA～／ZEEBRA

11.3 国産シティポップス最良の遺伝子を受け継ぐ男、歌手・藤井隆の世界

11.10 小沢一郎辞任騒動を受け緊急特集！西寺郷太の新説・小沢一郎とマイケル・ジャクソン／西寺郷太

11.17 生対談：土岐麻子withしまおまほ／土岐麻子

11.24 ゲーム『塊魂』シリーズのサウンドトラック特集

12.1 ライムスター武道館ライブDVDリリース特集with DJ JIN／DJ JIN

12.8 ヒップホップグループ・ロマンクルーのスタジオライブ＆後輩いじり／ロマンクルー、掟ポルシェ

12.15 対談 落語家：立川談笑VSラッパー・宇多丸／立川談笑

12.22 ラジオドラマmeets生放送「しまおまほ29歳のクリスマス」

12.29 輝け！ゴールデン・タマデミー賞2007

2008

1.5 w-inds. 〜または失われた男性アイドルの楽園〜

1.12 ゲスト：ホフディランに宇多丸が訊く！／ホフディラン

1.19 Perfume の発言徹底リサーチ！ クイズ「宇多丸なんて！」／ Perfume

1.26 今年最初の映画批評！『アメリカン・ギャングスター』＆『28 週後 ...』

2.2 日本ではすぐ観られない映画特集！／高橋ヨシキ

2.9 岡村靖幸と、その遺伝子を受け継ぐ男とは？ 特集

2.16 ラジオ本特集／吉田豪

2.23 特別企画「スチャダラパーと振り返るポスト・バブルと日本語ラップの 20 年」／スチャダラパー

3.1 『NEWS 23』では伝えきれなかった KOHEI JAPAN の素顔／ KOHEI JAPAN

3.8 映画批評レボリューション 21 ／町山智浩

3.15 本当は怖いキリンジの世界〜あるいは唐変木のためのキリンジ・ガイダンス〜／キリンジ

3.22 久保田利伸と日本人とブラックミュージック／久保田利伸

3.29 ロマンポルシェ。のスタジオ生 LIVE ＆生説教！／ロマンポルシェ。

4.5 1 周年特別企画　タマフルサポーター大集結スペシャル／大谷ノブ彦

4.12 CD 発売記念！ ミッツィー申し訳の J-POP・DJ 講座／ミッツィー申し訳

4.19 今、本当に観たいアニメ 2008 ／細田守

4.26 『シークレットシークレット』のシークレット／ Perfume

5.3 杉作 J 太郎、襲来／杉作 J 太郎

5.10 〝天才スウィートヴォイスの珍獣〟さかいゆうスタジオ生 LIVE ／さかいゆう

5.17 安藤裕子、その素晴らしきカバーの世界

5.24 俺が推さなきゃ誰が推す？『ランボー 最後の戦場』特集

5.31 みんな大好き MEMO 特集／田中康夫、小西克哉、崎山記者（※この日から「サタデーナイト・ラボ」と命名）

6.7 HIPHOP 界の ROOKIES 特集／ロマンクルー、TARO SOUL

6.14 全身是 HIP HOP ！ KREVA の本当の凄さを知れ !! ／ KREVA

6.21 　　※ナイター中継延長のためお休み

6.28 徹底追究！「アルファ」活動 10 年の軌跡を探る、珠玉の質問集／アルファ

7.5 特別企画「J-POP 解体新書！ 大ヒット曲誕生の秘密を完全解明！『LOVE マシーン』とはなんだったのか？世紀末日本によみがえった〝ええじゃないか〟旋風 !!!」

7.12 宇多丸の妄想サマーソング論／土岐麻子

7.19 桂歌蔵さん登場！／桂歌蔵

7.26 町山智浩のザ・邦画ハスラー『崖の上のポニョ』／町山智浩

8.2 タマフル夏のキャンペーン〈色白万歳！ 夏こそインドア祭り 第 1 弾〉宇多丸　生涯ベスト TV ゲーム『BULLY』鬼プッシュ特集 !!!

8.9 〈夏こそインドア祭り第 2 弾〉夏の CM 特集／コンバット REC

8.16 　　※北京オリンピック中継のためお休み

8.23 〈夏こそインドア祭り第 3 弾〉高円寺「すごろくや」全面協力！ 夏のボードゲーム特集！／丸田康司

8.30 永遠の夏休み少年 K DUB SHINE 登場！／ K DUB SHINE

9.6 俺たちの夏は正しかったことを証明しよう！ 妄想サマーソング大特集／西寺郷太

9.13 スーパーバタードッグ大百科

9.20 「花男」ファンの女子……ライムスター・マネージャー補佐・荒井マリ、TBS ラジオ・近藤夏紀ディレクターを招いて「男の子のための『花より男子』特集！」／荒井マリ、近藤夏紀

9.27 　　※ナイター中継延長のためお休み

10.4 要・説明アーティストロロロ（クチロロ）特集／三浦康嗣

10.11 アイドルとしての王貞治特集／コンバット REC

10.18 俺たちが聴きたかったしょこたんがここにある！ 筒美京平＆松本隆コンビによる〝箱庭アイドル〟の最新

形を聴け！

10.25 スペシャルウィーク、番組の命運はあいつらに託す！ あいつらって誰だ？ 決まってる！ そう、今夜は……音楽ファンに捧ぐ！ 食わず嫌いのための嵐特集!!／オギィ申し訳Jr.

11.1 これはゲームを超えた何かだ！ 凄すぎる『グランド・セフト・オートIV』特集！

11.8 緊急企画！ 検証：TKサウンドが遺したものとは何か？／BUBBLE-B

11.15 食べれば聴こえてくる、聴けば腹が減る。カレーは音楽であり、音楽はカレーだ特集／黒沢薫、酒井雄二

11.22 Perfume時代の今だからこそ！ 祝復活!! 早過ぎたJ-POPハウス・ディーヴァ「片瀬那奈」特集!!

11.29 秋の終わりに……宇多丸流読書のススメ！

12.6 今年の映画、今年のうちに。シネマ大掃除スペシャル!!

12.13 〈ライムスター宇多丸のシネマ・ランキング2008〉～『ポニョ』の順位だけはみんなで決めよう～スペシャル!!

12.20 知られざるアニソン作家・古田喜昭特集

12.27 輝け！ 俺だけのために！ 宇多丸のひとりレコード大賞2008

2009

1.3 復活！ ラッパー志望なんですけど

1.10 2009年、いろんな意味で注目映画はこれだ！ シネマハスラー・サイの目映画 大予測スペシャル!!

1.17 雑誌・トゥ・ザ・フューチャー！ 俺たち未来人!!

1.24 グルーヴミュージックとしてのクラシック音楽／さかいゆう

1.31 DABOと選ぶ！ リスナー・ラップジングル最優秀賞決定／DABO

2.7 日本が誇る〝ハニカミR&B王子〟三浦大知スタジオ生LIVE／三浦大知

2.14 〈みんな大好きアニソン祭り！〉エンディング曲特集 あのエロいい曲をもう一度！

2.21 〈みんな大好きアニソン祭り！〉バーのシーンとかで流れる曲ってあるじゃないですか？ 特集

2.28 ノーナ・リーヴスこそタマフルの理想のバンドなんだ！ 特集／西寺郷太

3.7 祝・番組放送100回記念！ 今こそ麻生総理に教えたい推薦図書特集！

3.14 日本人よ、うぬぼれるな！ 世界最高のコミックはアメコミにある！ 映画公開直前『ウォッチメン』原作特集！／高橋ヨシキ

3.21 俺にマボロシを語らせろ！（Mummy-Dは出ません）特集！

3.28 中堅どころPerfumeさんの悩み相談ハスラー／Perfume

4.4 スチャダラパーと送る……食わず嫌いに捧ぐ！ あんなに嫌いだった日本語ラップが好きになる特集！／スチャダラパー

4.11 放送作家・古川耕presents 春の文具ウォーズ～エピソードII 三菱帝国の逆襲～

4.18 〈J-POP解体新書シリーズ！〉究極の珍味・萌えるアイドルラップの世界！

4.25 宇多丸が「アクセス」に呼ばれる気配がまったくないため、こっちで勝手に「アクセス」っぽいことをやらせていただきます。本家じゃできないボンクラ・バトルトーク！「ウィークエンド・アクセス」!! with 小島慶子!!!／小島慶子

5.2 ゴールデンウィーク特別企画！ 子供の日直前！「タマフル・ティーン白書2009」!!

5.9 クラブDJは料理人だ！ だから言わせてもらう……資格なき者は即刻、調理場から去れ！ J-POP DJ DESTROY祭り2009!!!／ミッツィー申し訳

5.16 「実るほど、こうべを垂れる稲穂かな」タイミング！ あの評論は正しかったのか？ シネマハスラー反省会スペシャル！

5.23 DJってキュッキュキュッキュやる人でしょ～？ 程度に思ってるアナタ……ナメんなよ！ あなたの知らない〝現代スクラッチDJ〟の世界！／DJ KEN-ONE

5.30 ～オリーブ少女のなれの果て～しまおまほが送る、「2009年下半期・印象ファッション予想」／MEG

6.6 ドキュメント2009年6月2日。宇多丸はギャラクシー賞授賞式で何をカマしたのか？

6.13 俺に言わせりゃ！ ラッパー宇多丸はこんなにヤバい！ 特集／水道橋博士ほか

6.20 オトナのための『名探偵コナン』特集／U-ichi

6.27 観察映画第2弾『精神』の想田和弘さんとの対談を観察／想田和弘

7.4 緊急追悼特集：決定版！ 西寺郷太のマイケル・ジャクソン語り／西寺郷太

7.11 さまよいアイドル・小明が回答！ アイドル界の光と影／小明

7.18 この夏、俺たちをカタくさせる文具は何だ？ 潜入！ 文具野郎たちの夏フェス・ISOT2009 レポート

7.25 この夏一押しアニメ映画『サマーウォーズ』の細田守監督と生対談！ 〜アニメで作る〝映画〟とは何か？〜／細田守

8.1 勢い重視！ 言ったもん勝ち！ 番組企画プレゼン・サマーウォーズ 2009／日高光啓、ミッツィー申し訳

8.8 〈ホラーはすべての映画に通ず！〉真夏の現代ホラー映画最前線講座!!／三宅隆太

8.15 〈地球の踊り方〉世界のクラブ事情レポート第1弾〜スットコドッコイ・インドネシア編〜／高野政所

8.22 ありそでなかった映画〝館〟評論！ 〜間違いだらけのシアター選び〜／高橋洋二

8.29 俺たちの敵はここにいた！ コカコーラ CM 特集リターンズ！／コンバット REC

9.5 映画野獣・町山智浩の邦画ハスラー！ 本土決戦スペシャル!!／町山智浩

9.12 ブログ警察、ついに出動！ しまおまほの有名人 Blog パトロール

9.19 〈シリーズ〝エンドロールに出ない仕事人〟第1弾〉スクリプト・ドクターというお仕事／三宅隆太

9.26 〈タマフル・秋のキーボーディスト祭り3連発〉〜第1夜 タケウチカズタケと愉快な仲間たち／タケウチカズタケ、トーキョー・パンダ、小林大吾ほか

10.3 〈タマフル・秋のキーボーディスト祭り3連発〉〜第2夜 ついに登場！ 椎名純平／椎名純平

10.10 〈タマフル・秋のキーボーディスト祭り3連発〉〜最終夜〝天才・スイートボイスの珍獣〟さかいゆう、メジャーデビュー記念ソロライブ／さかいゆう

10.17 タマフル・秋の推薦図書特集！

10.24 本当はウットリできない R&B 歌詞の世界！ 〜 R&B 馬鹿リリック大行進!! 〜／高橋芳朗

10.31 『七人の侍』は、最高の食育映画だ！ 名作の裏に〝フード理論〟あり！／福田里香

11.7 オレ達の iPod は暴発寸前！ かけられずにたまった新譜を一挙にオンエア大放出スペシャル

11.14 ついに実現！ 宮崎吐夢スタジオ生ライブ!!!／宮崎吐夢、河井克夫ほか

11.21 真田広之『LOST』出演決定記念！ アイドル集団としての JAC 特集！／コンバット REC

11.28 街のダニどもは俺が始末する……ッ!! 番組プロデューサー橋本プレゼンツ「いわもと Q」のことを悪く言う奴＆『ランク王国』のことを悪く言う奴は俺がブッ殺す！ 特集！／橋本吉史

12.5 〝ド腐れ文具野郎〟改め〝文房具男子〟こと、構成作家・古川耕 presents 冬の文具ウォーズ・エピソードIII 〜ノート戦線、異常アリ！〜

12.12 祝・DVD 発売記念！「資生堂の CM」特集／コンバット REC

12.19 本当の本当にウットリできない R&B 歌詞の世界！〜 R&B 馬鹿リリック大行進！ PART2 〜／高橋芳朗、松田敦子

12.26 〈ライムスター宇多丸のシネマ・ランキング 2009〉／高橋洋二

2010

1.2 お正月は琴よりコタ！ インドネシアのスットコドッコイ・ミュージック〝ファンキー・コタ〟特集パート2！／高野政所

1.9 番組スタッフ、通称タマフルグループがお届けする……「宇多丸のいない間に○○の話をしようじゃないか」特集！

1.16 夢の組み合わせがついに実現！ ノーナ・リーヴス西寺郷太が、TBS ラジオ国会担当・武田一顕記者に直撃インタビュー！／武田一顕、西寺郷太

1.23 宇多丸出席裁判／エムラスタ、コンバット REC、水道橋博士ほか

1.30 しまおまほプロデュース企画！ しまおまほが惚れる男たち、小西克哉と Mummy-D の恋愛相談！／小西克哉、Mummy-D

2.6 いいからまとめて喋らせろ！ シネマハスラー、うっぷん晴らしスペシャル!!／町山智浩、宮台真司、小西克哉

2.13 〈タマフル恒例映画駄話シリーズ〉シネマハスラー・2010 年サイの目映画大予測スペシャル！

2.20 〈映画駄話シリーズ〉「やっぱり2が好き」特集＆「それでも3が好き」特集！／高橋ヨシキ

2.27 「桃屋リスペクト！ 辛そうで辛くない少し辛いラー油」特集＆「東宝リスペクト！ グロそうでグロくない、少しグロい怪獣ヘドラ」特集／増子直純

3.6 緊急特別企画！ 宮崎吐夢と今改めて考える「BARBEE BOYS」問題特集！／宮崎吐夢

3.13 春休み直前！ タマフル推薦図書／スチャダラパー

3.20 食わず嫌いのためのアメリカ HIP HOP 入門「これでダメならしょーがない。 まずはチェック・ザ・基本の名曲」／ZEEBRA

3.27 ザ・シネマハスラー出張拡大版！ 現在公開中の最新版『時をかける少女』のハスリングは過去作との比較とかやっていたらレギュラー枠の 30 分に入りきらないから 1 時間枠でやります特集！

4.3 祝 3 周年！ 豪華絢爛・春のジングル大発表会！／タケウチカズタケ

4.10 「お前のヘッドホン、しょぼすぎて笑えるわ！」と笑われないためのヘッドホン＆イヤホン選び！／小宮山淳

4.17 〈映画駄話シリーズ〉「ところで 4 が好き」、「挙げ句に 5 が好き！」／三宅隆太

4.24 〈タマフル・春の文具ウォーズ特別編！〉ブング・ジャム a.k.a. 文具ジェダイ評議会が文具の悩みに答える〝文具 身の上相談〟スペシャル／高畑正幸、他故壁氏、きだてたく

5.1 ロマンポルシェ。さんに訊いてみよう！ ニューウェーブって、実際どんな音楽なんですか？／ロマンポルシェ。

5.8 〈シリーズ〝エンドロールに出ない仕事人〟第 2 弾〉映画の予告編づくりほど素敵な商売はない！／小江英幸、白仁田康二

5.15 クラブ・バージンのアナタに送る！ タマフル的、2010 年・最新クラブレポート／高野政所

5.22 〝ヒップホップ以降の吟遊詩人〟小林大吾のスタジオ生ライブ！／小林大吾

5.29 〝笑い〟はテレビだけじゃない！ それならそろそろ〝喜劇〟はいかが？ 特別講師・三宅裕司 !! ／三宅裕司

6.5 東京で暮らしていて博物館・美術館に行かないヤツはバカだ！「東京国立博物館」へ行こう！ 特集／松嶋雅人

6.12 本当の本当の、本当にうっとりできない R&B 歌詞の世界！〜海外 R&B 馬鹿リリック大行進！ PART3 〜 THE LAST!! ／高橋芳朗

6.19 メジャーデビューアルバム『YES!!』発売記念！ さかいゆう スタジオ生ライブ !! ／さかいゆう

6.26 男泣き！　女性アイドル 10 年史〜負けざる者たち 後藤真希と Dream

7.3 『SR サイタマノラッパー 2 女子ラッパー☆傷だらけのライム』公開記念！〝SAVE THE 入江悠監督〟自主制作映画はつらいよ特集 !! ／入江悠、女子ラッパー＆ TEC

7.10 〈ホラーはすべての映画に通ずシリーズ！ 第 2 弾〉映画『リング』の脚本家・高橋洋さんと一緒に考える、J ホラーの先には何がある？ 特集！／高橋洋

7.17 この夏、オレ達をカタくさせる文具はどれだ？ 文具界の夏フェス・ISOT2010 レポート !!

7.24 異性とのスムースな会話特集／高橋芳朗

7.31 現実・妄想・どっちも歓迎　真夏のア（↑）コガレ自慢大会／高橋芳朗

8.7 〈映画駄話シリーズ〉今、DVD は〝映像特典買い〟の時代！ 特集／高橋ヨシキ

8.14 お菓子研究家・福田里香さんの〝フード理論〟講義・第 2 弾！ こっちが本丸！〝フードマンガ〟とは !? ／福田里香

8.21 カレーは音楽であり、音楽はカレーだ特集 2010！／黒沢薫、掟ポルシェ

8.28 アイドル最前線レポート！ AKB48 を超えた !?〝最強〟アイドル集団「SKE48」と何か？ 特集／サミュL、堀越日出夫

9.4 〈ホラーはすべての映画に通ずシリーズ！ 第 3 弾〉『モンスター映画』大感謝祭／三宅隆太

9.11 〈あの素晴らしい映像をもう一度〉頼むからアレのアレとか、コレのコレとかをソフト化してくれ！ 特集！／コンバット REC、町山智浩

9.18 プロレスのことが分かりたいのに今までずっとウジウジして言い出せなかったオマエら〝非・プロレス者〟がついに憧れの〝プロレス者〟になるためのプロレス講座！〜初級編〜／マッスル坂井、吉田豪

9.25 番組恒例・秋のタマフル推薦図書特集／伊藤聡

10.2 東京に暮らしていて小劇場を観にいかないヤツはバカだ！ 特集／妹尾匡夫、石曽根有也

10.9 サンプリングって結局、パクリっしょ？ と思ってるアナタ……〈ヒップホップ ナメんな！ シリーズ第 2 弾〉サンプリングってなーに？ 特集／ALI-KICK

10.16 ゾンビパラダイスへようこそ！ 秋の夜長にゃ『デッドライジング2』をやるべきだ特集!!／大原晋作

10.23 〈西寺郷太語り下ろしスペシャル〉ジャニーズが生んだ奇跡のポップミュージック……1時間丸ごと「光GENJI」大特集！／西寺郷太

10.30 〈映画駄話シリーズ〉海外にウケる日本映画とは何か？ 〝世界が自慢されたい日本映画〟特集！／高橋ヨシキ

11.6 ※ナイター中継延長のためお休み

11.13 輝け！ ラップ歌謡祭2010／中村孝司

11.20 俺たち未来人！ 雑誌・トゥ・ザ・フューチャー2!!／吉田豪

11.27 いろいろあるっぽいけど、ひとまず祝・ベスト盤発売記念！ 宇多田ヒカルのどこがホントに凄いのか？ 特集!!／ヤナタケ

12.4 〈2010年 年忘れランキング祭り 第1弾〉年末年始に遊びたいボードゲーム・ランキング大発表!!／丸田康司

12.11 〈毎年恒例・タマフル的この○○がすごい！ シリーズ〉J-POP DJ集団・申し訳ナイタズが選ぶ 俺のレコード大賞2010！／ミッツィー申し訳、掟ポルシェ申し訳Jr. ほか

12.18 〈ライムスター宇多丸のシネマ・ランキング2010〉／高橋洋二

12.25 クリスマスに送る、2010年最後の奇跡 真冬のア（↑）コガレ ナイト イン ジャパン!!／高橋芳朗

2011

1.1 もうスットコドッコイとは言わせない！ お正月は琴よりコタ！ インドネシアのダンスミュージック〝ファンキーコタ〟最前線レポート！／高野政所

1.8 〈映画駄話シリーズ〉ザ・シネマハスラー・2011年サイの目映画大予想スペシャル！

1.15 2011年、最も流行るレジャーはコレに決まり！ フードチェーン店の1号店巡り、またの名を……〝本店道特集〟!!／BUBBLE-B

1.22 宇多丸よ！ クラブミュージックを狭い枠に閉じ込めているのはおまえだ！ 本来の意味でのクラブミュージックとは何かを教えてやる特集!!／コンバットREC

1.29 〈映画駄話シリーズ〉三度の飯より〝乗り物パニック映画〟が好き！／三宅隆太

2.5 復活！ 本当はウットリできない海外R&B歌詞の世界～馬鹿リリック大行進！ リターンズ～〝キング・オブ・R&B〟もしくは〝R師匠〟ことR.ケリー大特集！／高橋芳朗

2.12 アンコール上映記念！ あの傑作『息もできない』のヤン・イクチュン監督と緊急スペシャル対談!!／ヤン・イクチュン

2.19 〈J-POP解体新書シリーズ〉マキタスポーツ presents THE J-POPヒット曲解体ショー！／マキタスポーツ

2.26 あの大物がついにタマフル初降臨！ 映画監督・井筒和幸 vs ライムスター宇多丸の「こちトラ、シネマハスラーじゃ！」／井筒和幸

3.5 1時間で日本語ラップ通っぽくなれる講座！～RHYMESTER『POP LIFE』編～

3.12 ※東日本大震災のため特別編成につきお休み

3.19 〈タマフル 春の推薦図書特集〉／佐々木中

3.26 ディレクター・バロン秋山 presents 俺は〝ゆとり世代〟でも〝ハンカチ世代〟でもない！ 〝マスク世代〟だ！ 特集／バロン秋山

4.2 連載を読めば雑誌が分かる。連載は雑誌の〝内臓〟だ！ 特集／渡辺祐

4.9 〈映画駄話シリーズ〉町山智浩の素晴らしきトラウマ映画の世界／町山智浩、吉田豪、コンバットREC、高橋ヨシキ

4.16 〈春の文具ウォーズ〉エピソードIV 文具界に迫る謎の〝女子文具〟ムーブメントに迫る!!特集／岩崎多

4.23 ウィークエンドシャッフル presents!! 輝け！ 裏〈PRAY FOR JAPAN〉歌謡祭！／中村孝司

4.30 〈タマフル 女子力アップ月間 最終章〉宇多丸よ！ そして男たちよ!! おまえらは女の本当の可愛さを知らない特集！ 〝女子校〟編／辛酸なめ子

5.7 〈タマフル・カルチャースクール・シリーズ〉浮世絵は江戸のグラビア雑誌！ 特集！／松嶋雅人

5.14 カプコン佐藤の〝ライフ・イズ・ビューティフル〟！／カプコン佐藤

5.21 〈タマフル社会勉強シリーズ〉私を社畜と呼ばないで……いや、むしろ呼べ！ 新社会人のための素敵な真・

社畜ライフ特集／橋本吉史、中川淳一郎

5.28 〈MAZO 飯ザ・ファイナル〉NA ～ MA ～ ZO 飯 !! スペシャル／橋本吉史

6.4 〈タマフル社会勉強シリーズ〉モノを売るのに邪道ナシ！ ただある道、それは〝物販道〟なり！／コンバット REC

6.11 〈地球の踊り方シリーズ第 2 弾〉身近な秘境音楽〝和ユーロ〟とは何か？ 特集／高野政所、寺嶋真悟

6.18 「私たちにとって票数というのは皆さんの妄想なんです！」タマフル〈AKB ア（↑）コガレ総選挙〉／高橋芳朗、サミュ L

6.25 〈2 週連続ロックスター猛プッシュ企画 第 1 弾〉世界最高峰のゲーム会社〝ロックスター・ゲームス〟とは何者だ !? 特集！／ヤナタケ

7.2 〈2 週連続ロックスター猛プッシュ企画 第 2 弾〉『L.A. ノワール』を 100 倍楽しむためのノワール映画入門／柳下毅一郎、高橋ヨシキ

7.9 この夏もまた、俺たちをカタくさせる文具はどれだ？ 文具界の夏フェス・ISOT2011 レポート

7.16 第 1 回 日本の平均的かつ最先端クラブ・シンポジウム！ 改め、DJ ミッツィー申し訳 vs 高野政所！ 最先端は 1 つでいい……負けた者は店を畳めばいいじゃん！ イベント企画プレゼン・デスマッチ！／ミッツィー申し訳、高野政所

7.23 〈タマフル音楽駄話シリーズ〉オレらから夏は奪えないぜ！ 2011 年にあるべきサマーソングとは何か？ 特集／キリンジ

7.30 福田里香先生 presents ！〝チーム男子〟萌えとは何か？ 21 世紀最大の難問〝チーム男子問題〟に対する〝福田予想〟大発表！／福田里香

8.6 「夏っつったらやっぱレゲエっしょ！」どまりのおまえらに送る、本当は○○なレゲエ入門特集！／HIBIKILLA. 大石始

8.13 勢いだけの 1 時間、再び！ 言ったもん勝ち !! プレゼン・サマーウォーズ 2011 ／三宅隆太

8.20 〝脚本のお医者さん〟イズ・バック！ スクリプト・ドクターとは何か特集 リターンズ！／三宅隆太

8.27 〈タマフル音楽駄話シリーズ〉アウトロ・ドン！ いま改めて〝曲の終わり方〟について考える特集／近田春夫

9.3 吉田豪 presents! あなたの知らない良質アイドルソング、もしくはあなたの知らない地下アイドルソングの世界！／吉田豪

9.10 ボンクラ系トークラジオ「サイフ」／伊賀大介、高野政所、サイプレス上野ほか

9.17 宇多丸よ、男たちよ、おまえたちは何ひとつ化粧のことを分かっていない！ いや、分かっていないということさえ分かっていない !! そこで「男子のための初めてのコスメ入門」／ジェーン・スー

9.24 カナザワ映画祭 presents 宇多丸×町山智浩×高橋ヨシキのバイオレンス・トーク／町山智浩、高橋ヨシキ

10.1 第 1 回 OKB48 総選挙 選挙速報発表／他故壁氏、岩崎多

10.8 映画『一命』公開記念！ 三池崇史監督スペシャルインタビュー／三池崇史

10.15 〈タマフル 秋の推薦図書特集〉／伊藤聡

10.22 〈タマフル・ポップカルチャーシリーズ〉みんな大好き！ 第 1 回ブルボン総選挙 !!! ／三宅隆太

10.29 第 2 回〈リスナー・ラップジングルへの道〉最優秀賞選考会／サイプレス上野

11.5 日本上演記念！今、改めて学ぶ『ロッキー・ホラー・ショー』のめくるめく世界！／高橋ヨシキ、いのうえひでのり

11.12 おまえのヘッドホン、しょぼすぎて笑えるわ！ シリーズ第 2 弾！ ようこそヘッドホン魔境へ！「秋のヘッドホン祭り 2011」潜入レポート！／小宮山淳

11.19 サムライジャパンはここにもいる！　君は DJ たちの世界大会「DMC」を知ってるか特集！／尾崎友彦、DJ 威蔵

11.26 潜在的ヘヴィメタル番組タマフルが満を持して送る、初心者のためのヘヴィメタル講座／寺嶋真悟

12.3 宇多丸よ！ 運転免許も持たずして何が男か！ この俺が、法律の範囲内で車の素晴らしさを叩き込んでやる !! 特集／安東弘樹

12.10 ボンクラ探求ラジオ「Bag」／ Perfume、伊賀大介、コンバット REC

12.17 〈ライムスター宇多丸のシネマ・ランキング 2011〉／高橋洋二

12.24 NA-MA-ZO 飯ッ！ クリスマススペシャル！／橋本吉史、近藤夏紀、AD ミノワダほか

12.31 ※年越し特別企画のためお休み

2012

1.7 〈タマフル推薦図書特集〉番外編 ヒップホップ本、最新必修図書ガイド！

1.14 新春・タマフル旅行案内 アイドルを学んで地方に出かけようツアー 2012！／エドボル

1.21 〈タマフル・グルメシリーズ〉いぶっていぶって 60 分。燻製にすれば大抵のものは美味しくなる特集！／ギュウゾウ

1.28 シネマハスラー 2012 年サイの目大予測スペシャル／加藤シゲアキ

2.4 音楽にお金を払う時代はもう終わり、なのか？ 今、アメリカの HIP HOP 最前線では何が起こってるのか特集！／ヤナタケ、渡辺志保、AKLO ほか

2.11 建国記念の日スペシャル！〝萌える国語辞書〟特集！／サンキュータツオ

2.18 世界一の映画都市＝東京に住んでいて名画座に行かないヤツはバカだ！ 特集／高橋洋二、佐藤利明

2.25 宇多丸よ！ そして日本人よ！ 銃を語らずにして何が男ぞ!! TBS アナウンサー安東弘樹 presents〝シネマの中の銃〟ハスラー!!／安東弘樹

3.3 サイプレス上野とロベルト吉野のオワコンラジオ／サイプレス上野とロベルト吉野

3.10 〈みんな大好き！ 春のアニソン祭り！〉ただし正確に言うと、アニソンっていっても〝アニマルソング〟の略だからね！ 特集／内田名人

3.17 〈映画駄話シリーズ〉三度の飯より吹き替え版が好き！／三宅隆太

3.24 輝け！ ラップ歌謡祭リターンズ！／中村孝司、後藤慶太

3.31 〈タマフル 春の推薦図書特集〉feat. ファビュラス・バーカー・ボーイズ／町山智浩、柳下毅一郎

4.7 ライムスター宇多丸のウィークエンド・シャッフル 5 周年記念特別企画……〝ザ・オーディション〟！／たわわちゃん、ヒトリカンケイ、タカノユリほか

4.14 宇多丸よ！ おまえはラッパーだというのに、身体は貧弱だし、色が白すぎるんだ特集！／逸見太郎

4.21 なぜ、宮崎アニメの食事シーンはあんなにもグッとくるのか？ 副題〝フード理論〟特別編～私の宮崎駿～」／福田里香

4.28 シールが取れたよ全員集合！ いま改めて雑誌『BUBKA』を考える特集！／サミュ L、コンバット REC、高橋芳朗

5.5 祝・こどもの日 特別企画！ タマフル・ティーン白書 2012

5.12 猫特集／さかいゆう

5.19 ぱっとしない日々、曇りがちな顔。その理由は……〝意に添わぬ髪形〟特集／ジェーン・スー

5.26 〈タマフル映画駄話シリーズ〉CM およびミュージックビデオ出身監督特集！／高橋ヨシキ

6.2 カヴァーの楽しみ。カヴァーの苦しみ。どっちにしたってカヴァーは最高！ 特集／西寺郷太

6.9 〈タマフル文具ウォーズ特別編〉〝試し書き〟は無意識のアートだ！ 世界の試し書きを眺めてみよう特集！／寺井広樹

6.16 ディスコ 954 スペシャル～オレたちが自慢されたい 80 年代ナイト～／古田喜昭、高野政所、福田タケシほか

6.23 〈J-POP 解体新書シリーズ〉マキタスポーツ presents〝作詞作曲ものまね〟を通じて J-POP をもっと深く楽しもう！ 特集／マキタスポーツ

6.30 〈日本語ラップ最後の秘宝〉キエるマキュウとトージン・バトル・ロイヤル。偉大な 2 組のニューアルバムの歌詞を読み上げて男とは？ 人生とは？ ヒップホップとは？ を学ぼう特集！／DJ JIN、キエるマキュウ

7.7 宇多丸よ、世が世であればおまえの曲は 18 禁！ 年収だいたい 10 分の 1！ 感謝をもって今こそ考えるべき〝歌詞のレイティング〟特集／寺嶋真悟

7.14 タマフルレゲエ祭 2012！ FireBall スタジオ 1 時間生ライブ／ファイヤー・ボール

7.21 宇多丸夏休み特別企画！〝TAMAFLE RAVE FACTORY〟略して T.R.F!!!

7.28 ついに発表！ タマフル文房具大賞 2012／高畑正幸、他故壁氏、きだてたく

8.4 〈映画駄話シリーズ〉『おおかみこどもの雨と雪』が大ヒットしている今だからこそ、細田守監督と日本映画について語り合いたい！ の巻特集／細田守

8.11 夏だ！ 祭りだ！ 盆踊りだ！ 音楽ファンのみなさんがシカトしがちな日本のオリジナル・ストリートミュー

ジック、〝盆踊りの魅力を改めて学ぶ〟題して〝ジャパニーズグルーヴ〟特集／大石始

8.18 最新作『この空の花 —長岡花火物語』が超スゴかった記念、大林宣彦監督降臨！ この際だから、巨匠とざっくばらんに映画駄話特集／大林宣彦

8.25 〈J-POP 解体新書シリーズ〉男性アイドルの中で、今注目すべきは誰 !? ジャニーズの中で、今いちばん目が離せないのは、誰 !? 答えはこうだ……〝今、いちばん面白いのは V6 だ――!!〟特集／西寺郷太

9.1 タマフルティーン白書・夏休みの自由研究スペシャル

9.8 えっ？ オトナが夜中に踊っちゃいけない国があるって、本当ですか？ 今改めて考える〝風営法〟特集！／磯部涼

9.15 〈タマフル映画駄話シリーズ〉残酷・残忍・不謹慎！ もう黙ってはいられない！ ついに告発！〝人を殺して捨てゼリフ〟特集！／町山智浩、高橋ヨシキ

9.22 『桐島、部活やめるってよ』便乗企画！「桐島、あのシーン忘れてるってよ」a.k.a.〝学校あるある〟投稿祭り！／吉田大八

9.29 〈タマフル 秋の推薦図書特集〉／伊藤聡

10.6 〈映画駄話シリーズ〉『アウトレイジ ビヨンド』公開記念！ 玉袋筋太郎 presents〝俗悪映画バンザイ！〟／玉袋筋太郎

10.13 〈タマフル〝観察ラジオ〟シリーズ〉映画『演劇』の監督・想田和弘さんと、劇団〝青年団〟主宰の平田オリザさんを迎え、じっくりたっぷり語らってみよう特集 !!／想田和弘、平田オリザ

10.20 〈映画駄話 ～ザ・プレミアム～〉井筒和幸監督の〝犯罪映画〟大好き！ 特集／井筒和幸

10.27 〝タマフルがチャック・ノリスの特集をしているのではない……チャック・ノリスがタマフルに特集をさせてやっているのだ〟『エクスペンダブルズ 2』公開記念 チャック・ノリスのことだけを考える 1 時間／三宅隆太

11.3 ボードゲームを家でやることすら面倒……という現代人のおまえらでもできる！ いつでもどこでも、友達と一緒に遊べる、元手いらずの「紙ペンゲーム」特集！／丸田康司

11.10 え？ まだスットコドッコイとか言ってるヤツ、いるの？ 気づいてないのはオマエだけ！ インドネシア産ダンス・ミュージック「ファンコット」最前線 2012！／高野政所

11.17 〈THE YO-SO-U〉is BACK！ たわわちゃん presents 2012 年・紅白歌合戦大予想祭り !!／たわわちゃん

11.24 テレビの旅番組のことを、良くも悪くも思っていない、むしろフラットな印象を持っているやつは、俺が成敗（消去）する！「今こそ積極的に観る〝旅番組〟2012」特集！／橋本吉史

12.1 GAMBO 怒りの 1 時間／高橋芳朗、サミュ L、ジェーン・スーほか

12.8 シネマハスラー大掃除スペシャル

12.15 〈ライムスター宇多丸のシネマ・ランキング 2012〉／高橋洋二

12.22 「宇多丸よ！ 前から思っていたが、おまえのテレビゲームのプレイスタイルは、まるでチンケな小役人のようだ！ タマフルが 2013 年に向けて提唱する、まったく新しい性格診断……それが〝ゲーム占い〟／ミノワダ D

12.29 輝け！ 2012 年 タマフル・オールジャンル何でもアワード大賞 グランプリ・ベスト 3／内田名人

2013

1.5 祝・放送 300 回記念！ 高い金を出してせっかく風呂付きの部屋に暮らしているのに、風呂に入浴剤を入れないヤツはバカだ！ 2013 年、絶対買うべき入浴剤特集！／三宅隆太

1.12 緊急企画：世界中のすべての女の子へ捧ぐ――お父さんから娘へ贈る、〝乙女心がすくすく育つ曲〟特集／コンバット REC

1.19 時に、身体は言葉よりも雄弁だ――アイドル振付師・竹中夏海さんに聞く、奥深き肉体言語〝アイドル・ダンス〟の世界！ 特集／竹中夏海

1.26 いつまでも負け犬根性の抜けない俺たちこそ、今すぐ正座してみるべき――傑作ドラマ『ふぞろいの林檎たち』から読み解く脚本家・山田太一の眼差しとは何か？ 特集／長谷正人

2.2 キング・オブ・ステージは〝キング・オブ・コメンテーター〟でもあった！ コメント名人・ライムスターが送る、これが気の利いた宣伝用コメントだ！ 特集／ DJ JIN

2.9 アイドルとしての大江戸線の駅 特集／竹中夏海

2.16 アイドルソング大豊作だった 2012 年を踏まえて考える。ミュージシャン目線で語る〝良質なアイドルソン

グとは何か？〟特集／小出祐介

2.23 秋元康×宇多丸 スペシャル対談／秋元康

3.2 音楽プロデューサー・西寺郷太、大いに語る！「郷太ウン・レコード」で日本のポップスを守るのだ！ 特集／西寺郷太

3.9 ※特別編成につきお休み

3.16 〈パンケーキ弱者〉の男のコたちに送る……EAT or DIE!!!!! 2013 年の日本においてパンケーキを食べないヤツはバカだ！ 特集／トミヤマユキコ

3.23 〈タマフル 春の推薦図書特集〉／佐々木中

3.30 世界ナンバーワン DJ 降臨！「DJ 威蔵フェス」2013 開催 !! ／ DJ 威蔵

4.6 知名度はないが、質の良いアイドル特集！／吉田豪

4.13 映画『ライジング・ドラゴン』公開記念！ 人類は今、ジャッキー・チェンのアクションがリアルタイムで拝める幸せを改めて噛みしめるべき！ 特集／スクール・オブ・ジャッキー

4.20 映画音楽界の偉大な巨人ジョン・ウィリアムズの凄さを、世界的バイオリニストの視点で思い知れー！ 特集／高木和弘

4.27 最高のキャリアを目指す、すべてのビジネスパーソンに送る。暴走ティッケーアイドル〝hy4_4yh〟に学ぶ現代ビジネスシーンのサバイブ術 特集！／ hy4_4yh、高野政所

5.4 ゴールデンウィーク緊急特別企画！ ～渋滞対策情報・リアル～ 番組まるごと車の中から全面生中継スペシャル！

5.11 〈映画駄話シリーズ〉終わりよければ、すべてよし。映画の終わり方について、ネタバレも辞さずに考える特集！／高橋ヨシキ

5.18 映画『クロユリ団地』公開記念！ 三宅隆太監督が目指す新しい恐怖映画の形、〝心霊映画〟とは一体何なのか？ 特集／三宅隆太

5.25 宇多丸、生誕記念。世界の 44 歳よ、集まれ！ 結成！ チーム★ 44 マグナム !! 特集

6.1 バンドは今、完全自主スタイル、なのか？ SCOOBIE DO に訊く〝現代バンド事情〟特集／ Scoobie Do

6.8 子供たちが踊り、飛びはね、駆け回る！ 幼稚園を狂乱のクラブへと変えてしまう、〝こども DJ〟とは何か？ 特集／ DJ アボカズヒロ

6.15 国産シティポップス最良の遺伝子を受け継ぐ男、歌手・藤井隆スペシャルインタビュー／藤井隆

6.22 〈映画駄話シリーズ〉今夜、ついに決定！ オレたちの好きなベーコンはどれだ？ 祭り

6.29 〈Base Ball Bear 小出祐介大いに語る〉嗣永桃子は、いかにして「嗣永プロ」から「ももち」になったのか？ 特集！／小出祐介

7.6 〈タマフル〝観察ラジオ〟シリーズ〉来週公開の映画『選挙 2』がマジで超面白いので、想田和弘監督と語らってみよう！ 特集／想田和弘、山内和彦

7.13 〈タマフル社会調査シリーズ第 1 弾〉あなたの眠り方、教えてください。タマフル入眠調査、略して〝ねぇ入眠〟特集！／古川耕

7.20 スタジオジブリ最新作『風立ちぬ』公開記念「メガネ男子、その歴史と今」特集！／福田里香

7.27 打ち上げコンサルタント・高橋芳朗の打ち上げは最高～！ 特集／高橋芳朗

8.3 〈映画駄話シリーズ〉『暗黒映画入門 悪魔が憐れむ歌』出版記念！ 牙を抜かれた映画界に送る「映画が残酷・野蛮で何が悪い」特集／高橋ヨシキ

8.10 本物の漢（おとこ）たちのみなさんは必ず読んでいる『週刊漫画ゴラク』を読んで、あなたも本物の漢になろう！ 特集／植地毅、コンバット REC

8.17 〈映画駄話シリーズ〉俺たちは映画を観てファッションを学んだ！ かもしれない特集！／伊賀大介

8.24 もうひとつの甲子園がここにある……高校生たちの熱いバトルに感動せよ！ 話題の「高校生ラップ選手権」って何だ？ 特集！／ダースレイダー

8.31 スクラッチくじで大儲けスペシャル／ DJ 威蔵、大沢悠里、加藤鷹、ZEEBRA ほか

9.7 ザッツ・オトナ・エンターテインメント！ ギャンブル初心者にこそ勧めたい、絶対ハマる「競輪」特集！／玉袋筋太郎

9.14 日本アクション界に嵐を呼ぶ男・坂本浩一監督スペシャルインタビュー！／坂本浩一

9.21 アメリカ HIPHOP 最前線！ 今、アメリカの HIPHOP は何を歌っているのか？ 特集／渡辺志保、ヤナタケ、

小林雅明

9.28 難しそうで難しくない！ 青少年のための〝スムーズ〟現代音楽入門特集！／松本祐一

10.5 単行本 発売記念！ 未婚のプロ・ジェーン・スー大いに語る。『私たちがプロポーズされないのには、101の理由があってだな』特集 !!／ジェーン・スー

10.12 またしてもこれは、ゲームを超えた何かだ！／世界最高峰のエンターテインメント『グランド・セフト・オートV』の凄すぎる世界特集／多田遠志、マスク・ド・UH

10.19 「宇多丸よ！ おまえは役者ではないのだから……」あの MC イックこと名優・駒木根隆介が宇多丸に演技の見方をイチから教えてやる特集／駒木根隆介、入江悠

10.26 聴け、人類史上最強のポップスを！ あなたの知らない「軍歌」の世界特集／辻田真佐憲

11.2 〈タマフル・ポップカルチャーシリーズ〉男たちよ！ そろそろ腹を割って話そうじゃないか！ 漢字の漢と書いてオトコと読むほうの男のための、ぬいぐるみ特集／三宅隆太

11.9 〈文具ウォーズ特別編〉秋のボールペン祭り！ OKB48 総選挙 結果速報スペシャル／高畑正幸、岩崎多

11.16 第 64 回 NHK 紅白歌合戦大予想祭り！／たわわちゃん、寺坂直毅

11.23 〈タマフル 秋の推薦図書特集〉／伊藤聡、岩崎多

11.30 今、話はここまで進んでる！ 風営法問題を考える特集～ 2013 年秋～／磯部涼、ダースレイダー

12.7 〈Base Ball Bear 小出祐介大いに語る シリーズ〉今、『ほんとにあった！ 呪いのビデオ』が面白い！ 特集／小出祐介

12.14 〈ライムスター宇多丸のシネマ・ランキング 2013〉今夜決定！ ベスト 10 &ワースト 1 大発表 !!／高橋洋二

12.21 本当はウットリできない海外 R & B 歌詞の世界～馬鹿リリック大行進～ 2013　世界の〝R 師匠〟こと R・ケリーが送る、驚異の NEW アルバム『ブラック・パンティーズ』大特集！／高橋芳朗

12.28 ディスコ 954 さよなら申し訳スペシャル／ミッツィー申し訳、掟ポルシェ申し訳 Jr. ほか

2014

1.4 〈映画駄話シリーズ〉日本の映画女優よ、もっとオレに NU・RE・BA を見せてくれ！ 特集／二代目しまおまほ

1.11 人気振付師・竹中夏海 大いに語る。三度の飯より米を食え！ 渾身の白メシ特集 !!／竹中夏海

1.18 宇多丸よ、おまえは本当の B-BOY を知らない！ 本当の〝B-BOY〟とは何か？ そして〝ボーイズ・ラブ〟とはいったい何か？ 男のための、よく分かるボーイズラブ入門 !!／福田里香、金田淳子

1.25 〈タマフルお仕事シリーズ〉今を切り出す職業、報道カメラマンとはどんな仕事なのか？ 特集 !!／山元茂樹

2.1 〈神々の視点シリーズ〉天才シンガーソングライター・さかいゆうが考える、歌がうまいって本当はどういうこと？ 特集／さかいゆう

2.8 女優さんがうたう歌特集／藤井隆

2.15 本当はヤバい歌謡曲の世界特集／ DJ フクタケ

2.22 あの重鎮が今、閉ざされていた口をついに開く！ 日本の芸能音楽史を、今、俺が語ろう。ごきげんだぜっ !! 冬の m.c.A・T 祭 !!!／ m.c.A・T、KEN（ex.DA PUMP）

3.1 祝・インドネシアで DJ デビュー記念！ 高野政所 a.k.a.DJ ジェットバロンのファンコット最新・最速・最前線レポート !!／高野政所

3.8 オレたちの松井寛 a.k.a. Royal Mirrorball 降臨！ その素晴らしい楽曲の数々を、本人を前にして聴きじゃくる特集 !!／松井寛

3.15 「泥水特集 !!」より詳しく言うと、オレも今まで仕事で泥水をすするようなツライ目に遭ってきた……けど、今も元気に生きてます !! 特集！／妹尾匡夫

3.22 「健康ランドとは、まるでロードムービーのようなものだ」特集！ もしくは「前原猛とは何者か？」特集！／前原猛

3.29 祝・初ソロアルバム『テンプル・ストリート』発売！ 祝・レーベル「ゴータウン・レコーズ」設立！ アーティストが立ち上げたレコードレーベルについて考える特集／西寺郷太

4.5 新番組開始記念！ ジェーン・スー presents「小麦粉はメディアだ」特集／ジェーン・スー

4.12 ウワサの真相を徹底検証！ かつてこの国に、映画『マッドマックス』のような荒れ果てた学校が実在した!? 特集／今村裕次郎

4.19 俺たちもそろそろいい歳なんだから、日本酒をチビチビ舐めながら演歌や歌謡曲を嗜んでいこうじゃないか！ 特集／コンバット REC

4.26 あの『進撃の巨人』の作者、諫山創がタマフル初進撃ッ!!!!／諫山創

5.3 〈映画駄話シリーズ〉ぶっちゃけ6も好き、なんなら7も好き！ 特集／三宅隆太

5.10 聴けば〝ビジュアル系〟の見方が分かる　ビジュアル系音楽の楽しみ方はきっとこれだ！ 特集／マキタスポーツ

5.17 DJ ヤナタケ presents「日本語ラップ最前線！」2014 年上半期、これだけ聴けばあなたも秒速で日本語ラップ通特集／ヤナタケ

5.24 売れる！映画タイトル会議 〜あの名作映画にキャッチーなタイトルをみなで名づけよう特集

5.31 〈Base Ball Bear 小出祐介大いに語る シリーズ〉自分のアルバムが出るのになんですが、改めてナンバーガールについて語ろう特集／小出祐介

6.7 祝！『松尾潔のメロウな日々』出版記念！ 日本のポップスシーンにブラックミュージックを定着させるためのいくつかの方法特集！／松尾潔

6.14 梅雨の映画評論祭り！ 集結！ ムービーウォッチメンズ!!　中川翔子、荻上チキ、入江悠、駒木根隆介

6.21 〈タマフル 梅雨の推薦図書特集〉feat. 星野源!!／星野源

6.28 〈タマフル人間賛歌シリーズ〉本当にあった！ 細かすぎて伝わらない〝my こわいもの〟特集／赤木舞子

7.5 映画『ドキュメンタリー・オブ・AKB48』最新作公開記念！ 高橋栄樹監督に訊く〝アイドルとドキュメンタリー映画〟特集！／高橋栄樹

7.12 カレーは音楽であり、音楽はカレーだ！ 特集 2014／黒沢薫

7.19 〈タマフル人間賛歌シリーズ〉今年の夏の行楽は、これで決まり！ 元手ゼロ、1人でできる〝脳内レジャー〟のススメ！ 特集／寺坂直毅

7.26 〈タマフル・夏の社会科見学シリーズ〉あの大ヒットガチャガチャ〝コップのフチ子さん〟で今、ギンギンに儲かっているはずのメーカー「奇譚クラブ」さんに大ヒットするガチャガチャの作り方を教えてもらおう!! 特集／竹内優、コップのシキ子さん

8.2 〈映画駄話シリーズ〉夏がくれば思い出す、あの映画、この映画。俺たちが観たい「夏休み映画」はコレだ！ 祭り／春日太一

8.9 映画ファンよ！ もう見て見ぬふりはしてられない！ 今からでもギリギリ間に合う〝海外ドラマ〟入門特集！／池田敏

8.16 史上最強の J-POP、それが軍歌、すなわち〝G-POP〟!!「あなたの知らない軍歌の世界」特集リターンズ！／辻田真佐憲

8.23 世界よ、これが〝ワン・音頭・オンリー〟のダンスミュージックだ！ 今夜開店！ トーキョー赤坂・音頭ディスコ NIGHT／大石始、DJ フクタケ

8.30 〈タマフル人間賛歌シリーズ〉細かすぎて伝わらない〝こわいもの〟サマーフェス!!／赤木舞子

9.6 宇多丸よ！ そして、日本人よ！ 今こそ、もう一度格闘技を見よう！ 今いちばん面白い総合格闘技イベント、UFC 特集／玉袋筋太郎

9.13 〈ヒップホップ駄話シリーズ〉ニューヨークの天才ラッパー、ナズのデビュー・アルバム『イルマティック』って一体どこがどんなにすごいんだ？ 会議／小林雅明、K DUB SHINE

9.20 結成 25 周年&ベストアルバムリリース記念！ オレ達がこれまですすってきた 25 年分の〝泥水〟をみなさんと一緒にテイスティング！ 特集／Mummy-D

9.27 アメリカの荒野で年1回、1週間に渡って開催される、自由すぎる巨大パーティ「バーニングマン」とは一体何か？ ちなみに俺は今年も行ってきたけどね!! 特集／高橋ヨシキ

10.4 激闘開幕！ 第1回 TBS ラジオ番組対抗 AD スキル選手権〜買い出し激闘編〜／橋本吉史、TBS ラジオ AD 陣

10.11 すべての映画ファンに捧ぐ！ 食わず嫌いのための、今から始める「アメコミ」入門特集！／光岡ミツ子

10.18 〈タマフル・カルチャースクール・シリーズ〉この秋、会いに行けるアイドルとしての国宝特集／松嶋雅人

10.25 祝・スレンダリーレコード設立記念！ レーベルヘッド・藤井隆スペシャルインタビュー！／藤井隆

11.1 リスナー・ラップジングルへの道！ 2014 最終選考スペシャル feat. スーパースケベタイム、本名・星野 源／星野源

11.8 〈タマフル 秋の推薦図書特集〉feat. 伊藤 聡、そしてマンガ家の高野文子さん！／高野文子、伊藤聡

11.15 曲と曲の〝つなぎ〟に注目することで紅白歌合戦の本質とは何かが見えてくる特集／寺坂直毅、たわわちゃん

11.22 しまおまほ presents 〜言い訳でもなく、弁明でもなく〜僕たちの遅刻特集 with 安齋肇／安齋肇

11.29 アイデア！ ガッツ！ 技術！ &ユーモアの博覧会。「メイカーフェア・トーキョー 2014」潜入レポート！

12.6 ライフスタイルとしての〝おもしろおじさん〟特集！／高野政所

12.13 〈ライムスター宇多丸のシネマ・ランキング 2014〉ベスト 10 + ワースト 1 ／高橋洋二、加藤シゲアキ

12.20 輝け！ 2014 年、タマフル・オールジャンル何でもアワード大賞グランプリ・ベスト 3 ／吉田豪、多田遠志、金田淳子

12.27 今年、もっとも俺が輝いていた瞬間を俺が見ていた！ 今夜発表！ 2014 年〝マイ・ベスト・俺〟トップ 3 ！／ミノワダ D、小荒井 D、二代目しまおまほ ほか

以降のリストにつきましては、番組ホームページ（http://www.tbsradio.jp/utamaru/labo/index.html）をご覧ください。

STAFF

『ライムスター宇多丸のウィークエンド・シャッフル』

番組出演者

パーソナリティ　宇多丸（ライムスター）
レギュラー　しまおまほ

主要スタッフ

歴代プロデューサー　橋本吉史、三条毅史、村沢青子、近藤夏紀、野上知弘、津波古啓介
ディレクター　簑和田裕介（株式会社 TBS トライメディア）
音楽ディレクター　小荒井 弥（株式会社弥弥）
構成作家　古川 耕
アドバイザー　妹尾匡夫（オフィスまあ）
アシスタントディレクター　大澤 望、山添智史（株式会社 TBS トライメディア）

ライムスター宇多丸のウィークエンド・シャッフル“神回”傑作選　Vol.1

発行日　2015年3月27日　第1刷発行

編著者　TBS ラジオ「ライムスター宇多丸のウィークエンド・シャッフル」
企画・編集　中村孝司（スモールライト）／監修・構成　古川耕／編集　室井順子（スモールライト）、スモールライト編集部／ブックデザイン　吉岡秀典（セプテンバーカウボーイ）／撮影　小荒井弥、古川耕／注釈執筆　竹村真奈＆小西七重（タイムマシンラボ）、スモールライト編集部、古川耕／校閲　芳賀惠子／協力　津波古啓介（TBS ラジオ＆コミュニケーションズ）、簑和田裕介（TBSトライメディア）、株式会社スタープレイヤーズ、株式会社ココモ・ブラザーズ、株式会社 PSC／大林宣彦事務所、株式会社プラチナムプロダクション、株式会社よしもとクリエイティブ・エージェンシー、ユニバーサル ミュージック合同会社／
発行者　中村孝司／発行所　スモール出版　〒164-0003　東京都中野区東中野1-57-8　辻沢ビル地下1階　株式会社スモールライト／電話　03-5338-2360／**FAX**　03-5338-2361／**e-mail**　books@small-light.com／**URL**　http://www.small-light.com/books/　振替　00120-3-392156／印刷・製本　株式会社 光邦

※本書はラジオでの収録を活字にしているため、本文の情報はオンエア当時のものとなります。なお、注 釈 は 2015年3月時点の情報です。どうぞあらかじめご了承ください。

●定価はカバーに表示してあります。●乱丁・落丁（本の頁の抜け落ちや順序の間違い）の場合は、小社販売宛にお送りください。送料は小社負担でお取り替えいたします。なお、本書の一部あるいは全部を無断で複写複製することは、法律で認められた場合を除き、著作権の侵害になります。

©2015 TBS RADIO & COMMUNICATIONS,Inc.　Printed in Japan

ISBN978-4-905158-26-4

JASRAC 出 1502090-501号